普通高等教育电子信息类系列教材

微控制器原理及应用

——基于TI C2000实时微控制器

蔡逢煌 王 武 江加辉 编著

机 械 工 业 出 版 社

本书以TI公司C2000系列TMS320F28027PT微控制器为载体，介绍微控制器的基本原理和应用方法。本书以学生认知过程为导向组织内容，从简单到复杂，从模块到系统，按照项目驱动的思路展开教学，着重培养学生的实践应用能力。

全书共14章，分为3部分：第1部分（第1~4章）为系统平台模块，介绍嵌入式系统定义、开发板硬件平台、嵌入式C语言、软件架构和CCS集成开发环境；第2部分（第5~13章）为基本外设模块，分别介绍TMS320F28027PT的最常用外设模块，包括GPIO、中断、定时器、eCAP、ePWM、ADC、SCI、SPI、I2C等，每个模块先介绍通用知识，再介绍TMS320F28027PT相应模块的工作原理、寄存器驱动函数、软件思维导图和应用实例；第3部分（第14章）为综合案例，介绍C2000系列微控制器在电力电子控制系统中的应用，为后续从事微控制器系统的复杂工程设计奠定基础。

本书可作为普通高校电气工程、自动化等专业本科生或研究生的教材，也可供从事电力电子、机电一体化、自动控制等系统开发的工程技术人员参考。

本书配有电子课件、习题答案和源程序等配套教学资源，欢迎选用本书作为教材的老师登录www.cmpedu.com注册下载，或发邮件至jinacmp@163.com索取。

图书在版编目（CIP）数据

微控制器原理及应用：基于TI C2000实时微控制器/蔡逢煌，王武，江加辉编著. —北京：机械工业出版社，2022.10（2023.12重印）

普通高等教育电子信息类系列教材

ISBN 978-7-111-71482-8

Ⅰ.①微… Ⅱ.①蔡… ②王… ③江… Ⅲ.①微控制器-高等学校-教材 Ⅳ.①TP332.3

中国版本图书馆CIP数据核字（2022）第154738号

机械工业出版社（北京市百万庄大街22号 邮政编码100037）

策划编辑：吉 玲 责任编辑：吉 玲 杨晓花

责任校对：张 征 刘雅娜 封面设计：张 静

责任印制：常天培

北京机工印刷厂有限公司印刷

2023年12月第1版第2次印刷

184mm×260mm · 18印张 · 454千字

标准书号：ISBN 978-7-111-71482-8

定价：59.80元

电话服务 网络服务

客服电话：010-88361066 机 工 官 网：www.cmpbook.com

010-88379833 机 工 官 博：weibo.com/cmp1952

010-68326294 金 书 网：www.golden-book.com

机工教育服务网：www.cmpedu.com

前 言

从大学学生时期接触 MCS51 单片机开始，在学习单片机、使用单片机进行科研工作期间，编者研读了不少优秀的单片机教材和芯片参考手册。近十几年来一直从事单片机的教学工作，时常参加单片机大学计划教学研讨会，聆听了同行们的新教学理念和新想法，因此就有了撰写本书的最初计划。

单片机芯片种类繁多，包括 MCS51、摩托罗拉、英飞凌、瑞萨、德州仪器等厂家的单片机，以及最近的 ARM 系列。编程语言从汇编语言到现在的 C 语言，芯片内部存储资源不断丰富，C 语言的结构化，表明单片机已进入工具化的时代。从 2014 年起，编者在福州大学自动化专业进行试点，弱化硬件寄存器的讲授，引入软件工程理念，重新构建软件架构，从原理转向应用。理论上任何一种型号的单片机都可以作为案例来讲授这种新观念。

本书选用 TI 公司的 TMS320F28027 为研究对象，原因有以下两方面：其一，2002 年编者涉足电力电子系统的数字化研究工作，对 TI 公司不同时期的 C2000 系列 MCU 芯片，诸如 240、2407、2812、28335、28377D 等，都有较好的项目应用经验；其二，得益于 TI 公司中国大学计划，基于他们无偿提供的几百套 LaunchPad 开发板，我们建立了移动的单片机实验室。本书选择 F28027 为脚本，借助它来阐述外设模块的工作原理，读者要跳出这个局限，真正去读懂并领会软件的架构，才是本书真正的“用”意。

简单回忆一下以 F28027 为脚本的教学历程。2012 年，编者开始在电气工程及其自动化专业针对大四学生开设 F28027 的选修课，参考教材是英文版芯片手册，为学生提供 LaunchPad 28027 作为实验器材。2014 年，“嵌入式系统原理”课程，成为自动化专业学生的专业基础课，2017 年该课程更名为“单片机原理及应用”，授课的内容没有变化。为了配合课程建设，课题组在福州大学课程中心建立了“嵌入式系统原理”网络课程，课程的讲稿发布于网络课程上。2014 年，编者把课程教案整理汇编成为“嵌入式系统技术基础与实践”，各种原因导致未正式出版。2019 年，我们在中国大学 MOOC 平台上开设了“嵌入式系统原理”课程，自编内容作为线上课程的文本资源。本书成稿时增补了不少内容，如软件思维导图和综合案例介绍等。需要特别说明的是，本书中不管是单片机系统还是嵌入式系统，都是指微控制器（MCU）。

本书提出了一种统一的软件和硬件架构。现有的嵌入式系统课程大多数在外设模块教学时是孤立的，只注重外设模块的功能。该架构设置软件接口实现对外设模块的平行化，不管是功能复杂还是功能简单的外设模块，都是一样的模式。在软件架构上，基于编者多年的教学实践，本书提出了四层架构模型，即主程序层、应用模块层、用户模块层、MCU 驱动模块层。该软件架构的特点是上层可以调用下层的模块函数，同一层模块不能互相调用，从而利用分层技术实现软件的“高内聚，低耦合”这一软件工程思想，实现了软件开发和维护的高度灵活性，以及功能模块的复用度。

使用本书时，可以选用德州仪器公司开发的 LaunchPad 口袋实验室。该口袋实验室集成了编程器、仿真器、28027 运行系统、按键和 LED 显示，功能简单够用，具有小型化和低成本化的特点，可以很好地解决嵌入式类课程的实践问题。借助口袋实验室，学生不需要进入实验室就可以进行实验，打破了传统实验室使用的空间限制，为泛在学习的实践活动提供技术保障。

福州大学科华恒盛电力电子研究中心的研究生陈伟东、雷文浩、石安邦、詹铭松、谢鸿彪、林俊腾、杨富阳、廖淑滢、梁鑫钊、张家翔、龚兴阳和沈明杰等参与了本书的资料整理、硬件设计和代码验证等工作。本书编写过程中，还得到了 TI 中国大学计划的鼎力支持，在此向他们表示衷心的感谢！

由于时间仓促和水平有限，虽尽力完善，但书中难免有疏漏和不足之处，恳请读者批评指正，以便持续改进。编者邮箱 149084905@ qq. com。

编　者

电子资源一览表

序号	电子资源文件名	章节	页码	序号	电子资源文件名	章节	页码
1	开发板原理图	2.8.2	33	16	I2C 模块驱动函数	13.3.1	248
2	GPIO 模块驱动函数	5.3.1	100	17	逆变器原理图和实物图	14.2.5	275
3	PIE 模块驱动函数	6.3.1	121	18	程序源代码 chap4_GPIO_1	4.4.3	78
4	TIMER 模块驱动函数	7.3.1	131	19	程序源代码 chap5_GPIO_1	5.4	105
5	eCAP 模块驱动函数	8.3.1	142	20	程序源代码 chap6_PIE_1	6.4	128
6	TB 子模块驱动函数	9.2.2	154	21	程序源代码 chap7_TIMER_1	7.4	135
7	CC 子模块驱动函数	9.2.3	156	22	程序源代码 chap8_CAP_1	8.4	147
8	AQ 子模块驱动函数	9.2.4	159	23	程序源代码 chap9_PWM_1	9.3	177
9	DB 子模块驱动函数	9.2.5	165	24	程序源代码 chap10_ADC_1	10.4	199
10	PC 子模块驱动函数	9.2.6	168	25	程序源代码 chap11_SCI_1	11.4	219
11	TZ 子模块驱动函数	9.2.7	169	26	程序源代码 chap12_SPI_1	12.4	237
12	ET 子模块驱动函数	9.2.8	172	27	程序源代码 chap13_I2C_Master 程序源代码 chap13_I2C_Slave	13.4	254
13	ADC 模块驱动函数	10.3.1	193				
14	SCI 模块驱动函数	11.3.1	212	28	程序源代码 chap14_Multi_1	14.1.3	258
15	SPI 模块驱动函数	12.3.1	230	29	程序源代码 chap14_Multi_2	14.2.5	275

目　录

前言

电子资源一览表

第 1 章　嵌入式系统概述 …… 1

1.1　嵌入式系统简介 …… 1

1.1.1　什么是嵌入式系统 …… 1

1.1.2　嵌入式系统和通用计算机系统的比较 …… 1

1.1.3　嵌入式系统的特点 …… 2

1.1.4　嵌入式系统的分类 …… 3

1.2　MCU 简介 …… 5

1.2.1　MCU 的基本组成 …… 5

1.2.2　MCU 的特点 …… 7

1.2.3　MCU 的发展 …… 7

1.2.4　MCU 的应用 …… 7

1.3　TI C2000 系列实时微控制器 …… 8

1.3.1　C2000 系列实时微控制器简介 …… 8

1.3.2　芯片命名规则 …… 9

1.3.3　芯片特性 …… 9

1.3.4　芯片封装 …… 12

思考与练习 …… 13

第 2 章　C2000 系列微控制器及硬件平台 …… 14

2.1　MCU 硬件资源 …… 14

2.1.1　资源概览 …… 14

2.1.2　引脚说明 …… 15

2.2　MCU 硬件功能概述 …… 19

2.3　内存映射 …… 23

2.4　时钟 …… 27

2.5　看门狗电路 …… 29

2.6　低功耗模式 …… 30

2.7　片内电压调节器/欠电压复位/上电复位 …… 31

2.8　硬件平台 …… 32

2.8.1　MCU 最小系统 …… 32

2.8.2　LaunchPad 实验板 …… 32

思考与练习 …… 36

第 3 章　微控制器程序设计基础 …… 38

3.1　编程语言 …… 38

3.2　汇编语言简介 …… 40

3.2.1　TMS320C28x 汇编指令 …… 40

3.2.2　CPU 执行指令的过程 …… 41

3.3　嵌入式 C 语言简介 …… 43

3.3.1　数据及其处理 …… 43

3.3.2　程序流控制 …… 46

3.3.3　函数 …… 49

3.3.4　构造型数据类型 …… 50

3.3.5　指针 …… 52

3.3.6　编译预处理 …… 53

3.3.7　C28x IQ 数学库介绍 …… 54

3.4　软件开发工具概述 …… 57

思考与练习 …… 59

第 4 章　软件架构与 CCS 集成开发环境 …… 60

4.1　寄存器的 C 语言访问 …… 60

4.1.1　了解 GPIO 寄存器 …… 60

4.1.2　使用结构体指针操作寄存器 …… 62

4.2　软件架构 …… 64

4.2.1　MCU 模块层——固件函数库 …… 65

4.2.2　用户模块层 …… 66

4.2.3　应用层 …… 67

4.2.4　主程序层 …… 67

4.3　文件管理 …… 68

4.4　CCS 集成开发环境 …… 77

4.4.1　CCS 安装注意事项 …… 77

4.4.2　创建工作区 …… 77

4.4.3　导入项目和编译项目 …… 78

4.4.4 仿真调试 …… 82
4.5 CMD 文件 …… 83
4.5.1 COFF 格式和段的概念 …… 83
4.5.2 CMD 文件简介 …… 85
4.6 软件的启动引导过程 …… 89
4.7 将函数从 Flash 复制到 RAM 运行 …… 91
思考与练习 …… 92
第 5 章 通用输入输出口 …… 93
5.1 GPIO 的基础知识 …… 93
5.1.1 GPIO 输出驱动器 …… 93
5.1.2 GPIO 输入驱动器 …… 95
5.1.3 GPIO 引脚管理 …… 96
5.2 C2000 的 GPIO 模块 …… 96
5.2.1 GPIO 概述 …… 96
5.2.2 GPIO 内部结构 …… 97
5.2.3 GPIO 功能描述 …… 97
5.2.4 GPIO 输入滤波 …… 98
5.3 GPIO 的软件架构 …… 99
5.3.1 寄存器及驱动函数 …… 99
5.3.2 软件思维导图 …… 102
5.4 应用实例——“我的灯，我做主” …… 103
思考与练习 …… 106
第 6 章 中断系统 …… 107
6.1 中断的基础知识 …… 107
6.1.1 什么是中断 …… 107
6.1.2 中断的名词术语 …… 108
6.1.3 中断处理过程 …… 108
6.2 C2000 的中断系统 …… 109
6.2.1 中断系统概述 …… 109
6.2.2 PIE 内部结构 …… 111
6.3 中断系统的软件架构 …… 121
6.3.1 寄存器及驱动函数 …… 121
6.3.2 软件思维导图 …… 123
6.4 应用实例——“等待触发，轻松应对” …… 124
思考与练习 …… 128
第 7 章 CPU 定时器 …… 129
7.1 定时器的基础知识 …… 129
7.2 C2000 的定时器 …… 130
7.2.1 定时器概述 …… 130
7.2.2 定时器内部结构 …… 130
7.2.3 定时器功能描述 …… 131
7.3 定时器的软件架构 …… 131
7.3.1 寄存器及驱动函数 …… 131
7.3.2 软件思维导图 …… 132
7.4 应用实例——“我的时间最准” …… 133
思考与练习 …… 135
第 8 章 增强型捕获模块 …… 137
8.1 捕获模块的基础知识 …… 137
8.2 C2000 的 eCAP …… 138
8.2.1 eCAP 概述 …… 138
8.2.2 eCAP 内部结构 …… 138
8.2.3 eCAP 功能描述 …… 138
8.3 eCAP 的软件架构 …… 142
8.3.1 寄存器及驱动函数 …… 142
8.3.2 软件思维导图 …… 143
8.4 应用实例——“捕捉瞬息万变” …… 144
思考与练习 …… 147
第 9 章 增强型脉宽调制模块 …… 148
9.1 PWM 的基础知识 …… 148
9.1.1 PWM 概述 …… 148
9.1.2 PWM 信号的产生 …… 148
9.2 C2000 的 ePWM …… 149
9.2.1 ePWM 概述 …… 149
9.2.2 时基（TB）子模块 …… 150
9.2.3 计数比较（CC）子模块 …… 155
9.2.4 动作限定（AQ）子模块 …… 157
9.2.5 死区（DB）子模块 …… 162
9.2.6 PWM 斩波（PC）子模块 …… 165
9.2.7 故障联防（TZ）子模块 …… 168
9.2.8 事件触发与中断管理（ET）子模块 …… 169
9.2.9 软件思维导图 …… 173
9.3 应用实例——“PWM，时间宠儿” …… 175
思考与练习 …… 177
第 10 章 模/数转换器 …… 179
10.1 ADC 的基础知识 …… 179
10.1.1 ADC 转换步骤 …… 179
10.1.2 ADC 主要性能参数 …… 180
10.1.3 ADC 主要类型 …… 181
10.1.4 ADC 工作流程 …… 182
10.1.5 ADC 应用注意事项 …… 182
10.2 C2000 的 ADC 模块 …… 183
10.2.1 ADC 概述 …… 183
10.2.2 ADC 功能框图 …… 183
10.2.3 ADC 功能描述 …… 184
10.3 ADC 的软件架构 …… 193
10.3.1 寄存器及驱动函数 …… 193

10.3.2 软件思维导图 …… 194
10.4 应用实例——“模拟数字两个世界” …… 196
思考与练习 …… 199
第 11 章 串行通信接口 …… 200
11.1 串行通信的基础知识 …… 200
11.1.1 串行通信与并行通信 …… 200
11.1.2 数据位的表示 …… 201
11.1.3 异步串行通信的帧格式 …… 201
11.1.4 串行通信的波特率 …… 202
11.1.5 奇偶校验 …… 202
11.1.6 串行通信的传输方式 …… 202
11.1.7 RS-232 串口 …… 203
11.2 C2000 的 SCI 模块 …… 203
11.2.1 SCI 概述 …… 203
11.2.2 SCI 内部结构 …… 204
11.2.3 SCI 功能描述 …… 204
11.2.4 SCI 多机通信模式 …… 210
11.3 SCI 的软件架构 …… 212
11.3.1 寄存器及驱动函数 …… 212
11.3.2 软件思维导图 …… 213
11.4 应用实例——“一定要把数据送出去” …… 215
思考与练习 …… 220
第 12 章 串行外设接口 …… 221
12.1 SPI 的基础知识 …… 221
12.1.1 SPI 总线接口 …… 221
12.1.2 SPI 的工作原理 …… 222
12.2 C2000 的 SPI 模块 …… 223
12.2.1 SPI 概述 …… 223
12.2.2 SPI 内部结构 …… 224
12.2.3 SPI 功能描述 …… 224
12.3 SPI 的软件架构 …… 230
12.3.1 寄存器及驱动函数 …… 230
12.3.2 软件思维导图 …… 231
12.4 实训案例——“同一个时钟，同一个步伐” …… 233
思考与练习 …… 237
第 13 章 内部集成电路总线 …… 238
13.1 I2C 的基础知识 …… 238
13.1.1 I2C 总线介绍 …… 238
13.1.2 I2C 总线的基本帧格式 …… 239
13.1.3 I2C 的地址和自由数据规范 …… 241
13.1.4 I2C 的多主机仲裁 …… 242
13.2 C2000 的 I2C 模块 …… 243
13.2.1 I2C 概述 …… 243
13.2.2 I2C 内部结构 …… 243
13.2.3 I2C 功能描述 …… 244
13.3 I2C 的软件架构 …… 248
13.3.1 寄存器及驱动函数 …… 248
13.3.2 软件思维导图 …… 250
13.4 应用实例——“两线同步串行，简洁高效” …… 251
思考与练习 …… 255
第 14 章 实时微控制器的综合案例 …… 256
14.1 项目 1——按键的识别与显示切换 …… 256
14.1.1 项目任务 …… 256
14.1.2 项目分析 …… 256
14.1.3 部分程序代码 …… 257
14.1.4 项目执行 …… 263
14.2 项目 2——DC/AC 单相逆变器 …… 264
14.2.1 项目任务 …… 264
14.2.2 工作原理 …… 264
14.2.3 仿真验证 …… 265
14.2.4 项目分析与程序实现 …… 267
14.2.5 项目执行 …… 275
思考与练习 …… 276
参考文献 …… 277

第1章 嵌入式系统概述

嵌入式系统在日常生活中无处不在，如智能手机、智能音箱、车辆识别系统、门禁系统、机器人等常见的设备都使用了嵌入式系统。目前，嵌入式系统已经成为计算机技术和计算机应用领域的一个重要组成部分。本章首先介绍嵌入式系统的基础知识，从其定义、特点、分类等方面为读者打开嵌入式系统之门，其次介绍微控制器（MCU）的概念、特点和应用，最后简要介绍 TI C2000 系列实时微控制器的特点。

1.1 嵌入式系统简介

1.1.1 什么是嵌入式系统

国际电气和电子工程师协会（IEEE）定义的嵌入式系统是："用于控制、监视或者辅助操作机器和设备运行的装置"（原文为 devices used to control，monitor，or assist the operation of equipment，machinery or plants）。这主要是从应用上加以定义的，从中可以看出嵌入式系统是软件和硬件的综合体，还可以涵盖机械等附属装置。

国内普遍认同的嵌入式系统是以应用为中心，以计算机技术为基础，软硬件可裁剪，适应应用系统对功能、可靠性、安全性、成本、体积、重量、功耗、环境等方面有严格要求的专用计算机系统。嵌入式系统将应用程序和操作系统与计算机硬件集成在一起，简单地讲，就是将系统的应用软件与系统的硬件一体化。这种系统具有软件代码小、高度自动化、响应速度快等特点，特别适应于面向对象的、要求实时和多任务的应用。

1.1.2 嵌入式系统和通用计算机系统的比较

嵌入式系统是专用的计算机系统，它和人们熟悉的通用计算机系统既有共性也有差异。

1. 嵌入式系统和通用计算机系统的共同点

嵌入式系统和通用计算机系统都属于计算机系统，从系统组成上看，它们都是由硬件和软件组成，工作原理是相同的，都是存储程序机制。从硬件上看，嵌入式系统和通用计算机系统都是由中央处理器（Central Process Unit，CPU）、存储器（Memory）、I/O 接口和中断系统等部件组成；从软件上看，嵌入式系统软件和通用计算机系统软件都可以划分为系统软件和应用软件两类。

2. 嵌入式系统和通用计算机系统的不同点

作为计算机系统的一个新兴的分支，嵌入式系统与人们熟悉和常用的通用计算机系统相比又具有以下不同点。

1）形态。通用计算机系统具有一般计算机的基本标准形态（如主机、显示器、鼠标和键盘等），通过装配不同的应用软件，应用于各种领域，其典型产品为PC；而嵌入式系统通常隐藏在目标系统内部而不被操作者察觉（目标系统也称为宿主对象，如手机、空调、机器人、数字电源等），它的形态随着产品或设备的不同而不同。

2）功能。通用计算机系统一般具有通用而复杂的功能，任意一台通用计算机都具有文档编辑、影音播放、娱乐游戏、网上购物和通信聊天等功能；而嵌入式系统嵌入在某个宿主对象中，功能由宿主对象决定，具有专用性，通常是为某个应用量身定做的。

3）资源。通用计算机系统通常拥有大而全的资源，具有通用处理器、标准总线和外设（如显示器、声卡、鼠标、键盘、硬盘、内存等），软件和硬件相对独立；而嵌入式系统受限于嵌入的宿主对象（如手机、智能手环、微型机器人等），通常要求小型化和低功耗，其软硬件资源受到严格的限制。

4）价值。通用计算机系统的价值体现在“计算”和“存储”上，计算能力（处理器的字长和主频等）和存储能力（内存和硬盘的大小和读写速度等）是通用计算机的通用评价指标；而嵌入式系统往往嵌入到某个设备或产品中，其价值一般不取决于其内嵌的处理器的性能，而体现在它所嵌入和控制的设备。如一台变频空调的性能往往用制冷功率、能耗比、静音等指标来衡量，而不以其内嵌的微控制器的运算速度和存储容量等指标来衡量。

5）功耗。目前，通用计算机系统的功耗一般为200W左右；而嵌入式系统的宿主对象通常是小型应用系统，如手机、蓝牙耳机和智能手环等，这些设备不可能配置容量较大的电源。因此，低功耗一直是嵌入式系统追求的目标。日常生活使用的智能手机，其待机功率为100~200mW，即使在通话时功率也只有4~5W。

6）开发方式。通用计算机系统的开发平台和运行平台都是通用计算机；而嵌入式系统采用交叉开发方式，开发平台一般是通用计算机，运行平台是嵌入式系统。

随着嵌入式处理器性能的提高，已可以取代通用计算机实现其相应功能，这也是嵌入式系统的发展趋势。施乐公司Palo Alto研究中心主任Mark Weiser认为：“从长远来看，PC和计算机工作站将衰落，因为计算机变得无处不在，如在墙里、在手腕上、在手写计算机中（像手写纸一样）等，随用随取、伸手可及”。

无处不在的计算机就是嵌入式系统。

1.1.3 嵌入式系统的特点

通过嵌入式系统的定义和嵌入式系统与通用计算机系统的比较，可以看出嵌入式系统具有以下特点。

（1）专用性强

嵌入式系统按照具体应用需求进行设计，完成指定的任务，通常不具备通用性，只能面向某个特定应用，就像嵌入在电冰箱中的控制系统只能完成电冰箱的基本操作，而不能在洗衣机中使用。此外，应用于各行业的嵌入式软件各有其专用化特点，与通用计算机软件不同，嵌入式系统的软件更强调可继承性和技术衔接性。

（2）可裁剪性

受限于体积、功耗和成本等因素，嵌入式系统的硬件和软件必须高效率地设计，根据实际应用需求量体裁衣，去除冗余，从而使系统在满足应用要求的前提下达到最精简的配置。

（3）实时性好

所谓实时性是指系统能够及时（在限定时间内）处理外部事件。与实际事件的发生频率相比，嵌入式系统能够在可预知的极短时间内对事件或用户的干预做出响应。例如，学校食堂的收费系统，就餐刷卡时收费管理系统必须快速识别卡号信息并完成交易。

（4）可靠性高

很多嵌入式系统必须持续不间断工作，如为关键设备提供电源的 UPS（不间断电源）。大多数嵌入式系统都具有可靠性机制，如提高硬件的抗干扰能力、加强软件的规范化和测试等，以保障嵌入式系统的鲁棒性。

（5）生命周期长

遵从于摩尔定律，通用计算机的更新换代速度较快。嵌入式系统的生命周期与其嵌入的产品或设备同步，经历产品导入期、成长期、成熟期和衰退期等各个阶段，它的更新换代是和具体产品同步进行的。

（6）不易被垄断

嵌入式系统是将先进的计算机技术、半导体技术和电子技术及各个行业的具体应用相结合后的产物，这一点就决定了它必然是一个技术密集、资金密集、高度分散、不断创新的知识集成系统。因此，嵌入式系统不易在市场上形成垄断。

目前，嵌入式系统处于百花齐放、各有所长、全面发展的时代，各类嵌入式系统软硬件差别显著，其通用性和可移植性都较通用计算机系统要差。在学习嵌入式系统时要有所侧重，然后触类旁通。

1.1.4　嵌入式系统的分类

1. 冯·诺依曼结构和哈佛结构

数学家冯·诺依曼提出了计算机制造的三个基本原则，即采用二进制逻辑，程序存储执行，以及计算机由运算器、控制器、存储器、输入设备、输出设备五个部分组成，这套理论被称为冯·诺依曼结构，如图 1-1 所示。冯·诺依曼结构也称普林斯顿结构，是一种将程序指令存储器和数据存储器合并在一起的存储器结构。该结构统一编址，程序指令存储地址和数据存储地址指向同一个存储器的不同物理位置，因此程序指令和数据的宽度相同。统一编址可以最大限度地利用资源。但由于指令执行需要遵循串行处理方式，当高速运算时，在传输通道上会出现总线访问瓶颈问题。英特尔公司的 8086CPU 和通常使用的 ARM7 就属于冯·诺依曼结构。

哈佛结构是一种将程序指令存储和数据存储分开的存储器结构，如图 1-2 所示，它是一种并行体系结构。它的主要特点是将程序和数据存储在不同的存储空间中，即程序存储器和

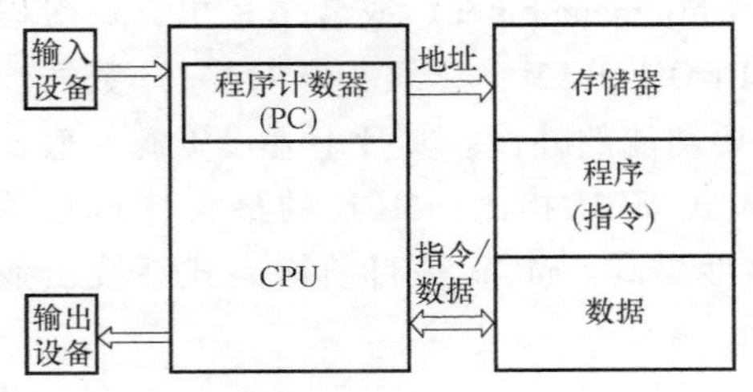

图 1-1　冯·诺依曼结构示意图

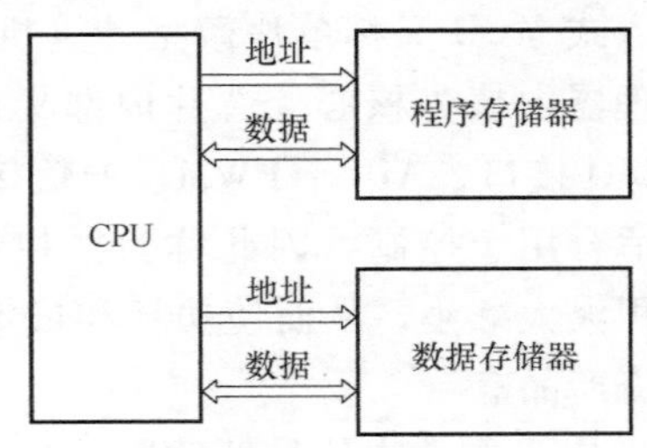

图 1-2　哈佛结构示意图

数据存储器是两个独立的存储器，每个存储器独立编址、独立访问。与两个存储器相对应的是系统的4组总线，即程序的数据总线与地址总线和数据的数据总线与地址总线。哈佛结构具有较高的执行效率。目前在需要进行高速、大量数据处理的处理器中大多使用该结构，如DSP、ARM9和Cortex系列微处理器都采用哈佛结构或者改进的哈佛结构。

2. CISC和RISC

计算机指令就是指挥机器工作的指示和命令，程序就是一系列按一定顺序排列的指令，执行程序的过程就是计算机的工作过程。指令集就是CPU中用来计算和控制计算机系统的一套指令的集合，CPU在设计时就规定了一系列与其硬件电路相配合的指令系统。指令集的先进与否，关系到CPU的性能发挥，它也是CPU性能的一个重要标志。

现阶段，按指令集来划分，主要分为复杂指令集计算机（Complex Instruction Set Computers，CISC）和精简指令集计算机（Reduced Instruction Set Computers，RISC）两种。其中，CISC包括一个丰富的微指令集，这些微指令简化了在处理器上运行程序的创建，指令集越丰富，为微处理器编写程序就越容易。CISC技术的复杂性在于硬件，在于CPU和控制单元的设计及实现，在CISC指令集中，各种指令的使用频率相差悬殊，大约有20%的指令会被反复使用，占整个程序代码的80%，而余下的80%指令却不经常使用，在程序设计中只占20%，这种80/20规则促进了RISC体系结构的发展。RISC结构优先选取使用频率最高的简单指令，避免复杂指令，将指令长度固定，指令格式和寻址方式种类减少，相对于CISC，RISC技术的复杂性在于软件，在于编译程序的编写和优化。

3. 嵌入式系统处理器的种类

嵌入式系统处理器一般包含微处理器（Microprocessor Unit，MPU）、微控制器（Microcontroller Unit，MCU）、数字信号处理器（Digital Signal Processing，DSP）和嵌入式片上系统（System on Chip，SoC）。

（1）嵌入式微处理器

嵌入式MPU的基础是通用计算机中的微处理器，基本是32位以上的处理器，具有较高的性能。为了满足嵌入式应用的特殊要求，嵌入式MPU虽然在功能上和标准微处理器基本一样，但在工作温度、抗电磁干扰及可靠性等方面都有所增强。与工业控制计算机相比，嵌入式MPU具有体积小、质量轻、成本低、可靠性高的优点。

嵌入式MPU的体系结构有30多个系列，其中主流的体系有ARM、MIPS、PowerPC、X86和SH等。但与全球PC市场不同的是，没有一种嵌入式MPU可以主导市场，仅以32位的产品而言，就有100种以上的嵌入式MPU。嵌入式MPU的选择是根据具体的应用而决定的。

（2）嵌入式微控制器

嵌入式MCU又称单片微型计算机（Single Chip Microcomputer）或者单片机，一般以某种微处理器内核为核心，芯片内部集成了ROM/EPROM/RAM、总线、定时器/计数器、看门狗、I/O接口、ADC、PWM、通信接口等各种必要功能的外设。其片上外设资源一般比较丰富，适合用于控制，因此称为微控制器。与嵌入式MPU相比，MCU的最大特点是单片化，体积大大减小，从而使功耗和成本下降，可靠性提高。MCU是目前嵌入式系统工业应用的主流产品。

（3）嵌入式数字信号处理器

嵌入式DSP专门用于信号处理方面，其在系统结构和指令上进行了特殊设计，具有很高的编译效率和指令执行速度。在数字滤波、FFT、频谱分析等方面，DSP 算法正在大量进入嵌入式领域。推动 DSP 发展的一个因素是嵌入式系统的智能化，如各种带有智能逻辑的消费类产品、生物信息识别终端、实时语音压缩/解压缩系统、虚拟显示等。这类智能化算法一般运算量较大，特别是向量运算、指针线性寻址等较多，而这正是 DSP 的长处所在。

（4）嵌入式片上系统

嵌入式 SoC 是一种高度集成化、固件化的系统集成技术，它的核心思想是针对具体应用，在一片硅片上实现整个电子应用系统。各种通用处理器内核作为 SoC 设计公司的标准库，和许多其他嵌入式系统外设一样，成为 VLSI 设计中的一种标准器件，用标准的 VHDL 等语言来描述，存储在器件库中。用户只需定义出其整个应用系统，仿真通过后，就可以将设计图样交给半导体工厂制作样品。这样，除个别无法集成的外部电路或机械部分，整个嵌入式系统的大部分均可集成到一块或几块芯片中，应用系统电路板将变得很简洁。

1.2　MCU 简介

MCU 可分为通用型和专用型两大类。通常所说的单片机，包括本书介绍的 C2000 系列 MCU 都属于通用型 MCU，通用型 MCU 把可开发的资源全部提供给使用者；专用型 MCU 是针对某些应用专门设计的，如打印机控制器、频率合成调谐器等。

1.2.1　MCU 的基本组成

MCU 的基本组成如图 1-3 所示，主要由 CPU、时钟、存储器、通用 I/O 口、定时器/计数器、外设等组成。

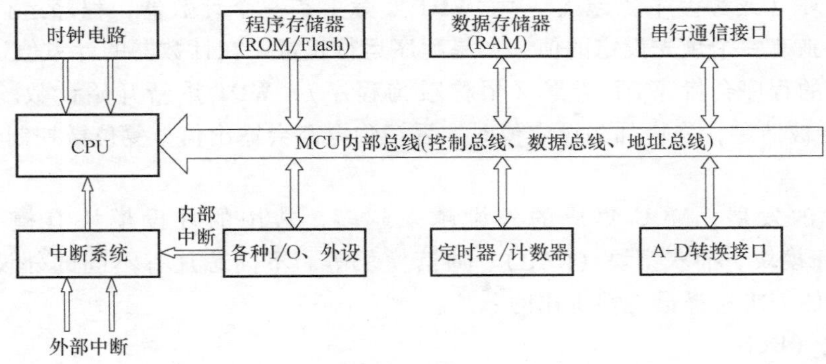

图 1-3　MCU 的基本组成

（1）CPU

CPU 由运算器和控制器组成，是 MCU 的“大脑”，具有运算和控制的功能，MCU 的指令代码就是通过 CPU 执行的。MCU 的 CPU 另外增设了面向控制的处理功能，如位处理、查表、跳转、乘除法运算、状态检测、中断处理等，增强了使用性。

（2）时钟

主频是 CPU 一个极其重要的性能指标，决定了 CPU 处理一条基本指令需要的时间，其是由时钟信号产生，而时钟信号是所有运算和处理的源头。每个 MCU 系统里都有晶振，它结合 MCU 内部电路，产生 MCU 所需的时钟脉冲信号。如果把 CPU 比作 MCU 的“大脑”，那么时钟电路就是 MCU 的“心脏”，提供 MCU 内部各个模块能够正常运行的“动力和节奏”。

（3）存储器

MCU 的存储器包括存放代码指令的 ROM（或 Flash），以及存放变量、数据的 SRAM。存储空间有两种基本结构：冯·诺依曼结构和哈佛结构。

（4）通用 I/O 口

MCU 一般都提供一定数量、使用灵活的通用 I/O 口引脚，可以当作输入或输出接口。大部分 MCU 为了减少引脚数量，I/O 口还复用作为其他特殊功能引脚，如 PWM 输出、捕获输入、串行通信、外部中断输入等。

（5）定时器/计数器

MCU 的定时器/计数器能够提供精确定时，或者对外部事件进行计数。内部的硬件本质上是计数器，当计数器脉冲来源是固定频率的脉冲时，可以通过计数来实现计时，称为定时器。

（6）中断系统

中断系统是 MCU 的重要组成部分，MCU 的中断系统能够加强 CPU 对多任务事件的处理能力。中断是 CPU 对系统发生的某个事件做出的一种反应，引起中断的事件称为中断源，中断源向 CPU 提出处理的请求称为中断请求，发生中断时被打断程序的暂停点称为断点，CPU 暂停现行程序而转去响应中断请求的过程称为中断响应，中断响应的程序称为中断处理程序，CPU 执行有关的中断处理程序称为中断处理，而返回断点的过程称为中断返回。中断的实现通过软件和硬件综合完成，硬件部分称为硬件装置，软件部分称为软件处理程序。

（7）看门狗定时器

看门狗定时器（Watch Dog Timer，WDT）是 MCU 的一个组成部分，其功能是为了避免程序进入死循环（或称程序“跑飞”）。WDT 实际上是一个计数器，程序运行后看门狗开始计数。看门狗有一个预先设定的值，如果程序运行正常，在计数器的计数值达到设置值之前，用户编写的程序会将 WDT 清零（俗称喂狗程序），WDT 重新开始计数。如果程序异常，WDT 不会被清零，当增加到设定值时，看门狗电路会输出信号复位微控制器系统。

（8）外设

随着硬件的发展，MCU 集成的外设越来越多，常用的外设模块有模-数转换模块（ADC）、PWM 模块、捕获模块（CAP）、通信模块等。不同芯片有不同的外设配置，用户需要根据产品的需求选择最佳性价比的芯片。

（9）总线（BUS）

MCU 的总线包括控制总线、地址总线和数据总线三类。

1）地址总线（Address Bus，AB）：单向，用于传递地址信息，地址线的数目决定了可寻址的存储空间。一根地址线有两种状态，即可以区分两个不同的存储单元，或者说可以寻址两个存储单元；两根地址线有四种状态，可以寻址四个存储单元，其他以此类推，如果有 n 根地址线，则可以寻址 2^n 个存储单元。

2）数据总线（Data Bus，DB）：一般为双向，用于 CPU 与存储器、CPU 与外设或外设与外设之间传送数据信息。通常所说的 8 位、16 位或 32 位 MCU，指的就是 CPU 一次能够处理的数据位数，这也决定了 MCU 数据总线的根数。如 32 位 MCU 具有 32 根数据总线，运算器一次能处理 32 位的数据。

3）控制总线（Control Bus：CB）：MCU 系统中所有控制信号线的总称，用来传递控制信息。

1.2.2　MCU 的特点

MCU 独特的结构决定了它具有以下特点：

1）集成度高：体积小、易于产品化，能方便地组装成各种智能式控制设备以及各种智能仪器仪表。

2）控制功能强：面向控制，能针对性地完成从简单到复杂的各种控制任务。可以方便地实现多机和分布式控制，使整个控制系统的效率和可靠性大为提高。

3）可靠性高：抗干扰能力强，适应温度范围宽，能在各种恶劣环境下可靠工作。

4）低功耗：MCU 体系结构的改进，以及采用 CMOS 工艺，极大地降低了 MCU 的功耗。目前主流 MCU 的供电电压是 3.3V。

5）性价比高：各大公司在提高 MCU 性能的同时，进一步降低价格，提高性价比是各公司竞争的主要策略。

6）系统设计周期短：由于 MCU 丰富的外设功能，能使硬件设计得到极大的简化；软件方面，各芯片厂家提供了各种可供调用的程序和配套的仿真器，使用户的编程和调试变得很方便，大大减少了用户系统的软件设计和调试的时间，降低了开发周期和成本。

1.2.3　MCU 的发展

随着硬件技术的发展，MCU 的发展经历了 4 位、8 位、16 位、32 位和 64 位，MCU 集成的外设越来越多，功能也越来越强，其应用领域已远远超出了传统计算机科学的范畴。目前，MCU 正朝着两个方向深入发展：一是朝着具有复杂数据运算、高速通信、信息处理等功能的高性能计算机系统方向发展，适用于数据运算、文字信息处理、人工智能、网络通信等领域的应用；二是朝着对运算、控制功能的要求相对不高，但对体积、成本、功耗等的要求比较苛刻的应用领域发展。

在 20 世纪 80 年代到 90 年代，国内广泛使用 Intel 的 MCS51 系列和 Motorola 的 68HC 系列 8 位 MCU。目前，除了 TI 的 C2000 系列、MSP430 系列、MSP432 系列 MCU 外，还有 Microchip 的 PIC16/32 系列、Atmel 的 AVR 系列、NXP 和 ST 的 ARM 系列、英飞凌的 XC800 系列及 XC2000 系列 MCU 等。国内外不同厂家、不同类型的 MCU，年销售量达数十亿片。

受惠于近年来消费电子产品对 MCU 的大量需求，国产 MCU 取得了巨大的发展，性价比逐渐被市场接受，市场占有量不断提高。部分国产 MCU 厂家有宏晶科技（STC micro）、中颖电子、东软载波、华大半导体、灵动微电子、上海贝岭、复旦微电子、兆易创新等企业。目前，国产 MCU 产品正逐渐从低端向高端发展。如兆易创新 GD32 系列 MCU 是我国高性能通用微控制器领域的领跑者，推出的 Arm ® Cortex ®-M3、Cortex ®-M4、Cortex ®-M23 及 RISC-V 内核通用 MCU 产品系列，已经发展成为我国 32 位通用 MCU 市场的主流之选，全面适用于工业控制、消费电子、新兴 IOT、边缘计算、人工智能等嵌入式市场应用领域。

1.2.4　MCU 的应用

随着 MCU 功能的不断增强，其应用范围已远远超出了计算机科学领域，在生活、生产的方方面面，到处都有 MCU 的应用。

1）消费电子类产品。MCU 可用于空调、冰箱、洗衣机、电视机、扫地机器人、智能玩具、电子秤、家用多功能报警器等家电领域。MCU 的引入，使这些产品的功能大大提高，性能得到不断完善，并向数字化、智能化和微型化方向发展，形成一系列智能化家电产品。

2）智能仪器仪表。MCU 用于温度、湿度、流量、流速、电压、频率、功率等各类仪器仪表中，使仪器仪表向数字化、智能化、微型化、多功能化方向发展。

3）测控系统。MCU 的结构特点决定了它特别适用于控制系统，被广泛应用于自动化技术中。用 MCU 可以构成各种工业控制系统、过程控制系统、实时控制系统和数据采集系统等，达到测量和控制的目的。如各种电机控制、电力电子控制、工业机器人、过程控制、检测系统、汽车电子产品（如汽车中的发动机控制器，基于 CAN 总线的汽车发动机智能电子控制器，GPS 导航系统，ABS 防抱死系统，制动系统）、军工产品等。

4）机电一体化产品。MCU 与传统的机械产品相结合，使传统的机械产品结构简化、控制智能化。这种集机械、电子、计算机于一体的机电一体化技术和自动控制综合技术，在现代生活中发挥着越来越重要的作用。如数控机床、医疗器械以及机器人等就是典型的机电一体化产品。

5）物联网应用领域。嵌入式技术是物联网技术的最为关键的底层技术，物联网的兴起，给 MCU 技术提供了一个更为宽广的舞台，同时也给 MCU 技术发展提供了新的方向。

6）计算机网络与通信领域。MCU 可用于各种分布式网络系统、智能通信设备、无线遥控系统等。

综上所述，从工业自动化、智能仪器仪表、家电产品等生活领域，到国防尖端科技领域，MCU 都发挥着十分重要的作用。

1.3 TI C2000 系列实时微控制器

1.3.1 C2000 系列实时微控制器简介

美国德州仪器（Texas Instruments，TI）是世界著名的半导体公司。经过 40 多年的不断优化和改进，目前 TI 的微控制器产品主要系列有 MSP430 超低功耗 MCU 系列、MSP432 低功耗高性能 MCU 系列、无线 MCU 系列和高性能实时控制 C2000 系列。

C2000 系列 MCU 产品主要包括：

1）32 位定点系列 DSP（240x 基础上升级），主要包括 TMS320x280x/281x/282xx。

2）32 位浮点系列 DSP，（C28x+FPU）（Delfino）TMS320x283xx。

3）Piccolo 小封装系列 DSP（低价格+高性能），主要包括 TMS320F2802x/2803x/2806x。

4）Concerto 系列 DSP，（ARM+C28x 内环）TMS320F28M35x。

C2000 系列实时 MCU 具有高性能的 C28x 内核，在数据处理、传感、驱动方面做了优化设计，可以提高实时控制系统的闭环控制性能，是专为实时控制应用而设计的 32 位 MCU，有电力电子技术专用微控制器之称，在电力系统电力电子化的今天，其应用更为广泛。图 1-4 列出了 C2000 系列实时 MCU 常用的一些领域。

F2802x Piccolo™ 系列芯片集成了 C28x 内核和功能强大的外设，成为适合各种实时控制应用的完美单芯片解决方案，专门用于控制电力电子产品，并在工业和汽车应用中提供高级数字信号处理，非常适合工业电机驱动、光伏逆变器和数字电源、电动车辆与运输、电机驱动以及传感和信号处理等。2802x 系列芯片包括 28027、28026、28023、28022、28021、28020、280200，均包含有 38 引脚和 48 引脚两种封装外形产品。

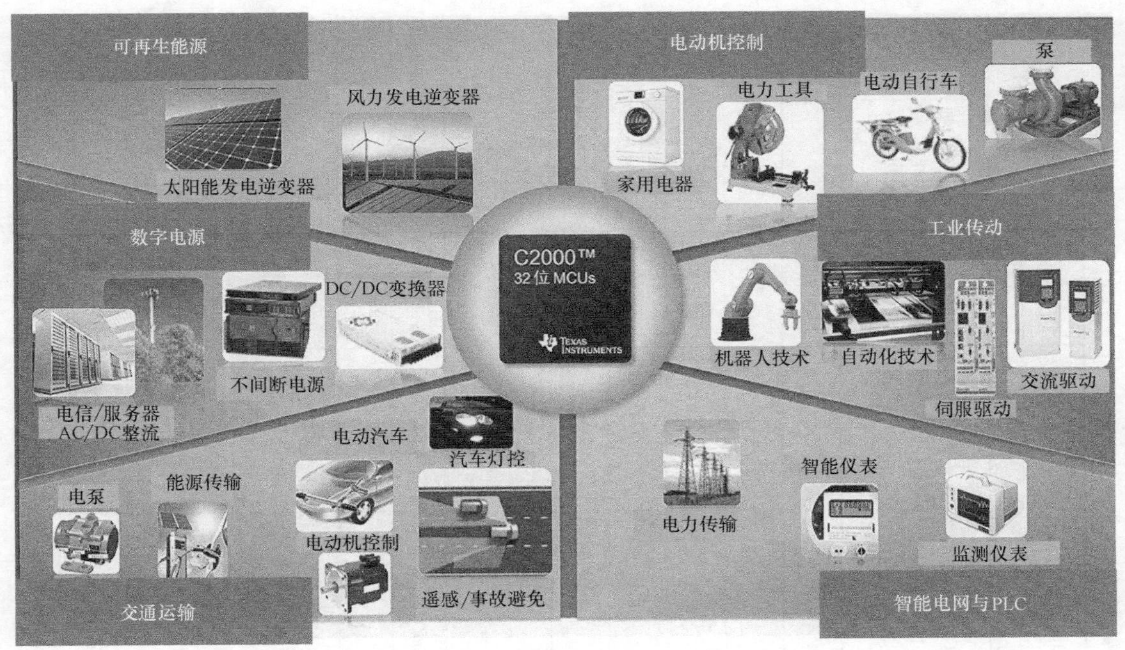

图 1-4　C2000 系列实时 MCU 的应用

1.3.2　芯片命名规则

C2000 系列 MCU 的命名规则如图 1-5 所示。芯片的命名包含前缀和后缀，TI 的 TMS320^{TM} MCU 器件有三种前缀：

1）TMX：试验器件，不一定满足最终器件的电气规范标准。

2）TMP：芯片符合器件的电气规范标准，但是未经完整的质量和可靠性验证。

3）TMS：完全合格的产品器件。

这些前缀代表芯片开发的发展阶段，从工程原型 TMX 到完全合格的产品 TMS，只有完全合格的产品芯片才可以应用到生产系统中。芯片命名的后缀包括了封装类型和工作温度等级等。

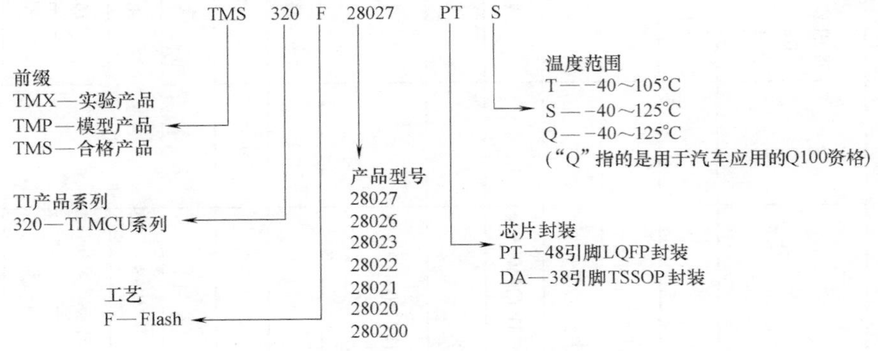

图 1-5　C2000 系列 MCU 的命名规则

1.3.3　芯片特性

表 1-1 为 TMS320F2802x 系列芯片的主要特性，有些外设功能在某些器件中不能使用。

表 1-1 TMS320F2802x 系列芯片的主要特性

功能		类型①	28027 (60MHz)		28026 (60MHz)		28023 (50MHz)		28022 (50MHz)		28021 (40MHz)		28020 (40MHz)		280200 (40MHz)	
封装类型			38 引脚 DA TSSOP	48 引脚 PT LQFP	38 引脚 DA TSSOP	48 引脚 PT LQFP	38 引脚 DA TSSOP	48 引脚 PT LQFP	38 引脚 DA TSSOP	48 引脚 PT LQFP	38 引脚 DA TSSOP	48 引脚 PT LQFP	38 引脚 DA TSSOP	48 引脚 PT LQFP	38 引脚 DA TSSOP	48 引脚 PT LQFP
指令周期/ns			16.67		16.67		20		20		25		25		25	
片载闪存(16 位字)/KB			32		16		32		16		32		16		8	
片载 SARAM(16 位字)/KB			6		6		6		6		5		3		3	
片上 Flash/SARAM/OTP 的代码安全			支持		支持		支持		支持		支持		支持		支持	
引导 ROM(8K×16)			支持		支持		支持		支持		支持		支持		支持	
一次性可编程(OTP)ROM(16 位字)/KB			1		1		1		1		1		1		1	
ePWM 输出		1	8(ePWM1/2/3/4)		8(ePWM1/2/3/4)		8(ePWM1/2/3/4)		8(ePWM1/2/3/4)		8(ePWM1/2/3/4)		8(ePWM1/2/3/4)		8(ePWM1/2/3/4)	
eCAP 输入		0	1		1		1		1		1		1		—	
安全装置定时器			支持		支持		支持		支持		支持		支持		支持	
12 位 ADC	MSPS	3	4.6		4.6		3		3		2		2		2	
	转换时间/ns		216.67		216.67		260		260		500		500		500	
	通道		7	13	7	13	7	13	7	13	7	13	7	13	7	13
	温度传感器		支持		支持		支持		支持		支持		支持		支持	
	双采样保持		支持		支持		支持		支持		支持		支持		支持	

32位 CPU 定时器			3		3		3		3		3		3		3	
高分辨率 ePWM 通道		1	4(ePWM1A/2A/3A/4A)		4(ePWM1A/2A/3A/4A)		4(ePWM1A/2A/3A/4A)		4(ePWM1A/2A/3A/4A)							
比较强/集成数-模转换(DAC)		0	1	2	1	2	1	2	1	2	1	2	1	2	1	2
内部集成电路(I2C)		0	1		1		1		1		1		1		1	
串行外设接口(SPI)		1	1		1		1		1		1		1		1	
串行通信接口(SCI)		0	1		1		1		1		1		1		1	
I/O 引脚(共用)	数字(GPIO)		20	22	20	22	20	22	20	22	20	22	20	22	20	22
	模拟(AIO)		6		6		6		6		6		6		6	
外部中断			3		3		3		3		3		3		3	
电源电压(标称值)/V			3.3		3.3		3.3		3.3		3.3		3.3		3.3	
温度选项	T:-40~105℃		支持	支持	支持	支持	支持	支持	支持	支持	支持	支持	支持	支持	支持	支持
	S:-40~125℃		支持	支持	支持	支持	支持	支持	支持	支持	支持	支持	支持	支持	支持	支持
	Q②:-40~125℃		支持	支持	支持	支持	支持	支持	支持	支持						

① 不同系列芯片的外设模块有细微差异。详细资料查阅参考文献［1，2］。

② “Q” 是指针对汽车应用的 Q100 认证技术规范。

1.3.4 芯片封装

本书以 Piccolo 系列的 TMS320F28027 芯片为研究对象，学习 MCU 的原理和应用。该 MCU 有两种封装，图 1-6 为 48 引脚 LQFP 封装，图 1-7 为 38 引脚 TSSOP 封装。本书 MCU 选用 48 引脚 LQFP 封装。为了简化，后续章节该 MCU 用 F28027 表示。

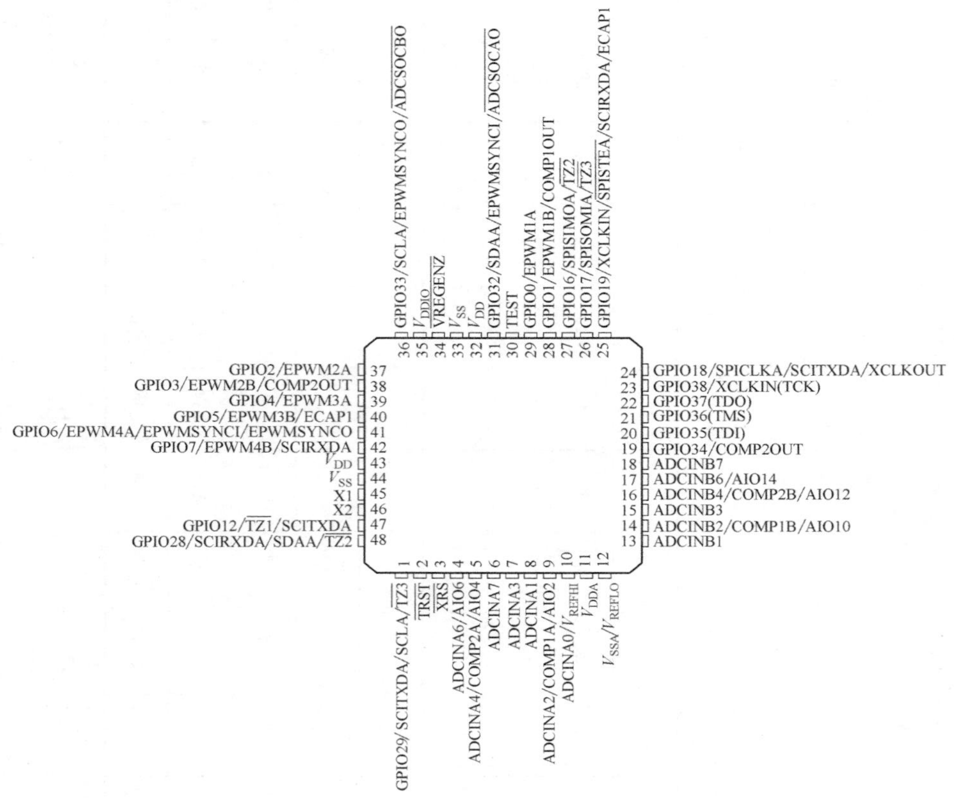

图 1-6 F28027 LQFP 封装（俯视图）

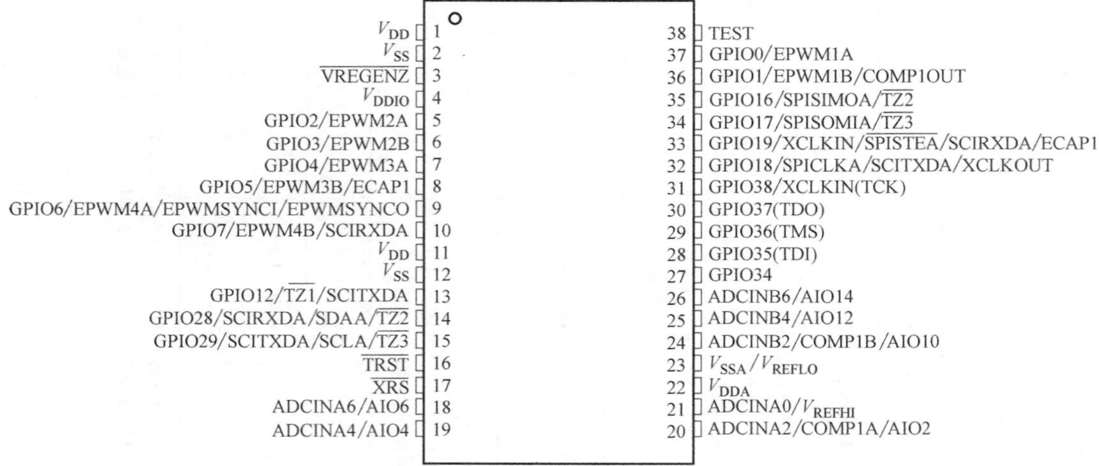

图 1-7 F28027 TSSOP 封装（俯视图）

思考与练习

1-1　什么是嵌入式系统？

1-2　嵌入式系统有什么特点？

1-3　嵌入式系统有哪些分类？

1-4　嵌入式系统与通用计算机的异同点有哪些？

1-5　针对嵌入式系统的专业名词，查阅文献进一步深入理解其基本概念。

1-6　微控制器有什么特点？

1-7　微控制器的基本组成有哪些？

1-8　微控制器的应用领域有哪些？

1-9　登录 www. ti. com 官网，了解 C2000 系列微控制器的特点和应用场合。

1-10　查阅文献资料，了解国产微控制器的性能特点和发展趋势。

第 2 章

C2000系列微控制器及硬件平台

微控制器系统由硬件系统和软件系统组成，硬件是软件工作的基础。本章将介绍 F28027 微控制器的硬件资源、特性、引脚分布以及引脚功能、外设资源、内存映射、开发平台等。通过本章内容的学习，读者可以从整体上掌握 F28027 微控制器的硬件系统，为后续软件开发打下基础。

2.1 MCU 硬件资源

2.1.1 资源概览

F28027 微控制器的硬件资源如下：

（1）高效 32 位 CPU（TMS320C28x™）

①60MHz（16.67ns 周期时间），50MHz（20ns 周期时间），40MHz（25ns 周期时间）。

② 16×16 和 32×32 媒介访问控制（MAC）运算。

③ 16×16 双 MAC。

④ 哈佛（Harvard）总线架构。

⑤ 原子操作（Atomic Operations）。

⑥ 快速中断响应和处理。

⑦ 统一存储器编程模型。

⑧ 高效代码（使用 C/C++和汇编语言）。

（2）小端存储方式

（3）器件成本低

① 3.3V 单电源供电。

② 没有上电和掉电顺序要求。

③ 集成型上电和欠电压复位。

④ 无模拟输入引脚。

⑤ 低功耗。

（4）时钟

① 两个零引脚内部振荡器。

② 片内晶振振荡器或外部时钟输入。

③ 时钟丢失检测。

④ 锁相环（Phase Locked Loop，PLL）时钟可设置。

⑤ 看门狗电路。

（5）外设资源丰富

① 多达 22 个具有输入滤波功能、可单独编程的复用 GPIO 引脚。

② 支持所有外设中断的外设中断扩展（Peripheral Interrupt Expansion，PIE）模块。

③ 3 个 32 位 CPU 定时器。

④ 增强型脉宽调制器（Enhanced Pulse Width Modulator，ePWM），每个 ePWM 都有独立的 16 位计数器。

⑤ 高分辨率 PWM（High-Resolution PWM，HRPWM）。

⑥ 增强型捕获（Enhanced Capture，eCAP）。

⑦ 模-数转换器（Analog-to-Digital Converter，ADC）。

⑧ 片上温度传感器。

⑨ 比较器。

⑩ 串行通信接口，包括异步串行通信接口（Serial Communications Interface，SCI）、串行外设接口（Serial Peripheral Interface，SPI）、内部集成电路总线（Inter-Integrated Circuit，IIC）。

⑪ 片载存储器：Flash、SRAM、OTP、Boot ROM。

（6）安全

① 代码安全模块。

② 128 位安全密钥，保护安全内存块，防止未经授权的代码逆向工程。

（7）高级仿真特性

① 分析和断点功能。

② 硬件实时调试。

（8）其他

① 38 引脚 DA 薄型小外形尺寸封装（TSSOP）。

② 48 引脚 PT 薄型方形扁平封装（LQFP）。

③ 芯片工作温度等级可选。

2.1.2　引脚说明

F28027 微控制器的引脚按其功能进行分类，可以分为 JTAG 接口、闪存（Flash）、时钟信号、复位信号、ADC 模拟输入信号、CPU 和 I/O 电源、电压调节控制信号、GPIO 和外设信号。具体引脚功能见表 2-1。需要说明的是，表中的 I 表示输入，O 表示输出，Z 表示高阻态，OD 表示开漏，↑表示内部上拉，↓表示内部下拉。GPIO 与外设引脚复用，最多有四种不同的功能。除 JTAG 引脚以外，GPIO 功能为引脚复位后的默认功能。所有 GPIO 引脚为 I/O/Z 且有一个可独立使能/禁止的内部上拉电阻。具有 PWM 功能的引脚（GPIO0～GPIO7）的上拉电阻在复位时不启用，其他 GPIO 引脚的上拉电阻在复位时会被启用。

表 2-1 F28027 微控制器引脚说明

端子		I/O/Z	说明
名称	引脚号		
JTAG 接口			
$\overline{\text{TRST}}$	2	I	带有内部上拉电阻的 JTAG 测试复位引脚。当 $\overline{\text{TRST}}$ 为高电平时,该引脚扫描系统获得器件运行的控制权。如果该引脚悬空或为低电平时,则器件在功能模式下运行,并且测试复位信号被忽略 注意:$\overline{\text{TRST}}$ 是一个高电平有效的测试引脚且必须在器件正常运行期间一直保持低电平。这个引脚需要接一个外部下拉电阻(↓),一般为 2.2kΩ 就可以提供足够的保护
TCK	参见 GPIO38	I	JTAG 测试时钟引脚,带有内部上拉电阻(↑)
TMS	参见 GPIO36	I	JTAG 测试模式选择引脚,带有内部上拉电阻(↑)
TDI	参见 GPIO35	I	JTAG 测试数据输入引脚,带有内部上拉电阻(↑)
TDO	参见 GPIO37	O/Z	JTAG 扫描输出,测试数据输出引脚。所选寄存器(指令或者数据)内容在 TCK 下降沿时从 TDO 引脚移出(8mA 驱动)
闪存(Flash)			
TEST	30	I/O	测试引脚,为 TI 测试预留,必须悬空
时钟信号			
XCLKOUT	参见 GPIO18	O/Z	时钟输出引脚,来自 SYSCLKOUT。XCLKOUT 与 SYSCLKOUT 的频率可以相等,也可以是其 1/2 或 1/4,由 XCLK 寄存器位 1:0(XCLKOUTDIV)控制。复位时,XCLKOUT=SYSCLKOUT/4。通过设置 XCLKOUTDIV=3,可以关闭 XCLKOUT 信号。为使该信号到达端口引脚,GPIO18 复用控制器必须设置成 XCLKOUT
XCLKIN	参见 GPIO19 及 GPIO38	I	外部振荡器输入。该引脚从外部 3.3V 振荡器获得时钟信号。在这种情况下,X1 引脚必须接 GND,并且通过 CLKCTL 寄存器的第 14 位禁止片上晶振。若使用晶振,则必须通过 CLKCTL 寄存器的第 13 位禁止 XCLKIN 通道 注意:在调试使用 JTAG 连接器期间,为了防止与 TCK 信号发生冲突,需要禁止 GPIO38 引脚作为 XCLKIN 功能
X1	45	I	片上 1.8V 的晶体振荡器输入。为了使用这个振荡器,在 X1 与 X2 引脚之间要接一个石英晶振或者陶瓷谐振器。此时,必须通过 CLKCTL 寄存器的第 13 位禁止 XCLKIN 通道。如果不使用 X1 引脚,则必须接地
X2	46	O	片上晶体振荡器输出。在 X1 与 X2 引脚之间要接一个石英晶振或者陶瓷谐振器。如果不使用 X2 引脚,则必须悬空
复位信号			
$\overline{\text{XRS}}$	3	I/OD	器件复位输入引脚和看门狗复位输出引脚。Piccolo 器件有一个内置的电源上电复位(POR)和掉电复位(BOR)电路。在上电或掉电时,该引脚电平被内部电路拉低。当发生看门狗复位时,该引脚也会被拉低。在看门狗复位期间,$\overline{\text{XRS}}$ 引脚被持续拉低 512 个 OSCCLK 周期。$\overline{\text{XRS}}$ 引脚和 V_{DDIO} 引脚之间需要外接一个 2.2~10kΩ 的电阻。$\overline{\text{XRS}}$ 和 V_{SS} 之间可以接一个小于 100nF 的电容用于噪声滤波。器件复位时,程序终止运行,PC 指针指向地址 0x3FFFC0。这个引脚的输出缓冲器为带有内部上拉电阻的开漏器件,建议该引脚由开漏驱动器件来驱动
ADC 模拟输入信号(部分引脚有比较器或模拟 I/O 功能,参见数据手册)			
ADCINA7	6	I	ADC A 组,通道 7 输入
ADCINA6	4	I	ADC A 组,通道 6 输入

（续）

端子		I/O/Z	说明
名称	引脚号		
ADC 模拟输入信号（部分引脚有比较器或模拟 I/O 功能，参见数据手册）			
ADCINA4	5	I	ADC A 组，通道 4 输入
ADCINA3	7	I	ADC A 组，通道 3 输入
ADCINA2	9	I	ADC A 组，通道 2 输入
ADCINA1	8	I	ADC A 组，通道 1 输入
ADCINA0 V_{REFHI}	10	I	ADC A 组，通道 0 输入 ADC 外部参考（高电平），仅在 ADC 采用外部参考方式使用
ADCINB7	18	I	ADC B 组，通道 7 输入
ADCINB6	17	I	ADC B 组，通道 6 输入
ADCINB4	16	I	ADC B 组，通道 4 输入
ADCINB3	15	I	ADC B 组，通道 3 输入
ADCINB2	14	I	ADC B 组，通道 2 输入
ADCINB1	13	I	ADC B 组，通道 1 输入
CPU 和 I/O 电源			
V_{DDA}	11		模拟电源引脚，在靠近引脚处接入 2.2μF 电容（典型值）
V_{SSA} V_{REFLO}	12	I	模拟地引脚 ADC 外部参考（低电平），总是接地
V_{DD}	32		CPU 及数字逻辑电源引脚，当采用内部电压调节器（VREG）时不需要提供电源，并且在 V_{DD} 与 GND 之间跨接最小 1.2μF 陶瓷电容器（10%误差）
V_{DD}	43		
V_{DDIO}	35		数字 I/O 及 Flash 电源引脚，当连接 VREG 时提供信号源，在靠近引脚处接入 2.2μF 电容（典型值）
V_{SS}	33		数字地引脚
V_{SS}	44		
电压调节器控制信号			
$\overline{\text{VREGENZ}}$	34	I	内部 VREG 使能/禁止。拉低使能内部 VREG，拉高禁止 VREG
GPIO 和外设信号			
GPIO0 EPWM1A	29	I/O/Z O	通用 I/O 引脚 0 增强型 PWM1 输出 A 通道及 HRPWM 通道
GPIO1 EPWM1B COMP1OUT	28	I/O/Z O O	通用 I/O 引脚 1 增强型 PWM1 输出 B 通道 比较器 1 输出
GPIO2 EPWM2A	37	I/O/Z O	通用 I/O 引脚 2 增强型 PWM2 输出 A 通道及 HRPWM 通道
GPIO3 EPWM2B COMP2OUT	38	I/O/Z O O	通用 I/O 引脚 3 增强型 PWM2 输出 B 通道 比较器 2 直接输出
GPIO4 EPWM3A	39	I/O/Z O	通用 I/O 引脚 4 增强型 PWM3 输出 A 通道及 HRPWM 通道
GPIO5 EPWM3B ECAP1	40	I/O/Z O I/O	通用 I/O 引脚 5 增强型 PWM3 输出 B 通道 增强型捕获输入/输出 1

（续）

端子		I/O/Z	说明
名称	引脚号		
			GPIO 和外设信号
GPIO6	41	I/O/Z	通用 I/O 引脚 6
EPWM4A		O	增强型 PWM4 输出 A 通道及 HRPWM 通道
EPWMSYNCI		I	外部 ePWM 同步脉冲输入
EPWMSYNCO		O	外部 ePWM 同步脉冲输出
GPIO7	42	I/O/Z	通用 I/O 引脚 7
EPWM4B		O	增强型 PWM4 输出 B 通道
SCIRXDA		I	SCI-A 接收端口
GPIO12	47	I/O/Z	通用 I/O 引脚 12
$\overline{\text{TZ1}}$		I	PWM 故障联防触发输入 1
SCITXDA		O	SCI-A 发送端口
GPIO16	27	I/O/Z	通用 I/O 引脚 16
SPISIMOA		I/O	SPI-A 从入，主出
$\overline{\text{TZ2}}$		O	PWM 故障联防触发输入 2
GPIO17	26	I/O/Z	通用输入/输出端口 17
SPISOMIA		I/O	SPI-A 从出，主入
$\overline{\text{TZ3}}$		I	PWM 故障联防触发输入 3
GPIO18	24	I/O/Z	通用 I/O 引脚 18
SPICLKA		I/O	SPI-A 时钟输入/输出
SCITXDA		O	SCI-A 发送端口
XCLKOUT		O/Z	参见时钟信号说明
GPIO19	25	I/O/Z	通用 I/O 引脚 19
XCLKIN		—	外部振荡器时钟输入。这种情况下不能启用其他外设功能
$\overline{\text{SPISTEA}}$		I/O	SPI-A 从机发送使能输入/输出
SCIRXDA		I	SCI-A 接收端口
ECAP1		I/O	增强型捕获输入/输出 1
GPIO28	48	I/O/Z	通用 I/O 引脚 28
SCIRXDA		I	SCI 接收端口
SDAA		I/OD	I2C 数据开漏双向端口
$\overline{\text{TZ2}}$		I	PWM 故障联防触发输入 2
GPIO29	1	I/O/Z	通用 I/O 引脚 29
SCITXDA		O	SCI 发送端口
SCLA		I/OD	I2C 时钟开漏双向端口
$\overline{\text{TZ3}}$		I	PWM 故障联防触发输入 3
GPIO32	31	I/O/Z	通用 I/O 引脚 32
SDAA		I/OD	I2C 时钟开漏双向端口
EPWMSYNCI		I	增强型 PWM 外部同步脉冲输入
$\overline{\text{ADCSOCAO}}$		O	ADC 转换启动(SOC)A
GPIO33	36	I/O/Z	通用 I/O 引脚 33
SCLA		I/OD	I2C 时钟开漏双向端口
EPWMSYNCO		O	增强型 PWM 外部同步脉冲输出
$\overline{\text{ADCSOCBO}}$		O	ADC 转换启动(SOC)B

（续）

端子		I/O/Z	说明
名称	引脚号		
GPIO 和外设信号			
GPIO34 COMP2OUT	19	I/O/Z O	通用 I/O 引脚 34 比较器 2 直接输出
GPIO35 TDI	20	I/O/Z I	通用 I/O 引脚 35 具有内部上拉的 JTAG 测试数据输入（TDI）端口，在 TCK 上升沿时，TDI 信号输入到被选寄存器（指令或数据）
GPIO36 TMS	21	I/O/Z I	通用 I/O 引脚 36 具有内部上拉的 JTAG 测试数据输入（TMS）端口，在 TCK 上升沿时，TMS 这个连续的控制输入信号输入到 TAP 控制器
GPIO37 TDO	22	I/O/Z O/Z	通用 I/O 引脚 37 JTAG 扫描输出，测试数据输出（TDO）端口。被选寄存器（指令或数据）的内容在 TCK 的下降沿移出 TDO（8mA 驱动）
GPIO38 TCK XCLKIN	23	I/O/Z I I	通用 I/O 引脚 38 具有内部上拉的 JTAG 测试时钟（TCK 端口） 外部振荡器输入。这种情况下不能启用其他外设功能

2.2　MCU 硬件功能概述

图 2-1 为 F28027 MCU 的原理框图。它有一个 32 位的 CPU 内核（TMS320C28x），主频高达 60MHz，同时具有 GPIO、模-数转换器（ADC）、增强型 PWM 模块、增强型捕获模块、串行通信接口、串行外设接口等外设。功能丰富强大，用户可以方便地用它来开发高性能的微控制器系统。片内集成了 Flash 存储器，程序可以直接烧写到 Flash 中，实现脱机运行。

1. CPU

2802x（C28x）系列是 TMS320C2000™ 微控制器平台的成员，是 32 位定点 CPU 架构。C2000 开发平台具有非常高效的 C/C++编译器，编程者可以使用 C/C++高级语言开发系统控制软件和数字算法。数字算法任务与系统控制任务的处理效率同样高效，这一特性免除了在许多系统中对第二个微处理器的需要。32×32 位的乘法器、乘法累加器（Multiply and Accumulate，MAC）的 64 位处理能力能提高数字信号处理的分辨率，减少数字处理误差。

TMS320C28x 具有增强型快速中断响应机制和重要控制寄存器自动写保护机制，并能够以最小的延迟中断处理多个异步事件；具有 8 级深度并受保护的流水线和流水线存储器存取机制，无须昂贵的高速存储器便可高速运行；具有专门的转移超前（Branch-Look-Ahead）硬件，使条件不连续延迟最小化。专门的条件操作存储机制进一步提高了控制器性能。

2. 外设总线（Peripheral Bus）

为了在 TI C2000 系列 MCU 之间方便地实现外设迁移，MCU 采用了一种针对外设互联的外设总线标准。外设总线桥复用了多种总线，并将 CPU 内存总线组装进一个由 16 条地址线和 16 条或 32 条数据线和相关控制信号组成的单总线中。有 3 种类型的外设总线版本，一种是支持 16 位访问（外设帧 2），一种是支持 16 位或 32 位访问（外设帧 1），另外一种是外设帧 0 通过 CPU 内存总线访问。

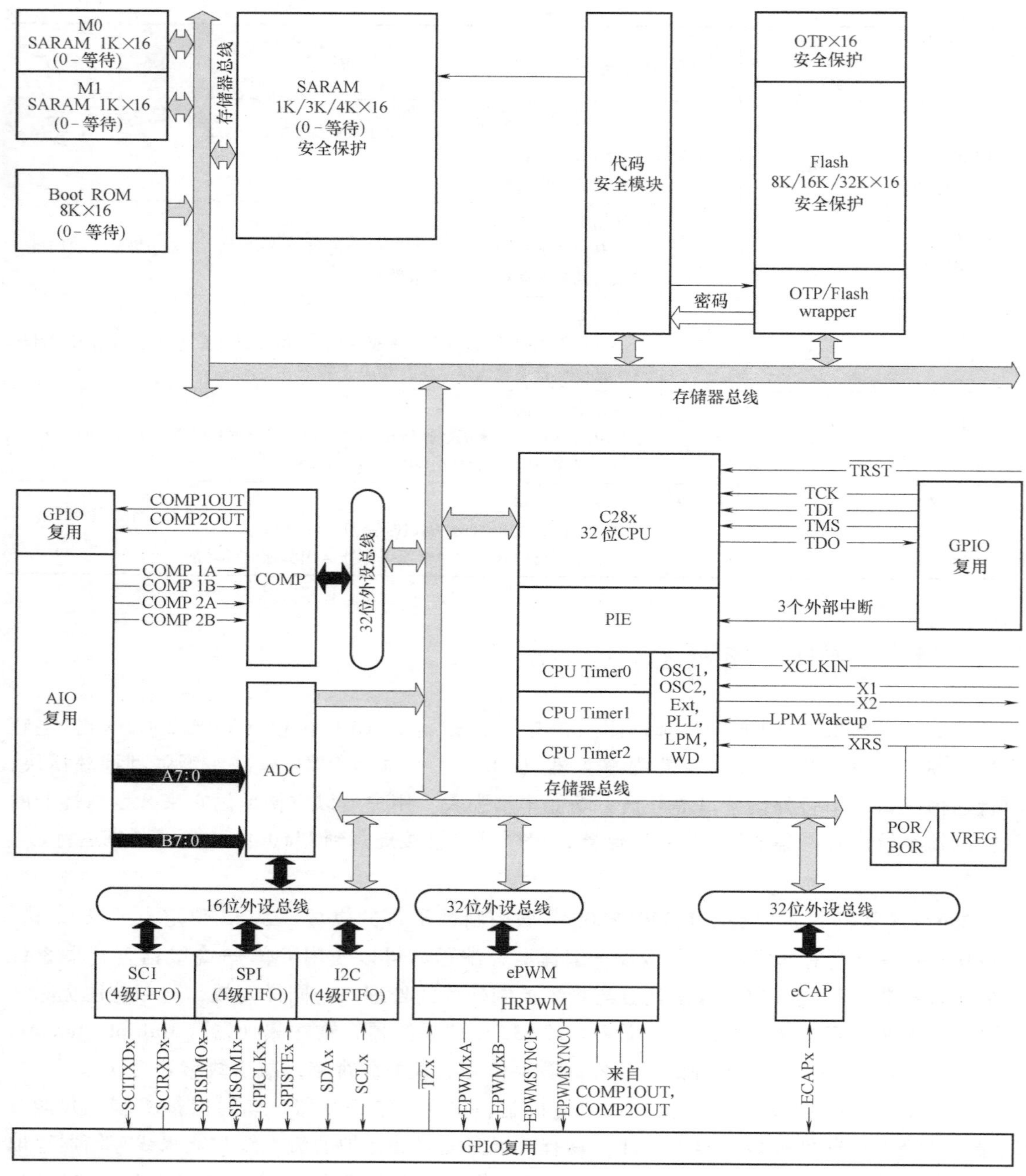

图 2-1　F28027MCU 原理框图

3. 内存总线（Memory Bus）

F28027MCU 内存总线结构属于 C28x 内存总线架构，是一种哈佛总线架构，即在内存、外设和 CPU 之间采用多总线结构。总线架构包含程序读总线、数据读总线和数据写总线。程序读总线由 22 条地址线和 32 条数据线组成；数据读和数据写总线由 32 条地址线和 32 条数据线组成。32 位数据总线可实现单周期 32 位操作，使得 C28x 能够在单周期内读取一个指令、读取一个数据和写入一个数据。

内存总线访问的优先级概括为

最高级：数据写（内存总线上不能同时进行数据和程序写入操作）

程序写（内存总线上不能同时进行数据和程序写入操作）

数据读

程序空间数据读（内存总线上不能同时进行程序空间数据和指令的读取）

最低级：取指令（内存总线上不能同时进行程序空间数据和指令的读取）

4. 闪存（Flash）

F28027MCU 包含：32K×16 的嵌入式闪存存储器，分别放置在 4 个 8K×16 扇区内；一个 1K×16 一次性可编程（One-Time Programmable，OTP）内存。用户可以单独擦除、编辑和验证一个闪存扇区，但不能使用闪存的一个扇区或者 OTP 来执行擦除/编辑其他扇区的闪存算法。Flash 采用特殊的流水线存储器操作使得闪存实现更高的性能。闪存/OTP 被映射到程序和数据空间，可用于执行代码或存储数据，闪存或 OTP 受代码安全保护。

5. M0、M1 SARAM

SARAM（Single Access RAM）即单周期访问 RAM，一个周期只能访问一次，不能同时进行读写操作。M0 和 M1 大小为 1K×16，可以被映射到程序空间或数据空间。用户能够使用 M0 和 M1 来执行代码或者保存数据变量。不同的分区由连接器进行连接。这种统一的内存映射，使得用高级语言编程变得更加容易。

6. L0 SARAM

L0 SARAM 大小为 4K×16，可以映射到程序和数据空间。一般在程序调试阶段用作程序存储空间。

7. 引导 ROM（Boot ROM）

引导 ROM 用来保存芯片厂家烧写的引导程序。上电复位后，检测 F28027 的 3 个引脚信号（GPIO34、GPIO37 和 $\overline{\text{TRST}}$）电平，引导程序根据这 3 个引脚信号电平决定执行哪种引导模式。用户可以选择正常引导或者从外部连接下载更新用户软件（引导过程的具体细节见 4.6 节）。引导 ROM 还包含数学运算的相关表格，如 SIN/COS 表格。

8. 代码安全模块（Code Security Module，CSM）

代码安全模块保护程序的安全性，它禁止未授权的用户访问片内存储器，禁止未授权的代码复制或者逆向工程操作，可用于保护闪存/OTP 和 L0 SARAM。安全模块有一个 128 位密钥，密钥由用户编程时写入闪存。用户访问受保护的存储空间时，必须写入与存储在闪存密钥位置内的 128 位密钥值一致的密钥。

9. 外设中断扩展模块（PIE）

PIE 用于管理众多的外设中断，能够支持多达 96 个外设中断。96 个外设中断分成 12 组，每组 8 个外设中断，每个中断都有一个对应的中断入口地址（中断向量）。CPU 响应中断时自动获取中断入口地址并保存关键的 CPU 寄存器值，这个过程需要 8 个时钟周期，因此 CPU 能够对中断事件快速做出响应。可以通过硬件和软件控制中断的优先级，在 PIE 模块使能/禁止相应的外设中断。

10. 外部中断（External Interrupts）

有 3 个可屏蔽的外部中断 XINT1～XINT3。每一个中断可选择上升沿、下降沿或两者都可以触发，并能够使能/禁止。外部中断还包含一个 16 位自由运行的增计数器，当检测到一个有效的触发沿时，计数器复位为 0。外部中断没有专用引脚，可以选择 GPIO0~GPIO31 任意引脚作为外部中断的输入。

11. 内部振荡器，振荡器，锁相环（PLL）

F28027 有两个内部振荡器、一个外接晶振源的振荡器和一个外部时钟输入接口。提供可编程的 PLL 对时钟信号进行倍频，PLL 模块可设定为旁路工作模式。

12. 看门狗

看门狗电路包含监测内核的 CPU 看门狗电路和监测时钟丢失的 NMI（Non-Maskable Interrupt）看门狗电路。当发生时钟故障时，NMI 看门狗电路可生成一个中断和器件复位信号。CPU 看门狗电路需要定期“喂狗”，否则，将输出复位 CPU 信号。用户可以禁止 CPU 看门狗。

13. 通用输入/输出多功能复用器（GPIO Mux）

大多数的外设信号与通用输入/输出共用引脚。复位时，GPIO 引脚配置为输入，用户可以配置每个引脚为通用 GPIO 或者特殊功能引脚，对于特定的输入，用户可以配置噪声滤波。GPIO 引脚输入信号也可以作为芯片低功耗模式的唤醒。

14. 32 位定时器 0，1，2

3 个 32 位定时器分别是 CPU Timer0、CPU Timer1 和 CPU Timer2。它们功能一样，都有一个 32 位的减计数器。输入的计数脉冲可以进行预分频。当计数到 0，在下一个计数脉冲信号到来时产生一个中断信号，并且重新装载周期值。

15. 控制外设

该芯片支持以下用于嵌入式控制的外设：

1）ePWM 模块。F28027 中拥有 4 组 ePWM 模块，分别是 ePWM1、ePWM2、ePWM3 和 ePWM4。每组模块有两路输出，分别是 ePWMxA 和 ePWMxB。在描述 ePWM 模块时，为了泛指，采用 ePWMx 来表示，字母“x”取值从 1~n，n 为芯片具有的 ePWM 模块数。每个 ePWM 模块内部由 8 个子模块组成，分别是时基（TB）子模块、计数器比较（CC）子模块、动作限定（AQ）子模块、死区（DB）子模块、斩波（PC）子模块、事件触发（ET）子模块、故障联防（TZ）子模块和数字比较器（DC）子模块。

2）eCAP 模块。F28027 有 1 个 eCAP 输入，使用 32 位定时器时基实现事件捕获，主要应用在速度测量、脉冲序列周期测量等方面。该外设还可以配置为辅助 PWM 输出。

3）ADC。F28027 有一个 12 位的模-数转换器，其前端为两个八选一多路切换器和两路采样/保持器，构成 16 路模拟输入通道（实际只有 13 路外部输入）。模拟通道的切换由硬件自动控制，转换结果存入对应的结果寄存器中。

4）模拟比较器（Comparator）。比较器的一个输入由内部 10 位参考量设定。

16. 串行通信外设

该芯片支持下列串行通信外设：

1）SCI。通常称为 UART，有 4 级接收/发送 FIFO 寄存器。

2）SPI。SPI 是一个高速、同步串行接口，常用于 MCU 和外设之间的通信，有 4 级接收/发送 FIFO 寄存器。

3）IIC。IIC 是两线式串行总线，常用于 MCU 和其他器件之间的接口，有 4 级接收/发送 FIFO 寄存器。

2.3 内存映射

图 2-2 为 F28027MCU 的存储空间分配。F28027MCU 内部集成了各种不同的存储介质，有 32K×16 位的 Flash，6K×16 位的 SARAM，8K×16 位的引导 ROM，1K×16 位的 OTP ROM 和外设帧寄存器等。F28027MCU 的数据空间和程序空间是统一编址的，各存储器地址都是连续而且唯一的。存储器单元的地址在设计时就已确定，也就是存储器映像（Map），根据存储器单元的地址，就能找到相应的存储单元。以下按地址分别说明。

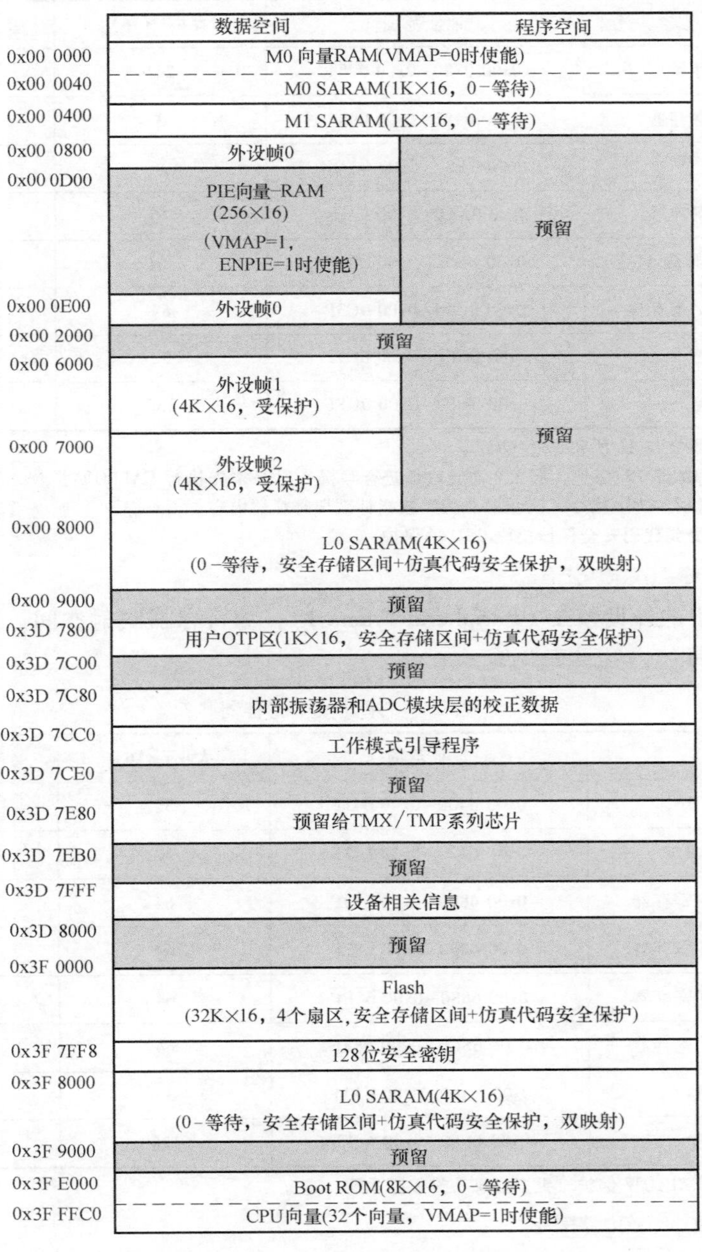

图 2-2　F28027MCU 存储空间分配

1. 0x00 0000～0x00 07FF

M0 SARAM 和 M1 SARAM 大小均为 1K×16 位，地址范围分别为 0x00 0000～0x00 03FF、0x00 0400～0x00 07FF。当复位后，堆栈指针指向 M1 块的起始地址，堆栈指针向上生长。M0、M1 可以映射到程序区或数据区。

2. 0x00 0800～0x00 1FFF

对应图 2-2 中的外设帧 0（Peripheral Frame 0），为寄存器映射空间，该空间直接通过 CPU 内存总线访问。具体内容见表 2-2。

表 2-2　外设帧 0 寄存器①

名称	地址范围	大小(×16)	EALLOW 保护②
器件仿真寄存器	0x00 0880～0x00 0984	261	是
系统电源控制寄存器	0x00 0985～0x00 0987	3	是
闪存寄存器③	0x00 0A80～0x00 0ADF	96	是
代码安全模块寄存器	0x00 0AE0～0x00 0AEF	16	是
ADC 结果寄存器(0 等待 只读)	0x00 0B00～0x00 0B0F	16	否
CPU-定时器 0/1/2 寄存器	0x00 0C00～0x00 0C3F	64	否
PIE 寄存器	0x00 0CE0～0x00 0CFF	32	否
PIE 向量表	0x00 0D00～0x00 0DFF	256	否

① 外设帧 0 寄存器支持 16 位和 32 位访问。

② 如果寄存器受 EALLOW 保护，那么在对寄存器进行写操作时必须先执行 EALLOW 指令，否则写操作无效。写操作结束后必须执行 EDIS 指令，防止非法代码或指针破坏寄存器内容。

③ 闪存寄存器也受到代码安全保护模块 CSM 的保护。

3. 0x00 6000～0x00 6FFF

对应图 2-2 中的外设帧 1（Peripheral Frame 1），为寄存器映射空间，该空间通过 32 位外设总线访问。具体内容见表 2-3。

表 2-3　外设帧 1 寄存器

名称	地址范围	大小(×16)	EALLOW 保护
比较寄存器 1	0x00 6400～0x00 641F	32	①
比较寄存器 2	0x00 6420～0x00 643F	32	①
ePWM1+HRPWM1 寄存器	0x00 6800～0x00 683F	64	①
ePWM2+HRPWM2 寄存器	0x00 6840～0x00 687F	64	①
ePWM3+HRPWM3 寄存器	0x00 6880～0x00 68BF	64	①
ePWM4+HRPWM4 寄存器	0x00 68C0～0x00 68FF	64	①
eCAP1 寄存器	0x00 6A00～0x00 6A1F	32	否
GPIO 寄存器	0x00 6F80～0x00 6FFF	128	①

① 有些寄存器受 EALLOW 保护。更多信息参见数据手册。

4. 0x00 7000～0x00 7FFF

对应图 2-2 中的外设帧 2（Peripheral Frame 2），为寄存器映射空间，该空间通过 16 位外设总线访问。具体内容见表 2-4。

表 2-4　外设帧 2 寄存器

名称	地址范围	大小(×16)	EALLOW 保护
系统控制寄存器	0x00 7010~0x00 702F	32	是
SPI-A 寄存器	0x00 7040~0x00 704F	16	否
SCI-A 寄存器	0x00 7050~0x00 705F	16	否
NMI 看门狗中断寄存器	0x00 7060~0x00 706F	16	是
外部中断寄存器	0x00 7070~0x00 707F	16	是
ADC 寄存器	0x00 7100~0x00 717F	128	①
I2C-A 寄存器	0x00 7900~0x00 793F	64	①

① 有些寄存器受 EALLOW 保护。更多信息参见数据手册。

5. 0x00 8000~0x00 8FFF

L0 SARAM 的大小为 4K×16 位，既可以映射到程序区，也可以映射到数据区。L0 SRAM 受片上的 Flash 中的密码保护和仿真代码安全逻辑（Emulation Code Security Logic，ECSL）保护，可以避免程序和数据被他人非法复制。L0 SRAM 地址为双映射，可以映射到 0x00 8000~0x00 8FFF，也可以映射到 0x3F 8000~0x3F 8FFF。

6. 0x3D 7800~0x3D 7BFF

用户 OTP 区的大小为 1K×16 位，既可以映射到程序区，也可以映射到数据区。受片上的 Flash 中的密码保护和仿真代码安全保护，该存储区只能编程一次而且不可擦除。

7. 0x3D 7C80~0x3D 7CBF

该存储空间为内部振荡器和 ADC 模块的校正数据空间。由厂家进行编程，用户不可编程。

8. 0x3D 7CC0~0x3D 7CDF

该存储空间保存 MCU 工作模式引导程序。在 MCU 初始化引导时调用引导程序进入相应模式。具体引导方法参见 4.6 节。

9. 0x3D 7E80~0x3D 7EAF

该存储空间预留给 TMX/TMP 系列芯片使用。

10. 0x3D 7FFF

保存设备相关信息，对于 TI 28027PT 读取值为 0x00CF。

11. 0x3F 0000~0x3F 7FF7

F28027 的 Flash 空间分为四个扇区，每个扇区大小为 8K×16 位，分别是扇区 D、扇区 C、扇区 B、扇区 A。具体内容见表 2-5。

表 2-5　F28027 Flash 扇区地址

地址范围	程序和数据空间
0x3F 0000~0x3F 1FFF	扇区 D(8K×16)
0x3F 2000~0x3F 3FFF	扇区 C(8K×16)

（续）

地址范围	程序和数据空间
0x3F 4000～0x3F 5FFF	扇区 B（8K×16）
0x3F 6000～0x3F 7F7F 0x3F 7F80～0x3F 7FF5 0x3F 7FF6～0x3F 7FF7 0x3F 7FF8～0x3F 7FFF	扇区 A（8K×16） 当使用代码安全模式时，编程为 0x0000 保存程序分支指令，引导模式为 Flash 时的程序入口地址 128 位的安全密钥（用户不可设置为全零，否则永久锁定芯片）

如果使用代码安全模式，Flash 空间 0x3F 7F80～0x3F 7FF5 不能用来存放程序代码或数据，必须将这些区域编程为 0x0000。

如果不使用安全代码模式，Flash 空间 0x3F 7F80～0x3F 7FEF 可以用来存放程序代码或数据，但 Flash 空间 0x3F 7FF0～0x3F 7FF5 只能用于存储数据，不能用于存放程序代码。

12. 0x3F 7FF8～0x3F 7FFF

128 位密码区，密钥由用户编程时写入闪存。为了使能访问安全存储区间（Secure Zone），用户必须写入与存储在闪存密钥位置内的 128 位密钥值一致的密钥。

除了 CSM，ECSL（仿真代码安全逻辑电路）也已经实现防止未经授权的用户代码访问。在仿真器连接时，任何对于闪存、用户 OTP 或者 L0 内存的代码或者数据访问将进入 ECSL 陷阱并断开仿真连接。为了实现安全代码仿真，同时保持 CSM 安全内存读取，用户必须向 KEY 寄存器的低 64 位写入正确的值。这个值与存储在闪存密钥位置的低 64 位的值相吻合。请注意仍须执行闪存内 128 位密钥的假读取。如果密钥位置的低 64 位为全 1（未被编辑），那么无须写入 KEY 值。

13. 0x3F E000～0x3F FFFF

引导 ROM 用于保存 TI 的引导装载程序和 IQ 数学表，在芯片出厂时已经完成编程。引导 ROM 的存储空间分配如图 2-3 所示，包含 IQ 数学表、IQ 数学函数、Boot loader 函数、Flash 应用程序接口库、ROM 版本和 ROM 校验和、复位向量和 CPU 向量表几个部分。

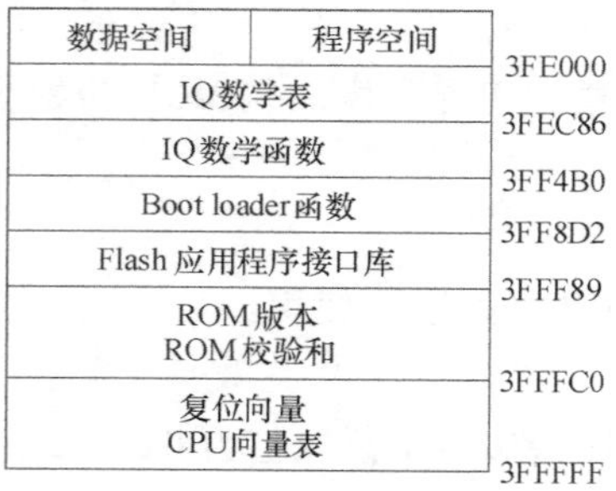

数据空间	程序空间	地址
		3FE000
IQ数学表		3FEC86
IQ数学函数		3FF4B0
Boot loader函数		3FF8D2
Flash应用程序接口库		3FFF89
ROM版本 ROM校验和		3FFFC0
复位向量 CPU向量表		3FFFFF

图 2-3　引导 ROM 存储空间分配

针对 TMS320C28x 系列芯片，TI 公司推出了 C28x IQ 数学库，库中包含了高度优化和高精度的数学函数，利用存储在引导 ROM 中的定点数学表和函数将器件上的浮点算法转换成定点代码，加快芯片执行浮点运算的速度。

在 F28027 的片上引导 ROM 中，包含了用于编程和擦除 Flash 的 API，可以使用 boot ROM flash API symbol library 来调用存储在引导 ROM 中的 Flash API。

F28027 的 CPU 向量表位于引导 ROM 的 0x3F FFC0～0x3F FFFF 地址内，CPU 向量表

见表 2-6。在复位后，当 VMAP = 1，ENPIE = 0（PIE 向量表禁止）时，CPU 向量表被激活。其中 VMAP 位于状态寄存器（ST1）中，复位后为 1，在正常工作模式下值保持为 1。ENPIE 位于 PIECTRL 寄存器，在复位后默认状态值为 0，此时禁止 PIE 模块。在 CPU 向量表中，唯一可以直接使用的是位于 0x3F FFC0 的复位向量（Reset），复位向量保存着 InitBoot 函数的入口地址。其他向量作为 TI 测试使用，指向 M0 存储空间地址，正常操作时没有使用。

表 2-6 F28027 CPU 向量表

向量	引导 ROM 中的地址	内容	向量	引导 ROM 中的地址	内容
Reset	0x3F FFC0	InitBoot	RTOSINT	0x3F FFE0	0x00 0060
INT1	0x3F FFC2	0x00 0042	Reserved	0x3F FFE2	0x00 0062
INT2	0x3F FFC4	0x00 0044	NMI	0x3F FFE4	0x00 0064
INT3	0x3F FFC6	0x00 0046	ILLEGAL	0x3F FFE6	ITRAP Isr
INT4	0x3F FFC8	0x00 0048	USER1	0x3F FFE8	0x00 0068
INT5	0x3F FFCA	0x00 004A	USER2	0x3F FFEA	0x00 006A
INT6	0x3F FFCC	0x00 004C	USER3	0x3F FFEC	0x00 006C
INT7	0x3F FFCE	0x00 004E	USER4	0x3F FFEE	0x00 006E
INT8	0x3F FFD0	0x00 0050	USER5	0x3F FFF0	0x00 0070
INT9	0x3F FFD2	0x00 0052	USER6	0x3F FFF2	0x00 0072
INT10	0x3F FFD4	0x00 0054	USER7	0x3F FFF4	0x00 0074
INT11	0x3F FFD6	0x00 0056	USER8	0x3F FFF6	0x00 0076
INT12	0x3F FFD8	0x00 0058	USER9	0x3F FFF8	0x00 0078
INT13	0x3F FFDA	0x00 005A	USER10	0x3F FFFA	0x00 007A
INT14	0x3F FFDC	0x00 005C	USER11	0x3F FFFC	0x00 007C
DLOGINT	0x3F FFDE	0x00 005E	USER12	0x3F FFFE	0x00 007E

2.4 时钟

如果把 CPU 比作人的“大脑”，那么时钟就相当于人的“心脏”，能为 MCU 提供其正常运行的动力和节奏。时钟本质上就是固定频率的脉冲信号，为 MCU 工作提供基准时序。

F28027 提供了灵活的方式来产生系统时钟信号 SYSCLKOUT。系统时钟信号有两个设置：其一是时钟来源的选择；其二是锁相环的参数设置。另外，系统还对时钟提供了管理机制。

1. 时钟来源选择

F28027 提供了四种时钟来源，如图 2-4 所示，包括：①提供外接晶振的接口来实现内部振荡电路的工作；②直接用外接时钟信号 XCLKIN；③内部振荡器 Internal OSC1；④内部振荡器 Internal OSC2。内部振荡器的工作频率是 10MHz，MCU 上电复位后默认的时钟来源是 Internal OSC1。内部振荡器无须额外的元器件，使用简单，本书所采用的实验平台就是采用内部振荡器 OSC1 来产生时钟信号的。

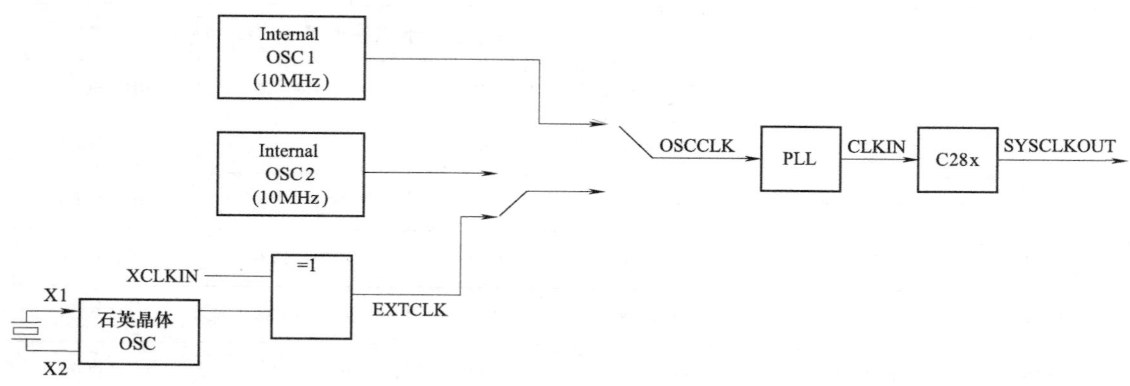

图 2-4　时钟来源示意图

2. 锁相环（PLL）参数设置

F28027 系统时钟的工作频率一般为 40~60MHz。这样就需要对振荡器工作产生的时钟信号进行倍频，这项工作由锁相环电路来完成，用户可以根据选定的系统时钟频率来设置锁相环倍频参数。

锁相环是一种反馈电路，其特点是利用外部输入的参考信号控制环路内部振荡信号的频率和相位。锁相环电路原理框图如图 2-5 所示。锁相环由鉴相器（PD）、环路滤波器（LF）和压控振荡器（VCO）组成。鉴相器用来鉴别输入信号与输出信号之间的相位差，并输出偏差电压，偏差电压的噪声和干扰成分被低通性质的环路滤波器滤除，形成压控振荡器的控制电压 U_c。U_c 作用于压控振荡器的结果是把它的输出振荡频率 f_{out} 拉向环路输入信号频率 f_r，当二者相等时，环路被锁定，这也是锁相环名称的由来。

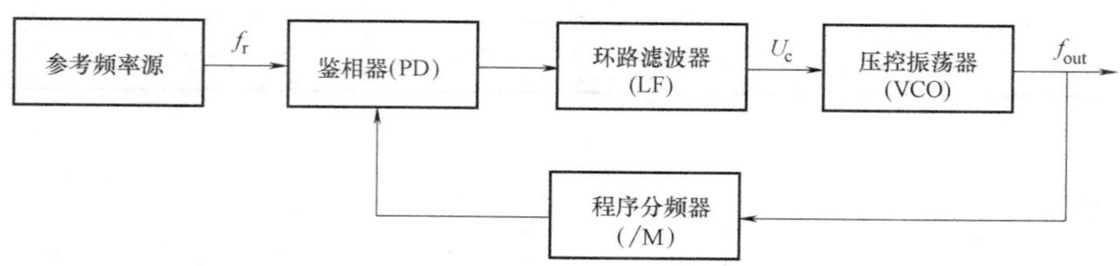

图 2-5　锁相环电路原理框图

MCU 的片上锁相环，可以通过软件配置锁相环的输出频率，提高系统的灵活性和可靠性。锁相环可以对输入的信号频率进行倍频，允许外接晶振的工作频率较低，经过锁相环后输出较高的系统时钟。这种设计可以有效降低系统对外部时钟的依赖和电磁干扰，提高系统启动和运行的可靠性，降低系统对硬件的设计要求。

3. 时钟的管理机制

锁相环模块除了为 C28x 内核提供时钟外，还输出系统时钟 SYSCLKOUT 给外设使用。为了达到节能目的，TI 对时钟提供一种管理机制，每个外设模块都可以对时钟输入进行使能或禁止（CLK ENABLE），只对需要工作的模块提供时钟信号，不工作的模块不提供时钟信号。系统时钟和各模块的关联图如图 2-6 所示。可以看到，系统时钟可以再次被处理，生成低速时钟信号 LSPCLK，用于低速外设模块，如 SCI 模块和 SPI 模块。

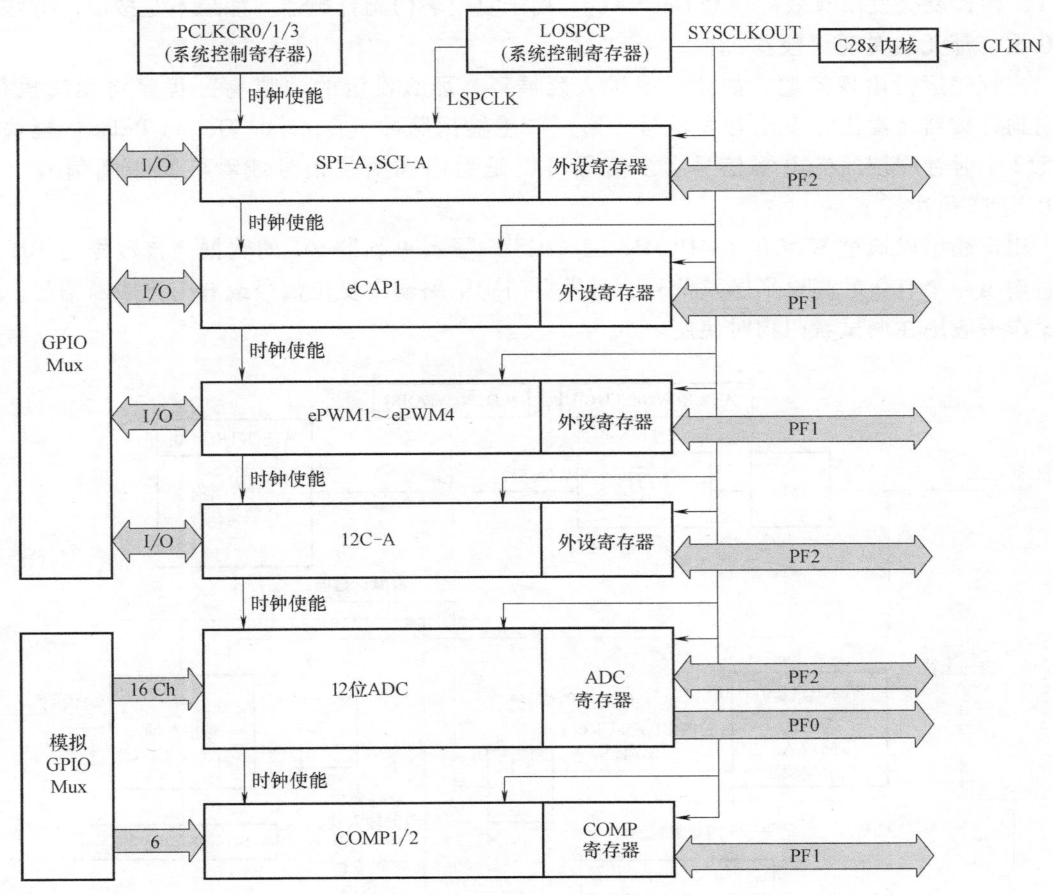

图 2-6　系统时钟和各模块的关联图

2.5　看门狗电路

在 MCU 工作过程中，可能会由于某种原因导致 CPU 无法按照设定的程序运行，出现死机情况。为了使 MCU 能够自主处理这类故障，F28027 提供了看门狗模块。该模块本质上是一个计数器，在计数器溢出时，它会产生一个复位信号，来复位 CPU 或者产生看门狗中断。为了不让它产生复位信号，那就需要在计数器溢出前对它清零，俗称“喂狗”。当程序运行出现问题，那么设定的“喂狗”程序也将无法执行，这样看门狗就会产生复位信号或发出看门狗中断信号。

在默认情况下，看门狗模块处于工作状态。对于初学者，建议禁止看门狗，避免程序错误引起系统复位，造成更多的调试困扰。

图 2-7 为看门狗电路原理框图。时钟源 OSCCLK 经过 512 分频后再进行可编程的看门狗预分频（Watchdog Prescaler），输出脉冲作为看门狗计数器（Watchdog Counter）的计数脉冲。看门狗 55+AA 关键字检测（Watchdog 55+AA Key Detector）是看门狗的“喂狗”操作。“喂狗”时，需要先写入数据“55”给寄存器 WDKEY，接着写入“AA”给寄存器 WDKEY，硬件就会发出有效的信号 Good Key，用于复位看门狗计数器。如果不是按以上方法写入数据，都无法实现“喂狗”。

当程序运行出现问题，如死机或进入死循环，那么设定的“喂狗”程序将无法执行，看门狗计数器将溢出并发出触发信号，通过产生输出脉冲（Generate Output Pulse）模块输出 512 个时钟周期的低电平信号。该信号可以是看门狗复位信号或看门狗中断信号（由 WDENINT 位决定）。

用户还可以通过 WDCR（WDCHK（2：0））写入一个非 101 的数据，该数据与 101 异或后输出一个有效的高电平触发信号，触发看门狗电路输出复位信号或看门狗中断信号。这种操作一般用在调试看门狗时使用。

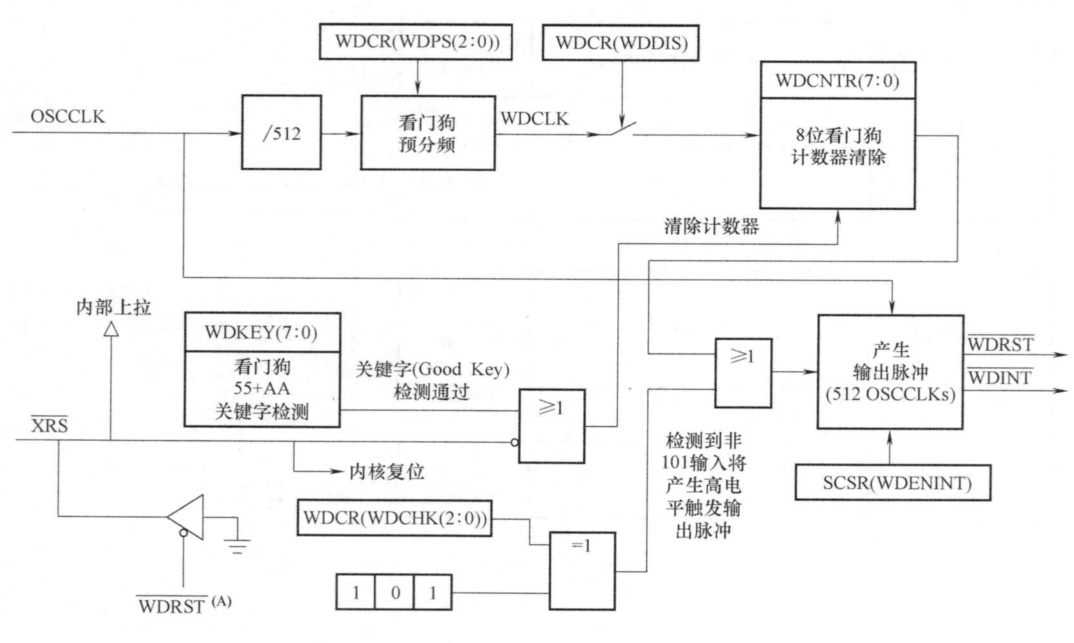

图 2-7 看门狗原理框图

2.6 低功耗模式

F28027 的低功耗模式见表 2-7。F28027 提供了三种低功耗模式：空闲模式（IDLE）、待机模式（STANDBY）、暂停模式（HALT）。

表 2-7　F28027 的低功耗模式

模式	LPMCR0(1:0)	OSCCLK	CLKIN	SYSCLKOUT	唤醒方式
空闲模式（IDLE）	00	打开	打开	打开	$\overline{\text{XRS}}$，看门狗中断、任何使能的中断
待机模式（STANDBY）	01	打开（看门狗正常运行）	关闭	关闭	$\overline{\text{XRS}}$，看门狗中断、GPIO A 端口信号、仿真器信号
暂停模式（HALT）	1x	关闭（片上振荡电路和 PLL 关闭，看门狗无作用）	关闭	关闭	$\overline{\text{XRS}}$，GPIO A 端口信号、仿真器信号

（1）空闲模式（IDLE）

任何中断都可以退出空闲模式。在空闲模式期间，LPM 模块本身不执行任何任务。

（2）待机模式（STANDBY）

如果寄存器 LPMCR0［1：0］为 01，当执行到 IDLE 指令时，控制器进入待机模式。该模式下，CPU 输入时钟信号停止，系统时钟信号 SYSCLKOUT 停止。内部晶振、PLL 和看门狗正常工作。根据需要，选择用于唤醒的 GPIO PORT A（GPIO［31：0］）引脚，并通过 LPMCRO 寄存器配置引脚需要保持的低电平时钟数。

（3）暂停模式（HALT）

如果寄存器 LPMCR0［1：0］为 10 或 11，当执行到 IDLE 指令时，控制器进入暂停模式。该模式下，CPU 输入时钟信号停止，系统时钟信号 SYSCLKOUT 停止，PLL 停止工作。可以通过 $\overline{\text{XRS}}$、GPIO PORT A（GPIO［31：0］）引脚唤醒。

2.7　片内电压调节器/欠电压复位/上电复位

1. 片内电压调节器

尽管 MCU 的内核和 I/O 电路工作电压不同，但用户应用板无须另外的外部调节器，可以通过芯片内部的电压调节器（VREG）来生成内核所需的 V_{DD} 电压，用户应用板只需给 V_{DDIO} 供电即可。为了使用片内电压调节器，$\overline{\text{VREGENZ}}$ 引脚应被接至低电平，每个 V_{DD} 引脚需连接电容值为 1.2μF（最小值）的电容并放置在尽量靠近 V_{DD} 引脚的位置。

为了节约片内资源，也可禁止片内电压调节器，而使用一个效率更高的外部调节器给 V_{DD} 引脚提供内核逻辑电压。为了使能此选项，$\overline{\text{VREGENZ}}$ 引脚应接至高电平。

2. 片内上电复位和欠电压复位电路

芯片内部提供了两种电压监测电路：上电复位电路（POR）和欠电压复位电路（BOR）。上电复位电路的目的是在整个上电过程，对器件产生一个有效的复位信号。器件上电过程结束后，欠电压复位电路对 V_{DDIO} 进行监测，如果使能片内电压调节器，还对 V_{DD} 进行监测。POR 的电压保护点比 BOR 低。当电压低于相应的保护点时，复位电路把 $\overline{\text{XRS}}$ 拉至低电平引起复位过程。

图 2-8 为 VREG、POR 和 BOR 信号连接图。其中，$\overline{\text{WDRST}}$ 为看门狗复位信号，$\overline{\text{PBRS}}$ 为上电或掉电复位信号。欠电压复位功能可以通过寄存器进行禁止。

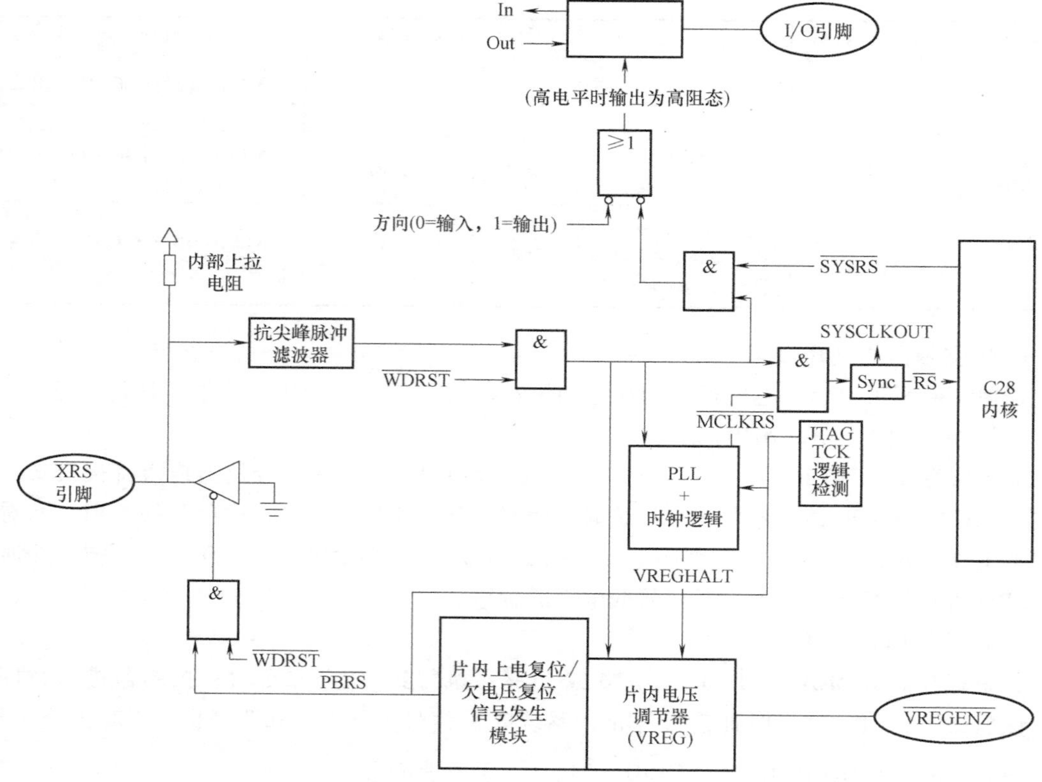

图 2-8　VREG、POR、BOR 信号连接图

2.8　硬件平台

2.8.1　MCU 最小系统

MCU 最小系统是指仅包含必需的元器件，即可运行最基本软件的简化系统。无论多么复杂的嵌入式系统都可以认为是由最小系统和扩展功能组成的。最小系统是嵌入式系统硬件设计中复用率最高，也是最基本的功能单元。典型的 MCU 最小系统由 MCU 芯片、供电电路、时钟电路、复位电路和程序下载电路构成。

2.8.2　LaunchPad 实验板

TI 的 LaunchPad 实验板是 TI 推出的低成本、易用型最小系统板。如图 2-9 所示为 LAUNCHXL-F28027 实验板示意图。LAUNCHXL-F28027 实验板具有以下功能特点：

1）小巧易用，携带方便。LaunchPad 实验板通过 USB 接口与计算机连接，用户做实验不再局限于传统的实验室，而是能超越课堂的空间和时间的限制完成软件的测试，所以也称为“口袋实验室”。

2）完善的开发生态系统。TI 所有的 MCU 系列都具有结构相似的 LaunchPad，同时 TI 官网还提供了详尽的硬件设计、软件开发指南，以帮助用户尽快进行原型系统的开发。

3）集成了隔离式的 XDS100 JTAG 仿真器，使编程和调试简单易行。

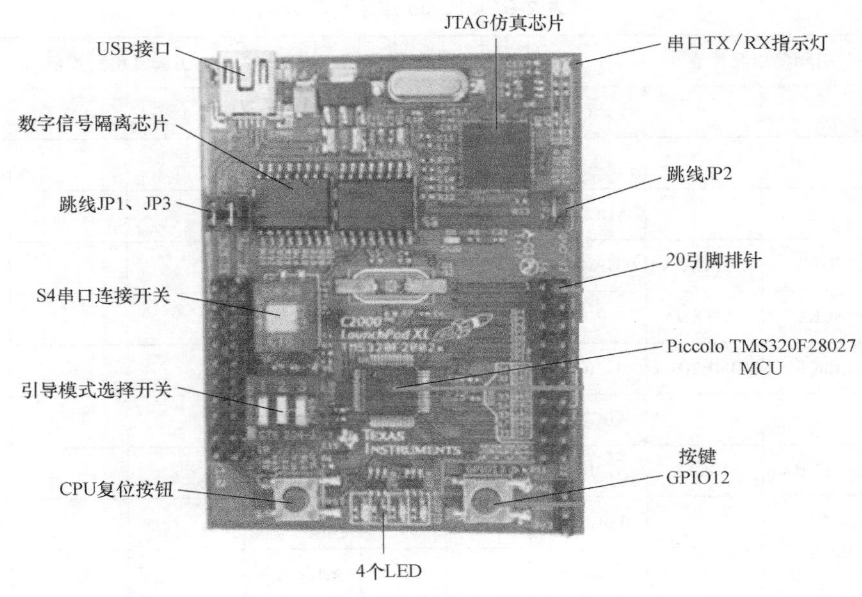

图 2-9　LAUNCHXL-F28027 实验板示意图

4）CPU 复位按钮。

5）1 个输入开关，对应引脚 GPIO12。

6）4 个 LED 显示，对应引脚 GPIO0、GPIO1、GPIO2、GPIO3。

7）引导模式选择开关，见表 2-8。常用的两种引导模式为：

① 仿真模式。在 CCS 软件平台下进行仿真或编程时必须把 $\overline{\text{TRST}}$ 置高，也就是拨码开关 3 拨到 ON 位置。

② 运行模式。独立运行时，设置为模式 3，也就是拨码开关 1/2/3 设置为 ON/ON/OFF。

表 2-8　引导模式选择

模式	GPIO37/TDO	GPIO34	$\overline{\text{TRST}}$	引导模式
EMU	×	×	1	Emulation Boot（仿真模式）
0	0	0	0	Parallel I/O（并行 I/O 模式）
1	0	1	0	SCI
2	1	0	0	Wait（等待模式）
3	1	1	0	Get Mode（获取模式，Flash 启动模式）

注：×表示任意值，0 或 1。

8）1 个串行通信选通开关。

9）4 个引脚外接端子 J1、J2、J5、J6。端子对应的引脚见表 2-9、表 2-10。

LAUNCHXL- F28027 实验板集成了仿真器和最小系统。

开发板原理图

表 2-9 J1、J5 端子引脚

引脚复用配置值				J1 引脚	J5 引脚	引脚复用配置值			
3	2	1	0			0	1	2	3
			+3.3V	1	1	+5V			
			ADCINA6	2	2	GND			
TZ2	SDAA	SCIRXDA	GPIO28	3	3	ADCINA7			
TZ3	SCLA	SCITXDA	GPIO29	4	4	ADCINA3			
Rsvd	Rsvd	COMP2OUT	GPIO34	5	5	ADCINA1			
			ADCINA4	6	6	ADCINA0			
	SCITXDA	SPICLK	GPIO18	7	7	ADCINB1			
			ADCINA2	8	8	ADCINB3			
			ADCINB2	9	9	ADCINB7			
			ADCINB4	10	10	NC			

表 2-10 J2、J6 端子引脚

引脚复用配置值				J6 引脚	J2 引脚	引脚复用配置值			
3	2	1	0			0	1	2	3
Rsvd	Rsvd	EPWM1A	GPIO0	1	1	GND			
COMP1OUT	Rsvd	EPWM1B	GPIO1	2	2	GPIO19	SPISTEA	SCIRXDA	ECAP1
Rsvd	Rsvd	EPWM2A	GPIO2	3	3	GPIO12	TZ1	SCITXDA	Rsvd
COMP2OUT	Rsvd	EPWM2B	GPIO3	4	4	NC			
Rsvd	Rsvd	EPWM3A	GPIO4	5	5	RESET#			
ECAP1	Rsvd	EPWM3B	GPIO5	6	6	GPIO16 /32	SPISIMOA /SDAA	Rsvd /EPWMSYNCI	TZ2 /ADCSOCA
TZ2 /ADCSOCA	Rsvd /EPWMSYNCI	SPISIMOA /SDAA	GPIO16/32	7	7	GPIO17 /33	SPISOMIA /SCLA	Rsvd /EPWMSYNCO	TZ3 /ADCSOCB
TZ3 /ADCSOCB	Rsvd /EPWMSYNCO	SPISOMIA /SCLA	GPIO17 /33	8	8	GPIO6	EPWM4A	EPWMSYNCI	EEPWMSYNCO
			NC	9	9	GPIO7	EPWM4B	SCIRXDA	Rsvd
			NC	10	10	ADCINB6			

最小系统的主要电路如下。

1. 电源

XDS100V2 仿真器与最小系统实验板可以独立供电，其中 XDS100V2 仿真器通过 USB 端口供电。如图 2-10 所示，USB 端口输入 5V 电压经过 TLV1117-33 芯片得到 3.3V 电压。最小系统实验板可以通过接线排 J1、J2 和 J5 上的电源端子外接电源供电，也可以通过 USB 直接供电。将 JP1、JP2 和 JP3 三个端子通过短接帽短接，可以将两部分电源相连，由 USB 提供最小系统实验板电源，见表 2-11。

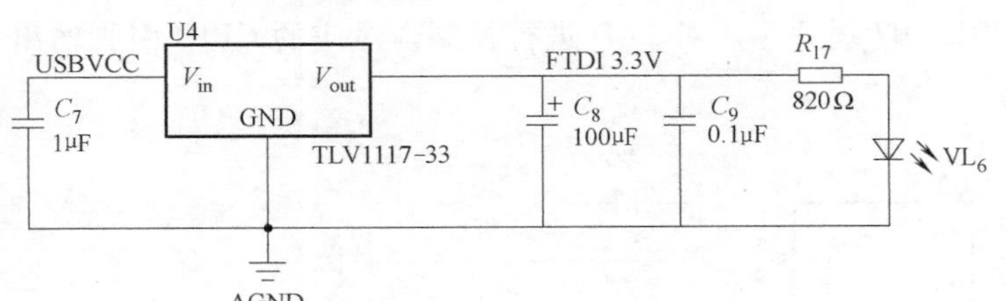

图 2-10　3. 3V 电源

表 2-11　跳线电源

跳线	电源
JP1	3. 3 V
JP2	接地
JP3	5V

2. 串口连接

LaunchPad 实验板内置了 USB 和 UART 信号转换的功能。当拨码开关 S_4 拨到 ON 时，F28027 芯片通过仿真器直接与 PC 实现串口通信，可以方便地把调试的信息送到 PC 端显示。当拨码开关拨到 OFF 时，F28027 的串口与仿真器断开，串口可以通过接线排的 GPIO28、GPIO29 引脚与其他设备实现串口通信。

3. 引导模式选择开关

F28027 芯片内置引导程序，可以执行开机检查和不同的引导模式（见表 2-9）。如图 2-11 所示，引导模式通过拨码开关 S_1 来选择，GPIO34、TDO、TRST 引脚通过一个 2. 2kΩ 的下拉电阻连接到地。

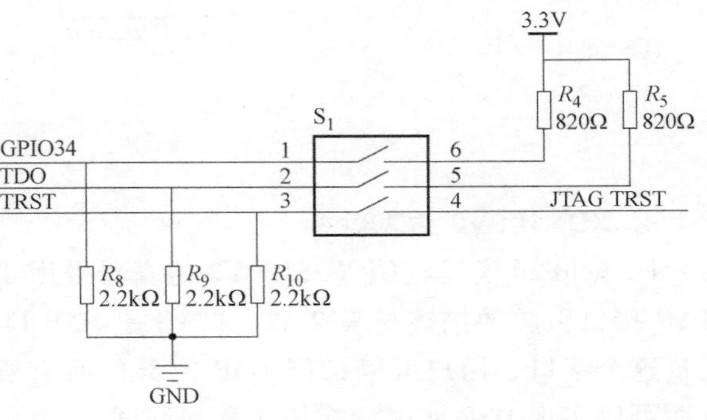

图 2-11　引导模式选择开关

4. 晶振电路

F28027 有内部晶振电路，能满足大多数应用。如果需要更高精度的时钟，可以使用外部晶振，并在程序中将参考时钟配置为外部晶振。

5. 复位按键

如图 2-12 所示，按键 S_2 为复位按键，当按键按下时，芯片的复位引脚为低电平，F28027 进行硬件复位。

6. 按键

如图 2-13 所示，按键 S_3 为普通按键。芯片的 GPIO12 引脚通过一个 10kΩ 的下拉电阻连接到地，按键未按下时，GPIO12 引脚为低电平；当按键按下时，GPIO12 引脚为高电平。

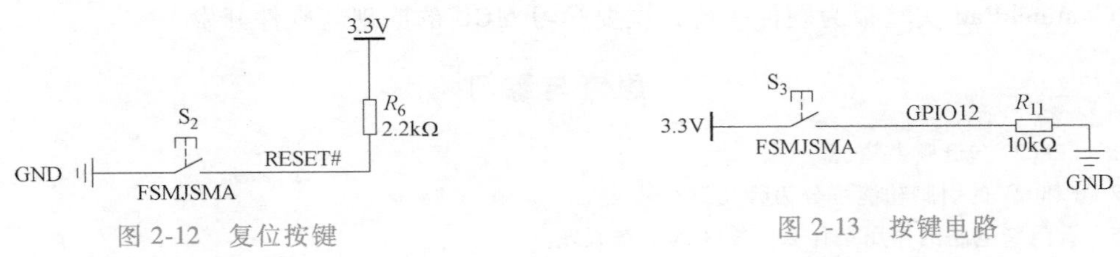

图 2-12　复位按键

图 2-13　按键电路

7. LED 接口

如图 2-14 所示，LaunchPad 实验板上有 4 个分别由 GPIO0、GPIO1、GPIO2 和 GPIO3 引脚控制的 LED，引脚经过 SN74LVC2G07 缓冲芯片对 LED 进行控制。对应的 GPIO 引脚输出低电平时 LED 亮。

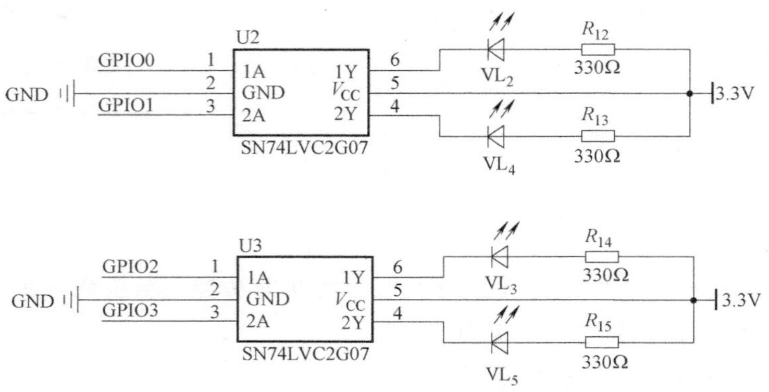

图 2-14　LED 电路

8. XDS100V2 仿真器

LaunchPad 实验板的 XDS100V2 仿真器采用 JTAG 接口对 F28027 芯片进行编程和调试，JTAG 接口引脚的描述见表 2-12。JTAG 是基于 IEEE 1149.1 标准的一种边界扫描测试方式，通过这个接口，用户可以访问 DSP 内部的所有资源，包括片内寄存器和所有的存储空间，从而可以实现 DSP 实时的在线仿真和调试。

表 2-12　JTAG 接口引脚与功能

引脚	功能	引脚	功能
$\overline{\text{TRST}}$	测试复位	TDO	测试数据输出
TDI	测试数据输入	TCK	测试时钟输入
TMS	测试模式选择		

XDS100V2 仿真器选择 FT2232H 芯片作为 USB-UART/FIFO 转换芯片，选择 EEPROM 芯片作为存储器，并利用 ISO7231 和 ISO7240 两款数字隔离芯片将 FT2232H 芯片引脚与 F28027 引脚进行隔离。

MCU 最小系统是嵌入式系统设计的基础，需要重点理解和掌握。在此基础之上，可以结合具体的嵌入式设备开展嵌入式系统硬件设计。硬件设计涉及模拟电子技术、数字电子技术、电路等知识，还需要结合嵌入式系统本体的硬件进行综合考虑，需要日积月累的经验。本书以 LaunchPad 实验板为硬件平台，主要学习 MCU 的原理与软件开发。

思考与练习

2-1　F28027 包含哪些资源？

2-2　F28027 的引脚功能可分为哪几类？

2-3　看门狗电路的作用是什么？简述其工作原理。

2-4 F28027 有几个时钟源？系统时钟如何管理？

2-5 如何理解 F28027 的内存映射？

2-6 什么是最小系统？简述最小系统的组成及各部分功能。

2-7 如何控制实验板上的 LED 亮或暗？

2-8 按键按下时，实验板的 MCU 端口是高电平还是低电平？

2-9 查阅文献资料，理解 JTAG 接口的特点。

2-10 查阅数据手册（文献［1，2］），进一步学习 F28027 的硬件资源。

第3章 微控制器程序设计基础

随着微电子技术的不断更新，微控制器的 CPU 字长从 4 位、8 位、16 位、32 位发展到 64 位。相应的，微控制器的程序设计语言也发生了很大的变化，从最初的机器语言、汇编语言发展到现在的高级语言。本章简要介绍程序设计语言的基本概念、TMS320C28x 的汇编语言、嵌入式 C 语言基础等。读者需要重点掌握嵌入式 C 语言的主要知识和应用，为微控制器软件开发奠定基础。

3.1 编程语言

计算机硬件逻辑只能执行由“0”和“1”组成的机器语言，但机器语言难以理解，于是就诞生了便于理解和记忆的助记符，即汇编语言。然而汇编语言的开发效率较低，高级语言就应运而生。高级语言更接近于自然语言和数学公式编程，相对于低级语言而言，基本上脱离了机器的硬件系统，以符合人类逻辑思维、更容易理解的方式编写程序。高级语言不能被机器直接识别，需要进行编译。图 3-1 为上述程序设计语言之间的关系。

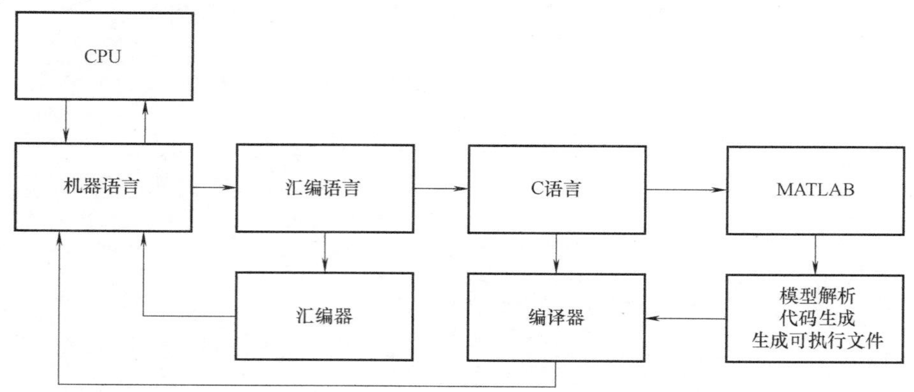

图 3-1 程序设计语言之间的关系

1. 机器语言

CPU 完成特定操作需要有相应的指令，机器语言就是用二进制代码表示的计算机能直接识别和执行的一种机器指令集合，每一条机器指令在计算机内部都有相应的电路来完成，机器语言是唯一的计算机能够直接识别和执行的语言。CPU 的所有指令集构成该计算机的指令系统，是计算机硬件的语言系统，也称为机器语言。

机器语言具有简洁、直接执行、计算速度快等优点，但同时存在直观性差、难以理解、容易出错、程序检查和调试困难等缺点，对计算机的依赖性也很强。

例如：FF10 0400 指令表示累加器 ACC 加上 1024。

2. 汇编语言

汇编语言是面向机器的程序设计语言，它解决了机器语言难以理解和记忆的缺陷，使用容易理解和记忆的助记符来代替机器语言的操作码和操作数，将机器语言转化为汇编语言，所以汇编语言也称为符号语言。由汇编语言编写的程序，计算机无法直接识别，需要把汇编语言翻译成机器语言，这种具有翻译功能的程序称为汇编程序。汇编程序把汇编语言翻译成机器语言的过程称为汇编。

例如：ADD ACC，#1024 指令表示累加器 ACC 加上 1024。

汇编语言的指令一般都由操作码和操作数组成，指令格式如图 3-2 所示。操作码也称为指令助记符，可以认为就是 CPU 的指令或者编译器上的伪指令，它是指令中的关键字，表示本条指令的操作类型，不能省略。操作数是指令执行过程中的参与者，也可以说操作数就是指令所控制的对象，操作数可以省略，也可以有多个，但各操作数之间要用“，”分开。内容不随指令执行而变化的操作数为源操作数，内容随指令执行而变化的操作数为目标操作数。

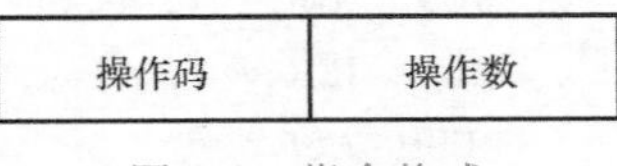

图 3-2　指令格式

以汇编语言中数据传送指令 MOV 为例，MOV ACC，#1024 指令中，MOV 为指令助记符，表示数据传送，ACC 为目标操作数，#1024 表示源操作数，该指令的功能是将源操作数传送到目标地址，即把数据 1024 写入累加器 ACC。

汇编语言与硬件关系密切，效率较高，但使用起来不方便，程序开发和维护的效率比较低。

3. 高级语言

机器语言和汇编语言都是低级语言平台，无法进行跨平台使用。高级语言是一种贴合人类逻辑思维、便于直观理解的计算机语言平台，高级语言既接近自然语言又可以使用数学表达式，并且相对独立于计算机，可以跨计算机使用。与汇编语言一样，由高级语言编写的程序计算机也无法直接运行，同样需要先将高级语言翻译成机器语言。

高级语言具有较强的表达能力，可以方便地表示数据操作和程序控制结构，较好地描述各种算法，易于学习掌握。但是，它编译的程序代码通常比用汇编语言设计的程序代码更长、执行更慢。

高级语言不是特指某一种语言，而是包括许多编程语言，如 Java、C、C++、C#、Pascal、MATLAB、Python 等。

C 语言是一种高级语言中的低级语言，它既具有高级语言的特点，又比较接近于硬件，而且效率比较高。

4. 基于 Matlab 的自动代码生成

为了加速软件开发过程，提高代码可靠性，MATLAB Coder/Simulink Coder/Embedded Code 可以将 MATLAB 代码（M 代码、MATLAB 工具箱、Simulink 模块）生成工程中常用的嵌入式或其他硬件平台的 C 或 C++代码。该代码可以运行于实时的或非实时的微控制器。这就是基于模型设计（Model Based Design，MBD）的系统开发理念。其意义在于：用 Simulink 模型描述系统和子系统的物理原型，并在统一仿真环境中对整个系统进行仿真，以便及时做出设计改进。其核心思想是可执行的规范、快速的控制原型设计、早期验证和代码自动生成，这将逐渐成为嵌入式系统开发的主要手段。

3.2 汇编语言简介

3.2.1 TMS320C28x 汇编指令

不同的 CPU，汇编指令是不一样的。TMS320C28x 的汇编指令，主要分为以下几类。

1. 数据传送类指令

数据传送指令是将源操作数传送到目标操作数的操作，包括装载指令、堆栈指令等。

示例：

```
MOV   ACC, #1024<<#6        ;将 1024 左移 6 位后装载到 ACC
MOV   IER,@ VarA            ;用 VarA 值装载 IER
PUSH  ACC                   ;ACC 数据入栈,SP 增加 2
POP   DP                    ;SP 先减 1,SP 指向的内容装载到寄存器 DP
```

2. 算术运算类指令

算术运算指令是指实现数学运算功能的指令，包括加法、减法、乘法等。

示例：

```
ADD   ACC, #56<<#2          ;立即数 56 左移 2 位后加到 ACC,结果保存在 ACC
SUBB  ACC, #78<<#3          ;ACC 减去立即数 78 左移 3 位后的值,结果保存到 ACC
MPY   ACC,T,@ M16           ;ACC=T×M16,T 是被乘数寄存器
DEC   @ VarA                ;VarA 的值减 1
```

3. 逻辑运算类指令

逻辑运算指令是指实现逻辑运算功能的指令，包括逻辑与、逻辑或、逻辑异或、移位指令和其他逻辑运算指令。

示例：

```
AND   ACC, #0xFFFF ,<<12        ;将 ACC 和 0xFFFF000 进行与操作
OR    @ VarA,#(1,<<7 )          ;置位 VarA 的第 7 位
ROL   ACC                       ;ACC 的值循环左移
```

4. 控制转移类指令

控制转移类指令包括返回指令、调用子程序指令、跳转指令等。

示例：

```
IDLE              ;处理器进入空闲模式,等待使能或非屏蔽中断
                  ;可使用 IDLE 指令结合外部逻辑完成各种低功耗模式
IRET              ;中断返回。恢复 PC 值和中断操作时自动保存的其他寄存器的值
LB   Switch0      ;PC=Switch0,跳转到 Switch0 标号处的程序
LC   FuncA        ;调用函数 FuncA,返回地址保存在堆栈
RPT #8            ;重复下一条指令 8 次
```

5. 位操作类指令

```
SETC  INTM        ;状态寄存器 ST1 位 INTM 置 1
SETC  C           ;进位标志位 C 置 1
```

```
CLRC   INTM      ;状态寄存器 ST1 位 INTM 清 0
```

由于 F28027 的软件开发架构全部采用 C/C++语言编程，需要 C/C++编程操作的寄存器只有状态寄存器和中断控制寄存器，其他寄存器对用户而言都是透明的。其中，主要的汇编指令是对状态寄存器 ST1 的 EALLOW 位和中断控制寄存器 INTM 位的位操作。下面介绍这两个位域变量的功能和操作方法。

（1）EALLOW（仿真访问使能位、写保护使能位）

位域变量 EALLOW 为仿真访问使能位，系统复位默认值为 0，表示禁止对写保护寄存器进行写访问，防止非法代码或指针破坏寄存器内容。若要对写保护寄存器进行写操作，必须执行汇编指令 EALLOW，对 EALLOW 置 1。寄存器的写操作结束后，要把 EALLOW 位清 0，重新使能写保护，对应的汇编指令为 EDIS。

在 F28027 的头文件 cpu. h 中，定义了两条 EALLOW 被置 1 和清 0 的宏定义 C 语句代码。

```
#define   EALLOW   asm("EALLOW")      //EALLOW=1;
#define   EDIS     asm("EDIS")        //EALLOW=0;
```

其中，括号里面的 EALLOW 和 EDIS 为汇编指令，前面的 EALLOW 和 EDIS 为宏定义语句，可以在 C 程序里面调用。

（2）INTM（中断全局屏蔽位）

位域变量 INTM 为中断全局屏蔽位，系统默认值为 1，表示禁止 F28027 所有可屏蔽中断请求信号送给 CPU 内核，相当于可屏蔽中断总开关被断开。

```
#define     DINT   asm("DINT");                //INTM=1,禁止中断
或#define   DINT   asm("setc INTM")
#define     EINT   asm("EINT");                //INTM=0,允许中断
或#define   EINT   asm("clrc INTM")
```

使用时，可以在 C 程序中直接调用宏语句。如初始化程序结束后开启中断总开关。

```
void main(void)
{
    DINT;                         //INTM=1,中断总开关禁止
    (初始化程序)
    EINT;                         //INTM=0,中断总开关允许
      (主程序)
}
```

3.2.2　CPU 执行指令的过程

CPU 执行指令有 5 个过程，即取指令、指令译码、取操作数、执行指令、结果写回。

1. 取指令

取指令即将指令从程序存储器取出。程序计数器 PC 中的数值，用来指示当前指令在程序存储器中的位置。当一条指令被取出后，PC 中的数值将根据指令长度自动递增，指向下一条指令。

2. 指令译码

指令译码器按照预定的指令格式，对取回的指令进行译码，识别出不同的指令类别以及

各种获取操作数的方法。

3. 取操作数

取操作数是指从存储器或者 CPU 寄存器中获取操作数。操作数是指令的一个重要组成部分，它指出了参与运算的数据或数据所在的地址，而如何得到这个地址就由芯片的寻址方式决定。不同的 CPU 有不同的寻址方式。C28x 支持四种基本寻址方式：直接寻址方式、间接寻址方式、堆栈寻址方式、寄存器寻址方式。同时，C28x 还支持一些特殊寻址方式，如数据/程序/IO 空间寻址方式、程序空间间接寻址方式等。

4. 执行指令

执行指令即完成指令所规定的操作，实现指令的功能。为此，CPU 的不同部分被连接起来，以执行所需的操作。

5. 结果写回

结果写回是把执行指令阶段的运行结果数据写回到存储器或 CPU 寄存器。在结果数据写回之后，当条指令执行完毕。CPU 从程序计数器 PC 中取得下一条指令地址，开始新一轮的循环。为了提高效率，C28x 采用 8 个独立阶段来完成以上 5 个过程。指令以流水线方式执行，在任何时候，最多可以执行 8 个指令，每个指令处于不同的完成阶段。

1）阶段 1（Fetch 1，F1）：CPU 通过 22 位的程序地址总线 PAB（21：0）发送程序存储器地址，选通对应的存储单元。

2）阶段 2（Fetch 2，F2）：CPU 通过 32 位的程序数据总线 PDB（31：0）读取程序存储器的指令，并将指令加载到指令提取队列中。

3）阶段 3（Decode 1，D1）：C28x 支持 32 位和 16 位指令，可以偶数地址或奇数地址对齐。这个阶段硬件识别指令提取队列中的指令边界，确定要执行指令的大小，并判断该指令是否合法。

4）阶段 4（Decode 2，D2）：硬件从指令获取队列取出指令到指令寄存器中，在指令寄存器中进行解码。一旦一条指令到达 D2 阶段，它将运行到指令结束，而不会被中断中止。在这个阶段，将执行以下任务：

① 如果要从内存中读取数据，CPU 将发出源操作数地址；

② 如果要将数据写入内存，CPU 将发出目标操作数地址；

③ 地址寄存器算术单元（ARAU）对堆栈指针（SP）或辅助寄存器指针（ARP）执行必要的修改；

④ 如果程序流不连续（如分支或非法指令陷阱），则直接执行该操作。

5）阶段 5（Read 1，R1）：发送操作数的地址总线信号，选通待读取单元。

6）阶段 6（Read 2，R2）：通过数据总线，读取 R1 阶段地址总线选通单元的数据。

7）阶段 7（Execute，E）：CPU 执行乘法、移位或算术逻辑运算。运算涉及的 CPU 寄存器的值在该阶段开始时读取，在该阶段结束时更新。

8）阶段 8（Write，W）：数据写入存储器。CPU 发送目标地址，把数据写入目标单元。

尽管每条指令都经过 8 个阶段，但对于给定的指令，并非每个阶段都是有效的。一些指令在 D2 阶段完成操作，有些指令在执行阶段完成操作，还有一些指令在写入阶段完成操作。例如，不从内存读取操作数的指令在读取阶段不执行任何操作，不向内存写入数据的指令在写入阶段不执行任何操作。因为指令执行是以流水线方式工作的，CPU 会自动给指令添加非活动阶段。如图 3-3 所示，I1 ~ I8 为 8 条指令，在同一个时钟周期，指令的不同阶段被同时执行，第 8 个时钟周期时，8 条指令同时被执行。

F1	F2	D1	D2	R1	R2	E	W	周期
I1								1
I2	I1							2
I3	I2	I1						3
I4	I3	I2	I1					4
I5	I4	I3	I2	I1				5
I6	I5	I4	I3	I2	I1			6
I7	I6	I5	I4	I3	I2	I1		7
I8	I7	I6	I5	I4	I3	I2	I1	8
	I8	I7	I6	I5	I4	I3	I2	9
		I8	I7	I6	I5	I4	I3	10
			I8	I7	I6	I5	I4	11
				I8	I7	I6	I5	12
					I8	I7	I6	13
						I8	I7	14
							I8	15

图 3-3 指令流水线示意图

本书仅简要介绍 C28x 的汇编指令。读者可阅读 TI 的 C28x 指令和汇编语言相关数据手册（文献［3，4］）获取更多内容。

3.3 嵌入式 C 语言简介

C 语言是一种受到广泛重视并得到普遍应用的计算机程序设计语言，是国际上公认的最重要的少数几种通用程序设计语言之一。嵌入式 C 语言是在嵌入式环境下使用的 C 语言，其符合标准 C 语言的规范，且具有嵌入式自身的特点。

使用嵌入式 C 语言进行程序设计，就是采用 C 语言对嵌入式环境进行配置，利用嵌入式资源实现设计者的想法，完成产品功能。从本质上讲，嵌入式软件（或程序）就是对输入数据进行处理，使之产生符合用户需要的输出数据。

嵌入式 C 语言的四大要素就是数据及其处理、程序流程控制、函数与中断服务程序以及指针。掌握了这四大要素，就基本掌握了嵌入式 C 语言的精髓。下面以 F28027 库函数中用到的 C 语言为例介绍 C 语言语法和规范。

3.3.1 数据及其处理

1. 基本数据类型

日常生活中常常会碰到各种数据，如天气预报中的气温，人的身高、体重等生理指标等。这些数据在计算机中该怎么表示？如何区分出各种数据？如果知道一个数据的数值大小和可能的变化范围，那么就可以选择一种合适的数据类型来描述它。如气温，大部分地方的气温范围应该在-100~100℃，那么在计算机中就可以用一个 8 位的数据来表示它。有些数据变化的范围很大，可能要用 16 位的数据或者更多位数来表示。计算机根据数据占用空间的大小以及数据表现，主要分为整型数和浮点数。TMS320C28x 系列 MCU 中的数据类型见表 3-1。

表 3-1　TMS320C28x 系列 MCU 中的数据类型

类型	大小	表现	范围	
			最小值	最大值
char，signed char	16 位	ASCII	-32 768	32 767
unsigned char，_Bool	16 位	ASCII	0	65 535
short	16 位	2s complement	-32 768	32 767
unsigned short	16 位	Binary	0	65 535
int，signed int	16 位	2s complement	-32 768	32 767
unsigned int	16 位	Binary	0	65 535
long，signed long	32 位	2s complement	-2 147 483 648	2 147 483 647
unsigned long	32 位	Binary	0	4 294 967 295
long long，signed long long	64 位	2s complement	-9 223 372 036 854 775 808	9 223 372 036 854 75 807
unsigned long long	64 位	Binary	0	18 446 744 073 709 551 615
enum	16 位	2s complement	-32 768	32 767
float	32 位	IEEE 32-bit	1. 19 209 290e-38	3. 40 282 35e+38
double	32 位	IEEE 32-bit	1. 19 209 290e-38	3. 40 282 35e+38
long double	64 位	IEEE 64-bit	2. 22 507 385e-308	1. 79 769 313e+308
pointers	16 位	Binary	0	0xFFFF
far pointers	22 位	Binary	0	0x3FFFFF

在嵌入式 C 语言中，由于嵌入式 MCU 资源有限，一般根据乘法器的性能，分为定点型 MCU 和浮点型 MCU。定点型 MCU 只能处理定点数，不能处理浮点数，在这类 MCU 中，常采用特别的计算程序包来处理浮点型数据，耗时耗空间。目前采用的是 IQ 算法，就是采用定点数来表示浮点数，即浮点数放大 2^n 倍转换为定点数，然后采用定点数来计算。TMS320F28027 就是一类定点型 MCU，因此，在这种 MCU 中，如果非必要，建议不要使用浮点型数据。

对于定点型 MCU，由于排除了浮点型数据，需要掌握的基本数据类型只剩 2 个，即整型数据类型（int）和长整型数据类型（long）。整型数据类型占据 16 位存储空间，长整型数据类型占据 32 位存储空间。在标准 C 语言中，字符型数据类型是 8 位的，但在 32 位 MCU 中，由于最小的数据存储空间是 16 位的，因此字符型数据类型变成了 16 位。

为了区分数据是否可以为负值，数据分为有符号和无符号。标准 C 语言中，保留字 unsigned 表示无符号数，signed 表示有符号数，通常 signed 被省略掉。因此，定点型 MCU 的基本数据类型为：int（signed int），有符号整型数；unsigned int，无符号整型数；long（signed long），有符号长整型数；unsigned long，无符号长整型数。

采用 typedef 对数据类型进行重新定义，类型中体现出数据的位数，即

```
typedef   char            int16_t     // char, signed char
typedef   unsigned char   uint16_t    // unsigned char
typedef   int             int16_t     // int, signed int, short, signed short
typedef   unsigned int    uint16_t    // unsigned int, unsigned long
typedef   long            int32_t     // long, signed long
typedef   unsigned long   uint32_t    // unsigned long
```

2. 常量和变量

数据类型只是表示一个数据的大小范围，或者占用空间的多少。在程序设计时，数据是会变化的，需要用一个存储空间来保存这个数据。在 MCU 中，存储空间用编号（或地址）形式来管理，每个空间有唯一的一个地址，利用这个地址就可以访问存储在空间里的数据，可想而知，要记住每个空间的地址是不太可能的事情。因此，为了方便记忆，对存储空间起个别名，这个别名就是变量。

变量名的命名规则很简单，它必须是字母（大小写）、下划线字符和数字（0~9）的组合，而且第一个字符应当是字母或下划线字符。变量名不仅要合法，还要取得有意义，一看就知道变量所代表的含义，较好的变量名如 myClk、EPwm_CMPA_Direction 等。

定义变量的格式：

数据类型　变量名；

示例：unsigned short interruptCount;

变量的实质含义：变量就是存储空间的一个别名，只是为了记忆方便而诞生的。因此，变量名一定要有意义，不然就失去别名的意义了。

常量和变量类似，也需要定义，也占用一定的存储空间，只是其值在程序执行过程中是无法被改变的。常量的定义格式就是在变量中增加修饰符“const”，并需要在定义时初始化赋值。

定义常量的格式：const　数据类型　变量名=表达式；

示例：const int interruptCountMax=20;

此外，在 C 语言中，常常用宏定义伪指令来增加常数的可读性，如：

#define　EPWM1_TIMER_TBPRD　2000

常数不占用数据存储空间，它是在编译中直接作为代码的一部分存在；而常量是放在数据存储空间中，与变量不同之处是其值无法被改变。

目前的程序设计基本采用工程的形式来组织和管理各个程序模块文件，若在某个文件中定义了一个变量，而在另一个文件中需要使用这个变量，该如何操作？在 C 语言编译时，每个 C 文件单独编译，对其他文件定义过的变量，编译器无法确认，因此会认为变量没定义而给出编译错误警告。为了解决上述问题，需要对已经定义过的变量进行声明，变量声明仅仅是告诉编译器被声明的变量在其他文件已经定义过了，这个变量已经有实实在在的存储器空间与之对应。

变量声明的格式：

extern　　数据类型　变量名；

示例：extern unsigned short　interruptCount;

3. 数据处理的基本方法

（1）算术运算

在 C 语言中算术运算符有+（加）、-（减）、*（乘）、/（除）、%（求余）、++（加1）、--（减 1）。

示例：25/2*2=?

很多读者会认为这个示例的结果是 25，但在计算机世界里结果是 24，因为它被看成整型数运算了，25/2=12，小数被省去了。

（2）赋值运算

赋值运算就是把等号右边的表达式值赋值给左边的变量。赋值运算符为：=。

（3）关系运算

关系运算符有<（小于）、<=（小于等于）、>（大于）、>=（大于等于）、==（等于）、!=（不等于）。关系运算的结果只有两种情况，分别是真（TRUE）和假（FALSE）。在C语言中，用整数零代表假，非零整数就是真。

（4）逻辑运算

逻辑运算符有&&（与）、||（或）、!（非）。逻辑运算要求操作数为整数零或者非零整数，其运算规则为：

1）如果两个操作数都是非零整数，则相与的结果为1，否则为0。

2）如果两个操作数都是零整数，则相或的结果为0，否则为1。

3）如果操作数为非零整数，则求非的结果为0，否则为1。

（5）按位运算

按位运算针对两个整型数进行位运算，不产生进位。按位运算符有&（按位与）、|（按位或）、^（按位异或）。

（6）求反运算

求反运算符为：~。求反运算是求操作数的反码。

（7）移位运算

移位运算符有>>（右移）、<<（左移）。移位运算符在定点数运算中特别有用。

（8）括号

在C语言中，各种操作符有优先级关系，而且操作数和操作数的结合也分左结合和右结合。为了避免操作数因为规则应用错误带来不必要的麻烦，建议用好括号。在C语言中只用小括号，即“(”和“)”成对出现。

3.3.2 程序流控制

程序是由许多条指令构成的，程序流控制就是控制CPU执行指令的走向，正因为程序的走向不是顺序的，程序才能根据不同需要完成任务。C语言中，控制流语句分成两类：一类是选择语句，就是按照条件选择程序分支，有两路选择（if-else）和多路选择（else if 和 switch）语句；另一类是循环语句，有while循环、for循环和do-while循环语句。

1. 选择语句

（1）if语句

if语句格式：

```
if(表达式)
{
    语句1;
}
语句2;
```

if语句表示如果表达式成立，即表达式的运算结果是非零，则执行语句1，然后执行语句2。如果表达式不成立，不执行语句1，直接执行语句2。

（2） if-else 语句

if-else 语句格式：

```
if(表达式)
{
    语句 1;
}
else
{
    语句 2;
}
```

if-else 语句表示如果表达式成立，则执行语句 1，否则执行语句 2。

花括号“{”和“}”需要成对使用，在花括号里面的语句可以认为是一条语句，也称为复合语句。灵活使用花括号和 if-else 语句可以设计出很复杂的选择语句。

（3） 复合的 if-else 语句

复合的 if-else 语句格式：

```
if(表达式 1)
{
    语句 1;
}
else if(表达式 2)
{
    语句 2;
}
else
{
    语句 3;
}
```

复合的 if-else 语句多出了 else-if 的部分，这种结构要特别留意 if 和 else 的配对，技巧就是从最后一个 else 往上逆推。

（4） switch 语句

switch 语句格式：

```
switch(表达式)
{
case   表达式 1：语句 1;break;
case   表达式 2：语句 2;break;
             …
case   表达式 n：语句 n;break;
default：语句 n+1;break;
}
```

switch 语句中的表达式为开关控制表达式，一般是整型或者字符型变量，语句多为复合语句。执行 switch 语句时，先计算表达式，再与每一个情况的表达式结果相比较，如果匹配，就执行该情况下的语句，碰到 break 语句，结束 switch 语句；如果没有找到匹配的表达式结果，则执行 default 情况下的语句。

2. 循环语句

（1） while 循环语句

while 循环语句格式：

```
while(表达式)
{
    语句;
}
```

执行 while 语句时先判断表达式的值，如果为真则执行语句，否则执行后续语句。

（2） for 循环语句

for 循环语句格式：

```
for( 表达式 1;表达式 2;表达式 3)
{
    语句;
}
```

for 循环语句中，表达式 1 是赋值语句，设置循环变量的初值。表达式 2 是关系表达式，用来控制循环的结束条件（终止条件），表达式 2 为零时，结束循环。表达式 3 一般也是赋值语句，用来控制循环变量的增量，常用++和--运算。

for 循环语句的表达式可以省略其中 1 个或者 2 个、甚至 3 个表达式。如果表达式 2 省略，那么结束条件将永远无法满足，也就是程序一直死循环。这个常在嵌入式主程序中使用，即

```
for( ; ; )
{
    语句;
}
```

表达式可以省略，但是 for 里面的分号不能省略。

（3） do-while 循环语句

do-while 循环语句格式：

```
do
{
    语句;
}while(表达式);
```

do-while 的执行过程是先执行语句，再计算表达式，如果表达式的值是真，则返回再次执行语句，否则终止循环。

（4） 循环的强制终止

上述三种循环语句，终止循环都是依赖表达式的结果。如果语句是复合语句，那么在执行过程中，可能需要根据新情况提前终止本次循环或终止整个循环。终止本次循环的语句为 continue 语句，终止整个循环的语句为 break 语句。

continue 语句终止的是本次循环，对于 for 语句则立即执行循环表达式，对于 while 语句

和 do-while 语句则意味着立即执行条件测试部分。

3.3.3 函数

在程序设计中，程序的结构有顺序结构、分支结构、循环结构和子程序结构。C 语言中，子程序结构由函数来完成。把具有相对完整的功能块封装起来，就成为函数。函数对程序的模块化设计作用很大，它使得程序变得简洁，有层次，而且可读性也更好。C 语言提供了很多标准函数库，可以大大缩短开发时间。各个厂家也提供了不同种类芯片的 C 语言函数库，TI 公司针对 TMS320F28027 提供了 C 语言函数库，本书介绍的 TMS320F28027 模块，就是使用 TI 公司提供的函数库来实现。

1. 函数的定义、调用和声明

（1） 函数的定义

函数的定义格式：

```
类型　函数名(形式参数列表)
{
    语句;
    return 返回值;
}
```

（2） 函数的调用

函数的调用格式：

```
函数名(实际参数列表);
```

（3） 函数的声明

函数的声明格式：

```
类型　函数名(形式参数列表);
```

示例：GPIO 初始化函数（来源自 TI TMS320F28027 库函数）。

```
//函数定义(存放文件:gpio.c)
    GPIO_Handle GPIO_init(void *pMemory, const size_t numBytes)
    {
        GPIO_Handle gpioHandle;
        if(numBytes < sizeof(GPIO_Obj))
        {
            return((GPIO_Handle)NULL);
        }
        gpioHandle = (GPIO_Handle)pMemory;
        return(gpioHandle);
    }

    //函数声明(存放文件:gpio.h)
    GPIO_Handle GPIO_init(void *pMemory,const size_t numBytes);

    //函数调用(存放文件:用户程序)
```

```
myGpio = GPIO_init((void *)GPIO_BASE_ADDR, sizeof(GPIO_Obj));
```

2. 变量作用域

引入函数后，为了体现函数的封装性，变量有四类，即自动变量（auto）、外部变量（extern）、静态变量（static）、寄存器变量（register）。

自动变量最常用，在每个函数中定义的变量都是自动变量，用“auto”来修饰，一般省略不写。这类变量从属于定义它的函数，在函数内部有效，其他函数不能调用。自动变量是函数内部的局部变量。上一示例中的“GPIO_Handle gpioHandle”就是定义了一个自动变量。

自动变量只有在定义它的函数被调用时才存在，该函数退出时消失。在两次调用之间不保存变量值，因此对自动变量，每次调用都要赋予明确的初值。函数 main()是 C 语言中一个特殊的函数，它的变量一样也是隶属于函数 main()的自动变量，对其他函数没有影响。在不同函数中使用相同的变量名称不会引起冲突。

在函数外定义的变量称为外部变量，也称为全局变量。这类变量在所有函数外部定义，能够被许多函数存取。外部变量在定义时，系统会分配实际的存储空间，其值一直存在。某函数要使用外部变量时，通常要在函数中对外部变量通过“extern”加以说明，这个说明仅仅是告知编译器这个变量在其他地方已经定义过。不同文件中的全局变量使用也需要类似的操作。

静态变量分为静态局部变量和静态全局变量。静态局部变量是在两次函数调用之间仍能保持其值的局部变量。有些程序要求在多次调用之间仍然保持变量的值，使用自动变量无法做到这一点。使用全局变量有时会带来意外的副作用，这时可采用静态局部变量。静态全局变量具有全局作用域，它与全局变量的区别在于如果程序包含多个文件，它作用于定义它的文件里，不能作用到其他文件里，即被“static”关键字修饰过的变量具有文件作用域。这样即使两个不同的源文件都定义了相同名字的静态全局变量，它们也是不同的变量。

寄存器变量就是变量直接使用寄存器，用“register”来修饰。在程序中建议不要定义寄存器变量，因为它会占用寄存器。

3.3.4 构造型数据类型

基本数据类型经过组合，可以构造出几种复杂的数据类型，即数组、结构体、共用体和枚举类型。

1. 数组类型

数组由相同的基本数据类型组合而成。数组变量定义的格式：

数据类型 数组名 [表达式 1][表达式 2][表达式 3]…[表达式 n];

上面给出了 n 维数组定义的格式。特别要注意，表达式需要能得到确切的值，因为编译器需要知道具体要分配给这个数组多少空间。对于一维数组，只有表达式 1；二维数组，有表达式 1 和表达式 2，以此类推。

示例：int number[100];

该语句定义了 100 个整型变量，分别是 number[0]，number[1]，…，number[99]。

2. 结构体类型

结构体由不同的数据类型构成。结构体类型定义的格式：

```
struct 结构体类型名
{
    数据类型　变量名 1;
    数据类型　变量名 2;
          …
    数据类型　变量名 n;
}
```

其中数据类型可以是基本数据类型，也可以是构造型数据类型，包括结构体类型本身。

结构体类型变量定义的格式：

struct 结构体类型名 结构体类型变量名；

也可以在定义结构体类型时直接定义结构体类型变量。对结构体类型内部成员的访问，采用运算符“.”，具体操作见示例。

示例：定义一个 GPIOA 控制寄存器的位结构体类型和变量。

```
struct GPACTRL_BITS {                 // 位结构体类型
    unsigned int QUALPRD0:8;          // 7:0     GPIO0～GPIO7 的采样周期设置位
    unsigned int QUALPRD1:8;          // 15:8    GPIO8～GPIO15 的采样周期设置位
    unsigned int QUALPRD2:8;          // 23:16   GPIO16～GPIO23 的采样周期设置位
    unsigned int QUALPRD3:8;          // 31:24   GPIO24～GPIO31 的采样周期设置位
};
struct GPACTRL_BITS bit;                  // 位结构体类型变量 bit
bit.QUALPRD0 = 10;                        // 对 bit 变量的成员 QUALPRD0 赋值 10
```

需要说明的是在嵌入式系统中，寄存器的每个位都有特别含义，可以利用结构体类型来定义每个位域。

3. 共用体类型

共用体提供一种节约存储空间的机制，对一个对象，希望在不同时间里拥有不同数据类型和不同长度，只提供单一的变量，合理保存几种类型中的任何一种变量，达到在一个存储区管理不同类型的数据。共用体类型存储空间是其中数据类型最大的成员。

共用体类型定义的格式：

```
union 共用体类型名
{
    数据类型　变量名 1;
    数据类型　变量名 2;
          …
    数据类型　变量名 n;
}
```

共用体类型变量定义的格式：

union　共用体类型名　共用体类型变量名；

也可以在定义共用体类型时直接定义共用体类型变量。共用体的使用方法类似于结构体。

示例：定义 GPIOA 控制寄存器的共用体。

```
union GPACTRL_REG                          //GPIOA 控制寄存器共用体
{
        unsigned long          all;        //整体寄存器
        struct GPACTRL_BITS bit;           //位
};
union GPACTRL_REG   GPACTRL;  //GPIOA 控制寄存器
```


采用共用体来定义寄存器，可以方便地对整体寄存器进行一次性操作，也可以对其中的某些位进行具体的设置。

4. 枚举类型

在有些场合，希望变量的取值是在特定值中选取，这时可以使用枚举类型。枚举类型的格式：

enum 枚举类型名 {枚举值 1，枚举值 2，枚举值 3，…}；

枚举类型变量定义的格式：

enum 枚举类型名　枚举类型变量名；

也可以在定义枚举类型时直接定义枚举类型变量。

示例：时钟枚举类型变量定义。

```
typedef enum                               //时钟枚举类型定义
{
    CLK_Timer2Src_SysClk = (0 << 3),
    CLK_Timer2Src_ExtOsc = (1 << 3),
    CLK_Timer2Src_IntOsc1 = (2 << 3),
    CLK_Timer2Src_IntOsc2 = (3 << 3)
} CLK_Timer2Src_e;
CLK_Timer2Src_e   src;                     //时钟枚举类型变量 src
src = CLK_Timer2Src_SysClk;                //对变量 src 赋值
```

其中，不同的枚举变量的值是不连续的，所以每个变量都给予赋值，如果是连续的，则默认值是增加 1。在嵌入式系统中，寄存器的位域取值都有特定意义，上面示例中定义的时钟模块晶振源给出了 4 种选择，那么枚举变量 Src 就只能取这 4 个值，比直接表达式更具有意义。

3.3.5　指针

定义一个变量，不管是基本数据类型还是构造型数据类型，这个变量都是一个存储空间的别名，也就是说这个存储空间起始地址的一个好记的名字。在程序设计中，可能希望采用统一的方式对不同的变量进行访问，这时指针就提供了一种很好的途径。因为指针直接访问的是地址，而不是变量名。指针变量定义的格式：

数据类型 * 指针变量名；

与变量定义格式不同，指针格式多了个“*”，指针变量本身也是变量，只是它保存的内容是地址。从汇编语言的角度来看，变量的寻址方式是直接寻址，而指针是间接寻址。在 C 语言的程序里，不仅基本数据类型变量名是地址，数组类型变量名、结构体类型变量名、共用体类型变量名、函数名等都是地址。变量的数据类型表明变量所占用的存储空间大小，而在嵌入式系统中，指针的大小与 MCU 内部存储器的空间大小有关，如 TMS320F28027 的指针是 22 位，向上取整为 32 位，也就是说不管哪种数据类型的指针都是 32 位，但真正只用到 22 位。对于指针变量的数据类型名，其真正的作用是对指针运算而言的，即“指针+1”运算就是“指针+sizeof（数据类型）”。

变量名是地址的别名，C 语言提供取地址运算符“&”，& 变量名就可以取到变量名所代表的地址。对于构造型变量，其成员的访问，在指针这里，需要用新的运算符“->”。

在后续的学习中，对 MCU 内部模块寄存器的管理就是采用指针的形式，如定义一个时钟模块的寄存器组类型 CLK_Obj 以及时钟模块句柄指针 CLK_Handle。

示例：定义时钟模块的寄存器组类型 CLK_Obj 以及时钟模块句柄指针 CLK_Handle。

```
typedef struct _CLK_Obj_
{
    volatile uint16_t   XCLK;
    volatile uint16_t   rsvd_1;
    volatile uint16_t   CLKCTL;
    volatile uint16_t   rsvd_2[8];
    volatile uint16_t   LOSPCP;
    volatile uint16_t   PCLKCR0;
    volatile uint16_t   PCLKCR1;
    volatile uint16_t   rsvd_3[2];
    volatile uint16_t   PCLKCR3;
} CLK_Obj;
typedef struct CLK_Obj * CLK_Handle;
```

在有些场合中，编译器会因为代码优化原因，对变量的操作会优化为对变量的复制进行操作。描述符“volatile”就是告知编译器，对这个变量的操作不要优化，必须对变量本身进行操作。

3.3.6 编译预处理

编译预处理命令是指导编译器对代码进行有效编译的命令。编译预处理命令包括宏命令、文件包含命令、条件编译命令等。编译预处理命令以“#”开头，末尾不加分号。

（1）宏命令

宏命令的作用是用标识符来代表一个字符串，系统在编译之前自动将标识符替换为字符串。宏代换只做简单的字符串替换，不做语法检查。

宏命令的格式：

```
#define   PWM_ePWM1_BASE_ADDR          (0x00006800)
后续程序中所有的 PWM_ePWM1_BASE_ADDR 用(0x00006800)代替。
```

（2）文件包含命令

文件包含是指在一个文件中将另一个文件的全部内容包含进来，通常用来将定义程序中用到的系统函数、宏标识符、自定义函数等的文件包含进来。

文件包含命令的格式：

```
#include“文件名” 或 #include <文件名>
```

其中“文件名”或<文件名>必须带有扩展名。用户可以将自己编写的自定义函数独立保存在一个文件里，使用时也可以用#include 预处理语句包含进来，所以要积累自己定义的功能函数，方便其他程序模块调用，以提高编程效率。

用户可自定义标题文件。用户将自己定义的宏定义、变量、函数声明等组成一个文件。然后在各个源程序中用“include”命令包含进来，无须重复定义。

（3）条件编译命令

条件编译命令的格式：

```
#ifdef _FLASH
memcpy(&RamfuncsRunStart, &RamfuncsLoadStart, (size_t)& RamfuncsLoadSize);
#endif
```

其中，#ifdef 和#endif、#ifndef 和#endif 成对出现。

3.3.7 C28x IQ 数学库介绍

1. 浮点数归一化

在定点数中，数以整数的形式表现。在 C 语言中，描述整数的数据类型有字符型、整型、长整型。定点型 MCU 处理定点数，可以用一条汇编指令完成，速度非常快。在实际应用中，大量使用的数是小数，C 语言描述小数的数据类型有单精度浮点型和双精度浮点型。定点型 MCU 处理浮点型数据时，相对复杂和耗时。要想在保证运算精度的前提下，快速完成浮点数的运算，解决办法就是用定点数来表示浮点数，即归一化的方法。通俗说，就是小数中的“1.0”用多大的整数来表示。举例来说，如果整数 2 表示 1.0，那么就有以下对应关系：

整数	0	1	2	3	…
小数	0.0	0.5	1.0	1.5	…

这里每个数之间的间距是 0.5，也就是归一化误差为 0.5。

把小数 1.0 对应的整数不断放大，为了计算机计算方便，放大 2^n 倍。同时考虑定点型 MCU 乘法器的最大计算能力，因此，在 TI 的 IQ 数学函数库中，定点数是用长整型（long）来表示。根据 n 的取值，重新声明符合 IQ 格式的数据类型，声明语句的格式：

typedef long _iqn;

其中，_iqn 的 n 表示该数据放大 2^n 倍，n 取值为 1~30。

不同的 IQ 格式数据类型，其表示的数据大小以及精度见表 3-2。可根据表 3-2 选择合适的 IQ 类型来归一化小数。

表 3-2 不同 IQ 格式下的数据大小和精度

数据类型	数据范围		精度
	最小	最大	
_iq30	-2	1.999 999 999	0.000 000 001
_iq29	-4	3.999 999 998	0.000 000 002
_iq28	-8	7.999 999 996	0.000 000 004
_iq27	-16	15.999 999 993	0.000 000 007
_iq26	-32	31.999 999 985	0.000 000 015
_iq25	-64	63.999 999 970	0.000 000 030

（续）

数据类型	数据范围		精度
	最小	最大	
_iq24	-128	127.999 999 940	0.000 000 060
_iq23	-256	255.999 999 981	0.000 000 119
_iq22	-512	511.999 999 762	0.000 000 238
_iq21	-1024	1023.999 999 523	0.000 000 477
_iq20	-2048	2047.999 999 046	0.000 000 954
_iq19	-4096	4095.999 998 093	0.000 001 907
_iq18	-8192	8191.999 996 185	0.000 003 815
_iq17	-16384	16383.999 992 371	0.000 007 629
_iq16	-32768	32767.999 984 741	0.000 015 259
_iq15	-65536	65535.999 969 482	0.000 030 518
_iq14	-131072	131071.999 938 965	0.000 061 035
_iq13	-262144	262143.999 877 930	0.000 122 070
_iq12	-524288	524287.999 755 859	0.000 244 141
_iq11	-1048576	1048575.999 511 719	0.000 488 281
_iq10	-2097152	2097151.999 023 437	0.000 976 563
_iq9	-4194304	4194303.998 046 875	0.001 953 125
_iq8	-8388608	8388607.996 093 750	0.003 906 250
_iq7	-16777216	16777215.992 187 500	0.007 812 500
_iq6	-33554432	33554431.984 375 000	0.015 625 000
_iq5	-67108864	67108863.968 750 000	0.031 250 000
_iq4	-134217728	134217727.937 500 000	0.062 500 000
_iq3	-268435456	268435455.875 000 000	0.125 000 000
_iq2	-536870912	536870911.750 000 000	0.250 000 000
_iq1	-1073741824	1 073741823.500 000 000	0.500 000 000

2. 定点数的反归一化

在给定 IQ 格式的情况下，要求出定点数所表示的浮点数，就需要对该定点数进行反归一化，但在实际应用中，只需要数据的整数部分，或者需要整数后保留几位小数，如 1 位小数就是数放大 10 倍，依然是取整数部分。如果是只取整数部分，就简单了，因为原来 IQ 就是对数进行 2^n 倍放大，现在对数进行 2^n 倍缩小，其实就是把数据往右移 n 位，C 语言支持这种数的移位运算。

3. IQ 数学库函数

TI 提供了以 IQ 格式表示浮点数的数学库函数，见表 3-3。在调用库函数时，要注意输入量的 IQ 格式。下面的示例是计算 sin 值，其中输入量是采用 IQ29 的格式，调用的函数就是_IQ29sin。

示例：计算 sin 值。

```
#include <IQmathLib.h>
#define  PI  3.14159
_iq29 input, sin_out;
```

```
void main(void )
{
  input=_IQ29(0.25 * PI);        // 0.25 PI 的 Q29 格式数据
  sin_out =_IQ29sin(input);
}
```

在使用 IQ 数学库函数时，要把 IQ 显性表示出来，特别在不同 IQ 格式下进行相互混合运算时，要调整到一致的 IQ 数据格式。另外，由于嵌入式系统的特殊性，在应用中要特别留意 IQ 数学库各函数的执行时间和占用的空间。部分 IQ 数学库函数用到的表格，TI 已经固化到内部的 ROM 中。

表 3-3　TI IQ 数学库函数

函数名	IQ 格式	执行周期数	精度（位）	程序空间（字）	输入格式	输出格式	备注
三角函数							
IQNasin	1-29	154		82	IQN	IQN	①
IQNsin	1-29	46	30	49	IQN	IQN	
IQNsinPU	1-30	40	30	41	IQN	IQN	
IQNacos	1-29	170		93	IQN	IQN	①
IQNcos	1-29	44	30	47	IQN	IQN	
IQNcosPU	1-30	38	29	39	IQN	IQN	
IQNatan2	1-29	109	26	123	IQN	IQN	
IQNatan2PU	1-29	117	27	136	IQN	IQN	
IQatan	1-29	109	25	123	IQN	IQN	
数学函数							
IQNexp	1-30	190		61	IQN	IQN	①
IQNsqrt	1-30	63	29	66	IQN	IQN	
IQNisqrt	1-30	64	29	69	IQN	IQN	
IQNmag	1-30	86	29	96	IQN	IQN	
算术函数							
IQNmpy	1-30	~6	32	NA	IQN * IQN	IQN	INTRINSIC
IQNrmpy	1-30	17	32	13	IQN * IQN	IQN	
IQNrsmpy	1-30	21	32	21	IQN * IQN	IQN	
IQNmpyI32	1-30	~4	32	NA	IQN * long	IQN	C-MACRO
IQNmpyI32int	1-30	22	32	16	IQN * long	long	
IQNmpyI32frac	1-30	24	32	20	IQN * long	IQN	
IQNmpyIQX		~7	32	NA	IQN * IQN	IQN	INTRINSIC
IQNdiv	1-30	63	28	71	IQN/IQN	IQN	
格式转换							
IQN	1-30	N/A	N/A	N/A	Float	IQN	C-MACRO
IQNtoF	1-30	22	N/A	20	IQN	Float	
IQNtoa	1-30	N/A	N/A	210	IQN	string	
atoIQN	1-30	N/A	N/A	143	char *	IQN	

（续）

函数名	IQ格式	执行周期数	精度（位）	程序空间（字）	输入格式	输出格式	备注
格式转换							
IQNint	1-30	14	32	8	IQN	long	
IQNfrac	1-30	17	32	12	IQN	IQN	
IQtoIQN	1-30	~4	N/A	N/A	GLOBAL_Q	IQN	C-MACRO
IQNtoIQ	1-30	~4	N/A	N/A	IQN	GLOBAL_Q	C-MACRO
IQtoQN	1-15	~4	N/A	N/A	GLOBAL_Q	QN	C-MACRO
QNtoIQ	1-15	~4	N/A	N/A	QN	GLOBAL_Q	C-MACRO
其他							
IQsat	1-30	~7	N/A	N/A	IQN	IQN	INTRINSIC
IQNabs	1-30	~2	N/A	N/A	IQN	IQN	INTRINSIC

注：1. QN：16 位定点 Q 格式，N=1：15。

2. 执行时间和程序消耗空间是在 IQ24 格式下的数据。其他 IQ 格式下的执行时间和程序消耗空间数据可能有细微的变化。

3. 执行时间包含 CALL 和 RETURN，并假设 IQmath 表格在内部的存储器中。

4. 精度需要在最后的应用中校验和测试。

① 函数 IQNexp、IQNasin 和 IQNacos 使用 IQmathTablesRam 中的表格。

3.4　软件开发工具概述

MCU 的开发需要一套完整的软、硬件开发工具，通常可分成代码生成工具和代码调试工具两大类。代码生成工具是指将高级语言或汇编语言编写的源程序转换成可执行的目标代码的工具程序，包括汇编器、C 编译器、链接器等辅助工具程序；代码调试工具包括 C/汇编语言源代码调试器、仿真器等。图 3-4 给出了 TMS320C28x 的软件开发流程，阴影部分是最常见的开发流程，其他部分是可选的，用来增强开发能力。下面简要介绍图 3-4 中的各个开发工具。

（1）C/C++编译器（Compiler）

C/C++编译器将 C/C++语言的源代码转换成 TMS320C28x 的汇编语言源代码。

（2）汇编器（Assembler）

汇编器将汇编语言源文件转换为 COFF（COFF 的相关知识见 4.5.1 节）格式的机器语言目标文件。源文件中可以包含指令、汇编伪指令以及宏伪指令。用户可以使用汇编伪指令来控制汇编器的操作，如源列表的格式、数据对齐和段的内容等。

（3）连接器（Linker）

连接器将汇编器生成的多个可重新定位的 COFF 目标文件组合起来，生成一个可执行的 COFF 目标程序块。可执行的 COFF 目标程序块生成后，将符号与存储位置对应起来，并且解决对这些符号的访问。连接器伪指令用来组合目标文件的段，把段或符号限定在某个地址或某些存储器地址范围内，并定义或者重新定义全局符号等。

（4）文档管理器（Archiver）

文档管理器允许用户将一组文件保存到单个档案文件中，称为库。如用户可以将若干个

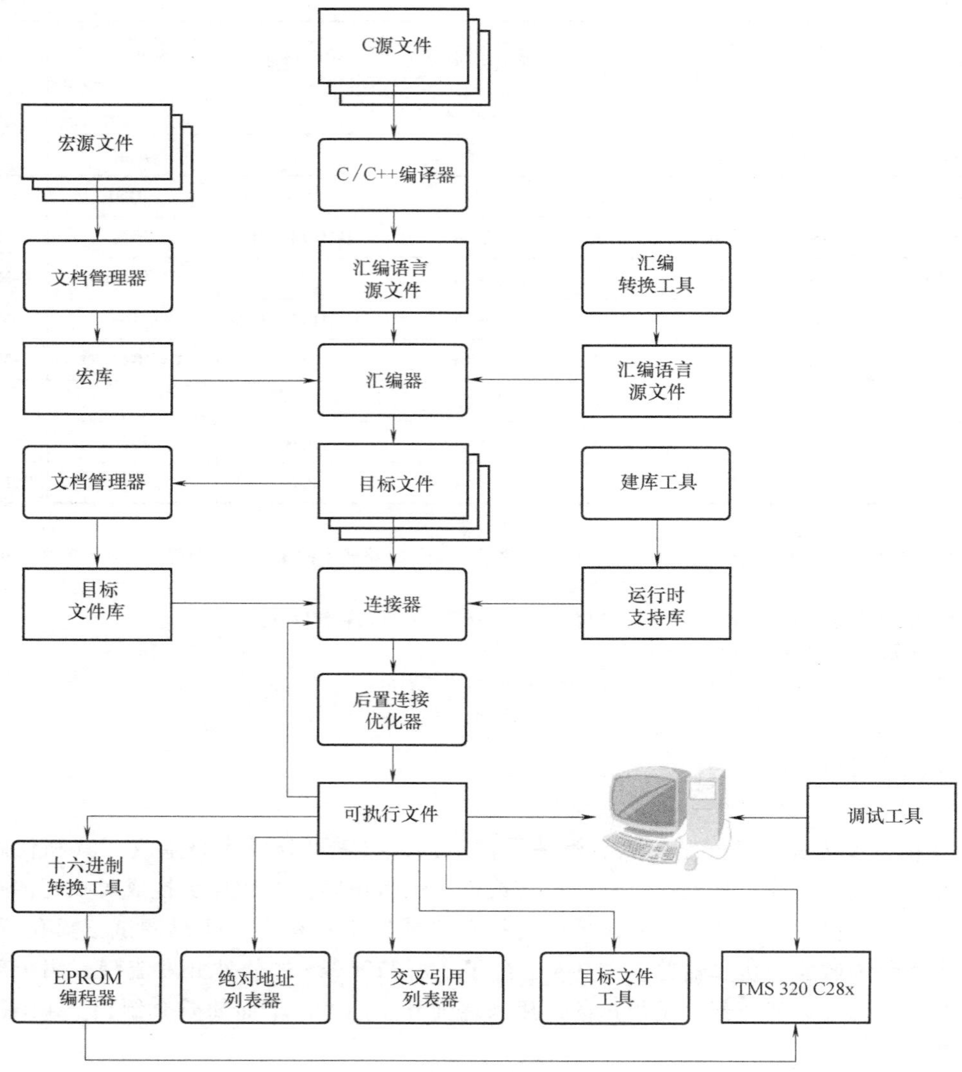

图 3-4　TMS320C28x 软件开发流程图

宏文件保存为一个宏文件库。汇编时，汇编器搜索宏文件库，并且将其中的成员作为宏块供源文件调用。用户也可以利用文档管理器，将多个目标文件集中到一个目标文件库。利用文档管理器，可以方便地替换、添加、删除和提取库文件。

（5） 建库工具（Library-build utility）

建库工具用来建立用户定制的 C/C++运行时支持库。链接时，用 rts. src 中的源文件代码和 rts. lib 中的目标代码提供标准的支持运行的库函数。

（6） 十六进制转换工具（Hex conversion utility）

十六进制转换工具可以很方便地将 COFF 目标文件转换成 TI、Intel、Motorola 或 Tektronix 公司的目标文件格式。转换后生成的文件可以下载到 EPROM 存储器中。

（7） 绝对地址列表器（Absolute lister）

绝对地址列表器将链接后的目标文件作为输入，生成 . abs 输出文件。对 . abs 文件汇编产生一个包含绝对地址（而不是相对地址）的列表。如果不用绝对地址列表器，产生这样一个列表可能需要很多手动操作。

(8) 交叉引用列表器 (Cross-reference lister)

交叉引用列表器利用目标文件生成一个交叉引用列表，显示链接的源文件中的符号、符号的定义以及它们在已链接的源文件中的引用情况。

开发处理流程生成一个可以在 TMS320C28x 目标系统上执行的程序代码。用户可以使用软件仿真器或 XDS 仿真器来调试和优化代码程序。需要说明的是，这些软件开发工具属于编写操作系统和编译器人员研究的范畴，从 MCU 应用的角度来讲，用户只需要懂得 CCS 集成开发软件就可以开发 MCU 系统（见 4.4 节）。

思考与练习

3-1　机器语言、汇编语言、C 语言各有什么特点？

3-2　嵌入式 C 语言的数据类型有哪些？

3-3　C 语言程序的结构有几种？各有什么特点？

3-4　枚举变量有什么特点？如何使用？

3-5　结构体指针如何定义？如何利用结构体指针对结构体成员进行操作？

3-6　IQ 格式的数据类型有什么特点？如何使用？

3-7　TMS320C28x 常用的软件开发工具有哪些？

第4章 软件架构与CCS集成开发环境

本章着重介绍微控制器的软件架构和软件开发环境。软件架构采用四层架构，按照系统功能进行分层隔离封装，以降低模块间的耦合。四层架构包含主程序层、应用模块层、用户模块层和 MCU 硬件驱动层，该架构有利于提高微控制器软件开发的可靠性、拓展性和可移植性。软件开发环境介绍了 CCS 的常用功能。

4.1 寄存器的 C 语言访问

MCU 的软件设计离不开寄存器，寄存器是软件和硬件交互的窗口，通过寄存器能够实现对系统或外设的功能配置与控制，或者获取它们的工作状态。对寄存器的操作是否方便会直接影响到 MCU 的开发是否方便。下面以最简单的 GPIO 操作为例，详细介绍如何使用寄存器结构体指针对 GPIO 寄存器进行访问，在这个过程中，读者也可以了解 F28027 头文件的编写方法。

4.1.1 了解 GPIO 寄存器

GPIO 寄存器包括控制寄存器、数据寄存器、中断和低功耗模式选择寄存器，分别见表 4-1~表 4-3。可以看出，存储器每个地址单元为 16 位，每个寄存器占据 1 或 2 个存储单元。GPIO 寄存器地址为 0x6F80~0x6FE8，但是地址不是连续的，有部分单元没有寄存器，如 0x6F8E、0x6F8F 地址单元。中间缺少的这些地址为系统保留的寄存器空间，在该芯片中没有使用。

表 4-1 GPIO 控制寄存器

寄存器名	地址	大小(×16)	寄存器描述
GPACTRL	0x6F80	2	GPIO A Control Register(GPIO0~GPIO31)
GPAQSEL1	0x6F82	2	GPIO A Qualifier Select 1 Register(GPIO0~GPIO15)
GPAQSEL2	0x6F84	2	GPIO A Qualifier Select 1 Register(GPIO16~GPIO31)
GPAMUX1	0x6F86	2	GPIO A MUX 1 Register(GPIO0~GPIO15)
GPAMUX2	0x6F88	2	GPIO A MUX 2 Register(GPIO16~GPIO31)
GPADIR	0x6F8A	2	GPIO A Direction Register(GPIO0~GPIO31)
GPAPUD	0x6F8C	2	GPIO A Pull Up Disable Register(GPIO0~GPIO31)
GPBCTRL	0x6F90	2	GPIO B Control Register(GPIO32~GPIO38)

（续）

寄存器名	地址	大小(×16)	寄存器描述
GPBQSEL1	0x6F92	2	GPIO B Qualifier Select 1 Register(GPIO32~GPIO38)
GPBMUX1	0x6F96	2	GPIO B MUX 1 Register(GPIO32~GPIO38)
GPBDIR	0x6F9A	2	GPIO B Direction Register(GPIO32~GPIO38)
GPBPUD	0x6F9C	2	GPIO B Pull Up Disable Register(GPIO32~GPIO38)
AIOMUX1	0x6FB6	2	Analog I/O MUX 1 register(AIO0~AIO15)
AIODIR	0x6FBA	2	Analog I/O Direction Register(AIO0~AIO15)

表 4-2　GPIO 数据寄存器

寄存器名	地址	大小(×16)	寄存器描述
GPADAT	0x6FC0	2	GPIO A Data Register(GPIO0~GPIO31)
GPASET	0x6FC2	2	GPIO A Set Register(GPIO0~GPIO31)
GPACLEAR	0x6FC4	2	GPIO A Clear Register(GPIO0~GPIO31)
GPATOGGLE	0x6FC6	2	GPIO A Toggle Register(GPIO0~GPIO31)
GPBDAT	0x6FC8	2	GPIO B Data Register(GPIO32~GPIO38)
GPBSET	0x6FCA	2	GPIO B Set Register (GPIO32~GPIO38)
GPBCLEAR	0x6FCC	2	GPIO B Clear Register(GPIO32~GPIO38)
GPATOGGLE	0x6FCE	2	GPIO B Toggle Register(GPIO32~GPIO38)
AIODAT	0x6FD8	2	Analog I/O Data Register(AIO0~AIO15)
AIOSET	0x6FDA	2	Analog I/O Data Set Register(AIO0~AIO15)
AIOCLEAR	0x6FDC	2	Analog I/O Clear Register(AIO0~AIO15)
AIOTOGGLE	0x6FDE	2	Analog I/O Toggle Register(AIO0~AIO15)

表 4-3　GPIO 中断和低功耗模式选择寄存器

寄存器名	地址	大小(×16)	寄存器描述
GPIOXINT1SEL	0x6FE0	1	XINT1 Source Select Register(GPIO0~GPIO31)
GPIOXINT2SEL	0x6FE1	1	XINT2 Source Select Register(GPIO0~GPIO31)
GPIOXINT3SEL	0x6FE2	1	XINT3 Source Select Register(GPIO0~GPIO31)
GPIOLPMSEL	0x6FE8	1	LPM wakeup Source Select Register(GPIO0~GPIO31)

GPIO 寄存器位于存储器空间的外设帧 1 内（见表 2-3），是在物理上实际存在的存储器单元。实际上，寄存器就是定义好具体功能的存储单位，系统会根据这些存储单元具体的配置来进行工作。存储单元的最小单位是位，对于寄存器来讲，每个位都有明确的功能。位的操作有读和写，操作数是 0 和 1。对一个位的操作最多有四种可能，写 1、写 0、读 1 和读 0。图 4-1 为 GPIO 端口 A 数据（GPADAT）寄存器，该寄存器的每个位对应一个引脚，表 4-4 为该寄存器的说明。

31	30	29	28	27	26	25	24
GPIO31	GPIO30	GPIO29	GPIO28	GPIO27	GPIO26	GPIO25	GPIO24
R/W–x	R/W–x	R/W–x	R/W–x	R/W–x	R/W–x	R/W–x	R/W–x
23	22	21	20	19	18	17	16
GPIO23	GPIO22	GPIO21	GPIO20	GPIO19	GPIO18	GPIO17	GPIO16
R/W–x	R/W–x	R/W–x	R/W–x	R/W–x	R/W–x	R/W–x	R/W–x
15	14	13	12	11	10	9	8
GPIO15	GPIO14	GPIO13	GPIO12	GPIO11	GPIO10	GPIO9	GPIO8
R/W–x	R/W–x	R/W–x	R/W–x	R/W–x	R/W–x	R/W–x	R/W–x
7	6	5	4	3	2	1	0
GPIO7	GPIO6	GPIO5	GPIO4	GPIO3	GPIO2	GPIO1	GPIO0
R/W–x	R/W–x	R/W–x	R/W–x	R/W–x	R/W–x	R/W–x	R/W–x

图 4-1　GPIO 端口 A 数据（GPADAT）寄存器

R/W—可读/可写　x—复位后的值未知，取决于复位后引脚的电平

表 4-4　GPIO 端口 A 数据（GPADAT）寄存器说明

位	位名字	值	寄存器描述
31~0	GPIO31~GPIO0	0	每个位对应 GPIO 端口 A 的一个引脚，见图 4-1。读 0 表示不管引脚的模式配置为哪种，引脚的状态为低电平。如果引脚配置为输出 I/O，写 0 引脚输出低电平。如果引脚不是配置为输出，写 0 该位装载 0，但是引脚不会被驱动为低电平
		1	读 1 表示不管引脚的模式配置为哪种，引脚的状态为高电平。如果引脚配置为输出 I/O，写 1 则引脚输出高电平。如果引脚不是配置为输出，写 1 该位装载 1，但是引脚不会被驱动为高电平

有关 GPIO 寄存器的详细介绍见本书第 5 章。

4.1.2　使用结构体指针操作寄存器

通过第 3 章的学习，我们知道可以利用指针对 MCU 的存储单元进行操作。下面以 F28027 的 GPIO 模块为例进行详细说明。

1. 结构体指针的定义

第一步：声明结构体类型，结构体类型名为 GPIO_Obj。

结构体成员包含了 GPIO 模块的所有寄存器，结构体成员严格按照寄存器的地址顺序排列，并保留没有用到的地址空间，如图 4-2 所示。其中，符号 rsvd 表示保留的单元。

第二步：声明结构体指针类型，结构体指针类型名为 GPIO_Handle。

typedef　GPIO_Obj *　GPIO_Handle;

第三步：定义结构体指针变量 myGpio。

GPIO_Handle　myGpio;

第四步：结构体指针变量初始化。

myGpio=(void *)GPIO_BASE_ADDR;　//GPIO_BASE_ADDR 为 GPIO 寄存器首地址 0x6F80。

```
typedef struct _GPIO_Obj_
{
    volatile uint32_t GPACTRL;          // GPIO A Control Register
    volatile uint32_t GPAQSEL1;         // GPIO A Qualifier Select 1 Register
    volatile uint32_t GPAQSEL2;         // GPIO A Qualifier Select 2 Register
    volatile uint32_t GPAMUX1;          // GPIO A MUX 1 Register
    volatile uint32_t GPAMUX2;          // GPIO A MUX 2 Register
    volatile uint32_t GPADIR;           // GPIO A Direction Register
    volatile uint32_t GPAPUD;           // GPIO A Pull Up Disable Register
    volatile uint16_t rsvd_1[2];        // Reserved
    volatile uint32_t GPBCTRL;          // GPIO B Control Register
    volatile uint32_t GPBQSEL1;         // GPIO B Qualifier Select 1 Register
    volatile uint16_t rsvd_2[2];        // Reserved
    volatile uint32_t GPBMUX1;          // GPIO B MUX 1 Register
    volatile uint16_t rsvd_3[2];        // Reserved
    volatile uint32_t GPBDIR;           // GPIO B Direction Register
    volatile uint32_t GPBPUD;           // GPIO B Pull Up Disable Register
    volatile uint16_t rsvd_4[24];       // Reserved
    volatile uint32_t AIOMUX1;          // Analog, I/O Mux 1 Register
    volatile uint16_t rsvd_5[2];        // Reserved
    volatile uint32_t AIODIR;           // Analog, I/O Direction Register
    volatile uint16_t rsvd_6[4];        // Reserved
    volatile uint32_t GPADAT;           // GPIO A Data Register
    volatile uint32_t GPASET;           // GPIO A Set Register
    volatile uint32_t GPACLEAR;         // GPIO A Clear Register
    volatile uint32_t GPATOGGLE;        // GPIO A Toggle Register
    volatile uint32_t GPBDAT;           // GPIO B Data Register
    volatile uint32_t GPBSET;           // GPIO B Set Register
    volatile uint32_t GPBCLEAR;         // GPIO B Clear Register
    volatile uint32_t GPBTOGGLE;        // GPIO B Toggle Register
    volatile uint16_t rsvd_7[8];        // Reserved
    volatile uint32_t AIODAT;           // Analog I/O Data Register
    volatile uint32_t AIOSET;           // Analog I/O Data Set Register
    volatile uint32_t AIOCLEAR;         // Analog I/O Clear Register
    volatile uint32_t AIOTOGGLE;        // Analog I/O Toggle Register
    volatile uint16_t GPIOXINTnSEL[3];  // XINT1-3 Source Select Registers
    volatile uint16_t rsvd_8[5];        // Reserved
    volatile uint32_t GPIOLPMSEL;       // GPIO Low Power Mode Wakeup Select Register
} GPIO_Obj;
```

图 4-2　GPIO 结构体类型声明

通过以上四步操作，就可以利用结构体指针 myGpio 对 GPIO 模块的寄存器进行读写操作。其他模块的结构体指针定义与此类似，后续章节不再赘述。各模块结构体指针的初始化配置为

```
myCpu = (void *)NULL;
myWDog = (void *)WDOG_BASE_ADDR;              // WDOG_BASE_ADDR = 0x7022
myPll = (void *)PLL_BASE_ADDR;                //PLL_BASE_ADDR = 0x7011
myClk = (void *)CLK_BASE_ADDR;                //CLK_BASE_ADDR = 0x7010
myPie = (void *)PIE_BASE_ADDR;                // PIE_BASE_ADDR = 0x0CE0
myTimer0 = (void *)TIMER0_BASE_ADDR;          //TIMER0_BASE_ADDR = 0x0C00
myTimer1 = (void *)TIMER1_BASE_ADDR;          //TIMER0_BASE_ADDR = 0x0C08
myTimer2 = (void *)TIMER2_BASE_ADDR;          //TIMER0_BASE_ADDR = 0x0C10
myCap = (void *)CAPA_BASE_ADDR;               // CAP_BASE_ADDR = 0x6A00
myPwm1 = (void *)PWM_ePWM1_BASE_ADDR;         //PWM_ePWM1_BASE_ADDR = 0x6800
myPwm2 = (void *)PWM_ePWM2_BASE_ADDR;         //PWM_ePWM1_BASE_ADDR = 0x6840
```

```
myPwm3= (void *) PWM_ ePWM3_ BASE_ ADDR; //PWM_ ePWM1_ BASE_ ADDR=0x6880
myPwm4= (void *) PWM_ ePWM4_ BASE_ ADDR; //PWM_ ePWM1_ BASE_ ADDR=0x68C0
myAdc= (void *) ADC_ BASE_ ADDR;          //ADC_ BASE_ ADDR=0x00000B00
mySci= (void *) SCIA_ BASE_ ADDR;         //SCIA_ BASE_ ADDR=0x00007050
mySpi= (void *) SPIA_ BASE_ ADDR;         //SPIA_ BASE_ ADDR=0x00007040
myI2c= (void *) I2CA_ BASE_ ADDR;         //I2CA_ BASE_ ADDR=0x00007900
myFlash= (void *) FLASH_ BASE_ ADDR;      //FLASH_ BASE_ ADDR=0x00000A80
```

2. 使用结构体指针操作寄存器

下面以 GPADAT 寄存器为例介绍寄存器的读写操作方法。

（1）寄存器的整体操作——寄存器读或写


```
myGpio->GPADAT=5;            //GPADAT 寄存器值设置为 5
data=myGpio->GPADAT;         //读取 GPADAT 寄存器当前的值,保存到变量 data 中
```

（2）寄存器的位操作——寄存器位的写操作

寄存器的位操作一般都是通过逻辑与和逻辑或来实现的。在对某个位操作的同时不能影响到寄存器的其他位。例如，对 GPADAT 的 GPIO2 位进行写操作。

```
myGpio->GPADAT  &= (~((uint32_t)1 << 2));   //待操作位清零,其他位保持不变
myGpio->GPADAT  |= (uint32_t)1<< 2;          //GPIO2 位写 1
或 myGpio->GPADAT  |= (uint32_t)0<< 2;       //GPIO2 位写 0
```

（3）寄存器的位操作——寄存器位的读操作

```
Bitdata= ((myGpio-> GPADAT >> 2) & 0x0001);//GPIO2 位值保存到 Bitdata 变量中
```

上面介绍的三种操作几乎涵盖了在 F28027 开发过程中对寄存器操作的所有方式，也就是说，掌握了这三种方式，就可以实现对 F28027 各种寄存器的操作。

4.2 软件架构

早期的 MCU 软件开发采用的是简单的前后台顺序执行程序，没有程序的架构，整个软件由一个 C 文件加上若干个库文件组成。这种程序设计方法简单，思路清晰，但当应用程序比较复杂时，程序的可读性就很差，很难被理解。所以，MCU 软件设计需要按照一定的规范进行，目的就是使得软件可读性强、易于维护、具有好的扩展性。

好的软件就如同搭建房子，需要建好地基、搭好框架，最后根据功能需求进行房间的装修。房子建好，地基和框架一般是不改变的，但是房子的功能可以改变，可以拆去墙或增加墙，不管怎么改，房子还是牢固的。四层软件架构如图 4-3 所示，包括主程序层、应用层、用户模块层和 MCU 模块层。该软件架构的特点是上层可以调用下层的模块函数，同一层模块不能互相调用。利用分层技术实现软件的“高内聚、低耦合”这一软件工程思想，实现软件开发和维护的高度灵活性，以及功能模块的复用度。

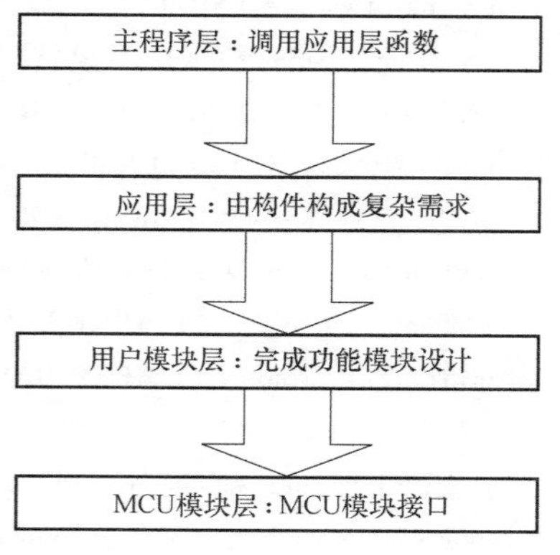

图 4-3　四层软件架构示意图

四层软件架构是后面各个单元软件开发的基础。接下来将对各个层进行详细论述。

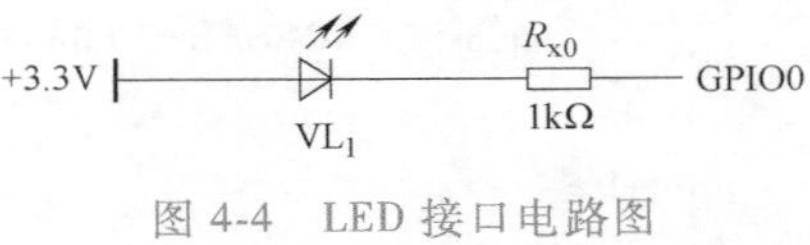

图 4-4　LED 接口电路图

如图 4-4 所示，通过 GPIO0 控制 LED1（VL_1）的亮暗。从电路分析可知，当 IO 口输出低电平时，LED1 亮，当 GPIO 口输出高电平时，LED1 暗。

由 4.1.2 节可知，要控制 VL_1 亮或暗，需要执行以下程序：

```
myGpio->GPADAT   &= ( ~( (uint32_t)1 << 0));      //GPIO0 位清零
myGpio->GPADAT   |= (uint32_t)1<< 0;              //GPIO0 位写 1,LED1 暗
myGpio->GPADAT   |= (uint32_t)0<< 0;              //GPIO0 位写 0,LED1 亮
```

这种基于寄存器的开发方式具有简单、直接、高效的特点。“简单”是指要实现某个功能，只要在数据手册找到实现这个功能的寄存器，按照说明设置即可，而无须下载其他的支持文件（如固件函数库），前期准备相对较少，工程模板也比较简单。“直接”是指只要配置相应寄存器的某些位为 1 或 0，就可以实现相应控制功能，而不需要函数调用、参数判断等一系列辅助操作。“高效”是指基于寄存器开发方式，其代码量小，执行速度快。

由于早期的 MCU 硬件资源相对有限，而且控制程序也相对简单，通过寄存器方式编程直接、高效，对于初学者来说也容易掌握。但是 F28027 外设资源十分丰富，寄存器数量和复杂程度显著增加，所以采用寄存器开发方式，对开发者要求比较高，开发时需要查询相关数据手册，所以目前寄存器开发方式主要适用于嵌入式系统底层开发，或是对执行速度和系统资源有严格要求的场合。对于一般的应用程序，推荐使用本书介绍的图 4-3 所示的四层软件架构法。本节将结合图 4-4 中 LED1 的亮暗控制来理解四层软件架构的编程方法。

4.2.1　MCU 模块层——固件函数库

TI 公司为各系列 MCU 提供了丰富的固件库函数和技术支持。固件库是一个固件函数包，它由程序、数据结构和宏组成，包括 MCU 所有系统级和外设标准驱动函数。对于初学者而言，可以直接调用这些驱动函数，快速实现需要的应用。因此，使用固件库函数可以大大减少用户的程序编写时间，进而降低开发成本。

驱动函数把寄存器的操作封装成固件库函数，用户直接调用驱动函数即可完成相关位的操作，不用直接对寄存器操作，使用更简单、更直观。

图 4-4 中 LED1 对应的 GPIO0 接口的驱动函数为

GPIO_setHigh(myGpio,GPIO_Number_0);//GPIO0 输出高电平,LED1 灯暗

GPIO_setLow(myGpio,GPIO_Number_0); //GPIO0 输出低电平,LED1 灯亮

寄存器 GPACLEAR、GPASET 都是写 1 有效，其中 GPACLEAR 寄存器控制引脚输出低电平，GPASET 寄存器控制引脚输出高电平。具体信息可以查看数据手册，在此直接给出代码。

```
GPACLEAR 寄存器控制引脚输出低电平程序如下：
void GPIO_setLow(GPIO_Handle gpioHandle,const GPIO_Number_e gpioNumber)
{
    GPIO_Obj * gpio=(GPIO_Obj *)gpioHandle;
    ENABLE_PROTECTED_REGISTER_WRITE_MODE;
    if(gpioNumber < GPIO_Number_32)
    {
```

```
        gpio->GPACLEAR = (uint32_t) 1<<gpioNumber;
    }
    else
    {
        gpio->GPBCLEAR = (uint32_t) 1 << (gpioNumber-GPIO_Number_32);
    }
        DISABLE_PROTECTED_REGISTER_WRITE_MODE;
    return;
}
```


GPASET 寄存器控制引脚输出高电平程序如下：

```
void GPIO_setHigh(GPIO_Handle gpioHandle,const GPIO_Number_e gpioNumber)
{
    GPIO_Obj * gpio = (GPIO_Obj * ) gpioHandle;
    ENABLE_PROTECTED_REGISTER_WRITE_MODE;
    if(gpioNumber < GPIO_Number_32)
    {
        gpio->GPASET = (uint32_t) 1 << gpioNumber;
    }
    else
    {
        gpio->GPBSET = (uint32_t) 1 << (gpioNumber-GPIO_Number_32);
    }
    DISABLE_PROTECTED_REGISTER_WRITE_MODE;
    return;
}
```

4.2.2 用户模块层

用户模块层对 MCU 驱动函数进行封装，完成具体的功能操作。因为 LED1 的亮暗控制跟具体的硬件接口有关，LED_on 和 LED_off 函数根据硬件接口调用固件驱动函数实现对 LED1 的亮暗控制。

用户模块层 LED 亮暗控制程序如下：

```
//LED 亮控制
void inline LED_on(GPIO_Number_e led)
{
    GPIO_setLow(myGpio,led);      //GPIO 口输出低电平,对应 LED1 亮
}
//LED 暗控制
void inline LED_off(GPIO_Number_e led)
{
    GPIO_setHigh(myGpio,led);  //GPIO 口输出高电平,对应 LED1 暗
}
```

4.2.3　应用层

应用层根据 MCU 系统需求，将功能构件进行逻辑组合，实现复杂的应用需求。这里主要体现在逻辑关系的设计和控制算法的实现上。对于以下程序段，只要学过 C 语言，都可以理解。该程序没有直接对 MCU 寄存器进行操作，程序可以在不同工程中移植。

应用层 LED 亮暗控制程序如下：

```
void LED_Control( void)
{
    LED_on( LED1) ;        //LED1 灯亮
    Delay( 10000L) ;       //延时函数
    LED_off( LED1) ;       //LED1 灯暗
    Delay( 10000L) ;       //延时函数
}
```

4.2.4　主程序层

主程序层主要是对 MCU 的初始化配置和应用层功能函数的调用，实现复杂的 MCU 功能。初始化部分包含系统和外设模块配置函数和初始化函数，主程序如下：

```
void main( void)
{
  //1. MCU 系统运行环境配置
    User_System_pinConfigure( ) ;
    User_System_functionConfigure( ) ;
    User_System_eventConfigure( ) ;
    User_System_initial( ) ;
  //2. 外设模块配置
    LED_GPIO_pinConfigure( ) ;            //引脚配置,配置为输出口。
    LED_GPIO_functionConfigure( ) ;       //预留
    LED_GPIO_eventConfigure( ) ;          //预留
    LED_GPIO_initial( ) ;                 //IO 初始化
  //3. 主循环
    for( ; ; )
    {
        LED_Control( ) ;                  //调用应用层函数
    }
}
```

通过以上四层软件架构，完成了 LED1 的亮灭控制，总体程序调用关系如图 4-5 所示。从顶层开始，主程序 main 函数调用应用层的 LED_Control 函数，LED_Control 函数调用用户模块层的功能实现函数 LED_on 和 LED_off，LED_on 和 LED_off 函数调用 MCU 模块层的驱动函数，实现对寄存器的操作，控制 GPIO 引脚输出高电平或者低电平，最终实现 LED 灯的亮暗控制。虽然这种程序架构增加了程序代码，降低了程序执行效率，但是，程序的可读性和规范性得到了比较大的提高，而且现在 CPU 的主频都比较高，基本上不影响实时控制的需求。

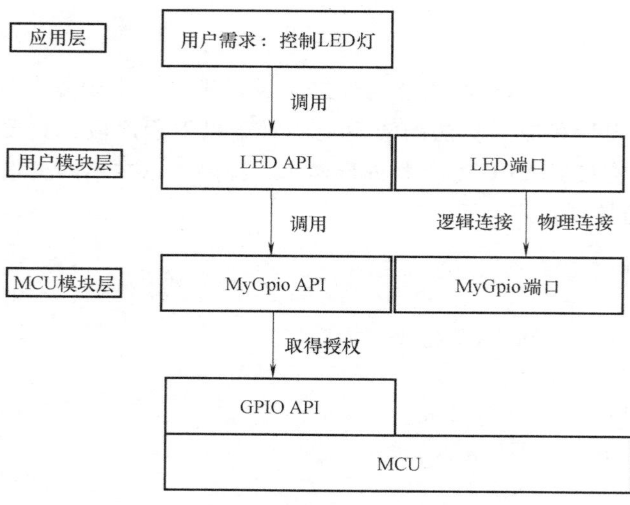

图 4-5　总体程序调用关系

4.3　文件管理

如图 4-6、图 4-7 所示，工程文件与软件的四层架构相对应。其中 main. c 为主程序；Application 为应用层；User_Component 为用户模块层；F2802x_Component 为 MCU 模块驱动函数固件层。各功能模块由 . c 文件和 . h 文件组成。. c 文件包含了各功能函数，. h 文件包含函数和变量的定义或声明以及各种宏定义等。

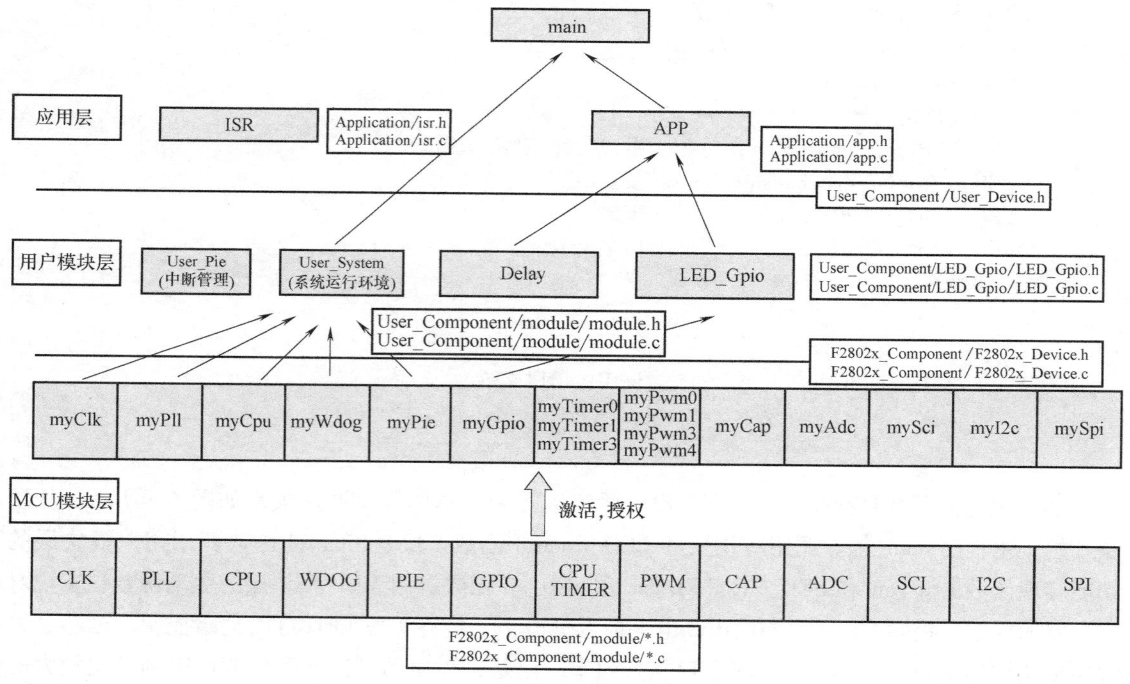

图 4-6　工程文件结构示意图

在 MCU 模块层，由于各个模块直接和硬件交互，在这一层定义模块句柄变量，实质就是指针，指针初始化后指向模块寄存器组的首地址，具体分析见 4.1.2 节。

用户模块层和应用层定义的变量可以看成模块的属性，依附于模块，在 C++程序设计里，一般不建议直接操作模块的属性，但因为每个变量定义时就是个全局变量，因此还是延续了汇编的习惯。变量定义后，也需要初始化，初始化在模块的初始化函数中进行。模块中定义的变量可以在模块内部函数（包括初始化函数、配置函数和 API 函数）调用，也可以在上一层模块调用。同一层的函数不能相互调用，这个原则保证了函数具有很好的移植性。在新建项目工程时，要用到旧工程中的用户模块，直接复制目录就可以使用。

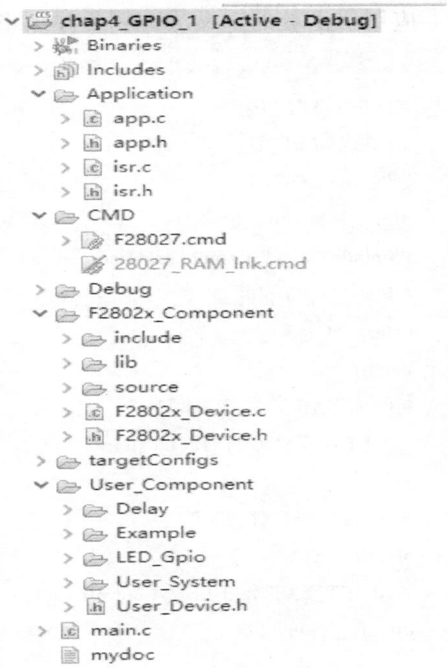

```
chap4_GPIO_1 [Active - Debug]
  Binaries
  Includes
  Application
    app.c
    app.h
    isr.c
    isr.h
  CMD
    F28027.cmd
    28027_RAM_lnk.cmd
  Debug
  F2802x_Component
    include
    lib
    source
    F2802x_Device.c
    F2802x_Device.h
  targetConfigs
  User_Component
    Delay
    Example
    LED_Gpio
    User_System
    User_Device.h
  main.c
  mydoc
```

图 4-7　工程文件架构图

C 语言规定程序中用到的变量都要进行定义，而且只能定义一次，其他文件要调用该变量，需要对该变量进行声明。为了避免 .h 文件在被上层模块调用时出现重复定义的错误，在每一个模块声明文件中都要有以下的编译伪指令程序段：

```
#ifndef   TARGET_GLOBAL
#define TARGET_EXT extern
#else
#define TARGET_EXT
```

在变量和函数声明前使用 TARGET_EXT 进行修饰。当标识符 TARGET_GLOBAL 没有声明时，TARGET_EXT 取值为 extern，否则相当于空格。标识符 TARGET_GLOBAL 仅在 main. c 文件中出现，即 main. c 文件的第一句为

#define TARGET_GLOBAL　1

程序的执行从 main 开始，main 调用的所有 *.h 延续了这个定义，因此在 *.h 中，这个 TARGET_EXT 被解释为空格，进行变量的定义。其他文件中没有对 TARGET_GLOBAL 进行定义，所以 TARGET_EXT 被解释为 extern，这时就是变量的声明了。

接下来，自上而下对各层的文件进行分析。

1. 主程序层

主程序层只有一个 main. c 文件。该文件执行系统初始化、各个功能模块的初始化，然后在主循环里调用各个应用层的功能函数。在 main. c 文件前面包含以下两条指令：

```
#define TARGET_GLOBAL 1              //main 文件里进行变量的定义
#include "Application\app.h"         //包含应用层的 .h 文件
```

2. 应用层

应用层文件包括 app. c、app. h、isr. c 和 isr. h。isr. c 和 isr. h 将在第 6 章中断模块进行介绍。app. h 文件进行应用层函数的定义或声明，并向下包含用户模块层的 .h 文件 User_Device. h。

应用层函数的定义或声明程序如下：

```
/********************app.h 文件****************/
#ifndef _APP_H_
#define _APP_H_
//the includes
#include <stdint.h>
#include "User_Component/User_Device.h"      //向下包含用户模块层的 .h 文件
#ifdef __cplusplus
extern "C" {
#endif
#ifndef TARGET_GLOBAL
   #define TARGET_EXT extern
#else
#define TARGET_EXT
#endif
TARGET_EXT void LED_Control(void);             //函数 LED_Control 定义
#ifdef __cplusplus
}
#endif
#endif                                         //end of _APP_H_ definition
```

应用层函数的实现程序如下：

```
/*************************************
app.c 文件必须包含 app.h 。文件里包含各个具体的功能实现函数
********app.c 文件************************/
#include "Application/app.h"
void LED_Control(void)      //LED1 亮暗控制
{
     LED_on(LED1);          //LED1 灯亮
     Delay(10000L);         //延时函数
     LED_off(LED1);         //LED1 灯暗
     Delay(10000L);         //延时函数
}
```

3. 用户模块层

用户模块层包含了多个文件，每个文件是一个相对独立的模块功能实现的集合，同样包含 .c 文件和 .h 文件。每个模块包括四个函数：引脚配置函数、功能配置函数、事件触发函数和初始化函数。有的函数暂时没有内容，为了程序结构的美观以及今后扩展使用，在程序中预留该函数。.h 文件要包含 MCU 驱动函数层的 .h 文件<F2802x_Device.h>。以下通过具体代码及注释进行解析。

```
用户模块层 .h 文件程序如下：
/*************LED_Gpio.h*********************/
//文件路径  User_Component/LED_Gpio/LED_Gpio.h
```

```
#ifndef _LED_GPIO_H_
#define _LED_GPIO_H_
#include <stdint.h>                                   //包含 stdint.h 文件
#include "F2802x_Component/F2802x_Device.h"//包含 MCU 驱动函数层 .h 文件
#ifdef __cplusplus
extern "C" {
#endif
#ifndef TARGET_GLOBAL
    #define TARGET_EXT extern
#else
    #define TARGET_EXT
#endif
#define   LED1          GPIO_Number_0                 //宏定义,便于程序阅读
#define   LED2          GPIO_Number_1
#define   LED3          GPIO_Number_2
#define   LED4          GPIO_Number_3
//(1)模块初始化
TARGET_EXT void LED_GPIO_initial(void);               //初始化
//(2)模块配置
//(2.1)模块引脚配置
TARGET_EXT void LED_GPIO_pinConfigure(void);          //引脚资源配置
//(2.2)模块功能配置
TARGET_EXT void LED_GPIO_functionConfigure(void);//功能配置
//(2.3)模块事件配置
TARGET_EXT void LED_GPIO_eventConfigure(void);        //事件配置
TARGET_EXT void inline LED_on(GPIO_Number_e led)  //inline 定义函数为内联函数,这样可以解决
                                                  一些频繁调用的函数大量消耗栈空间(栈内
                                                  存)的问题
{
    GPIO_setLow(LED_Gpio_obj,led);                    //LED1 亮控制
}
TARGET_EXT void inline LED_off(GPIO_Number_e led)
{
    GPIO_setHigh(LED_Gpio_obj,led);                   //LED1 暗控制
}
TARGET_EXT void inline LED_toggle(GPIO_Number_e led)
{
    GPIO_toggle(LED_Gpio_obj,led);                    //LED1 亮暗切换控制
}
#ifdef __cplusplus
}
#endif  //extern "C"
#endif  //end of _LED_GPIO_H_ definition
```

用户模块层 .c 文件程序如下：

```
/***********LED_Gpio.c*************************/
#include "User_Component/LED_Gpio/LED_Gpio.h"          //包含该模块的.h文件
void LED_GPIO_initial(void)                             //模块的初始化
{
    LED_off(LED1);
    LED_off(LED2);
    LED_off(LED3);
    LED_off(LED4);
}
//(2) 模块配置                                          //模块配置
//(2.1)模块引脚配置                                     //第一步:引脚资源配置
void LED_GPIO_pinConfigure(void)
{
//1. 模式设置
//void GPIO_setMode(GPIO_Handle gpioHandle,const GPIO_Number_e gpioNumber,const GPIO_Mode_e
mode);
GPIO_setMode(myGpio,LED1,GPIO_0_Mode_GeneralPurpose);
                                                        //GPIO 引脚为通用 GPIO
GPIO_setMode(myGpio,LED2,GPIO_1_Mode_GeneralPurpose);
GPIO_setMode(myGpio,LED3,GPIO_2_Mode_GeneralPurpose);
GPIO_setMode(myGpio,LED4,GPIO_3_Mode_GeneralPurpose);
//2. 上拉设置
//void GPIO_setPullUp(GPIO_Handle gpioHandle,const GPIO_Number_e gpioNumber,const GPIO_PullUp_
e pullUp);
GPIO_setPullUp(myGpio,LED1,GPIO_PullUp_Disable);        //禁止上拉
GPIO_setPullUp(myGpio,LED2,GPIO_PullUp_Disable);
GPIO_setPullUp(myGpio,LED3,GPIO_PullUp_Disable);
GPIO_setPullUp(myGpio,LED4,GPIO_PullUp_Disable);
//3. 方向设置
//void GPIO_setDirection(GPIO_Handle gpioHandle,const GPIO_Number_e gpioNumber,const GPIO_Di-
rection_e direction);
GPIO_setDirection(myGpio,LED1,GPIO_Direction_Output);   //配置为输出
GPIO_setDirection(myGpio,LED2,GPIO_Direction_Output);
GPIO_setDirection(myGpio,LED3,GPIO_Direction_Output);
GPIO_setDirection(myGpio,LED4,GPIO_Direction_Output);
}
//(2.2)模块功能配置                                     //第二步:功能配置
void LED_GPIO_functionConfigure(void)                   //预留
{
}
```

```
//（2.3）模块事件配置                        //第三步：事件配置，包括中断触发等事件
void LED_GPIO_eventConfigure(void)          //预留
{
}
//the API functions
//end of file
```

4. MCU 模块层的驱动函数库

如图 4-8 和图 4-9 所示，MCU 模块层包括所有系统级和外设级模块的驱动程序，驱动函数直接对 MCU 的寄存器进行操作。下面以 GPIO 模块的 .c 文件和 .h 文件展开分析。

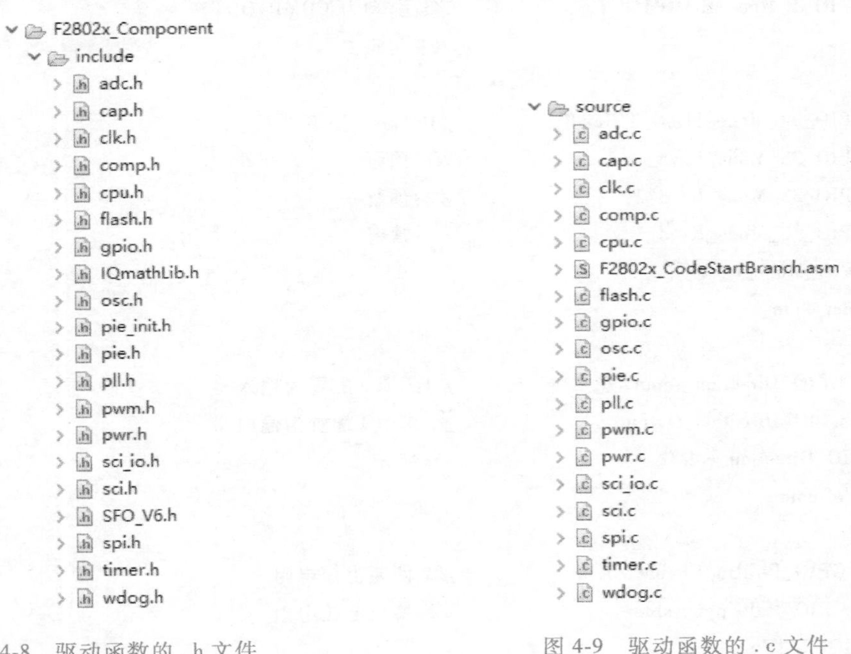

图 4-8　驱动函数的 .h 文件　　　　图 4-9　驱动函数的 .c 文件

（1）驱动函数 .h 文件的代码及解释

驱动函数 .h 文件的代码及解释程序如下：

```
#define _GPIO_H_
#include <assert.h>
#include <stdarg.h>
#include <stdbool.h>
#include <stddef.h>
#include <stdint.h>
#include "F2802x_Component/include/cpu.h"
#ifdef __cplusplus
extern "C" {
#endif
//定义枚举变量,变量值与引脚相应功能的寄存器配置值一致
```

```
typedef enum
{
    GPIO_0_Mode_GeneralPurpose=0,        //0:通用IO口
    GPIO_0_Mode_EPWM1A,                  //1:引脚为EPWM1A功能
    GPIO_0_Mode_Rsvd_2,                  //2:预留
    GPIO_0_Mode_Rsvd_3,                  //3:预留
    GPIO_1_Mode_GeneralPurpose=0,        //0:通用IO口
    GPIO_1_Mode_EPWM1B,                  //1:引脚为EPWM1B功能
    GPIO_1_Mode_Rsvd_2,                  //2:预留
    GPIO_1_Mode_COMP1OUT,                //3:引脚为COMP1OUT
    .                                    //中间略去
    .
    GPIO_38_Mode_JTAG_TCK=0,             //0:JTAG_TCK功能
    GPIO_38_Mode_Rsvd_1,                 //1:预留
    GPIO_38_Mode_Rsvd_2,                 //2:预留
    GPIO_38_Mode_Rsvd_3                  //3:预留
} GPIO_Mode_e;
typedef enum
{
      GPIO_Direction_Input=0,            //0:GPIO配置为输入
      GPIO_Direction_Output              //1:GPIO配置为输出
} GPIO_Direction_e ;
typedef enum
{
      GPIO_PullUp_Enable=0,              //0:使能上拉电阻
      GPIO_PullUp_Disable                //1:禁止上拉电阻
} GPIO_PullUp_e;

typedef enum
{
      GPIO_Port_A=0,                     //0:GPIO_Port_A
      GPIO_Port_B                        //1: GPIO_Port B
} GPIO_Port_e;
typedef enum
{
      GPIO_Number_0=0,                   //0:引脚GPIO 0枚举变量值
      GPIO_Number_1,                     //1:引脚GPIO 1枚举变量值
      GPIO_Number_2,                     //2:引脚GPIO 2枚举变量值
      GPIO_Number_3,                     //3:引脚GPIO 3枚举变量值
      GPIO_Number_4,                     //4:引脚GPIO 4枚举变量值
      .                                  //中间略去
      .
```

```
    GPIO_Number_38,                         //38:引脚 GPIO 38 枚举变量值
    GPIO_numGpios
} GPIO_Number_e;
```

//构造结构体数据类型,结构体成员为 GPIO 模块的所有寄存器。地址按从低到高顺序排列,预留没有寄存器的地址

```
typedef struct _GPIO_Obj_
{
    volatile uint32_t GPACTRL;              //GPIO A Control Register
    volatile uint32_t GPAQSEL1;             //GPIO A Qualifier Select 1 Register
    volatile uint32_t GPAQSEL2;             //GPIO A Qualifier Select 2 Register
    volatile uint32_t GPAMUX1;              // GPIO A MUX 1 Register
    volatile uint32_t GPAMUX2;              //GPIO A MUX 2 Register
    volatile uint32_t GPADIR;               //GPIO A Direction Register
    volatile uint32_t GPAPUD;               //GPIO A Pull Up Disable Register
    volatile uint16_t rsvd_1[2];            //预留
    volatile uint32_t GPBCTRL;              //GPIO B Control Register
    volatile uint32_t GPBQSEL1;             //GPIO B Qualifier Select 1 Register
    volatile uint16_t rsvd_2[2];            //预留
    volatile uint32_t GPBMUX1;              //GPIO B MUX 1 Register
    volatile uint16_t rsvd_3[2];            //预留
    volatile uint32_t GPBDIR;               //GPIO B Direction Register
    volatile uint32_t GPBPUD;               //GPIO B Pull Up Disable Register
    volatile uint16_t rsvd_4[24];           //预留
    volatile uint32_t AIOMUX1;              //Analog,I/O Mux 1 Register
    volatile uint16_t rsvd_5[2];            //预留
    volatile uint32_t AIODIR;               //Analog,I/O Direction Register
    volatile uint16_t rsvd_6[4];            //预留
    volatile uint32_t GPADAT;               //GPIO A Data Register
    volatile uint32_t GPASET;               //GPIO A Set Register
    volatile uint32_t GPACLEAR;             //GPIO A Clear Register
    volatile uint32_t GPATOGGLE;            //GPIO A Toggle Register
    volatile uint32_t GPBDAT;               //GPIO B Data Register
    volatile uint32_t GPBSET;               //GPIO B Set Register
    volatile uint32_t GPBCLEAR;             //GPIO B Clear Register
    volatile uint32_t GPBTOGGLE;            //GPIO B Toggle Register
    volatile uint16_t rsvd_7[8];            //预留
    volatile uint32_t AIODAT;               //Analog I/O Data Register
    volatile uint32_t AIOSET;               //Analog I/O Data Set Register
    volatile uint32_t AIOCLEAR;             //Analog I/O Clear Register
    volatile uint32_t AIOTOGGLE;            //Analog I/O Toggle Register
    volatile uint16_t GPIOXINTnSEL[3];      //XINT1-3 Source Select Registers
    volatile uint16_t rsvd_8[5];            //预留
    volatile uint32_t GPIOLPMSEL;           //GPIO Low Power Mode Wakeup Select Register
```

```
} GPIO_Obj;
//定义结构体指针
typedef   GPIO_Obj   * GPIO_Handle;
//以下为部分函数的定义，详细内容见第 5 章
uint16_t GPIO_getData(GPIO_Handle gpioHandle,const GPIO_Number_e gpioNumber);
uint16_t GPIO_getPortData(GPIO_Handle gpioHandle,const GPIO_Port_e gpioPort);
void GPIO_setDirection(GPIO_Handle gpioHandle,const GPIO_Number_e gpioNumber,const GPIO_Direction_e direction);
void GPIO_setPullUp(GPIO_Handle gpioHandle,const GPIO_Number_e gpioNumber,const GPIO_PullUp_e pullUp);
void GPIO_setLow(GPIO_Handle gpioHandle,const GPIO_Number_e gpioNumber);
void GPIO_setMode(GPIO_Handle gpioHandle,const GPIO_Number_e gpioNumber,const GPIO_Mode_e mode);
void GPIO_setHigh(GPIO_Handle gpioHandle,const GPIO_Number_e gpioNumber);
void GPIO_setPortData(GPIO_Handle gpioHandle,const GPIO_Port_e gpioPort,const uint16_t data);
void GPIO_setQualification(GPIO_Handle gpioHandle,const GPIO_Number_e gpioNumber,const GPIO_Qual_e qualification);
void GPIO_setQualificationPeriod(GPIO_Handle gpioHandle,const GPIO_Number_e gpioNumber,const uint16_t period);
void GPIO_toggle(GPIO_Handle gpioHandle,const GPIO_Number_e gpioNumber);
void GPIO_lpmSelect(GPIO_Handle gpioHandle,const GPIO_Number_e gpioNumber);
GPIO_Handle GPIO_init(void * pMemory,const size_t numBytes);
#ifdef __cplusplus
}
#endif//extern "C"
#endif//end of _GPIO_H_ definition
```

（2）.c 文件的代码及解释

TI 公司提供了 F28027MCU 底层驱动函数的源文件。因为篇幅限制，此处只列出方向设置函数为例。

.c 文件代码及解释程序如下：

```
#include "F2802x_Component/include/gpio.h"   //包含该模块的.h 文件
void GPIO_setDirection(GPIO_Handle gpioHandle,const GPIO_Number_e gpioNumber,const
GPIO_Direction_e direction)
{
    GPIO_Obj * gpio = (GPIO_Obj * )gpioHandle;
    ENABLE_PROTECTED_REGISTER_WRITE_MODE;            //允许受保护寄存器的写操作
    if(gpioNumber < GPIO_Number_32)
    {
      gpio->GPADIR &= (~((uint32_t)1 << gpioNumber));  //逻辑与运算,清零被操作的位
      gpio->GPADIR |= (uint32_t)direction << gpioNumber;  //逻辑或运算,设置被操作的位
    }
    else
```

```
    {
      gpio->GPBDIR &= (~ ( (uint32_t)1 << (gpioNumber-GPIO_Number_32)));
      gpio->GPBDIR |= (uint32_t)direction << (gpioNumber-GPIO_Number_32);
    }
  DISABLE_PROTECTED_REGISTER_WRITE_MODE;//禁止受保护寄存器的写操作
  return;
}
```

4.4 CCS 集成开发环境

CCS（Code Composer Studio）是 TI 公司推出的集成开发环境（Intergrated Development Environment, IDE）。所谓集成开发环境，就是处理器的所有开发都在一个软件里完成，包括项目管理、程序编译、代码下载、调试等。CCS 支持所有 TI 公司推出的处理器，包括 MSP430、32 位 ARM、C2000 系列 MCU 等。

CCS 安装软件可在 TI 公司官方网站下载。本书以 CCS10.0.0 为例，介绍其使用方法。

4.4.1 CCS 安装注意事项

下载完成后，安装时需注意：

1）安装包不要存放中文路径，使用中文路径后安装会报错。

2）安装前先关闭杀毒软件和安全卫士、电脑管家等安全防护软件，否则安装程序会出现警告提示。

3）CCS 支持 TI 公司所有处理器，可以按需要选择安装，不然会占用较大的存储空间。

4.4.2 创建工作区

双击 CCS 图标将其打开，欢迎界面关闭之后，将显示如图 4-10 所示对话框。单击【Browse】按钮，选择一个文件夹作为工作区，用于存储项目文件。然后单击【Launch】按钮，将打开 CCS 的工作界面。

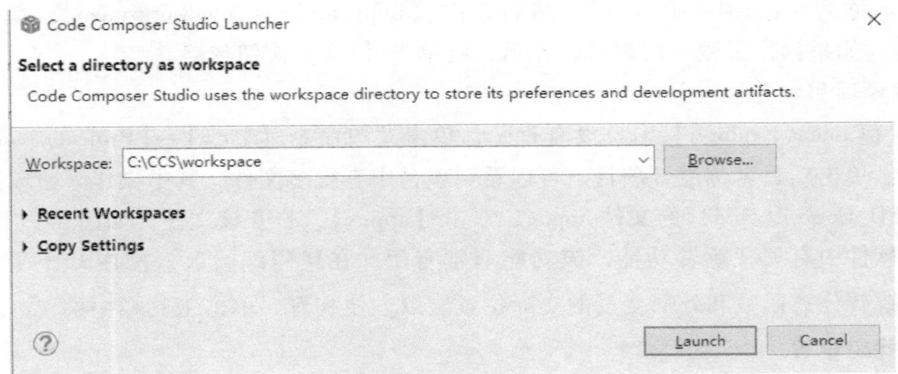

图 4-10　创建工作区

4.4.3 导入项目和编译项目

对于初学者，建议直接导入已经创建完成的 CCS 项目，可以快速地开始工作，并且会避免项目特性设置错误和代码输入错误。

1. 项目导入

CCS 软件有 CCS Edit 和 CCS Debug 两种模式，两种模式的界面和功能不同，可以单击 和 图标切换模式，第一次打开软件默认为 CCS Edit 模式。

在 CCS Edit 模式视图下，单击菜单命令【Project】→【Import CCS Projects】，如图 4-11 所示。

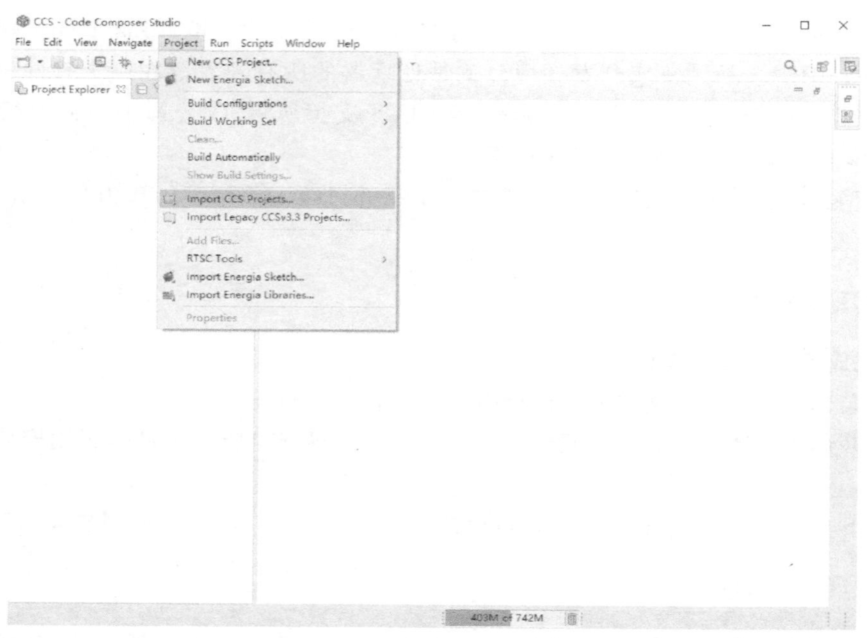

图 4-11 导入 CCS 已有项目的菜单

弹出如图 4-12 所示对话框，单击【Browse】按钮，找到需要导入的项目文件夹，本例中文件夹名称为“chap4_GPIO_1”，然后选中【Copy projects into workspace】，单击【Finish】按钮。如果操作过程中出现警告提示，则单击【OK】按钮忽略。

2. 编译项目和特性设置

如果【Project Explorer】窗口没有打开，单击菜单命令【View】→【Project Explorer】弹出该窗口。单击项目名称展开项目，可以看到项目中有很多文件，其中操作频率较高的是含有 void LED_Control(void) 的文件 app. c，双击【app. c】，打开该文件，如图 4-13 所示。

CCS 软件中有关联跳转功能，该功能非常有用。在代码编辑区，按住 Ctrl+鼠标左键，可以单击跳转任意函数和外部变量的实际位置，以方便查看。单击工具栏中的 图标，可以回到原代码位置。

（1）编译项目

在【Project Explorer】窗口中，右击项目名称，选择【Build Project】进行编译，或者单

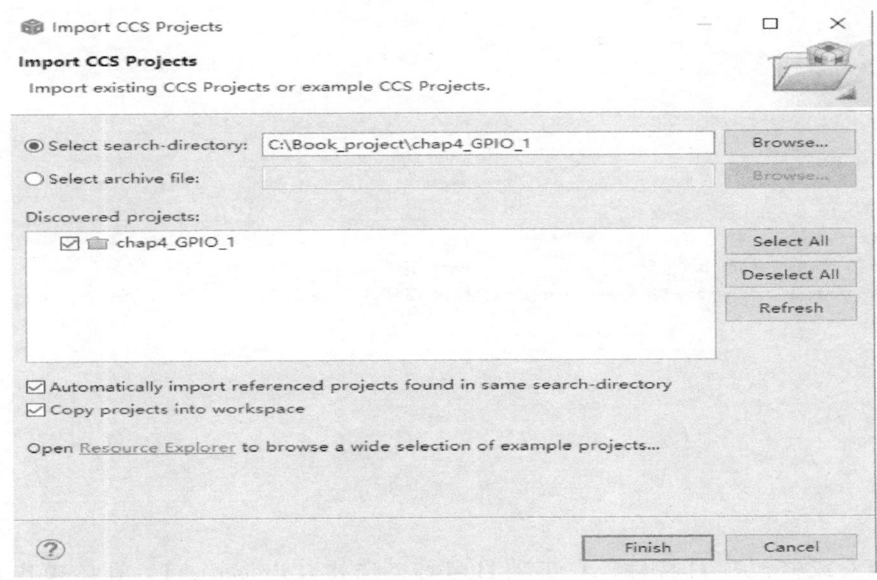

图 4-12　导入 CCS 项目

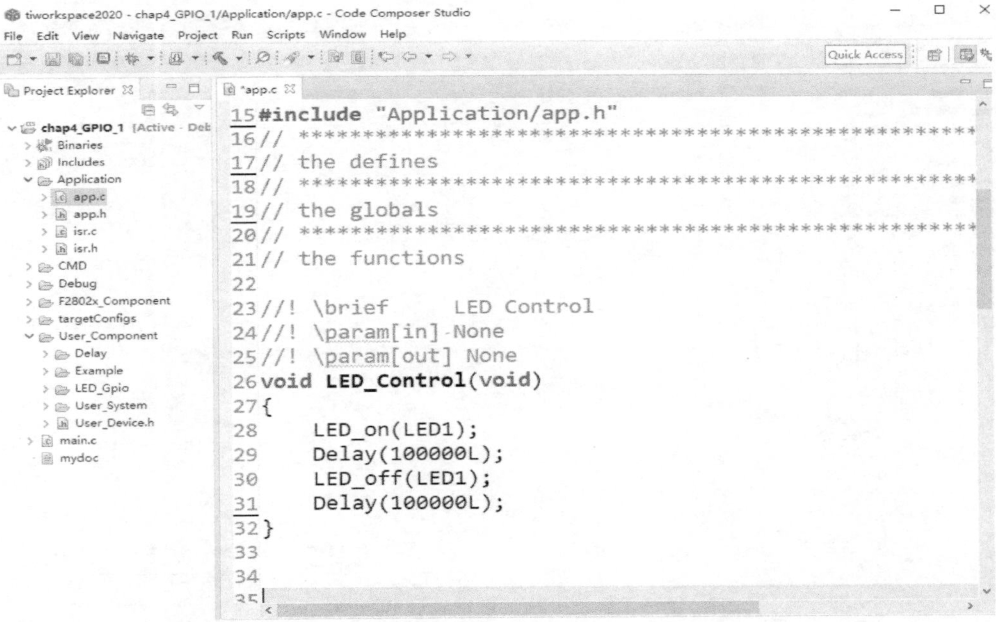

```
#include "Application/app.h"
// ***********************************************************
// the defines
// ***********************************************************
// the globals
// ***********************************************************
// the functions

//! \brief     LED Control
//! \param[in] None
//! \param[out] None
void LED_Control(void)
{
    LED_on(LED1);
    Delay(100000L);
    LED_off(LED1);
    Delay(100000L);
}
```

图 4-13　代码编辑区

击菜单命令【Project】→【Build Project】编译项目。如果项目较大，可能需要花费较长时间。窗口底部的【Console】选项卡将显示编译中产生的信息。如果编译中没有发现错误，则会创建输出文件；如果编译中发现错误，则不会创建输出文件。窗口底部的【Problems】选项卡将显示错误或警告提示，需按提示逐条修改后重新编译。如图 4-14 所示，错误提示语句缺少“；”。

（2）特性设置

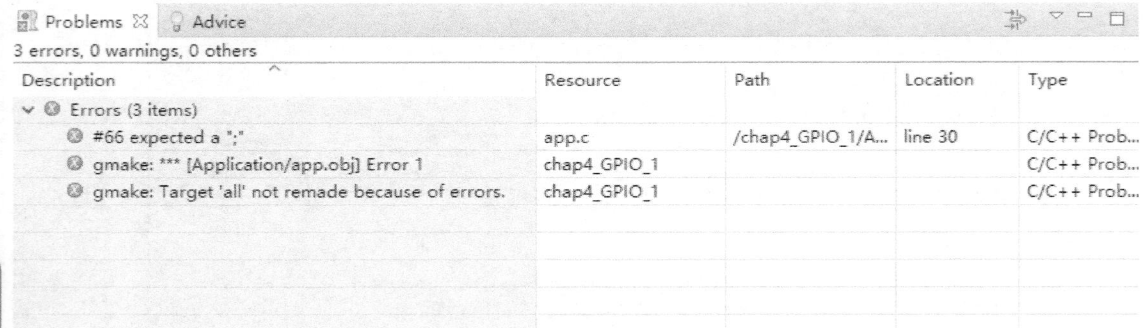

图 4-14　编译错误提示窗口

如需查看或修改项目特性，右击项目名称，选择【Properties】，具体操作如图 4-15 所示。

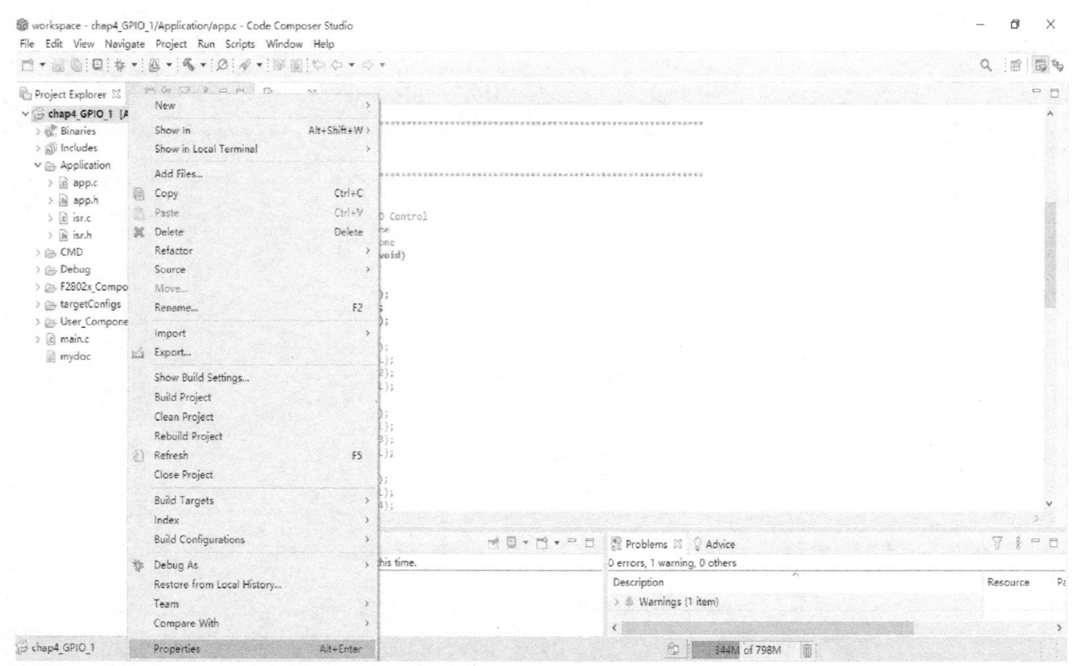

图 4-15　项目特性菜单

1）常规特性。在弹出的窗口左侧选中【General】，其中【Project】选项卡按图 4-16 进行设置。

2）包含选项。在窗口左侧选中【Include Options】添加头文件路径，在【Add dir to #include search path】框中，单击 图标，如图 4-17 所示。

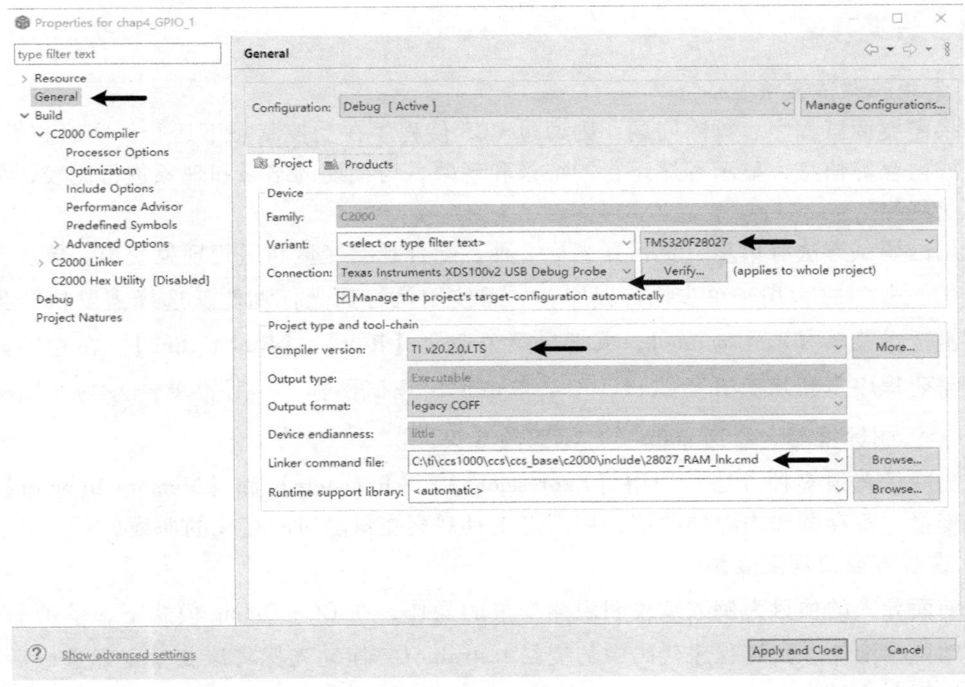

图 4-16　常规特性

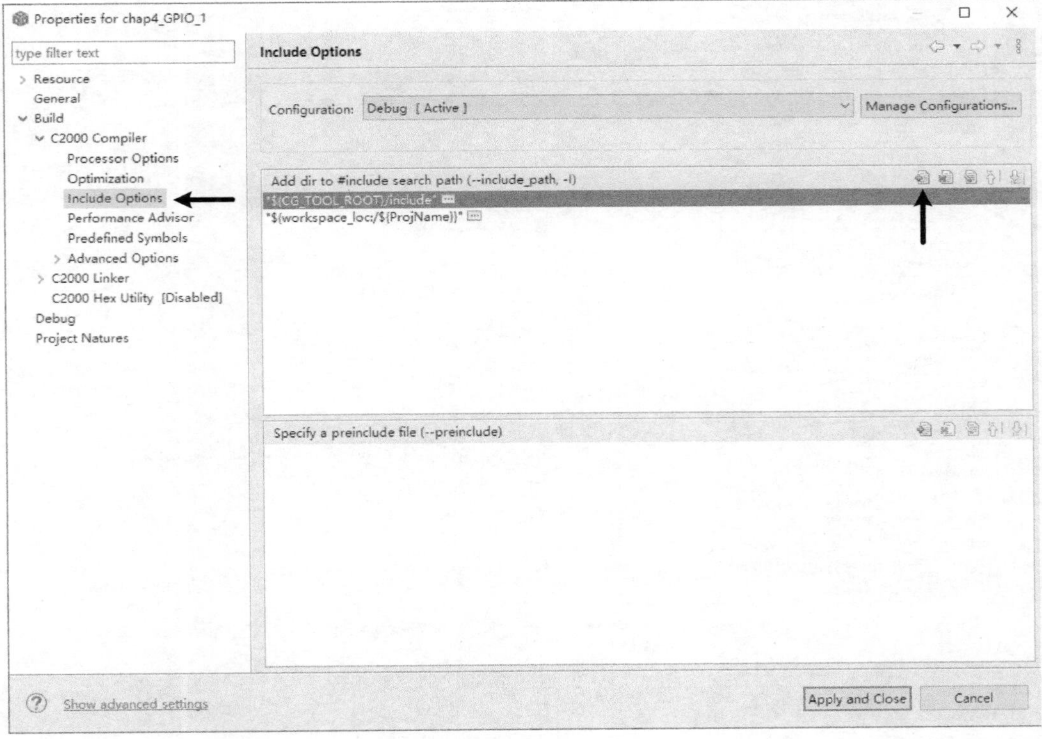

图 4-17　包含选项

4.4.4 仿真调试

1. 常用的调试方法

如果需要调试程序、排除问题，则通过 CCS 使程序在受控状态下运行，同时查看变量、寄存器或内存等信息，显示程序运行的结果和现象，与预期的结果和现象进行比较，从而顺利地调试程序。

常用的调试方法有单步、执行到光标 2 种，配合观测变量和运行现象使用。单步调试图标 ，用于单步执行程序。如需使用执行到光标功能，选择需要执行到的位置，右击选择菜单【Run to line】，或选择菜单命令【Run】→【Run to line】。在程序调试过程中，需要程序重新从头开始执行，不必单击退出调试图标 后再单击 图标，只需单击 图标就能定位到 main () 函数的开头。

观测变量有很多种方法，如用【Expressions】、【Registers】和【Memory Browser】等窗口观测变量、寄存器和内存的数值，用图形工具观察变量随时间变化的曲线。

2. 在观察窗口观测变量

以前面导入的项目为例继续说明观测变量的操作，在 CCS Debug 模式下，单击 图标后，滚动鼠标滚轮，找到程序代码中的变量 testvalue1，拖动光标将该变量全部选中后右击，弹出菜单如图 4-18 所示。

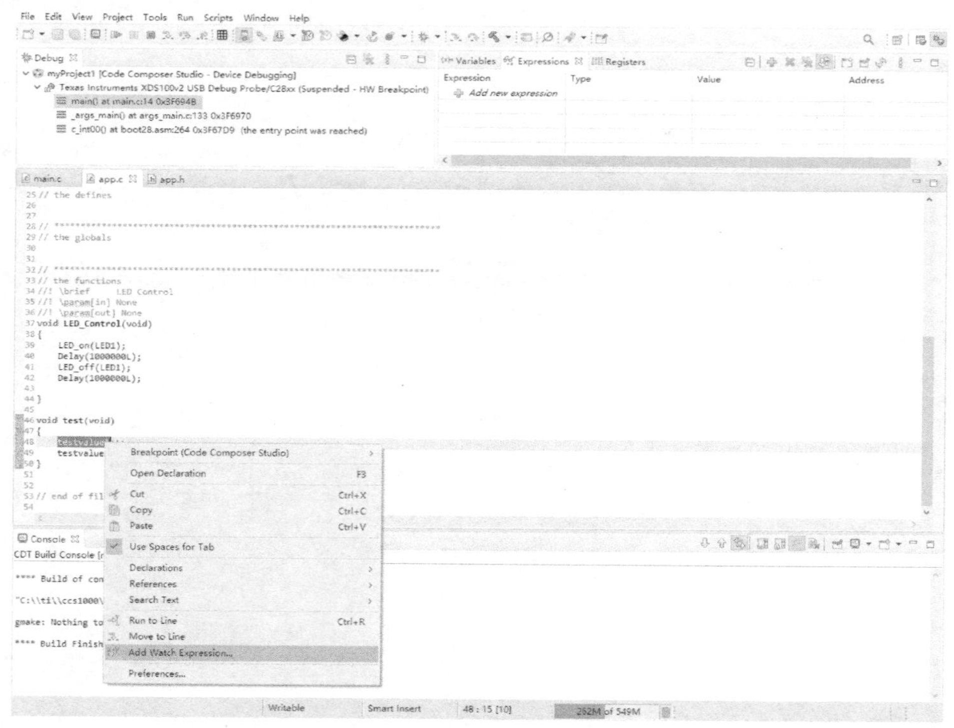

图 4-18 添加观测变量的菜单

选中【Add Watch Expression】命令，弹出如图 4-19 所示对话框，单击【OK】按钮。在【Expressions】窗口中出现了变量 testvalue1，同时显示了该变量的数据类型和地址。

按此方法，将与 testvalue1 关联的变量 testvalue2 也添加到【Expressions】窗口，单击图标，修改变量 testvalue2 的值，可以动态观察变量在程序运行过程中的变化情况，如图 4-20 所示。

单击工具栏中的图标，或者单击菜单命令【Run】→【Suspend】，程序暂停，【Expressions】窗口中的变量不再变化。

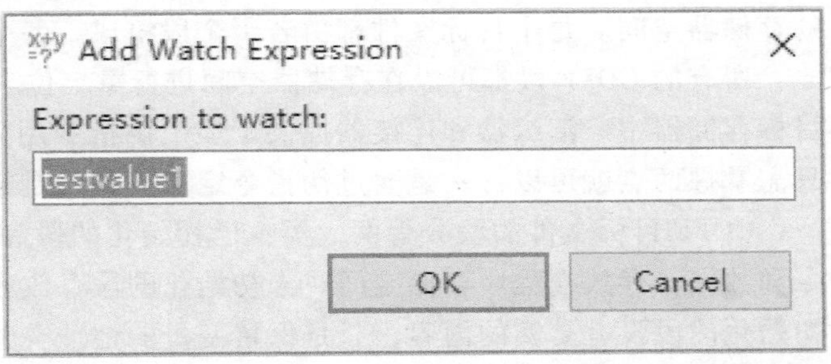

图 4-19　添加观测变量

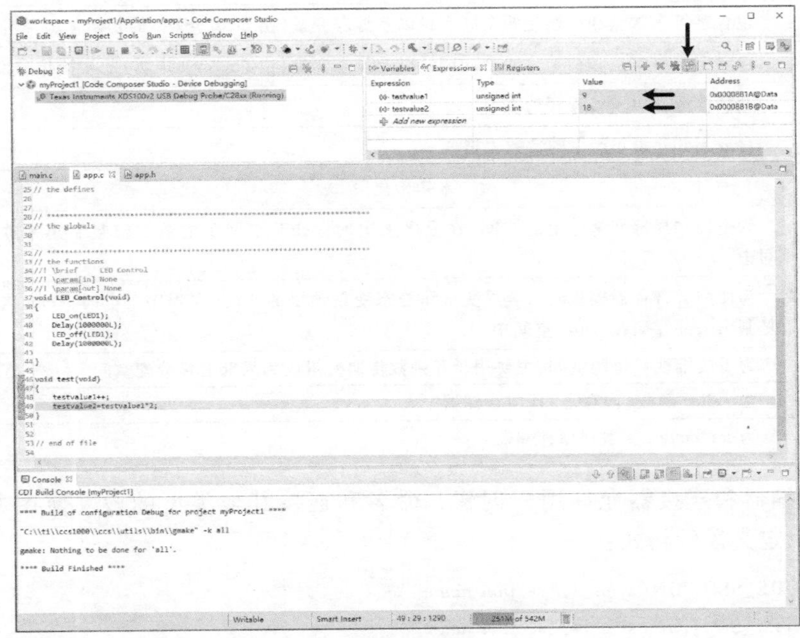

图 4-20　【Expressions】窗口

4.5　CMD 文件

通过 3.4 节的学习，可知程序源代码经过编译后会生成 COFF 格式的文件，然后进行连接生成可执行文件，那么什么是 COFF？这些文件如何连接？本节将对 COFF 和连接命令文件展开说明。

4.5.1　COFF 格式和段的概念

通用目标文件格式（Common Object File Format，COFF）是一种二进制可执行文件格式。二进制可执行文件包括库文件（＊.lib）、目标文件（＊.obj）、最终可执行文件（＊.out）等。采用 COFF 格式有利于程序的模块化编程，因为它支持用户在编写程序时使用代码块和数据块，这些块称为段（SECTION）。段是目标文件的最小单位，占据一段连续的存储器空间。每个目标文件都由若干个段组成，各个段之间相互独立。

所有的 COFF 段都可以在存储器空间进行重定位。用户可以将任意段放入分配过的任意目标存储器中。汇编器和连接器提供了多个伪指令用来创建和管理段。从应用的角度来看，只需掌握两点就可以：一是通过伪指令定义段；二是给段分配存储空间。

COFF 目标文件的段分为两大类：已初始化的段和未初始化的段。已初始化的段包括指令和数据，存放在程序存储空间。未初始化的段存放在数据存储空间，在程序初始化前，未初始化的段没有真实的内容，只是保留变量的地址空间。表 4-5 给出了各种段的具体说明。

表 4-5　段名及其说明

已初始化段	
. text	可执行代码和常量
. cinit	存放用来对全局和静态变量初始化的常数
. const	包含字符串常量和初始化的全局变量以及静态变量(由 const 声明)的初始化和说明
. econst	包含字符串常量和初始化的全局变量以及静态变量(由 far const 声明)的初始化和说明
. pinit	全局构造器(C++)程序列表
. switch	存放 switch 语句产生的常数表格
未初始化段	
. bss	为全局和局部变量保留的空间,在程序上电时,. cinit 空间中的数据被复制出来并存储在 . bss 空间中
. ebss	为使用大寄存器模式时的全局变量和静态变量预留的空间,在程序上电时,. cinit 空间中的数据被复制出来并存储在 . ebss 空间中
. stack	为系统堆栈保留的空间,主要用于和函数传递变量或为局部变量分配空间
. system	为 nalloc 函数(内存堆)保留存储器
. esystem	为 far_malloc 函数保留存储器

此外，汇编器和连接器允许用户创建、命名和连接其他类型的段，使用方法同 . text、. ebss 段类似。定义段的格式：

```
#pragma CODE_SECTION(symbol,"section name");
#pragma DATA_SECTION(symbol,"section name");
```

需要说明的是：

1）#pragma 是标准 C 语言中保留的预处理命令，通过#pragma 来定义自己的段。

2）symbol 是符号，可以是函数名也可以是全局变量名。

3）section name 是用户自己定义的段名。

4）CODE_SECTION 用来定义代码段,DATA_SECTION 用来定义数据段。

5)不能在函数体内声明#pragma,必须在符号被定义和使用前使用#pragma。

示例 1:将 PWM 中断程序编译为一个代码段,保存在段名为“ramfuncs”的存储空间里。

```
#pragma CODE_SECTION(myPWM_PWMINT_isr,"ramfuncs");
interrupt void myPWM_PWMINT_isr(void)
{
  PWM 中断程序;
}
```

示例 2：将全局数组变量 ad［20］编译为一个数据段，保存在“ADSECT”存储空间里。

```
#pragma DATA_SECTION(ad,"ADSECT");
unsigned int ad[20];
```

4.5.2　CMD 文件简介

为了实现多个 COFF 目标文件连接成一个可执行文件（*.out），必须将目标文件的代码和数据按照 COFF 文件格式分别存放在代码段和数据段中。那么，C 语言编译器自动生成的各种初始化段和未初始化段在物理存储器空间的地址是如何定位的？把 COFF 段文件连接起来的依据是什么？这就要用到连接命令文件（Linker Command Files，CMD），即 CMD 文件。

CMD 文件是一种文本文件，为程序代码和数据分配存储空间，使用汇编指令系统的两条段定位伪指令 MEMORY 和 SECTIONS 来描述。MEMORY 伪指令用来描述各种初始化段和未初始化段的组合段在存储器空间的起始地址和占用长度的信息。SECTIONS 伪指令用来描述如何组合初始化段和未初始化段以及组合段在存储器何页（程序存储器空间页或数据存储器空间页）。连接器的核心工作就是符号表解析和重定位，CMD 文件则使得开发者可以给连接器提供必要的指导和辅助信息。下面分别进行介绍。

1. 通过 MEMORY 伪指令来指示存储空间

MEMORY 伪指令格式：

```
MEMORY
{
   PAGE0:name0[(attr)]:origin=constant,length=constant
   PAGEn:name0[(attr)]:origin=constant,length=constant
}
```

其中，PAGE 用来标识存储空间的关键字。PAGE*n* 的最大值为 PAGE255。F28027 用的是 PAGE0、PAGE1，其中 PAGE0 为程序空间，PAGE1 为数据空间。

name 表示某一属性或地址范围的存储空间名称。名称可以是 1~8 个字符，在同一个页内名称不能相同，不同页内名称可以相同。

attr 用来规定存储空间的属性。共有 4 个属性，分别用 4 个字母来表示：只读 R，只写 W，该空间可包含可执行代码 X，该空间可以被初始化 I。实际使用时，为了简化起见，通常会忽略此选项，表示存储空间具有所有的属性。

origin 用来定义存储空间的起始地址。

length 用来定义存储空间的长度。

2. 通过 SECTIONS 伪指令来分配存储空间

SECTIONS 伪指令格式：

```
SECTIONS
{
   name:[property,property,property,…]
   name:[property,property,property,…]
   ...
}
```

其中，name 为输出段名称；property 为输出段的属性。下面介绍一些常用的属性。

1）load：定义输出段将被装载到哪里的关键字，其语法格式：

load = allocation 或者 allocation 或者>allocation

其中，allocation 是存储空间的名称，也可以是绝对地址。

2）run：定义输出段从哪里开始运行的关键字，其语法格式：

run = allocation 或者 run>allocation

CMD 文件规定，当只出现一个关键字 load 或者 run 时，表示 load 地址和 run 地址是重叠的。在实际应用中，大部分的 load 地址和 run 地址都是重叠的。

3）PAGE：定义段分配到存储空间的类型。其语法格式：

PAGE = 0 或 PAGE = 1

当 PAGE = 0 时，说明段分配到程序空间；当 PAGE = 1 时，说明段分配到数据空间。

3. F28027 的 CMD 文件

F28027 有两种类型的 CMD 文件，分别是 F28027. cmd 和 28027_RAM_lnk. cmd。28027_RAM_lnk. cmd 是把程序下载到 MCU 中的 RAM，当 MCU 断电后，程序丢失，需要重新下载程序才能运行。F28027. cmd 是把程序固化到 Flash 存储器，不受断电影响。在程序开发调试阶段，可以把程序下载到 RAM 空间运行，开发完成后，就需要将程序烧写到 Flash 空间。

28027_RAM_lnk. cmd 程序如下：

```
MEMORY
{
    PAGE 0 :
        /* L0 被分配到 PAGE0 和 PAGE1,对应 PRAML0 和 DRAML0 */
        /* BEGIN 为"引导到 SARAM"模式的入口地址 */
        BEGIN       : origin = 0x000000, length = 0x000002
        RAMM0       : origin = 0x000050, length = 0x0003B0
        PRAML0      : origin = 0x008000, length = 0x000A00
        RESET       : origin = 0x3FFFC0, length = 0x000002
        IQTABLES    : origin = 0x3FE000, length = 0x000B50 /* Boot ROM 中的 IQ 数学表 */
        IQTABLES2   : origin = 0x3FEB50, length = 0x00008C /* Boot ROM 中的 IQ 数学表 */
        IQTABLES3   : origin = 0x3FEBDC, length = 0x0000AA/ * Boot ROM 中的 IQ 数学表 */
        BOOTROM     : origin = 0x3FF27C, length = 0x000D44
    PAGE 1 :
        /* L0 被分配到 PAGE0 和 PAGE1,对应 PRAML0 和 DRAML0 */
    BOOT_RSVD : origin = 0x000002, length = 0x00004E     /* M0 的部分,Boot ROM 用作堆栈 */
        RAMM1       : origin = 0x000400, length = 0x000400     /* 片上 RAM 块 M1 */
        DRAML0      : origin = 0x008A00, length = 0x000500
    }
SECTIONS
{
        /* 设置为"引导到 SARAM"模式:
        在 DSP28_CodeStartBranch. asm 程序里完成重定位,开始执行用户程序 */
        codestart               : > BEGIN,          PAGE = 0
        #ifdef __TI_COMPILER_VERSION__
```

```
    #if __TI_COMPILER_VERSION__ >= 15009000
    .TI.ramfunc         : {} > RAMM0,        PAGE = 0
    #else
    ramfuncs            : > RAMM0            PAGE = 0
    #endif
    #endif
    .text               : > PRAML0,          PAGE = 0
    .cinit              : > RAMM0,           PAGE = 0
    .pinit              : > RAMM0,           PAGE = 0
    .switch             : > RAMM0,           PAGE = 0
    .reset              : > RESET,           PAGE = 0, TYPE = DSECT /* 不用 */

    .stack              : > RAMM1,           PAGE = 1
    .ebss               : > DRAML0,          PAGE = 1
    .econst             : > DRAML0,          PAGE = 1
    .esysmem            : > RAMM1,           PAGE = 1
    IQmath              : > PRAML0,          PAGE = 0
    IQmathTables        : > IQTABLES,        PAGE = 0, TYPE = NOLOAD
}
```

F28027.cmd 程序如下：

```
MEMORY
{
  PAGE 0:  /* 程序空间 */
  PRAML0     : origin = 0x008000, length = 0x000800  /* L0(SRAM) */
  OTP        : origin = 0x3D7800, length = 0x000400  /* OTP:一次编程单元 */
  FLASHD     : origin = 0x3F0000, length = 0x002000  /* Flash 扇区 D */
  FLASHC     : origin = 0x3F2000, length = 0x002000  /* Flash 扇区 C */
  FLASHA     : origin = 0x3F6000, length = 0x001F80  /* Flash 扇区 A */
  CSM_RSVD   : origin = 0x3F7F80, length = 0x000076  /* Flash 扇区 A 的一部分,当使用代码安全模
                                                        式时,编程为 0x0000 */
  BEGIN      : origin = 0x3F7FF6, length = 0x000002  /* Flash 扇区 A 的一部分,"引导到 Flash"模式
                                                        的程序入口地址 */
  CSM_PWL_P0 : origin = 0x3F7FF8, length = 0x000008  /* Flash 扇区 A 的一部分,保存 128 位的安全
                                                        密钥 */
  IQTABLES   : origin = 0x3FE000, length = 0x000B50  /* Boot ROM 中的 IQ 数学表 */
  IQTABLES2  : origin = 0x3FEB50, length = 0x00008C  /* Boot ROM 中的 IQ 数学表 */
  IQTABLES3  : origin = 0x3FEBDC, length = 0x0000AA  /* Boot ROM 中的 IQ 数学表 */
  ROM        : origin = 0x3FF27C, length = 0x000D44  /* Boot ROM */
  RESET      : origin = 0x3FFFC0, length = 0x000002  /* 复位向量 */
  VECTORS    : origin = 0x3FFFC2, length = 0x00003E  /* 向量表 */

  PAGE 1 :   /* 数据空间 */
```

```
    BOOT_ RSVD    : origin = 0x000000, length = 0x000050/ * M0 的部分, Boot ROM 用作堆栈 * /
    RAMM0         : origin = 0x000050, length = 0x0003B0     / * M0 (SARAM) * /
    RAMM1         : origin = 0x000400, length = 0x000400     / * M1 (SARAM) * /
    DRAML0        : origin = 0x008800, length = 0x000800     / * L0 (SARAM) * /
    FLASHB        : origin = 0x3F4000, length = 0x002000     / * Flash 扇区 B * /
}
SECTIONS
{
    . cinit             : > FLASHA | FLASHC | FLASHD,        PAGE = 0
    . pinit             : > FLASHA | FLASHC | FLASHD,        PAGE = 0
    . text              : >> FLASHA | FLASHC | FLASHD,       PAGE = 0
    codestart           : > BEGIN          PAGE = 0
    ramfuncs            : LOAD = FLASHA,
            RUN = PRAML0,
            LOAD_ START (_ RamfuncsLoadStart),
            LOAD_ SIZE (_ RamfuncsLoadSize),
            RUN_ START (_ RamfuncsRunStart),
            PAGE = 0
    csmpasswds          : > CSM_ PWL_ P0        PAGE = 0
    csm_ rsvd           : > CSM_ RSVD           PAGE = 0
    / * 未初始化数据分配存储空间 * /
    . stack             : > RAMM0               PAGE = 1
    . ebss              : > DRAML0              PAGE = 1
    . esysmem           : > DRAML0              PAGE = 1
    . sysmem            : > DRAML0              PAGE = 1
    . cio               : >> RAMM0 | RAMM1 | DRAML0       PAGE = 1
    / * 已初始化数据分配存储空间 * /
    . econst            : > FLASHA              PAGE = 0
    . switch            : > FLASHA              PAGE = 0
    / * IQ 数学表存储空间 * /
    IQmath              : > FLASHA         PAGE = 0          / * IQ 代码 * /
    IQmathTables        : > IQTABLES,           PAGE = 0, TYPE = NOLOAD
    . reset             : > RESET,              PAGE = 0, TYPE = DSECT
    vectors             : > VECTORS             PAGE = 0, TYPE = DSECT
}
```

CMD 文件的第 1 部分就是 MEMORY 伪指令，在 PAGE0 和 PAGE1 内分别定义不同的存储空间，各个存储空间的名字可以任意选取。定义时需要注意以下几点：

1）同一页内存储空间的名称不能相同，不同页内存储空间的名称可以相同。

2）如果将一个较大的存储器划分成若干个存储空间，则地址范围不能有重叠。分开的存储空间的总和不能超过这个存储器的容量。

3）存储空间的地址需要根据 F28027 存储器映像来定义，定义的空间范围一定要满足 F28027 的存储器映像。

CMD 文件的第 2 部分就是 SECTIONS 伪指令，在连接时，连接器将编译器编译后产生的各个段分配到前面定义好的存储空间去。

多数情况下，由于 CCS 集成开发环境的存在，开发者无须了解 CMD 文件的编写，使用默认配置即可。但若需要对存储空间实行更精细化的管理，读懂 CMD 文件并能修改就显得很有必要。

4.6　软件的启动引导过程

F28027 微控制器上电复位后要进行初始化和程序引导，图 4-21 为引导过程框图。

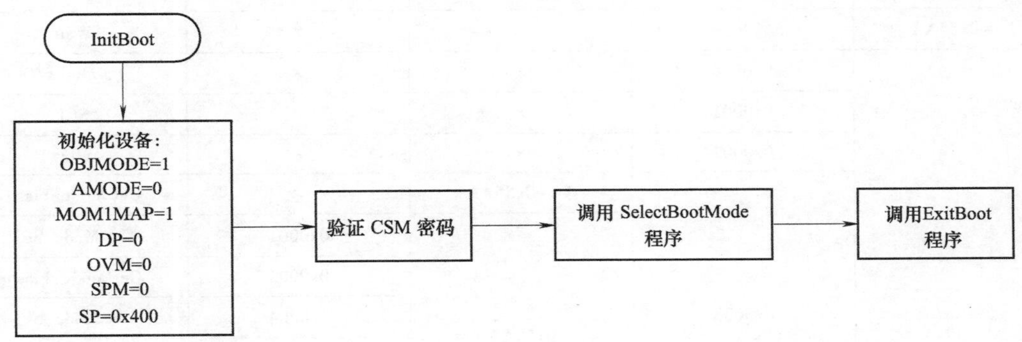

图 4-21　F28027 微控制器引导过程框图

具体步骤如下：

步骤 1：MCU 上电或硬件复位，处于复位状态。

步骤 2：从引导 ROM 的地址 0x3FFFC0 处调用复位向量，复位向量处存放着 InitBoot 程序的入口地址，之后跳转到存储在引导 ROM 中的 InitBoot 函数，开始引导过程。

步骤 3：初始化设备。

步骤 4：

① 调用 Device_Cal（）程序，Device_Cal（）程序在出厂时被固化在存储器中，用来校准芯片内部振荡器以及 ADC 模块。

② 操作 PLL 状态寄存器（PLLSTS）的 DIVSEL 位，设置 DIVSEL=3，设置 CPU 时钟的分频系数为 1。

③ 读取 CSM 密码，进行验证解锁。当 CSM 密码全部为 0xFFFF 时则自动解锁。

步骤 5：调用 SelectBootMode 程序，根据 $\overline{\text{TRST}}$、GPIO37 和 GPIO34 三个引脚的电平来选择引导模式，引导模式与引脚关系见表 4-6。在使用过程中，可以利用 F28027 LaunchPad 上面的拨码开关 S_1 来选择三个引脚的电平。

在引导模式为仿真模式时，需要根据 EMU_KEY、EMU_BMODE、OTP_KEY、OTP_BMODE 的值来选择对应的引导模式，见表 4-7。

表 4-6　引导模式

	GPIO37/TDO	GPIO34	$\overline{TRST}$	引导模式
Mode EMU	×	×	1	Emulation Boot(仿真模式)
Mode 0	0	0	0	Parallel I/O(并行 I/O 模式)
Mode 1	0	1	0	SCI
Mode 2	1	0	0	Wait(等待模式)
Mode 3	1	1	0	Get Mode(获取模式)

表 4-7　仿真引导模式

<table>
<tr><th>EMU_KEY
读取地址:
0x0D00</th><th>EMU_BMODE
读取地址:
0x0D01</th><th>OTP_KEY
读取地址:
0x3D 7BFE</th><th>OTP_BMODE
读取地址:
0x3D 7BFF</th><th>引导模式</th></tr>
<tr><td>! =0x55AA</td><td>×</td><td>×</td><td>×</td><td>Wait</td></tr>
<tr><td rowspan="16">0x55AA</td><td>0x0000</td><td>×</td><td>×</td><td>Parallel I/O</td></tr>
<tr><td>0x0001</td><td>×</td><td>×</td><td>SCI</td></tr>
<tr><td>0x0002</td><td>×</td><td>×</td><td>Wait</td></tr>
<tr><td rowspan="7">0x0003</td><td>! =0x55AA</td><td>×</td><td>Get Mode:Flash</td></tr>
<tr><td rowspan="6">0x55AA</td><td>0x0001</td><td>Get Mode:SCI</td></tr>
<tr><td>0x0003</td><td>Get Mode:Flash</td></tr>
<tr><td>0x0004</td><td>Get Mode:SPI</td></tr>
<tr><td>0x0005</td><td>Get Mode:I2C</td></tr>
<tr><td>0x0006</td><td>Get Mode:OTP</td></tr>
<tr><td>Other</td><td>Get Mode:Flash</td></tr>
<tr><td>0x0004</td><td>×</td><td>×</td><td>SPI</td></tr>
<tr><td>0x0005</td><td>×</td><td>×</td><td>I2C</td></tr>
<tr><td>0x0006</td><td>×</td><td>×</td><td>OTP</td></tr>
<tr><td>0x000A</td><td>×</td><td>×</td><td>Boot to RAM</td></tr>
<tr><td>0x000B</td><td>×</td><td>×</td><td>Boot to Flash</td></tr>
<tr><td>Other</td><td>×</td><td>×</td><td>Wait</td></tr>
</table>

在引导模式为 Get Mode 模式时，需要根据 OTP_KEY、OTP_BMODE 的值来选择对应的引导模式，并在 EMU_KEY、EMU_BMODE 写入对应的值，见表 4-8。

表 4-8　Get Mode 引导模式

OTP_KEY 读取地址: 0x3D 7BFE	OTP_BMODE 读取地址: 0x3D 7BFF	引导模式	EMU_KEY 写入地址: 0x0D00	EMU_BMODE 写入地址: 0x0D01
×	×	Parallel I/O	0x55AA	0x0000
×	×	SCI	0x55AA	0x0001
×	×	Wait	0x55AA	0x0002

（续）

OTP_KEY 读取地址： 0x3D 7BFE	OTP_BMODE 读取地址： 0x3D 7BFF	引导模式	EMU_KEY 写入地址： 0x0D00	EMU_BMODE 写入地址： 0x0D01
! =0x55AA	×	Get Mode: Flash	0x55AA	0x0003
0x55AA	0x0001	Get Mode: SCI		
	0x0003	Get Mode: Flash		
	0x0004	Get Mode: SPI		
	0x0005	Get Mode: I2C		
	0x0006	Get Mode: OTP		
	Other	Get Mode: Flash		

步骤 6：调用 ExitBoot 程序，退出引导模式，根据选择的引导模式跳转到对应的程序入口地址，开始执行程序，在默认状态下进入 Flash 引导模式，入口地址为 0x3F7FF6。

由于 0x3F7FF6 地址在 128 位安全密码空间（CSM）的前面，所以在 0x3F7FF6 处必须有个转移指令，转去执行用户程序。DSP280x_CodeStartBranch. asm 函数就有执行代码重定位的功能。具体代码见下面程序清单。执行完转移指令代码后，引导过程结束，程序进入用户主程序，开始执行用户程序。

0x3F7FF6 处转移指令代码程序如下：

```
* * * * * * * * * * * * * * * * * * * * * * * * * * * * * * * * * * * * * *
.sect "codestart"                 //在 CMD 配置中,codestart 地址配置为 0x3F7FF6
code_start:
    .if WD_DISABLE == 1
      LB wd_disable;              //转向禁用看门狗程序
    .else
      LB _c_int00;                /*_c_int00 是运行支持库 RTS.lib 包含的一个重要库函数 boot.asm 的
                                   起始地址。boot.asm 对 C 运行环境进行初始化,完成后库代码会自动
                                   跳到 main 函数,开始执行用户程序*/
.endif
.if WD_DISABLE == 1
.text
wd_disable:                       //禁用看门狗功能
    SETC OBJMODE;                 //设置为 OBJMODE 模式
    EALLOW;                       //使能受保护的寄存器访问
    MOVZ DP, #7029h>>6;           //设置看门狗寄存器的数据页
    MOV @7029h, #0068h;           //禁止看门狗
    EDIS;                         //禁止受保护的寄存器访问
    LB _c_int00;                  //跳转到 boot.asm 库函数,_c_int00 为该函数入口地址
    .endif
```

4.7 将函数从 Flash 复制到 RAM 运行

在工程调试阶段，可以把程序下载到 F28027 的 RAM 中运行，如果 DSP 掉电，则 RAM 中的代码就会失去，所以当调试完成后，工程就需要固化到 Flash 中，使其能够脱离 CCS 开发环境和仿真器而独立运行。

程序固化到 Flash 中后，其运行速度比在 RAM 里慢，原因是 F28027 在访问内部 Flash 时需要等待状态。对于大多数应用而言，速度变慢带来的影响不大。但是对于一些实时性要求比较高的场合，如电力电子变换器的 PWM 实时控制，需要获得最高的运行速度而要求无等待状态。解决方法之一就是把这些函数复制到 RAM 里面运行。

如将 PWM 中断函数 interrupt void myPWM_PWMINT_isr（void）复制到 RAM 里面运行。首先，需要声明 3 个变量。

```
extern uint16_t RamfuncsLoadStart;
extern uint16_t RamfuncsLoadEnd;
extern uint16_t RamfuncsRunStart;
```


然后，用#pragma 预处理命令来创建段 Ramfuncs（注意：必须在符号被定义和使用前使用#pragma）。工程编译后，函数 myPWM_PWMINT_isr 的代码就放在段 Ramfuncs 中。

```
#pragma CODE_SECTION(myPWM_PWMINT_isr,"ramfuncs")
在 CMD 文件中，段 Ramfuncs 的存储空间为
ramfuncs            : LOAD=FLASHA,
                      RUN=PRAML0,
                      LOAD_START(_RamfuncsLoadStart),
                      LOAD_END(_RamfuncsLoadEnd),
                      RUN_START(_RamfuncsRunStart),
                      PAGE=0
```

其中，LOAD=FLASHA 表示代码装载到 FLASHA 存储空间，RUN=PRAML0 表示程序在 PRAML0 空间执行，LOAD_START（_RamfuncsLoadStart）表示代码复制的起始地址，LOAD_END（_RamfuncsLoadEnd）表示代码复制的结束地址，RUN_START（_Ramfuncs RunStart）表示代码在 RAM 里面运行的起始地址，这些地址由编译器自动生成。

最后，用 Memcopy 函数将段 Ramfuncs 从 Flash 复制到 RAM。

```
MemCopy(&RamfuncsLoadStart,&RamfuncsLoadEnd,&RamfuncsRunStart);
```

通过上述操作，就可以实现将 PWM 中断函数 interrupt void myPWM_PWMINT_isr（void）从 Flash 复制到 RAM 运行了。

思考与练习

4-1 如何通过结构体指针对寄存器进行操作？

4-2 理解软件架构的特点，在 CCS 平台上构建一个新的项目工程，实现 LED 灯的控制。

4-3 简述 F28027 的上电启动过程。

4-4 阅读数据手册（文献［1］），了解 F28027 各种类型的引导方法。

4-5 编写程序，以三种方式实现 LED1 的闪烁控制：

1）程序在 RAM 中运行。

2）程序在 Flash 中运行。

3）将闪烁控制函数从 Flash 复制到 RAM 中运行。

比较三种方式函数执行时间的区别（执行时间可以通过 CCS 的 clock 功能来计算，方法为：RUN=>Clock=>enable，在函数开始的地方和结束的地方分别设置一个断点，两个断点处的时间差就是函数的执行时间）。

第5章 通用输入输出口

通用输入输出（General Purpose Input Output，GPIO）模块是 MCU 与外部设备连接的桥梁之一，为 CPU 提供了数字输入、数字输出两大功能，是微控制器必备的片上外设。GPIO 模块是 MCU 最基本的模块，是学习 MCU 的入门单元。本章首先介绍 GPIO 模块的基础知识，其次对 C2000 的 GPIO 模块的内部结构、工作原理、寄存器及其驱动函数进行详细介绍，并给出软件思维导图和应用实例。

5.1 GPIO 的基础知识

GPIO 是微控制器的数字输入输出模块，可以实现微控制器与外部设备的数字交换。数字输入功能主要是将外部设备的开关量信号转换成 CPU 可读取的数字信号 1、0，从而获知外部设备的运行状态，如按键状态检测；数字输出功能则是将 CPU 的数字控制信号 1、0 转换成引脚高、低电平信号，从而实现对外部设备运行状态控制，如 LED、数码管、继电器控制等。

不同品牌的 MCU，GPIO 的内部结构各有特点。GPIO 的典型内部结构如图 5-1 所示，主要由保护二极管、输入驱动器、输出驱动器、输入数据寄存器、输出数据寄存器等组成。其中输入驱动器和输出驱动器是 GPIO 内部结构的核心部分，决定了输入和输出的不同模式。

对于高性能的 MCU，为了提高芯片集成度、减小体积，芯片引脚通常是复用的，大部分通用输入输出引脚也作为外设复用功能引脚（Peripheral Multiplexing，MUX）。当一个引脚配置给外设模块使用时，该引脚就不能作为通用的 I/O 引脚；反之，当引脚用来作为通用 I/O 引脚时，外设模块就无法使用该引脚。

不同芯片有不同的电气特性。输入时，引脚电平必须在允许的电压范围内才能被可靠识别并改变数据寄存器的值。输出时，引脚电平也有相应的电压电流范围。在设计微控制器接口电路时，必须满足这些电气特性的要求。

5.1.1 GPIO 输出驱动器

GPIO 输出驱动器主要由多路选择器、输出控制和 MOS 管组成。

1. 多路选择器

多路选择器根据用户配置决定该引脚是用于 GPIO 还是 MUX。通用输出时，该引脚的输出信号来自于 GPIO 输出数据寄存器。复用功能输出时，该引脚输出信号来自于片上外设，并且一个引脚输出可能来自多个不同外设。同一时刻，一个引脚只能使用一种输出功能。

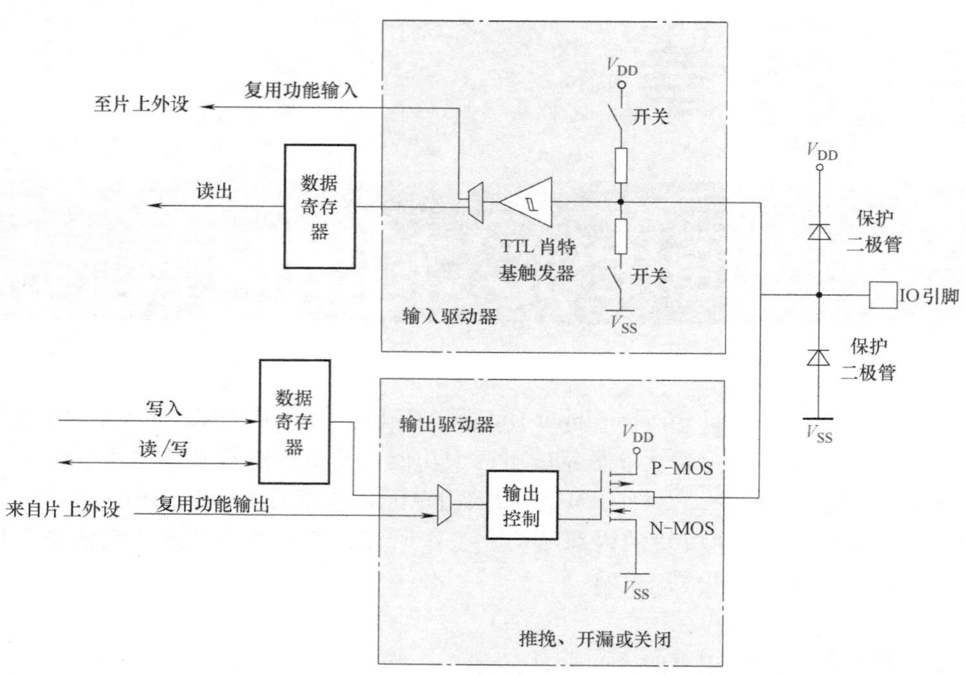

图 5-1　GPIO 的典型内部结构示意图

2. 输出控制

根据数字电路输出电平的强弱，可将 IO 输出分为图腾柱输出、开漏输出、下拉电阻输出三种。

（1）图腾柱输出

图腾柱、推挽（Push-Pull）/推拉指的是同一种电路。图 5-2 是图腾柱输出电路简图，图中的开关是受控电子开关，可以由三极晶体管或场效应晶体管构成。此电路输出为强 1，强 0，或高阻态。推挽输出既提高了电路的负载能力，又提高了开关速度，适用于输出 0V 和 V_{DD} 的场合。

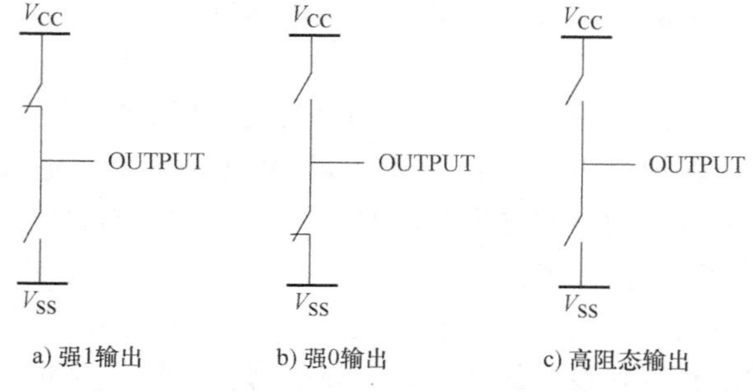

图 5-2　图腾柱输出电路简图

1）上管导通，下管截止，OUTPUT 输出高电平，这就是所谓的强 1 输出。

2）上管截止，下管导通，OUTPUT 输出低电平，这就是所谓的强 0 输出。

3）上管截止，下管截止，OUTPUT 输出为高阻态，对后级电路没有影响。

（2）开漏输出

开漏输出与图腾柱方式相比，只有下管受控，上管断开或没有上管。对于与 V_{SS} 相连的 MOS 管来说，其漏极是开路的。当内部输出 0 时，下管导通，引脚相当于接地，外部输出低电平；当内部输出 1 时，下管截止，由于上管也截止，外部输出既不是高电平，也不是低电平，而是高阻态。如果想要外部输出高电平，必须接有上拉电阻。图 5-3 为上拉电阻输出，该电路为强 0 弱 1 电路。

1）下管导通时，无论 OUTPUT 接什么负载，均输出低电平。

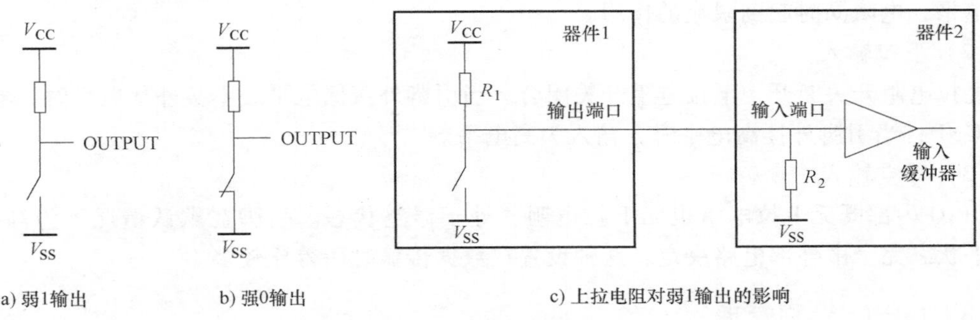

a) 弱1输出　　b) 强0输出　　c) 上拉电阻对弱1输出的影响

图 5-3　上拉电阻输出

2）下管截止时，如果 OUTPUT 接的是高阻负载，输出为高电平。对于其他负载，则需要根据负载和上拉电阻的分压关系来计算。

上拉电阻输出的优点是通过改变上拉电源的电压，便可以改变传输电平，适用于电平不匹配的场合。另外，开漏输出吸收电流的能力相对较强，适合作为电流型的驱动，如驱动继电器线圈等。

（3）下拉输出

图 5-4 为下拉电阻输出，该电路为强 1 弱 0 电路。与图腾柱方式相比，只有上管受控，没有下管。

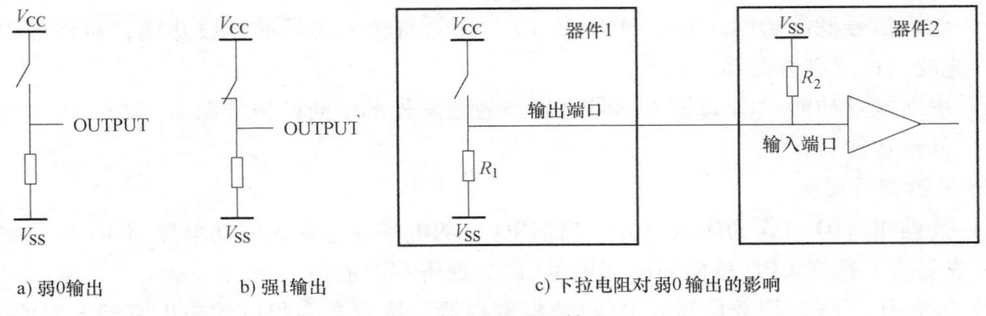

a) 弱0输出　　b) 强1输出　　c) 下拉电阻对弱0输出的影响

图 5-4　下拉电阻输出

1）上管导通时，无论 OUTPUT 接什么负载，均输出高电平。

2）上管截止时，OUTPUT 输出电平取决于负载。如图 5-4c 所示，器件 2 能否正确识别输入为 0 电平，取决于 R_1 和 R_2 的比值，以及器件 2 的 1/0 识别门限值。

5.1.2　GPIO 输入驱动器

GPIO 的输入驱动器主要由多路选择器、TTL 肖特基触发器、带开关的上拉电阻和带开关的下拉电阻电路组成。多路选择器根据用户配置决定该引脚是用于 GPIO 还是用于 MUX。通用输入时，该引脚的输入信号保存到 GPIO 输入数据寄存器。复用功能输入时，该引脚输入信号传给片上外设。

根据 TTL 肖特基触发器、上拉电阻和下拉电阻的开关状态，GPIO 的输入方式有：

（1）上拉输入

上拉电阻开关闭合，下拉电阻开关断开。当引脚外接高电平或不接外部电平时，输入为高电平；当引脚外接低电平时，输入为低电平。上拉就是将不确定的信号通过一个电阻钳位在高电平，电阻同时起到限流的作用。

（2）下拉输入

上拉电阻开关断开，下拉电阻开关闭合。当引脚外接低电平或不接外部电平时，输入被拉到 GND；当引脚外接高电平时，输入为高电平。

（3）浮空输入

GPIO 内部既无上拉电阻也无下拉电阻，处于浮空状态。引脚在默认情况下为高阻态，其电平状态完全由外部电路决定。这种设置在数据传输时用得比较多。

5.1.3 GPIO 引脚管理

GPIO 引脚管理包括引脚初始化配置和引脚读写操作。

1. 引脚初始化配置

1）引脚功能选择。对于高性能的 MCU，IO 口是高度复用的，除了当作通用 IO 口外，还可以当作其他外设引脚。所以，在使用前需要进行引脚功能的选择。

2）引脚输入输出确定。对集成电路来说，输入和输出需要两套电路来实现。有些芯片无须设置方向，由指令自动识别，如 MCS-51 微控制器。目前主流控制器都需要预先设定引脚方向。

3）使能上拉/下拉电阻。很多 MCU 具有内部上拉电阻或内部下拉电阻功能，根据需要可以允许或禁止该功能。

4）输入信号滤波功能。有些 MCU 的 IO 口还具有输入信号的滤波功能，对外部引脚信号进行滤波，过滤有害的噪声信号。

5）中断触发功能。IO 口输入信号可以作为触发外部中断的信号源。

6）其他功能。

2. 引脚读写操作

1）读操作。IO 口作为输入口时，当前 IO 口的电平通过输入驱动电路将 IO 口数据寄存器置位或复位，这样 CPU 就能随时读取 IO 口数据寄存器的值。

2）写操作。CPU 把数据写入 IO 口数据寄存器，然后会有相应的输出驱动电路将 IO 口数据寄存器的值传递到 MCU 的外部引脚处，使得引脚输出高电平或低电平。

3）由于引脚数量众多，一般都对引脚进行分组管理，读写操作可以按组进行，也可以单个引脚独立操作。

总之，不同品牌或同一品牌不同系列的 MCU，它们的 IO 口功能各异，但是工作原理基本类似。在应用层面，通过配置寄存器来实现 GPIO 引脚具备相应的功能；通过读取 GPIO 数据寄存器的值来获取引脚当前的状态。

5.2 C2000 的 GPIO 模块

5.2.1 GPIO 概述

1）F28027 有 22 个 GPIO（DIO）、6 个 AIO（与 AD 采样通道共用引脚）；GPIO 引脚分组管理，分为端口 A（由 GPIO0~GPIO31 组成）、端口 B（由 GPIO32~GPIO38 组成）。

2）GPIO 引脚与最多三种外设功能引脚共用，使用前需要先进行模式选择。

3）GPIO 引脚可工作在上拉模式或推挽模式。

4）GPIO 引脚的电气特性：输入时，低电平电压范围为（V_{SS}-0.3）~0.8V，高电平电压范围为 2~（V_{DD}+0.3）V。只有在该电压范围内，寄存器位才能被内部逻辑电路设置为逻辑 0 或逻辑 1；输出时，逻辑 1 输出的电压最低为 2.4V，逻辑 0 输出的电压最高为 0.4V。

5.2.2　GPIO 内部结构

GPIO 内部结构如图 5-5 所示（以端口 A 为例进行说明），包括引脚功能选择、方向设置、上拉电阻使能、输入滤波、数据寄存器、外部中断信号源、低功耗模式唤醒源等。

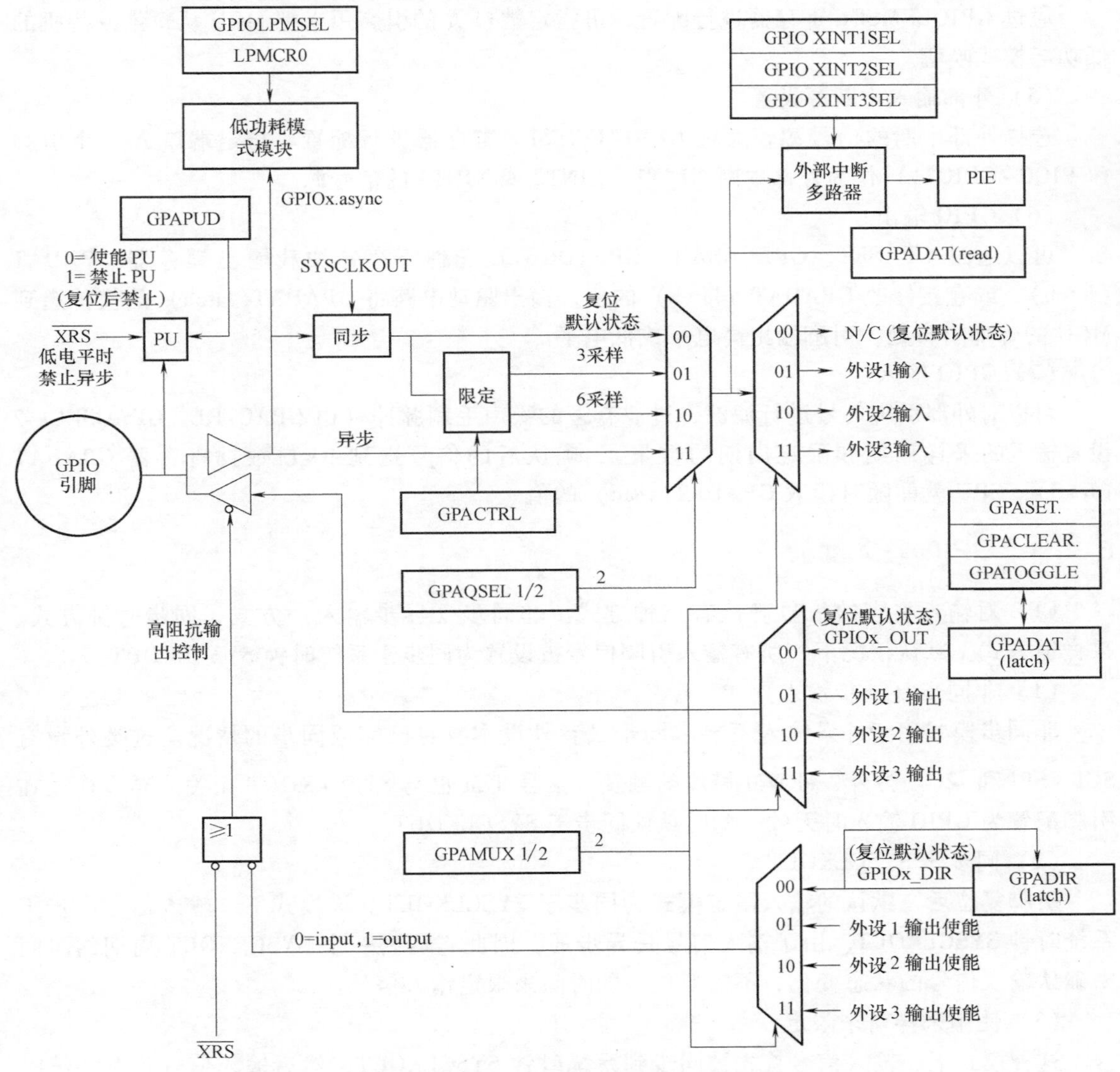

图 5-5　GPIO 内部结构（以端口 A 为例）

5.2.3　GPIO 功能描述

（1）引脚功能选择

配置 GPAMUX1/2 寄存器，将引脚配置为 GPIO，或者三种可用外设功能的一种。复位后所有 GPIO 引脚都配置为通用输入引脚，也就是输出为高阻态。

（2） GPIO 方向选择

配置 GPADIR 寄存器，将引脚配置为输入或输出。

（3） 使能/禁止内部上拉电阻

配置 GPAPUD 寄存器使能或禁止内部上拉电阻。MCU 上电复位后，对于可以作为 ePWM 输出的引脚（GPIO0~GPIO7，共 8 个引脚），内部上拉电阻默认被禁止。所有其他功能的 GPIO 引脚的上拉电阻默认使能。

（4） 选择低功耗模式唤醒源

通过 GPIOLPMSEL 寄存器进行配置，可指定端口 A 的引脚用来把 MCU 从暂停或待机的低功耗模式唤醒。

（5） 外部输入中断源设置

选择外部中断的信号源，通过 GPIOXINTnSEL 寄存器进行配置。指定端口 A 一个引脚（GPIO0~GPIO31）作为外部中断 XINT1、XINT2 或 XINT3 的信号源。

（6） GPIO 输出

可以通过 GPASET、GPACLEAR、GPATOGGLE 三种寄存器加载输出锁存器 GPADAT（latch），或直接修改 GPADAT（latch）的值，输出驱动电路将 GPADAT(latch）的值传递到 MCU 的外部引脚处，引脚输出高电平或低电平。

（7） GPIO 输入

可以对外部引脚信号进行滤波，过滤有害的噪声毛刺脉冲（由 GPACTRL、GPAQSEL1/2 设置输入的采样周期和限定周期的数量），确认后的信号送到 IO 口数据寄存器 GPADAT（read），CPU 就能随时读取 GPADAT(read）的值。

5.2.4 GPIO 输入滤波

CPU 对输入引脚的信号确认有三种方式。非同步（异步输入）方式、同步时钟方式、采样窗方式。默认情况下，所有输入引脚信号被设置为同步于系统时钟 SYSCLKOUT。

（1） 非同步（异步输入）

非同步模式用于外设输入不要求同步或者外设本身自己完成同步的情况。这类外设有 SCI、SPI 和 I2C。另外，ePWM 模块的触发区信号 $\overline{\text{TZn}}$ 也与 SYSCLKOUT 无关。异步模式在引脚配置为 GPIO 输入时无效，此时默认同步于 SYSCLKOUT。

（2） 同步于 SYSCLKOUT

引脚复位后，默认的输入限定模式为同步于 SYSCLKOUT。该模式下，输入信号同步于系统时钟 SYSCLKOUT。由于输入信号是异步的，因此它需要一个 SYSCLKOUT 周期的时间来确认输入信号的状态变化，不需要更多的时间来限定输入信号。

（3） 使用采样窗来限定

这种模式下，输入信号首先被同步到系统时钟 SYSCLKOUT，然后输入信号状态持续时间达到指定数量周期数时，输入状态才允许改变。图 5-6 给出了采用采样窗的输入限定结构框图。这种模式需要用户指定两个参数，即采样周期和采样次数。

（1） 采样周期

为了限定信号，在固定的周期进行输入信号采样。用户指定采样周期（也称采样间隔时间）是相对于系统时钟（SYSCLKOUT）而言的。采样周期由寄存器 GPxCTRL 中的 8 位

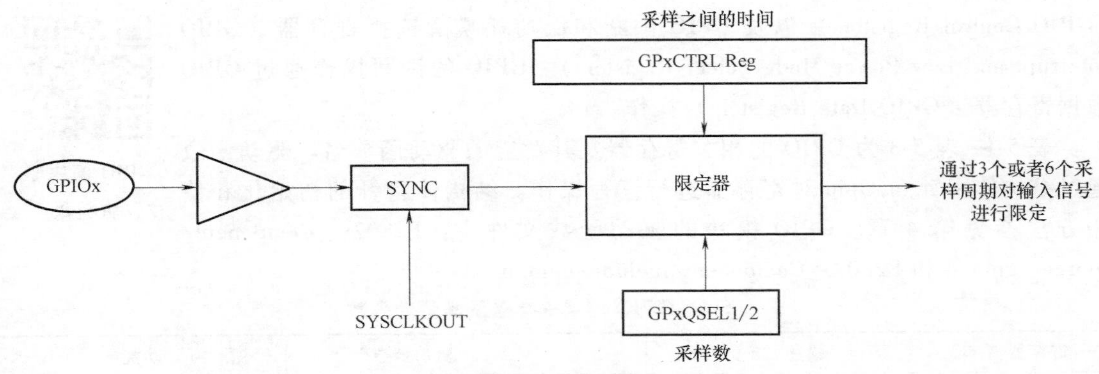

图 5-6 采样窗输入限定结构框图

QUALPRD*n* 来指定。采样周期配置是针对一组（8 个）输入信号进行的。例如，GPACTRL［QUALPRD0］配置引脚 GPIO0～GPIO7 的采样周期，GPACTRL［QUALPRD1］配置引脚 GPIO8～GPIO15 的采样周期。

（2）采样次数

采样次数可以选择为 3 次采样或者 6 次采样，通过寄存器 GPAQSEL1、GPAQSEL2、GPBQSEL1 和 GPBQSEL2 来设置。当连续 3 次或 6 次信号状态一样，输入状态的改变才会被确认，相应的寄存器值改变。

（3）总采样窗口宽度

采样窗口就是输入信号被确认的时间长度。为了让输入限定能够检测到输入的变化，信号电平必须在采样窗口或者更长的时间内保持稳定。

图 5-7 说明了输入限定的工作过程，其中限定器的采样次数设定为 6 次，采样周期设定为 2 个系统时钟周期 $2T_{SYSCLKOUT}$，即每 2 个系统时钟周期对外部引脚采样一次，必须连续采样到 6 次相同的信号，也就是最少 10 个时钟周期，电平才被确认下来。GPIO 引脚的输入信号经过限定器后输出信号就对小毛刺 A 进行了滤波。

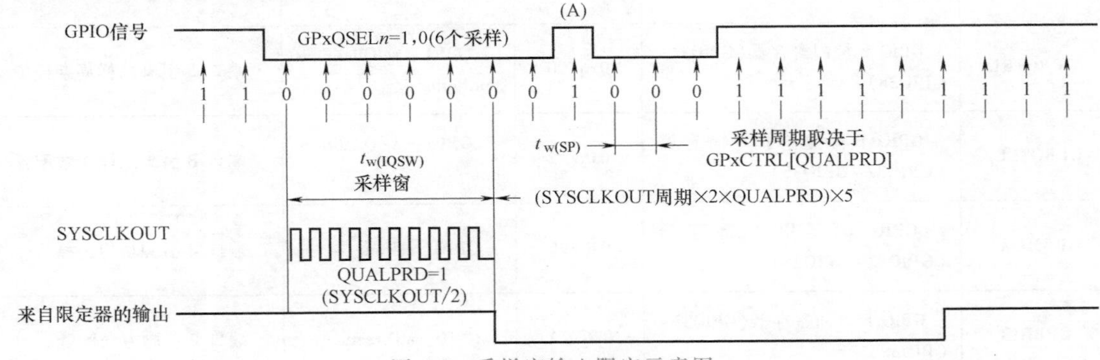

图 5-7 采样窗输入限定示意图

5.3 GPIO 的软件架构

5.3.1 寄存器及驱动函数

GPIO 的硬件初始化配置都需要通过 GPIO 的寄存器实现，包括 GPIO 控制寄存器

(GPIO Control Registers) 以及 GPIO 中断和低功耗唤醒选择寄存器 (GPIO Interrupt and Low Power Mode Select Registers)。GPIO 的读写操作通过 GPIO 数据寄存器 (GPIO Data Registers) 操作。

GPIO 模块驱动函数

表 5-1~表 5-3 为 GPIO 的相关寄存器及其对应的驱动函数名。驱动函数通过结构体指针 myGpio 对寄存器进行读写操作。结构体指针的初始化和使用方法参见第 4 章。GPIO 模块的驱动函数文件有：F2802x_Component/source/ gpio. c 和 F2802x_Component/include/gpio. h。

表 5-1 GPIO 控制寄存器及其驱动函数

寄存器	描述	地址	驱动函数名	功能
GPACTRL	GPIO A 控制寄存器(GPIO0~GPIO31)	0x6F80	GPIO_setQualificationPeriod	端口 A 引脚采样周期配置
GPAQSEL1	GPIO A 限定选择 1 寄存器(GPIO0~GPIO15)	0x6F82	GPIO_setQualification	端口 A 引脚采样次数配置
GPAQSEL2	GPIO A 限定选择 2 寄存器(GPIO16~GPIO31)	0x6F84	GPIO_setQualification	端口 A 引脚采样次数配置
GPAMUX1	GPIO A 复用 1 寄存器(GPIO0~GPIO15)	0x6F86	GPIO_setMode	端口 A 引脚功能选择
GPAMUX2	GPIO A 复用 2 寄存器(GPIO16~GPIO31)	0x6F88	GPIO_setMode	端口 A 引脚功能选择
GPADIR	GPIO A 方向寄存器(GPIO0~GPIO31)	0x6F8A	GPIO_setDirection	端口 A 引脚方向配置
GPAPUD	GPIO A 上拉禁止寄存器(GPIO0~GPIO31)	0x6F8C	GPIO_setPullUp	端口 A 引脚上拉电阻使能
GPBCTRL	GPIO B 控制寄存器(GPIO32~GPIO38)	0x6F90	GPIO_setQualificationPeriod	端口 B 引脚采样周期配置
GPBQSEL1	GPIO B 限定选择 1 寄存器(GPIO32~GPIO38)	0x6F92	GPIO_setQualification	端口 B 引脚采样次数配置
GPBMUX1	GPIO B 复用 1 寄存器(GPIO32~GPIO38)	0x6F96	GPIO_setMode	端口 B 引脚功能选择
GPBDIR	GPIO B 方向寄存器(GPIO32~GPIO38)	0x6F9A	GPIO_setDirection	端口 B 引脚方向配置
GPBPUD	GPIO B 上拉禁止寄存器(GPIO32~GPIO38)	0x6F9C	GPIO_setPullUp	端口 B 引脚上拉电阻使能
AIOMUX1	Analog I/O 复用寄存器 1(AIO0~AIO15)	0x6FB6		AIO 引脚功能选择
AIODIR	Analog I/O 方向寄存器(AIO0~AIO15)	0x6FBA		AIO 引脚方向

表 5-2　GPIO 中断和低功耗模式选择寄存器及其驱动函数

寄存器	描述	地址	驱动函数名	功能
GPIOXINT1SEL	XINT1 信号源选择寄存器（GPIO0~GPIO31）	0x6FE0	GPIO_setExtInt	外部中断 1 的引脚选择
GPIOXINT2SEL	XINT2 信号源选择寄存器（GPIO0~GPIO31）	0x6FE1		外部中断 2 的引脚选择
GPIOXINT3SEL	XINT3 信号源选择寄存器（GPIO0~GPIO31）	0x6FE2		外部中断 3 的引脚选择
GPIOLPMSEL	LPM 唤醒信号源选择寄存器（GPIO0~GPIO31）	0x6FE8	GPIO_lpmSelect	用于低功耗模式唤醒的引脚选择

表 5-3　GPIO 数据寄存器及其驱动函数

寄存器	描述	地址	驱动函数名	功能
GPADAT	GPIO A 数据寄存器（GPIO0~GPIO31）	0x6FC0	GPIO_getPortData GPIO_setPortData GPIO_getData	读 GPIO 端口 A 数据 写 GPIO 端口 A 数据 读 GPIO 引脚数据
GPASET	GPIO A 置位寄存器（GPIO0~GPIO31）	0x6FC2	GPIO_setHigh	GPIO 端口 A 引脚置位
GPACLEAR	GPIO A 清零寄存器（GPIO0~GPIO31）	0x6FC4	GPIO_setLow	GPIO 端口 A 引脚清零
GPATOGGLE	GPIO A 翻转寄存器（GPIO0~GPIO31）	0x6FC6	GPIO_toggle	GPIO 端口 A 引脚翻转
GPBDAT	GPIO B 数据寄存器（GPIO32~GPIO38）	0x6FC8	GPIO_getPortData GPIO_setPortData GPIO_getData	读 GPIO 端口 B 数据 写 GPIO 端口 B 数据 读 GPIO 引脚数据
GPBSET	GPIO B 置位寄存器（GPIO32~GPIO38）	0x6FCA	GPIO_setHigh	GPIO 端口 B 引脚置位
GPBCLEAR	GPIO B 清零寄存器（GPIO32~GPIO38）	0x6FCC	GPIO_setLow	GPIO 端口 B 引脚清零
GPBTOGGLE	GPIO B 翻转寄存器（GPIO32~GPIO38）	0x6FCE	GPIO_toggle	GPIO 端口 B 引脚清零
AIODAT	Analog I/O 数据寄存器（AIO0~AIO15）	0x6FD8		
AIOSET	Analog I/O 置位寄存器（AIO0~AIO15）	0x6FDA		
AIOCLEAR	Analog I/O 清零寄存器（AIO0~AIO15）	0x6FDC		
AIOTOGGLE	Analog I/O 翻转寄存器（AIO0~AIO15）	0x6FDE		

5.3.2 软件思维导图

图 5-8 为 GPIO 模块的软件思维导图，包括 GPIO 模块的时钟使能、引脚配置、功能配置、中断事件配置等。

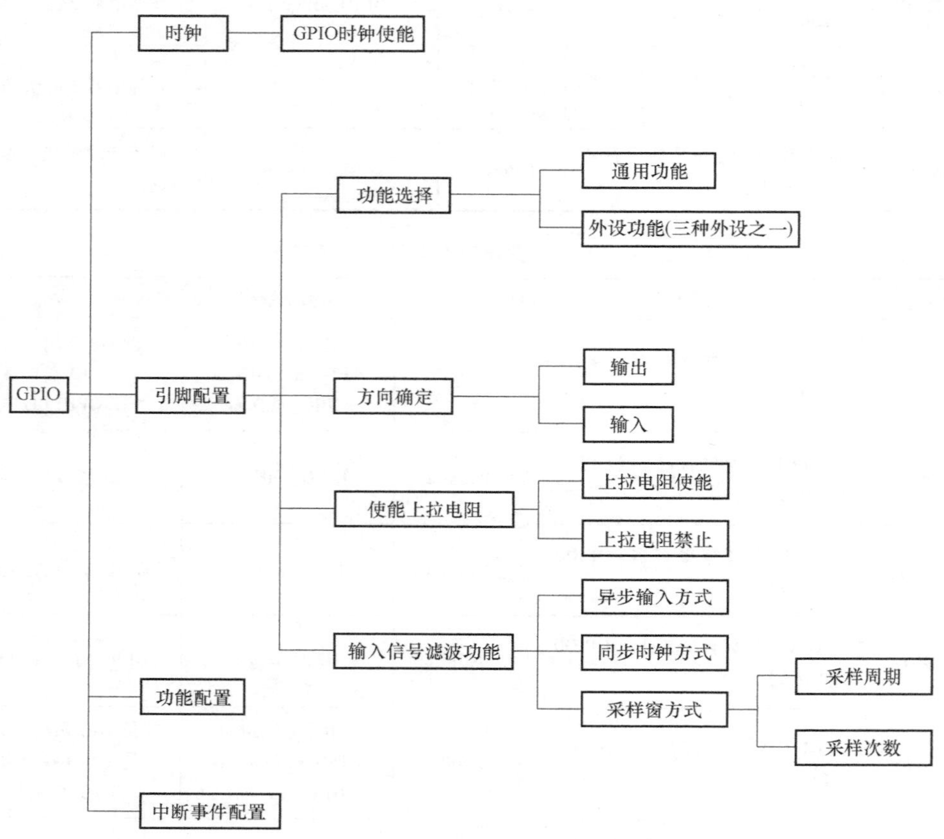

图 5-8 GPIO 模块的软件思维导图

使用 GPIO 模块时，可参考以下步骤进行操作，并根据实际情况灵活使用。

(1) 引脚配置

由于引脚功能的复用性，使用前需要根据硬件系统的资源需求，统筹考虑把引脚当作 GPIO 或其他外设功能。优先考虑并预留外设功能的需求。

步骤 1：配置引脚功能（GPIO_setMode）。

步骤 2：使能/禁止内部上拉电阻（GPIO_setPullUp）。

步骤 3：配置输入限定（GPIO_setQualification、GPIO_setQualificationPeriod）。

步骤 4：配置引脚方向（GPIO_setDirection）。

(2) 事件配置（可选项）

步骤 5：低功耗唤醒模式唤醒源（GPIO_lpmSelect）。

步骤 6：选择外部中断源（GPIO_setExtInt）。

5.4 应用实例——"我的灯，我做主"

1. 项目任务

利用按键控制 LED1 灯的亮暗。要求按键按住时 LED1 灯亮，按键放开时 LED1 灯暗。

2. 项目分析

图 5-9 为 LED1 灯和按键接口电路。按键一端接电源+3.3V，一端接引脚 GPIO12。按键按下时，引脚 GPIO12 输入电平为高电平；按键放开时，引脚 GPIO12 输入电平为低电平。LED1 一端接电源+3.3V，一端通过电阻接引脚 GPIO0。

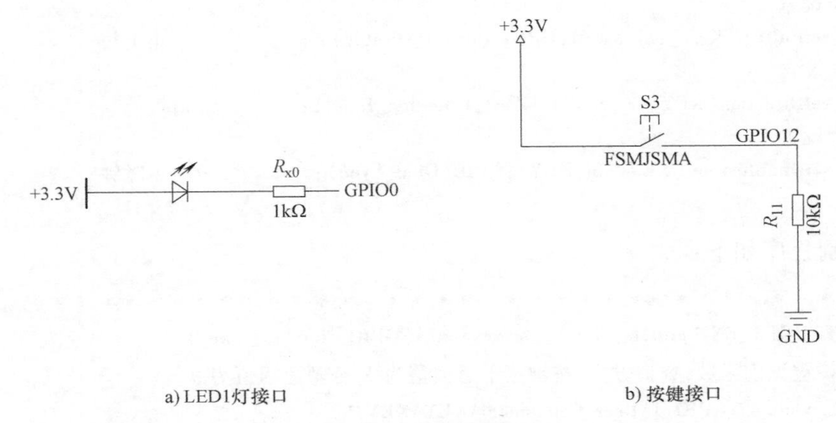

图 5-9　LED1 灯和按键接口电路

3. 部分程序代码

软件工程包括引脚的初始化配置、按键识别程序、LED 显示程序和主程序等。

LED1 引脚初始化配置程序如下：

```
/****************************************
 *名称:LED_GPIO_pinConfigure()
 *功能:LED1 引脚初始化配置
 *路径:..\chap5_GPIO_1\User_Component\LED_GPIO\LED_GPIO.c
 ****************************************/
void LED_GPIO_pinConfigure(void)
{
//1. 模式设置
  GPIO_setMode(LED_Gpio_obj,LED1,GPIO_0_Mode_GeneralPurpose);//通用 IO 口
//2. 上拉设置
  GPIO_setPullUp(LED_Gpio_obj,LED1,GPIO_PullUp_Disable);        //禁止上拉
//3. 方向设置
  GPIO_setDirection(LED_Gpio_obj,LED1,GPIO_Direction_Output);   //输出
}
```

按键引脚初始化配置程序如下：

```
/*****************************************
 *名称:KEY_pinConfigure()
 *功能:按键引脚初始化配置
 *路径:..\chap5_GPIO_1\User_Component\KEY\KEY.c
 *****************************************/
void KEY_pinConfigure(void)
{
//1. 模式设置
   GPIO_setMode(KEY_obj,KEY1,GPIO_12_Mode_GeneralPurpose);   //通用 IO 口
//2. 上拉设置
   GPIO_setPullUp(KEY_obj,KEY1,GPIO_PullUp_Disable);         //禁止上拉
//3. 方向设置
   GPIO_setDirection(KEY_obj,KEY1,GPIO_Direction_Input);     //输入
//4. 限定设置
   GPIO_setQualification(KEY_obj,KEY1,GPIO_Qual_Sync);       //同步时钟
}
```

按键识别程序如下：

```
/*****************************************
 *名称:TARGET_EXT uint16_t inline GetKeyStatus(GPIO_Number_e key)
 *功能:按键识别函数,查询方式,按键按下返回值为 1,否则返回值为 0
 *路径:..\chap5_GPIO_1\User_Component\KEY\KEY.h
 *****************************************/
TARGET_EXT uint16_t inline GetKeyStatus(GPIO_Number_e key)
{
  return GPIO_getData(KEY_obj,key);           //返回按键值,0 或者 1
}
```

按键控制 LED 显示程序如下：

```
/*****************************************
 *名称:KEY_Control_LED
 *功能:按键按下,LED 亮。按键释放,LED 暗
 *路径:..\chap5_GPIO_1\Application\app.c
 *****************************************/
void KEY_Control_LED(void)                         //按键控制简易程序
{
    if( KEYPRESSED == GetKeyStatus(KEY1))  //按键按下。KEYPRESSED 宏定义为 1
    {
        LED_on(LED1);                              //LED1 亮
    }
    else                                           //按键释放
    {
        LED_off(LED1);                             //LED1 暗
```

```
    }
}
主程序如下：
#define TARGET_GLOBAL 1
#include "Application\app.h"
void main(void)
{
    //1. 系统运行环境
    User_System_pinConfigure();
    User_System_functionConfigure();
    User_System_eventConfigure();
    User_System_initial();
    //2. 模块
    //2.1 LED_Gpio
    LED_GPIO_pinConfigure();
    LED_GPIO_functionConfigure();
    LED_GPIO_eventConfigure();
    LED_GPIO_initial();
    //2.2 KEY_Gpio
    KEY_pinConfigure();
    KEY_functionConfigure();
    KEY_eventConfigure();
    KEY_initial();
    //3. PIE 运行环境(如果使用中断)
    //4. the global interrupt start (if use interrupt)
    //5. main LOOP
    for ( ; ; )
     {
    KEY_Control_LED();
     }
}
```


4. 文件管理

工程的文件管理方式见第4章。在第4章软件工程架构的基础上，在用户层增加了KEY文件，包括KEY.c和KEY.h。在User_Device.h文件中包含了新增的库文件KEY.h。按键控制LED显示函数KEY_Control_LED在用户层，需要在app.h文件里添加该函数的声明。

5. 项目实施

项目实施步骤如下。

步骤1：导入工程chap5_GPIO_1。

步骤2：编译工程，如果没有错误，则会生成chap5_GPIO_1.out文件；如果有错误，则修改程序直至没有错误为止。

步骤3：将生成的目标文件下载到MCU的Flash存储器中。

步骤 4：运行程序，检查实验结果。

通过以上实例的操作，进一步展示了软件工程架构的特点。虽然只是实现一个非常简单的按键控制 LED 亮暗的功能，但是整个软件架构是完整的，也就是"麻雀虽小，五脏俱全"，其他模块的软件工程架构也可以依此建立。

思考与练习

5-1 理解 GPIO 引脚的推挽输出和开漏输出的特点和区别。

5-2 F28027 的 GPIO 有哪些寄存器？功能是什么？

5-3 理解寄存器的操作方法，尝试独立编写寄存器配置函数。

5-4 按键输入时如何进行消抖处理？

5-5 在第 4 章的基础上，进一步理解软件架构的特点。

5-6 在本书实例的基础上，编写程序实现以下功能：

1）按键 3 次为一个循环。

2）第 1 次按键对应的显示方式：LED1 亮暗显示。

3）第 2 次按键对应的显示方式：4 个 LED 按流水灯方式显示。

4）第 3 次按键对应的显示方式：LED1、LED4 一组，LED2、LED3 一组，交替点亮。

第6章 中断系统

中断是微控制器系统必备的重要功能，在任何一款事件驱动型的CPU里面都有中断系统。因此，全面深入地理解中断的概念，并能灵活掌握中断技术的应用，成为学习和掌握微控制器系统应用非常重要的关键问题之一。本章首先介绍中断的基础知识，其次对C2000中断系统的内部结构、工作原理、寄存器及其驱动函数进行详细介绍，并给出软件思维导图和应用实例。

6.1 中断的基础知识

6.1.1 什么是中断

为了更好地描述中断，举个日常生活中常见的例子：假如你的朋友要打电话跟你交流学习的问题，可又不知道他具体什么时候来电话，于是你就边做事情（如看书）边等电话；在看书的过程中，手机铃声响了，这时你先在书本阅读的地方做个记号，放下手中的书，接听手机，开始跟朋友交流；交流结束后，再拿起书，从刚才做记号的地方继续阅读。这个例子很好地体现了日常生活中的中断及其处理过程：手机铃声让你暂时中止当前的工作（看书），而去处理更为紧急的事情（跟朋友电话交流），把急需处理的事情（接电话）处理完毕之后，再继续做原来的事情（看书）。显然，这样的处理方式比你一直等着接电话，不做任何事情高效多了。

类似地，MCU通常要与各种各样的外部设备相连接以构成完整的应用系统。与之相连的外部设备的结构形式、信号种类、工作状态、响应速度等差异很大，因此，需要采用有效的方法实现CPU与外部设备的协调工作，提高系统的实时性。CPU对外部设备产生的事件主要有两种响应方式：程序查询方式和中断方式。

(1) 程序查询方式

CPU主动对外部设备状态进行查询，依据所获得的设备状态进行下一步操作。在这种工作方式下，CPU常常处于等待状态。提高查询频率，可以相应提高系统的响应速度，但CPU有效利用率较低；降低查询频率虽然可以减少CPU的运算负担，但是难以保证控制的实时性。因此，这种响应方式主要适用于实时性要求较低、CPU运算负担小的场合。程序查询方式就相当于你在看书过程中每隔一段时间就暂停看书，然后专门等待朋友打电话给你，这将会严重影响你的学习效率。

(2) 中断方式

外部设备主动向 CPU 发送事件请求，CPU 接到请求后立即停止当前工作，转而处理来自外部设备的事件请求，待处理完中断事件后继续处理中断前未完成的工作。这种响应方式提高了 CPU 的利用效率，减少了 CPU 等待查询的时间，对外部设备响应速度快，适用于实时控制系统。中断方式就相当于你在看书，只有当手机铃声响了才去接听电话，接听完成后继续看书。

从以上论述可知，中断是指 CPU 在执行程序时，某中断源产生了一个中断事件，CPU 响应该中断事件，暂时中止其正在执行的程序，转去执行请求中断的那个外设或事件的服务程序，待处理完毕后再返回执行原来被中止的程序。中断具有提高 CPU 工作效率的特点，在实时处理、故障处理、分时操作等方面得到了广泛应用。

6.1.2 中断的名词术语

根据来源的不同，中断可分为硬件中断（Hardware Interrupt）和软件中断（Software Interrupt）两类；根据中断请求能否被屏蔽，中断可分为可屏蔽中断（Maskable Interrupt）和非可屏蔽中断（Non-Maskable Interrupt，NMI）。中断屏蔽是中断系统一个十分重要的功能。在微控制器系统中，用户可以通过设置相应的中断屏蔽位，禁止 CPU 响应某个中断，从而实现中断屏蔽。值得注意的是，尽管某个中断源可以被屏蔽，但一旦该中断发生，不管该中断屏蔽与否，它的中断标志位都会被置位，而且只要该中断标志位不被清除，它就一直有效。当该中断重新被使能时，它即允许被 CPU 响应。

中断的名词术语及其解释见表 6-1。

表 6-1 中断的名词术语及其解释

名词术语	解释
中断系统	实现中断处理功能的软件、硬件系统称为中断系统
中断源	可以引起中断的事件称为中断源
中断优先级	中断的优先级主要用来描述不同事件的重要程度，用户可以根据自己的需求对不同的事件即不同的中断源设定重要级别
中断服务程序	为了处理中断而编写的程序称为中断服务程序
中断向量	中断服务程序的入口地址称为中断向量
中断向量地址	存储中断向量的存储单元地址称为中断向量地址
中断请求	中断源对 CPU 提出中断当前执行程序的要求称为中断请求
中断响应	CPU 接受中断请求，保护现场（断点地址、相关的寄存器或变量入栈），转到中断服务程序的过程称为中断响应
中断服务	执行中断服务程序的过程称为中断服务
中断返回	中断服务程序执行完毕后，恢复现场（断点地址、相关的寄存器或变量出栈），返回到原程序的过程称为中断返回
中断嵌套	如果在执行一个中断时又被另一个更重要的事件打断，暂停该中断处理过程转而去处理这个更重要的事件，处理完毕后再继续处理本中断的过程称为中断嵌套

6.1.3 中断处理过程

MCU 的中断处理过程包括中断请求、中断响应、中断服务和中断返回四个步骤。当外设发出中断请求时，如果从外设到 CPU 的中断使能被允许，那么进入中断响应阶段。由于 CPU 执行完中断处理程序之后要返回被中断的地方继续执行原程序，因此在执行中断服务程序之前，要把断点处的地址和现场进行保护。中断响应时的现场保护和中断返回时的现场恢复是由 MCU 内部硬件自动实现的，无须用户操作，用户只需集中精力编写中断服务程序即可。

单一中断请求、多个中断同时请求且不允许中断嵌套以及多个中断请求且允许中断嵌套三种情况下的中断处理过程分别如图 6-1a～c 所示。单一中断请求时，CPU 暂停正在运行的主程序转而运行中断服务程序，中断处理完毕后运行原程序。当多个中断请求同时挂起且不允许中断嵌套时，CPU 首先处理高优先级中断事件，然后再处理低优先级中断事件，最后返回执行主程序。允许中断嵌套时，大多数 MCU 的高优先级中断可以中断低优先级中断服务程序，低优先级中断不能中断高优先级中断服务程序，但是也有一些 MCU 的中断嵌套只分先后，不分等级，C2000 MCU 的中断嵌套就是这种情况。

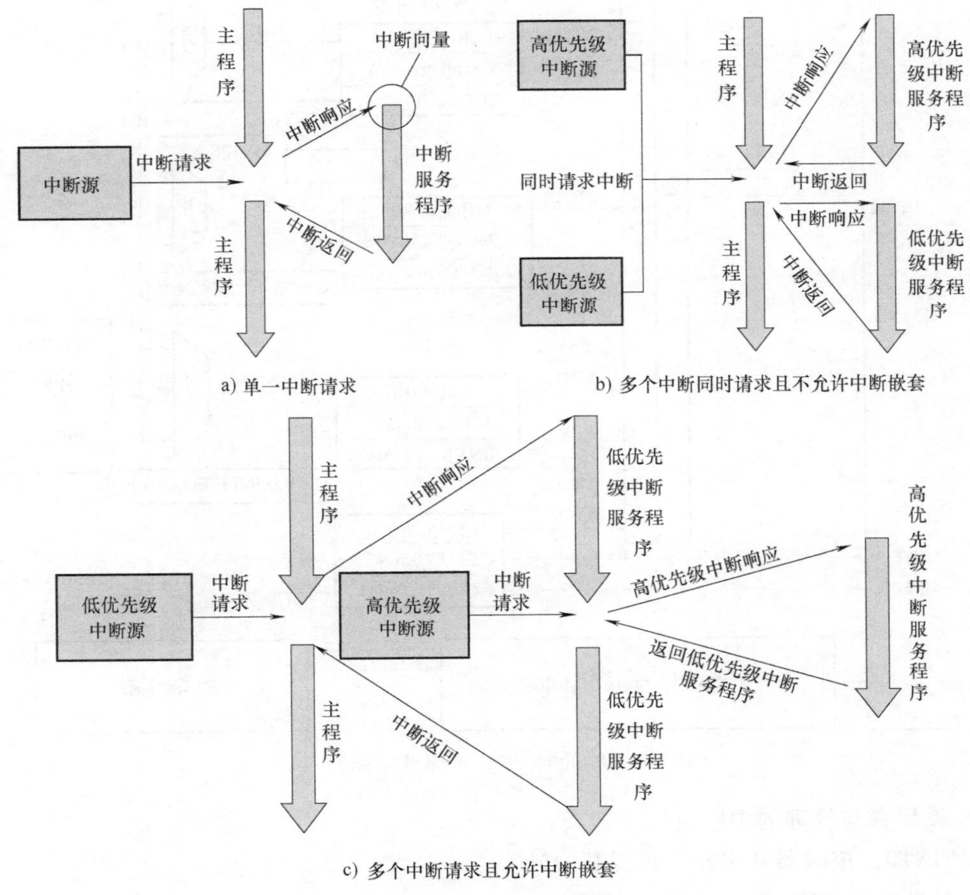

图 6-1 三种情况下的中断处理过程

6.2 C2000 的中断系统

6.2.1 中断系统概述

C28x CPU 支持 1 个非可屏蔽中断 NMI 和 16 个可屏蔽中断（INT1～INT14、RTOSINT 和 DLOGINT）。然而，C2000 系列 MCU 具有丰富的外设模块，且每个外设模块至少能产生 1 个中断事件，CPU 没有足够的资源来管理这么多的外设中断请求。因此，C2000 MCU 采用如图 6-2 所示的中断系统功能框图，可屏蔽中断（INT1~INT12）采用外设中断扩展（Peripheral Interrupt Expansion，PIE）来进行协助管理，定时器 1、2 对应的 INT13、INT14 中断和 NMI 不经过 PIE，直接与 CPU 相连。

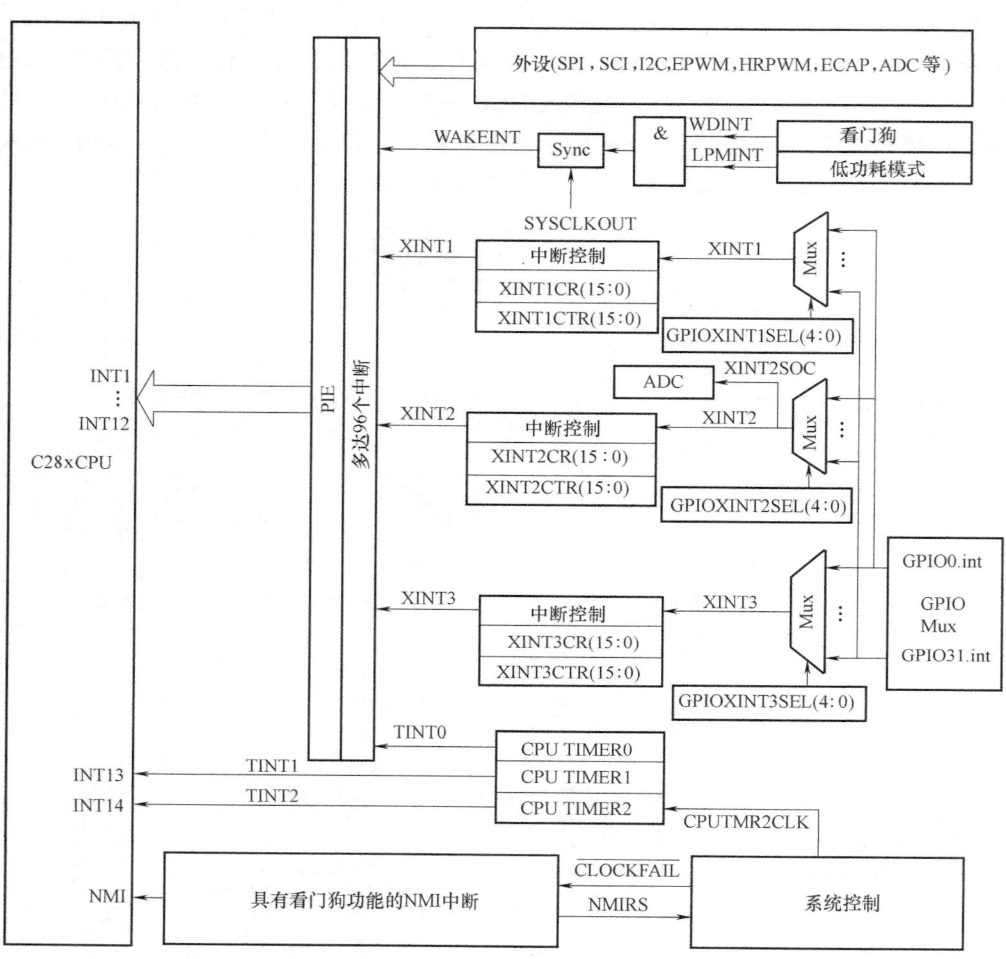

图 6-2　C2000MCU 中断系统功能框图

PIE 模块参与管理的中断有以下四类：

1）TINT0，定时器 0 中断，可屏蔽中断。

2）外部中断 XINT1、XINT2、XINT3。

3）唤醒中断 WAKEINT，包括看门狗和低功耗唤醒。

4）外设中断，包括 SPI、SCI、I2C、EPWM、HRPWM、ECAP、ADC 等。

PIE 最多可管理 96 个独立中断源，这 96 个中断源分成 12 组、每组 8 个，分别对应 CPU 级 12 个可屏蔽中断（INT1~INT12）。96 个中断源的优先级由硬件和软件共同控制，每个中断都可以在 PIE 模块中启用或禁用。96 个中断源具有独立的中断向量，均存储在专用 RAM 中，用户可以修改这些中断向量。通过这样的 PIE 中断管理机制，CPU 在处理中断时，从 RAM 中的 PIE 中断向量地址获取中断服务程序入口地址，并进行关键 CPU 寄存器的入栈（仅需 9 个 CPU 时钟周期），可实现中断事件的快速响应，提高了控制系统的实时性。

6.2.2 PIE 内部结构

1. 三级中断管理机制

F28027 的中断采用的是三级中断管理机制，分别是外设模块级、PIE 级和 CPU 级。对于某一个具体的外设中断请求，任意一级不许可，CPU 最终都不会响应该外设中断。图 6-3 为 PIE 模块的结构示意图，图 6-4 为典型的 PIE CPU 中断响应流程。

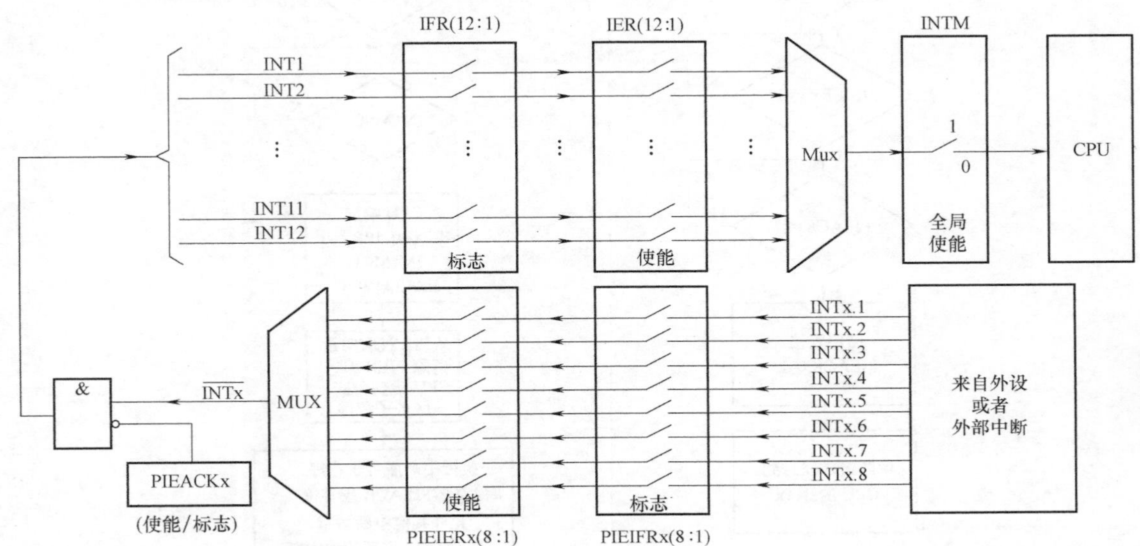

图 6-3 PIE 模块的结构示意图

（1）外设模块级

外设模块产生中断事件时，相应外设模块寄存器的中断标志位 IF 被置位，如果对应的外设中断允许位 IE 被使能，则外设就向 PIE 发送一个中断请求，如图 6-3 中的 INTx. 1 ~ INTx. 8；如果外设中断允许位 IE 未被使能，则该中断被屏蔽，不会向 PIE 发送中断请求。外设模块的中断标志位有的会在中断响应后自动清除，有的需要通过软件来清除，不同模块中断标志位的清除操作参见相关模块寄存器。其中，外部中断比较特殊，没有中断标志位，如果中断使能允许，外部中断请求信号直接送达 PIE。

（2）PIE 级

PIE 控制器将每 8 个外设或外部中断汇集成 1 个 CPU 级中断。这样对于 96 个外设中断源，就被分成 12 组，分别是 PIE1 ~ PIE12，每一组对应一个 CPU 级中断，即 PIE1 对应 INT1，PIE12 对应 INT12。没有采用复用的中断就直接连到 CPU，如 INT13。

对于复用的中断源，PIE 模块中每一组有一个中断标志寄存器 PIEIFRx 和中断允许寄存器 PIEIERx（x 指 PIE1 ~ PIE12），寄存器的每一位对应复用这组 PIE 的某一个中断，用字母 y 表示。这样 PIEIFRx. y 和 PIEIERx. y 就表示第 x 组（x = 1 ~ 12）第 y 个中断源（y = 1 ~ 8）对应的寄存器位。

一旦中断请求被送到 PIE 模块，相应的 PIE 中断标志位 PIEIFRx. y 被置位。如果对应的中断使能位 PIEIERx. y = 1，那么 PIE 模块将检查相应的 PIE 应答位 PIEACKx，确认 CPU 是否准备好响应这个组的中断。如果这个组的 PIE 应答位 PIEACKx = 0，则 PIE 将该中断请求送至 CPU。如果 PIE 应答位 PIEACKx = 1，中断请求不会被 PIE 发送给 CPU，直到

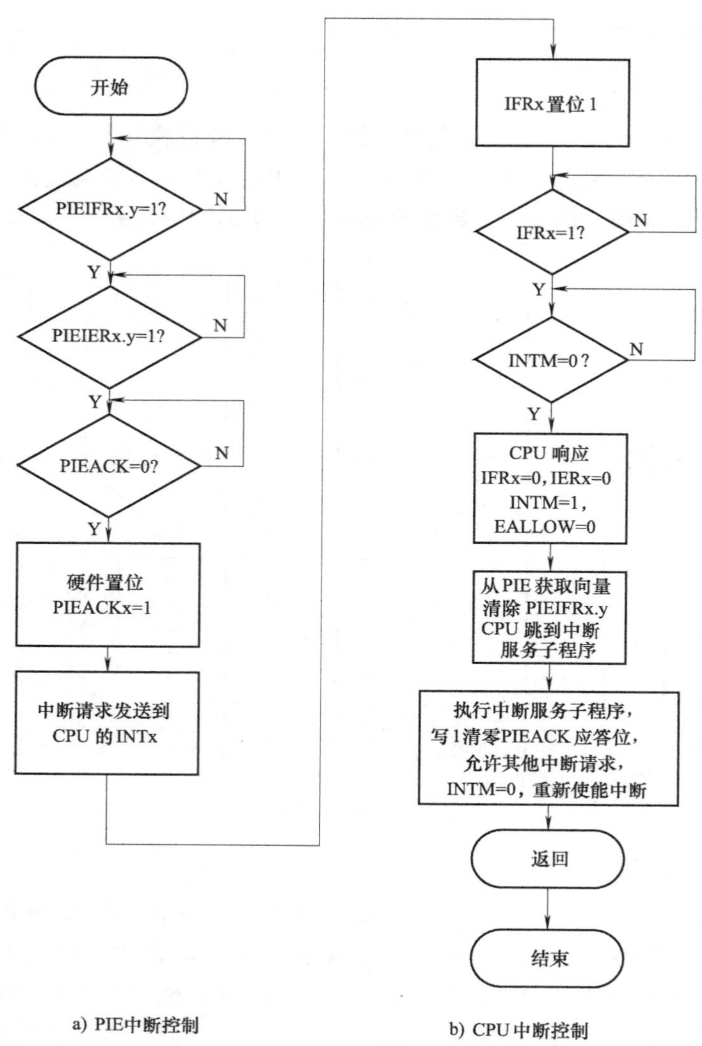

图 6-4 典型的 PIE CPU 中断响应流程图

PIEACKx=0 且该中断请求还存在时，PIE 才会将挂起的中断请求发送给 CPU。因此，每个外设中断被响应后，用户需要在中断服务程序里用软件清除该组的中断应答位 PIEACKx，以便 PIE 控制器能够响应同组内的其他中断请求。

CPU 响应 PIE 级中断后，自动清除相应的中断标志位 PIEIFRx. y，该中断标志位不可通过软件进行清除，否则会引起中断系统不可预料的错误。

（3） CPU 级

当中断请求从 PIE 发送到 CPU 时，CPU 级的中断标志寄存器 IFRx 被置位，中断应答位 PIEACKx 被置位，同组的其他中断请求被挂起。如果中断允许寄存器 IERx=1 且中断总开关 INTM=0，那么 CPU 将响应这个中断请求并自动清零对应的 IFRx 标志位，CPU 级的中断标志位的置位和清除都是自动完成的。

2. 中断入口地址管理机制

CPU 响应中断请求后，要去处理中断服务程序，这个中断响应过程包括现场保护（中断返回地址、相关寄存器等入栈）和中断服务子程序地址的获取。其中，中断服务子程序地址保存在 MCU 内存单元，这部分内存单元也称为中断向量表。

F28027 的中断向量表可以映射到内存中的四个不同位置，见表 6-2。

表 6-2 中断向量表映射配置表

向量表映射	向量获取位置	地址范围	VMAP	M0M1VAP	ENPIE
M1 向量	M1 SARAM	0x00 0000~0x00 003F	0	0	×
M0 向量	M0 SARAM	0x00 0000~0x00 003F	0	1	×
BROM 向量	BOOT ROM	0x3F FFC0~0x3F FFFF	1	×	0
PIE 向量	PIE	0x00 0D00~0x00 0DFF	1	×	1

注：×表示该位无关，0 或 1 都可以。

向量表映射方式由 VMAP（ST1 状态寄存器第 3 位，复位后值为 1）、M0M1VAP（ST1 状态寄存器第 11 位，复位后值为 1）和 ENPIE（PIECONTROL 寄存器第 0 位，复位后值为 0）三个位决定。四种映射方式的简要分析如下：

1）M1、M0 向量映射：TI 保留用于测试，用户使用时这两个映射对应的向量表单元可以自由操作，不受限制。

2）BROM 向量映射：在 MCU 复位后，中断向量表映射到 BOOT ROM 区（地址范围为 0x3F FFC0~0x3F FFFF），这个区是 Flash 空间，可以永久保存 32 个系统级中断向量。复位后的中断向量为 0x3F FFC0，该内存中的中断程序入口地址定位到初始化引导函数（Init-Boot），执行该函数后，根据三个引脚（GPIO37、GPIO34、TRST）电平高低进行相应的引导。如果引导模式是仿真模式（Emulation Mode）或获取模式（Get Mode），CPU 将转向 0x3F 7FF6 地址执行。由于 0x3F 7FF6 地址在 128 位安全密码空间（CSM）之前，所以在 0x3F 7FF6 地址处须有个转移指令，转去执行用户程序。具体分析见 4.6 节。

3）PIE 向量映射：通过设置 ENPIE=1，可将中断向量映射到 PIE 区。

不管中断向量表位于哪个区，系统复位后，中断向量默认都是从 BOOT ROM 区获取。在实际应用中，用户要将中断向量区映射到 PIE 区（地址范围为 0x00 0D00~0x00 0DFF），这个区在 RAM 中，用户方便修改，但是在 MCU 复位后需要对这个区域进行中断入口地址的装载，也就是把相应的中断向量写入 PIE 向量映射区。

PIE 向量映射区是由一个 256×16 存储单元的 SARAM 块构成，如果该区域未被用作中断向量使用，也可将其用作存储数据的普通 RAM；当用作中断向量映射区时，总共可以存放 128 个中断向量地址，包含 32 个系统级中断向量地址和 96 个 PIE 复用外设中断向量地址，其中，每个中断向量地址占用 2×16 个存储单元。PIE 复用外设中断向量表和 PIE 向量映射区总表见表 6-3、表 6-4。下面以外部中断 XINT1 为例，说明 PIE 向量映射区的作用。XINT1 的中断向量地址为 0xD46，当 CPU 响应外部中断 1 的中断请求后，CPU 到中断向量地址 0xD46 内存单元获取中断向量（即中断服务程序的入口地址），然后根据中断服务程序的入口地址跳转到相应的中断服务程序块去执行中断服务程序。

96 个 PIE 复用外设中断优先级是由 CPU 和 PIE 模块共同决定的。其中，12 组中断 INT1~INT12 的优先级依次从高到低，由 CPU 决定；PIE 控制每组 8 个中断的优先级。例如：如果 INT1.1 与 INT8.1 同时发生中断请求，则两个中断请求都由 PIE 模块同时发送给 CPU，CPU 首先服务中断 INT1.1，其次再服务中断 INT8.1；如果 INT1.1 与 INT1.8 同时发生中断请求，那么 INT1.1 的中断请求优先被发送到 CPU，紧接着才发送 INT1.8 的中断请求。其中，中断优先级的排序是在中断处理期间获取中断向量时就已经完成了。

表 6-3 的中断向量表，目前使用了 31 个，剩余的留给未来的器件使用。如果在 PIEIFRx 级使能了这些保留中断，则可将它们作为软件中断使用，但前提是该组中没有中断被外设使用，否则，在修改 PIEIFR 时，来自外设的中断可能会因意外清除其标志而丢失。以下两种情况可安全使用保留中断：①组内没有外设发出中断；②没有外设中断被分配给该组，如 PIE 组 11 和 12 没有连接任何外部设备。

表 6-3　PIE 复用外设中断向量表

	INTx. 8	INTx. 7	INTx. 6	INTx. 5	INTx. 4	INTx. 3	INTx. 2	INTx. 1
INT1. y	WAKEINT (LPM/WD) 0xD4E	TINT0 (TIMER 0) 0xD4C	ADCINT9 (ADC) 0xD4A	XINT2 (Ext. int. 2) 0xD48	XINT1 (Ext. int. 1) 0xD46	保留 — 0xD44	ADCINT2 (ADC) 0xD42	ADCINT1 (ADC) 0xD40
INT2. y	保留 — 0xD5E	保留 — 0xD5C	保留 — 0xD5A	保留 — 0xD58	EPWM4_TZINT (ePWM4) 0xD56	EPWM3_TZINT (ePWM3) 0xD54	EPWM2_TZINT (ePWM2) 0xD52	EPWM1_TZINT (ePWM1) 0xD50
INT3. y	保留 — 0xD6E	保留 — 0xD6C	保留 — 0xD6A	保留 — 0xD68	EPWM4_INT (ePWM 4) 0xD66	EPWM3_INT (ePWM 3) 0xD64	EPWM2_INT (ePWM 2) 0xD62	EPWM1_INT (ePWM 1) 0xD60
INT4. y	保留 — 0xD7E	保留 — 0xD7C	保留 — 0xD7A	保留 — 0xD78	保留 — 0xD76	保留 — 0xD74	保留 — 0xD72	ECAP1_INT (eCAP1) 0xD70
INT5. y	保留 — 0xD8E	保留 — 0xD8C	保留 — 0xD8A	保留 — 0xD88	保留 — 0xD86	保留 — 0xD84	保留 — 0xD82	保留 — 0xD80
INT6. y	保留 — 0xD9E	保留 — 0xD9C	保留 — 0xD9A	保留 — 0xD98	保留 — 0xD96	保留 — 0xD94	SPITXINTA (SPI-A) 0xD92	SPIRXINTA (SPI-A) 0xD90
INT7. y	保留 — 0xDAE	保留 — 0xDAC	保留 — 0xDAA	保留 — 0xDA8	保留 — 0xDA6	保留 — 0xDA4	保留 — 0xDA2	保留 — 0xDA0
INT8. y	保留 — 0xDBE	保留 — 0xDBC	保留 — 0xDBA	保留 — 0xDB8	保留 — 0xDB6	保留 — 0xDB4	I2CINT2A (I2C-A) 0xDB2	I2CINT1A (I2C-A) 0xDB0
INT9. y	保留 — 0xDCE	保留 — 0xDCC	保留 — 0xDCA	保留 — 0xDC8	保留 — 0xDC6	保留 — 0xDC4	SCITXINTA (SCI-A) 0xDC2	SCIRXINTA (SCI-A) 0xDC0
INT10. y	ADCINT8 (ADC) 0xDDE	ADCINT7 (ADC) 0xDDC	ADCINT6 (ADC) 0xDDA	ADCINT5 (ADC) 0xDD8	ADCINT4 (ADC) 0xDD6	ADCINT3 (ADC) 0xDD4	ADCINT2 (ADC) 0xDD2	ADCINT1 (ADC) 0xDD0
INT11. y	保留 — 0xDEE	保留 — 0xDEC	保留 — 0xDEA	保留 — 0xDE8	保留 — 0xDE6	保留 — 0xDE4	保留 — 0xDE2	保留 — 0xDE0
INT12. y	保留 — 0xDFE	保留 — 0xDFC	保留 — 0xDFA	保留 — 0xDF8	保留 — 0xDF6	保留 — 0xDF4	保留 — 0xDF2	XINT3 Ext. int. 3 0xDF0

注：—表示该芯片无这部分资源。

表 6-4　PIE 向量表

名称	向量 ID	地址	大小（×16）	说明	CPU 优先级	PIE 组优先级
Reset	0	0x000 0D00	2	复位向量总是从引导 ROM 中的 0x003 FFC0 地址处获取	1（最高）	—
INT1	1	0x000 0D02	2	未使用，见 PIE 第 1 组	5	—
INT2	2	0x000 0D04	2	未使用，见 PIE 第 2 组	6	—
INT3	3	0x000 0D06	2	未使用，见 PIE 第 3 组	7	—
INT4	4	0x000 0D08	2	未使用，见 PIE 第 4 组	8	—
INT5	5	0x000 0D0A	2	未使用，见 PIE 第 5 组	9	—
INT6	6	0x000 0D0C	2	未使用，见 PIE 第 6 组	10	—
INT7	7	0x000 0D0E	2	未使用，见 PIE 第 7 组	11	—
INT8	8	0x000 0D10	2	未使用，见 PIE 第 8 组	12	—
INT9	9	0x000 0D12	2	未使用，见 PIE 第 9 组	13	—
INT10	10	0x000 0D14	2	未使用，见 PIE 第 10 组	14	—
INT11	11	0x000 0D16	2	未使用，见 PIE 第 11 组	15	—
INT12	12	0x000 0D18	2	未使用，见 PIE 第 12 组	16	—
INT13	13	0x000 0D1A	2	CPU-定时器 1	17	—
INT14	14	0x000 0D1C	2	CPU-定时器 2	18	—
DATALOG	15	0x000 0D1E	2	CPU 数据记录中断	19（最低）	—
RTOSINT	16	0x000 0D20	2	CPU 实时操作系统（RTOS）中断	4	—
EMUINT	17	0x000 0D22	2	CPU 仿真中断	2	—
NMI	18	0x000 0D24	2	外部不可屏蔽中断	3	—
ILLEGAL	19	0x000 0D26	2	非法中断	—	—
USER1	20	0x000 0D28	2	用户定义的陷阱（Trap）	—	—
USER2	21	0x000 0D2A	2	用户定义的陷阱（Trap）	—	—
USER3	22	0x000 0D2C	2	用户定义的陷阱（Trap）	—	—
USER4	23	0x000 0D2E	2	用户定义的陷阱（Trap）	—	—
USER5	24	0x000 0D30	2	用户定义的陷阱（Trap）	—	—
USER6	25	0x000 0D32	2	用户定义的陷阱（Trap）	—	—
USER7	26	0x000 0D34	2	用户定义的陷阱（Trap）	—	—
USER8	27	0x000 0D36	2	用户定义的陷阱（Trap）	—	—
USER9	28	0x000 0D38	2	用户定义的陷阱（Trap）	—	—
USER10	29	0x000 0D3A	2	用户定义的陷阱（Trap）	—	—
USER11	30	0x000 0D3C	2	用户定义的陷阱（Trap）	—	—
USER12	31	0x000 0D3E	2	用户定义的陷阱（Trap）	—	—

（续）

名称	向量 ID	地址	大小（×16）	说明	CPU 优先级	PIE 组优先级
PIE 第 1 组向量:多路向量复用 CPU INT1						
INT1. 1	32	0x000 0D40	2	ADCINT1(ADC)	5	1(最高)
INT1. 2	33	0x000 0D42	2	ADCINT2(ADC)	5	2
INT1. 3	34	0x000 0D44	2	保留	5	3
INT1. 4	35	0x000 0D46	2	XINT1	5	4
INT1. 5	36	0x000 0D48	2	XINT2	5	5
INT1. 6	37	0x000 0D4A	2	ADCINT9(ADC)	5	6
INT1. 7	38	0x000 0D4C	2	TINT0(CPU-Timer0)	5	7
INT1. 8	39	0x000 0D4E	2	WAKEINT(LPM/WD)	5	8(最低)
PIE 第 2 组向量:多路向量复用 CPU INT2						
INT2. 1	40	0x000 0D50	2	EPWM1_TZINT(EPWM1)	6	1(最高)
INT2. 2	41	0x000 0D52	2	EPWM2_TZINT(EPWM2)	6	2
INT2. 3	42	0x000 0D54	2	EPWM3_TZINT(EPWM3)	6	3
INT2. 4	43	0x000 0D56	2	EPWM4_TZINT(EPWM4)	6	4
INT2. 5	44	0x000 0D58	2	保留	6	5
INT2. 6	45	0x000 0D5A	2	保留	6	6
INT2. 7	46	0x000 0D5C	2	保留	6	7
INT2. 8	47	0x000 0D5E	2	保留	6	8(最低)
PIE 第 3 组向量:多路向量复用 CPU INT3						
INT3. 1	48	0x000 0D60	2	EPWM1_INT(EPWM1)	7	1(最高)
INT3. 1	49	0x000 0D62	2	EPWM2_INT(EPWM2)	7	2
INT3. 3	50	0x000 0D64	2	EPWM3_INT(EPWM3)	7	3
INT3. 4	51	0x000 0D66	2	EPWM4_INT(EPWM4)	7	4
INT3. 5	52	0x000 0D68	2	保留	7	5
INT3. 6	53	0x000 0D6A	2	保留	7	6
INT3. 7	54	0x000 0D6C	2	保留	7	7
INT3. 8	55	0x000 0D6E	2	保留	7	8(最低)
PIE 第 4 组向量:多路向量复用 CPU INT4						
INT4. 1	56	0x000 0D70	2	ECAP1_INT(ECAP1)	8	1(最高)
INT4. 2	57	0x000 0D72	2	保留	8	2
INT4. 3	58	0x000 0D74	2	保留	8	3
INT4. 4	59	0x000 0D76	2	保留	8	4
INT4. 5	60	0x000 0D78	2	保留	8	5
INT4. 6	61	0x000 0D7A	2	保留	8	6
INT4. 7	62	0x000 0D7C	2	保留	8	7
INT4. 8	63	0x000 0D7E	2	保留	8	8(最低)

（续）

名称	向量 ID	地址	大小（×16）	说明	CPU 优先级	PIE 组优先级
PIE 第 5 组向量：多路向量复用 CPU INT5						
INT5.1	64	0x000 0D80	2	EQEP1_INT(EQEP1)	9	1（最高）
INT5.2	65	0x000 0D82	2	保留	9	2
INT5.3	66	0x000 0D84	2	保留	9	3
INT5.4	67	0x000 0D86	2	保留	9	4
INT5.5	68	0x000 0D88	2	保留	9	5
INT5.6	69	0x000 0D8A	2	保留	9	6
INT5.7	70	0x000 0D8C	2	保留	9	7
INT5.8	71	0x000 0D8E	2	保留	9	8（最低）
PIE 第 6 组向量：多路向量复用 CPU INT6						
INT6.1	72	0x000 0D90	2	SPIRXINTA(SPI-A)	10	1（最高）
INT6.2	73	0x000 0D92	2	SPITXINTA(SPI-A)	10	2
INT6.3	74	0x000 0D94	2	保留	10	3
INT6.4	75	0x000 0D96	2	保留	10	4
INT6.5	76	0x000 0D98	2	保留	10	5
INT6.6	77	0x000 0D9A	2	保留	10	6
INT6.7	78	0x000 0D9C	2	保留	10	7
INT6.8	79	0x000 0D9E	2	保留	10	8（最低）
PIE 第 7 组向量：多路向量复用 CPU INT7						
INT7.1	80	0x000 0DA0	2	保留	11	1（最高）
INT7.2	81	0x000 0DA2	2	保留	11	2
INT7.3	82	0x000 0DA4	2	保留	11	3
INT7.4	83	0x000 0DA6	2	保留	11	4
INT7.5	84	0x000 0DA8	2	保留	11	5
INT7.6	85	0x000 0DAA	2	保留	11	6
INT7.7	86	0x000 0DAC	2	保留	11	7
INT7.8	87	0x000 0DAE	2	保留	11	8（最低）
PIE 第 8 组向量：多路向量复用 CPU INT8						
INT8.1	88	0x000 0DB0	2	I2CINT1A(I2C-A)	12	1（最高）
INT8.2	89	0x000 0DB2	2	I2CINT2A(I2C-A)	12	2
INT8.3	90	0x000 0DB4	2	保留	12	3
INT8.4	91	0x000 0DB6	2	保留	12	4
INT8.5	92	0x000 0DB8	2	保留	12	5
INT8.6	93	0x000 0DBA	2	保留	12	6
INT8.7	94	0x000 0DBC	2	保留	12	7
INT8.8	95	0x000 0DBE	2	保留	12	8（最低）

（续）

名称	向量 ID	地址	大小（×16）	说明	CPU 优先级	PIE 组优先级
PIE 第 9 组向量：多路向量复用 CPU INT9						
INT9.1	96	0x000 0DC0	2	SCIRXINTA（SCI-A）	13	1（最高）
INT9.2	97	0x000 0DC2	2	SCITXINTA（SCI-A）	13	2
INT9.3	98	0x000 0DC4	2	保留	13	3
INT9.4	99	0x000 0DC6	2	保留	13	4
INT9.5	100	0x000 0DC8	2	保留	13	5
INT9.6	101	0x000 0DCA	2	保留	13	6
INT9.7	102	0x000 0DCC	2	保留	13	7
INT9.8	103	0x000 0DCE	2	保留	13	8（最低）
PIE 第 10 组向量：多路向量复用 CPU INT10						
INT10.1	104	0x000 0DD0	2	ADCINT1（ADC）	14	1（最高）
INT10.2	105	0x000 0DD2	2	ADCINT2（ADC）	14	2
INT10.3	106	0x000 0DD4	2	ADCINT3（ADC）	14	3
INT10.4	107	0x000 0DD6	2	ADCINT4（ADC）	14	4
INT10.5	108	0x000 0DD8	2	ADCINT5（ADC）	14	5
INT10.6	109	0x000 0DDA	2	ADCINT6（ADC）	14	6
INT10.7	110	0x000 0DDC	2	ADCINT7（ADC）	14	7
INT10.8	111	0x000 0DDE	2	ADCINT8（ADC）	14	8（最低）
PIE 第 11 组向量：多路向量复用 CPU INT11						
INT11.1	112	0x000 0DE0	2	保留	15	1（最高）
INT11.2	113	0x000 0DE2	2	保留	15	2
INT11.3	114	0x000 0DE4	2	保留	15	3
INT11.4	115	0x000 0DE6	2	保留	15	4
INT11.5	116	0x000 0DE8	2	保留	15	5
INT11.6	117	0x000 0DEA	2	保留	15	6
INT11.7	118	0x000 0DEC	2	保留	15	7
INT11.8	119	0x000 0DEE	2	保留	15	8（最低）
PIE 第 12 组向量：多路向量复用 CPU INT12						
INT12.1	120	0x000 0DF0	2	XINT3	16	1（最高）
INT12.2	121	0x000 0DF2	2	保留	16	2
INT12.3	122	0x000 0DF4	2	保留	16	3
INT12.4	123	0x000 0DF6	2	保留	16	4
INT12.5	124	0x000 0DF8	2	保留	16	5
INT12.6	125	0x000 0DFA	2	保留	16	6
INT12.7	126	0x000 0DFC	2	保留	16	7
INT12.8	127	0x000 0DFE	2	保留	16	8（最低）

注：—表示无这部分功能。

3. 处理复用中断的注意事项

PIE 模块的 12 组中断中，每个组都有一个相关的使能 PIEIER 和标志 PIEIFR 寄存器，这些寄存器用于控制进入 CPU 的中断请求。同时，PIE 模块也使用 PIEIER 和 PIEIFR 寄存器进行解码，以确定 CPU 需要响应的中断服务程序位置。通常情况下在清除 PIEIFR 和 PIEIER 寄存器中的位时，应遵循以下三个主要规则：

规则 1：不要用软件清除 PIEIFR 位。

当对 PIEIFR 寄存器进行写或读—修改—写操作时，输入中断可能会丢失。要清除 PIEIFR 位，必须服务挂起的中断。如果用户想在不执行正常服务程序的情况下清除 PIEIFR 位，需采取以下步骤：

1）设置 EALLOW 位，允许修改 PIE 向量表。

2）修改 PIE 向量表，使外设中断服务程序（ISR）的向量指向临时 ISR，该临时 ISR 将仅执行中断返回（IRET）操作。

3）启用中断，以便临时 ISR 为中断提供服务。

4）服务临时中断程序后，PIEIFR 位将被清除。

5）修改 PIE 向量表，将外设中断服务程序重新映射到正确的服务程序。

6）清除 EALLOW 位。

规则 2：软件优先级中断流程。

1）使用 CPU IER 寄存器作为全局优先级，各个 PIEIER 寄存器作为组优先级。在这种情况下，PIEIER 寄存器只在中断中被修改；此外，只修改与所服务的中断同一组的 PIEIER。

2）不要在组内禁用其他组的 PIEIER 位。

规则 3：使用 PIEIER 禁用中断。

如果 PIEIER 寄存器处于使能状态，要将其禁止必须遵循启用和禁用多路复用外设中断的程序。

4. 使能和禁止多路复用外设中断的流程

使能或禁止多路复用外设中断的正确方法是使用外设中断使能/禁止控制位。PIEIER 和 CPU IER 寄存器的主要用途是对同一 PIE 中断组内的中断进行中断优先级排序。如果要清除 PIEIER 寄存器中的位，应采用以下任意一种操作方法：方法 1 保留相关的 PIE 标志寄存器，这样中断就不会丢失；方法 2 清除相关的 PIE 标志寄存器。

方法 1：使用 PIEIERx 寄存器禁止中断并保留相关的 PIEIFRx 标志。

要清除 PIEIERx 寄存器中的位，同时保留 PIEIFRx 寄存器中的标志位，应遵循以下步骤：

步骤 1：禁用全局中断（INTM = 1）。

步骤 2：清除 PIEIERx. y 位以禁止指定的外设中断，可为同组中的多个外设执行此操作。

步骤 3：等待 5 个周期以确保进入 CPU 的任一中断都置位了 CPU IFR 寄存器的相关位。

步骤 4：清除外设组的 CPU IFRx 位。

步骤 5：清除外设组的 PIEACKx 位。

步骤 6：使能全局中断（INTM = 0）。

方法 2：使用 PIEIERx 寄存器禁止中断并清除相关的 PIEIFRx 标志。

要对外设中断执行软件复位并清除 PIEIFRx 寄存器和 CPU IFR 寄存器中的相关标志位，

应遵循以下步骤：

步骤 1：禁用全局中断（INTM = 1）。

步骤 2：设置 EALLOW 位。

步骤 3：修改 PIE 向量表，将特定外设中断的向量临时映射到一个空的 ISR。这个空的 ISR 将只执行中断返回（IRET）指令，这是清除单个 PIEIFRx. y 位的安全方法，不会丢失来自组内其他外设的任何中断。

步骤 4：禁用外设寄存器的外设中断。

步骤 5：启用全局中断（INTM = 0）。

步骤 6：等待任何来自外设的挂起中断被预先设置的 ISR 服务。

步骤 7：禁用全局中断（INTM = 1）。

步骤 8：修改 PIE 向量表，将外设的服务程序重新映射到正确的服务程序。

步骤 9：清除 EALLOW 位。

步骤 10：禁用指定外设的 PIEIER 位。

步骤 11：清除指定外设组的 IFR 位。

步骤 12：清除 PIE 组的 PIEACK 位。

步骤 13：启用全局中断。

5. 外设到 CPU 的多路复用中断请求流程

外设到 CPU 的多路复用中断请求流程共包括 9 个步骤，如图 6-5 所示。

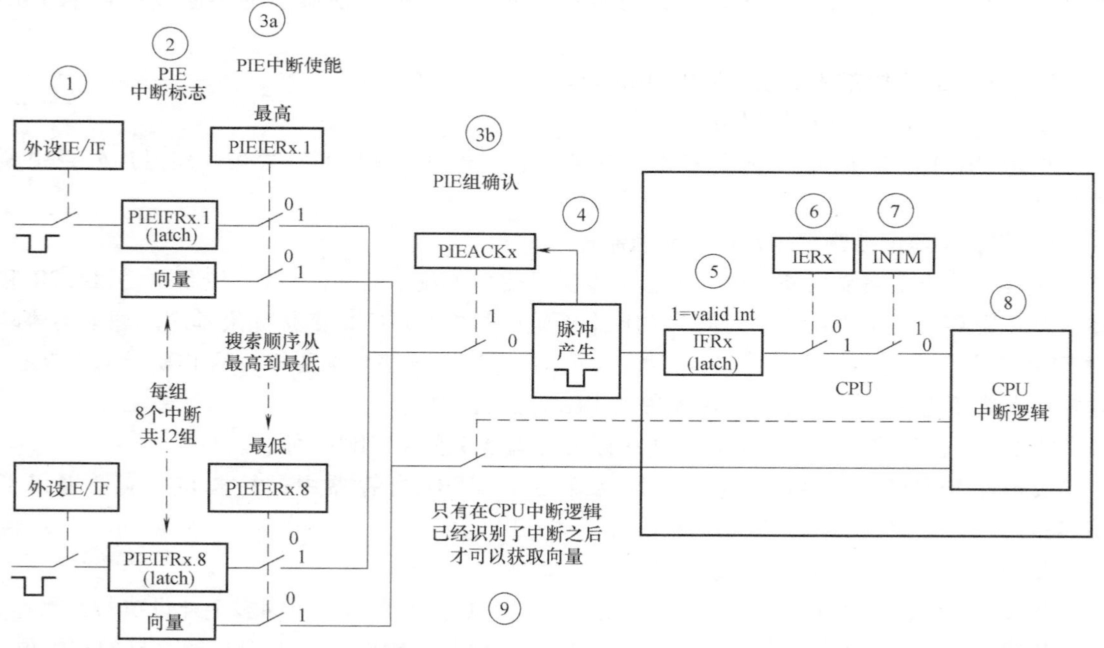

图 6-5 外设到 CPU 的多路复用中断请求流程

步骤 1：PIE 组内的任何外设或外部中断发出中断请求。如果外设中断被使能，则中断请求将被发送到 PIE 模块。

步骤 2：PIE 模块识别出第 x 组的中断 y（INTx. y）已经产生了一个中断，则置位相应的 PIE 中断标志位，即 PIEIFRx. y = 1。

步骤 3：中断请求要从 PIE 发送到 CPU 必须同时满足两个条件：

步骤 3a：使能对应 PIEIER，即 PIEPIEIERx. y=1。

步骤 3b：应答位 PIEACKx=0。

步骤 4：如果步骤 3 的两个条件同时满足，则 PIE 向 CPU 发送中断请求，并置位 PIEACKx，PIEACKx 位将保持为 1，直到用户将其清除，以允许该组的其他中断可以从 PIE 发送到 CPU。

步骤 5：CPU 中断标志位被置位（CPU IFRx=1），标志 CPU 级中断正在处理。

步骤 6：如果 CPU 中断被使能（CPU IERx=1 或 DBGIERx=1），并且全局中断屏蔽被清除（INTM=0），则 CPU 响应 INTx 的中断请求。

步骤 7：CPU 识别中断并进行现场保护、清除 IER、置位 INTM、清除 EALLOW。

步骤 8：CPU 从 PIE 向量表获取中断程序入口地址。

步骤 9：对于多路复用中断，PIE 模块使用 PIEIRx 和 PIEIFRx 寄存器中的当前值来解码，以获得正确的中断向量地址。有两种可能的情况：①如果在步骤 7 后有更高优先级的中断，则优先处理该高优先级中断。②如果组内已被使能的中断其中断标志位未被置位，则 PIE 用组内最高优先级的中断向量响应，即中断入口地址采用 INTx. 1。此操作相当于响应 C28x 的 TRAP 或 INT 指令。

经过上述 9 个步骤之后，PIEIFRx. y 位自动被清零并且 CPU 跳转到中断程序入口地址。

需要注意的是，因为 PIEIERx 寄存器用来确定哪一个向量作为转移地址，因此对 PIEIERx 寄存器位进行清除时需要小心。清除 PIEIERx 位的正确步骤在使能和禁止多路复用外设中断的步骤中已有叙述。在一个中断已经传送到 CPU（图 6-5 中⑤）之后，若不遵循后续步骤将导致 PIEIERx 寄存器的变化。在这一情况下，除非有其他挂起的和被使能的中断，否则 PIE 响应类似执行 TRAP 或 INT 指令。

6.3　中断系统的软件架构

6.3.1　寄存器及驱动函数

PIE 模块驱动函数

表 6-5 为 PIE 寄存器及其驱动函数。表 6-6 为 CPU 寄存器中与中断功能相关的寄存器及其驱动函数。驱动函数通过结构体指针 myPie 对寄存器进行读写操作。结构体指针的初始化和使用方法见第 4 章。PIE 模块的驱动函数文件有 F2802x_Component/source/pie. c 和 F2802x_Component/include/pie. h。

表 6-5　PIE 寄存器及其驱动函数

寄存器	描述	地址	驱动函数	功能
PIECTRL	PIE 控制寄存器	0x0CE0	PIE_enable PIE_disable	PIE 向量映射使能 PIE 向量映射禁止
PIEACK	PIE 应答寄存器	0x0CE1	PIE_clearInt	清除 PIE 中断应答位 PIEACKx
PIEIER1	PIE，INT1 组中断使能寄存器	0x0CE2	PIE_enableInt	使能 PIE 级中断

（续）

寄存器	描述	地址	驱动函数	功能
PIEIFR1	PIE，INT1 组中断标志寄存器	0x0CE3		
PIEIER2	PIE，INT2 组中断使能寄存器	0x0CE4	PIE_enableInt	使能 PIE 级中断
PIEIFR2	PIE，INT2 组中断标志寄存器	0x0CE5		
PIEIER3	PIE，INT3 组中断使能寄存器	0x0CE6	PIE_enableInt	使能 PIE 级中断
PIEIFR3	PIE，INT3 组中断标志寄存器	0x0CE7		
PIEIER4	PIE，INT4 组中断使能寄存器	0x0CE8	PIE_enableInt	使能 PIE 级中断
PIEIFR4	PIE，INT4 组中断标志寄存器	0x0CE9		
PIEIER5	PIE，INT5 组中断使能寄存器	0x0CEA	PIE_enableInt	使能 PIE 级中断
PIEIFR5	PIE，INT5 组中断标志寄存器	0x0CEB		
PIEIER6	PIE，INT6 组中断使能寄存器	0x0CEC	PIE_enableInt	使能 PIE 级中断
PIEIFR6	PIE，INT6 组中断标志寄存器	0x0CED		
PIEIER7	PIE，INT7 组中断使能寄存器	0x0CEE	PIE_enableInt	使能 PIE 级中断
PIEIFR7	PIE，INT7 组中断标志寄存器	0x0CEF		
PIEIER8	PIE，INT8 组中断使能寄存器	0x0CF0	PIE_enableInt	使能 PIE 级中断
PIEIFR8	PIE，INT8 组中断标志寄存器	0x0CF1		
PIEIER9	PIE，INT9 组中断使能寄存器	0x0CF2	PIE_enableInt	使能 PIE 级中断
PIEIFR9	PIE，INT9 组中断标志寄存器	0x0CF3		
PIEIER10	PIE，INT10 组中断使能寄存器	0x0CF4	PIE_enableInt	使能 PIE 级中断
PIEIFR10	PIE，INT10 组中断标志寄存器	0x0CF5		
PIEIER11	PIE，INT11 组中断使能寄存器	0x0CF6	PIE_enableInt	使能 PIE 级中断
PIEIFR11	PIE，INT11 组中断标志寄存器	0x0CF7		

（续）

寄存器	描述	地址	驱动函数	功能
PIEIER12	PIE，INT12 组中断使能寄存器	0x0CF8	PIE_enableInt	使能 PIE 级中断
PIEIFR12	PIE，INT12 组中断标志寄存器	0x0CF9		
rsvd_1[6]	保留	0x0CFA～0x0CFF		
PIE vector	PIE 中断向量表	0x0D00～0x0DFF	PIE_registerPieIntHandler	PIE 中断向量表注册
XINT1CR	XINT1 配置寄存器	0x7070	PIE_setExtIntPolarity	设置外部中断的极性
XINT2CR	XINT2 配置寄存器	0x7071	PIE_setExtIntPolarity	设置外部中断的极性
XINT3CR	XINT3 配置寄存器	0x7072	PIE_setExtIntPolarity	设置外部中断的极性
XINT1CTR	XINT1 计数寄存器	0x7078	PIE_getExtIntCount	获取外部中断对应计数器的计数值
XINT2CTR	XINT2 计数寄存器	0x7079	PIE_getExtIntCount	获取外部中断对应计数器的计数值
XINT3CTR	XINT3 计数寄存器	0x707A	PIE_getExtIntCount	获取外部中断对应计数器的计数值

表 6-6　CPU 寄存器中与中断功能相关的寄存器及其驱动函数

寄存器	描述	地址	驱动函数	功能
IFR	CPU 级中断标志寄存器		CPU_clearIntFlags	CPU 级中断标志位清零
IER	CPU 级中断使能寄存器		CPU_enableInt	使能 CPU 级中断
INTM	CPU 全局中断屏蔽位		CPU_enableGlobalInts CPU_disableGlobalInts	CPU 全局中断允许 CPU 全局中断禁止

6.3.2　软件思维导图

图 6-6 为中断系统的软件思维导图，包括启用 PIE 向量表、中断事件配置、中断服务程序等。

使用中断系统时，可参考以下步骤进行操作，并根据实际情况灵活使用。

（1）中断系统的配置

中断系统的配置分为以下 8 个步骤：

步骤 1：关闭总开关 INTM（CPU_disableGlobalInts）。

步骤 2：启用 PIE_Vector RAM 区（PIE_enable）。

步骤 3：注册 PIE 中断向量（PIE_registerPieIntHandler）。

步骤 4：外设模块中断设置（参见具体的外设模块）。

步骤 5：外设模块级中断使能（参见具体的外设模块）。

步骤 6：PIE 级中断使能（PIE_enableInt）。

步骤 7：CPU 级中断使能（CPU_enableInt）。

步骤 8：使能总开关 INTM（CPU_enableGlobalInts）。

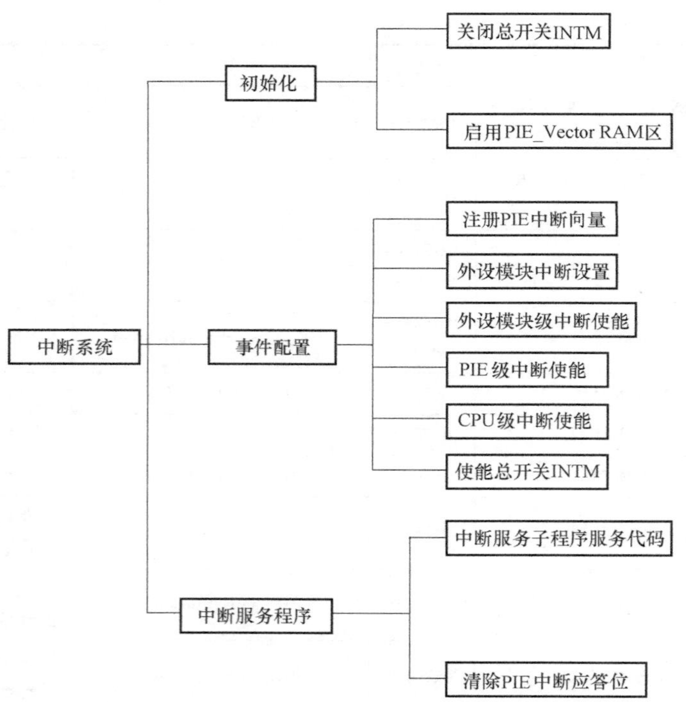

图 6-6 中断系统的软件思维导图

(2) 中断服务程序

中断服务程序的组成:

```
interrupt void ISR(void)      //ISR 为中断服务程序的函数名
{
    /* 中断服务程序 */
    /* 清除中断标志位,不同模块有不同的清除方式 */
    /* 清除 PIE 中断应答位(PIEACKx) */
}
```

外部中断 XINT1 中断服务程序 xint1_isr 如下:

```
interrupt void xint1_isr(void)
{
    /* 中断服务程序 */
    /* 清除中断应答位,PIE 可以响应本组的其他中断 */
    PIE_clearInt(myPie, PIE_GroupNumber_1);
}
```

6.4 应用实例——“等待触发,轻松应对”

1. 项目任务

利用外部中断进行按键识别,控制 LED 灯的显示。在 F28027 LaunchPad 实验板上完成实例验证,实现以下功能:

1）按键 3 次为一个循环。

2）第 1 次按键对应的显示方式：LED1 亮暗显示。

3）第 2 次按键对应的显示方式：4 个 LED 灯按流水灯方式显示。

4）第 3 次按键对应的显示方式：LED1、LED4 一组，LED2、LED3 一组，交替点亮。

2. 任务分析

按键的硬件接口见第 5 章的图 5-9，按键断开时，GPIO12 输入为低电平，按键按下时，GPIO 12 输入为高电平。因此，设置外部中断为上升沿触发。

3. 部分程序代码

软件工程包括中断功能的系统配置、外部中断事件配置、外部中断使能配置、中断入口地址注册、外部中断函数、显示切换函数和主程序等。

中断功能的系统配置程序如下：

```
/**************************************************************
 * 名称:USER_System_functionConfigure()
 * 功能:中断功能的系统配置
 * 路径:..\chap6_PIE_1\User_System\User_System.c
**************************************************************/
void User_System_functionConfigure(void)
{
    PIE_disable(myPie);                          //禁止 PIE
    PIE_disableAllInts(myPie);                   //禁止 PIE 中断
    CPU_disableGlobalInts(myCpu);                //CPU 全局中断禁止
    CPU_clearIntFlags(myCpu);                    //CPU 中断标志位清零
    PIE_setDefaultIntVectorTable(myPie);         //中断入口地址赋予默认值
    PIE_enable(myPie);                           //使能 PIE
}
```

外部中断事件配置程序如下：

```
/**************************************************************
 * 名称:KEY_GPIO_eventConfigure()
 * 功能:外部中断事件配置
 * 路径:..\chap6_PIE_1\User_Component\KEY_GPIO\KEY_GPIO.c
**************************************************************/
void KEY_GPIO_eventConfigure(void)
{
  //上升沿触发外部中断
  PIE_setExtIntPolarity(myPie, CPU_ExtIntNumber_1, PIE_ExtIntPolarity_RisingEdge);
  //KEY1 按键输入映射到外部中断 1
  GPIO_setExtInt(KEY_Gpio_obj, KEY1, CPU_ExtIntNumber_1);
}
```

外部中断使能配置程序如下：

```
/ *****************************************************************
 * 名称:User_Pie_eventConfigure( )
 * 功能:外部中断使能配置
 * 路径:.. \ chap6_PIE_1\User_Component\User_PIE\User_PIE. c
***************************************************************** /
void User_Pie_eventConfigure( void)
{
  PIE_enableExtInt( myPie, CPU_ExtIntNumber_1);                    //外部中断使能
  PIE_enableInt( myPie, PIE_GroupNumber_1, PIE_InterruptSource_XINT_1);
                                                                   //PIE 级中断使能
  CPU_enableInt( myCpu, CPU_IntNumber_1);                          //CPU 级中断使能
}
```

中断入口地址注册程序如下:

```
/ *****************************************************************
 * 名称:User_Pie_functionConfigure( )
 * 功能:中断入口地址注册
 * 路径:.. \ chap6_PIE_1\User_Component\User_PIE\User_PIE. c
***************************************************************** /
void User_Pie_functionConfigure( void)
{
  PIE_registerPieIntHandler( myPie,PIE_GroupNumber_1,PIE_SubGroupNumber_4,( intVec_t) KEY_XINT1_
isr);    //KEY_XINT1_isr 为外部中断的函数名
}
```


外部中断函数程序如下:

```
/ *****************************************************************
 * 名称:interrupt void KEY_XINT1_isr( void)
 * 功能:中断服务子程序
 * 路径:.. \ chap6_PIE_1\Application\Isr. c
***************************************************************** /
interrupt void KEY_XINT1_isr( void)
{
  if( key_counter> = 3)   key_counter = 0;
  key_counter++;
  key_status = key_counter;                         //按键状态保存到变量 key_status,显示模式
                                                      切换用,其值在 0,1,2 间变化
  PIE_clearInt( myPie, PIE_GroupNumber_1);          //中断应答位清 0
}
```

显示切换函数程序如下:

```
/ *****************************************************************
 * 名称:KEY_Control_LED( void)
 * 功能:显示切换子程序,根据 key_status 的值切换到不同的显示
 * 路径:..\ chap6_PIE_1\Application\app. c
***************************************************************** /
void KEY_Control_LED( void)
{
    switch( key_status)
    {
        case 1:   LED_DISPLAY11( ) ;break;            //LED1 亮暗显示
        case 2:   LED_DISPLAY22( ) ;break;            //流水灯显示
        case 3:   LED_DISPLAY22( ) ;break;            //分组显示
        default:   break;
    }
}
```

主程序如下:

```
#define TARGET_GLOBAL 1
#include " Application\app. h"
void main( void)
{
    //1. 系统运行环境
    User_System_pinConfigure( ) ;
    User_System_functionConfigure( ) ;
    User_System_eventConfigure( ) ;
    User_System_initial( ) ;
    //2. 模块
    //2. 1 LED_GPIO
    LED_GPIO_pinConfigure( ) ;
    LED_GPIO_functionConfigure( ) ;
    LED_GPIO_eventConfigure( ) ;
    LED_GPIO_initial( ) ;
    //2. 2 KEY
    KEY_pinConfigure( ) ;
    KEY_functionConfigure( ) ;
    KEY_eventConfigure( ) ;
    KEY_initial( ) ;
    //3. PIE 运行环境(如果使用中断)
    User_Pie_initial( ) ;
    User_Pie_pinConfigure( ) ;
    User_Pie_functionConfigure( ) ;
    User_Pie_eventConfigure( ) ;
    //4. 全局中断使能(如果使用中断)
    User_Pie_start( ) ;                    //INTM = 0
```

```
//5. 主循环
    for( ; ; )
    {
        KEY_Control_LED( );
    }
}
```

4. 文件管理

工程的文件管理方式参见第 4 章。在第 5 章软件工程的基础上，在用户层增加了 USE_PIE 文件，包括 USE_PIE. c 和 USE_PIE. h。在 User_Device. h 文件中包含新增的库文件 USE_PIE. h。在中断文件 isr. c 里增加了外部中断函数。

5. 项目实施

项目实施步骤如下。

步骤 1：导入工程 chap6_PIE_1。

步骤 2：编译工程，如果没有错误，则会生成 chap6_PIE_1. out 文件；如果有错误，则修改程序直至没有错误为止。

步骤 3：将生成的目标文件下载到 MCU 的 Flash 存储器中。

步骤 4：运行程序，检查实验结果。如果程序正确，按键按下时可以切换显示模式。

通过以上实例操作，读者可以与第 5 章的按键识别进行比较，理解查询方式和中断方式实现按键识别的区别。

思考与练习

6-1 什么是中断？为什么要使用中断？

6-2 什么是中断源？F28027 有哪些中断源？

6-3 什么是中断屏蔽？为什么要进行中断屏蔽？如何进行中断屏蔽？

6-4 什么是断点？什么是中断现场？断点和中断现场的保护和恢复有什么意义？

6-5 中断的处理过程是什么？包含哪几个步骤？

6-6 简述 F28027 的中断请求和响应的过程。

6-7 什么是中断优先级？什么是中断嵌套？

6-8 什么是中断入口地址？CPU 如何获取中断入口地址？

6-9 中断服务函数与普通的函数相比有何异同？

6-10 设计并完成项目，按键 2 次为一个循环，第 1 次按键 LED 流水灯左移显示，第 2 次按键 LED 流水灯右移显示。

第7章 CPU定时器

定时器是MCU必不可少的模块之一，主要提供授时服务功能，如生活中的闹钟，生产中的精确定时等。本章首先介绍CPU定时器的基础知识，其次对C2000的CPU定时器的内部结构、工作原理、寄存器及其驱动函数进行详细介绍，并给出软件思维导图和应用实例。

7.1 定时器的基础知识

MCU实现定时主要有软件延时和定时器两种方式。

软件延时是通过执行一段固定的程序来实现延时。由于CPU执行每条指令都需要一定的时间，因此可以通过重复执行若干条指令来实现延时，如第5章用到的延时函数Delay()。这种方法实现较简单，但是延时时间不够精确，而且占用了大量CPU的时间，降低了CPU的利用率。

定时器是一个相对独立的硬件系统，与CPU并行工作，定时时间到后定时器以中断请求的方式通知CPU，处理定时相关任务。

定时器本质上是一个计数器，该计数器能对固定频率的脉冲进行计数，把时间的计量转化为对脉冲的计数。根据计数方向不同，定时器有增计数、减计数、增减计数三种模式，工作原理分别如图7-1a～c所示。

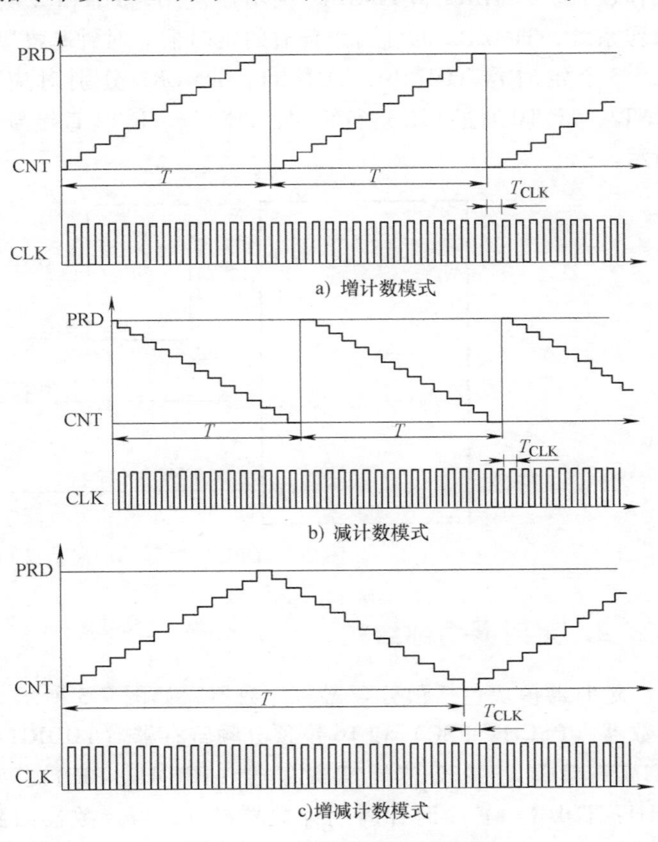

图7-1 三种不同的定时模式

增计数的工作模式是计数器按加1计数，也就是计数器在时钟脉冲的触发下连续加1。当计数值与预先设置的周期值PRD相等时，计数器重新从0开始计数，由于计数是从0开始的，因此实际的计数周期要多加1。减计数的计数方式与增计数相反，计数器从某个初始值开始减 1，减到 0 时回到初始值重新开始。增、减计数工作模式下定时器的定时时间 T 为

$$T=T_{\mathrm{CLK}}\times(\mathrm{PRD}+1) \tag{7-1}$$

增减计数模式的计数方向由定时器自动设置，当计数器的值增加到周期值时，计数方向由增计数自动改为减计数，同样，当计数值减到 0 时，计数方向由减计数自动改为加计数，这种工作模式下定时器的定时时间 T 为

$$T=T_{\mathrm{CLK}}\times(\mathrm{PRD}\times2) \tag{7-2}$$

还有一些 MCU 的定时器有溢出中断，也就是计数器从初始值开始递增，溢出时发出中断请求信号，同时重新装载初始值。定时时间的计算公式为

$$T=T_{\mathrm{CLK}}\times(2^{n}-\text{初始值}) \tag{7-3}$$

式中，n 为计数器的位数。

7.2 C2000 的定时器

7.2.1 定时器概述

F28027 有 3 个 32 位的定时器 TIMER0、TIMER1 和 TIMER2，3 个定时器均采用减计数工作模式。TIMER0 和 TIMER1 供用户使用，TIMER2 供实时操作系统使用。如果没有使用操作系统，TIMER2 也可当作普通的定时器。时钟基准默认为系统时钟 SYSCLKOUT。

3 个定时器 TIMER0、TIMER1、TIMER2 分别对应 3 个中断请求信号 TINT0、TINT1、TINT2，TINT0 通过 PIE 进行管理，TINT1、TINT2 直接与 CPU 的 INT13、INT14 相连，如图 7-2 所示。

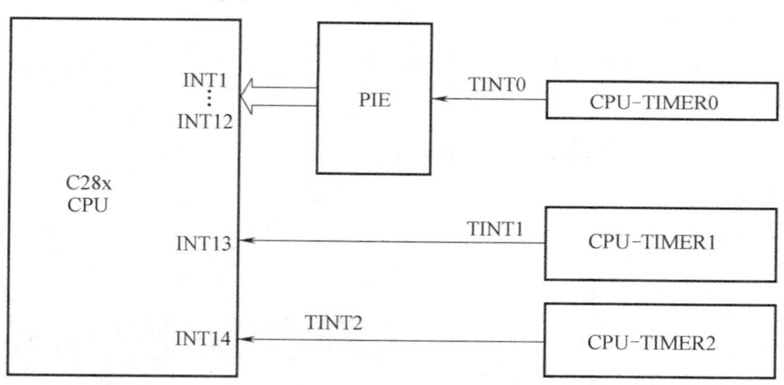

图 7-2 CPU 定时器的中断信号和输出信号

7.2.2 定时器内部结构

定时器模块包括预分频器和计数器，如图 7-3 所示。其中，预分频器包括 16 位预分频计数器（PSCH：PSC）和 16 位预分频寄存器（TDDRH：TDDR）。计数器包括 32 位计数器（TIMH：TIM）和 32 位周期寄存器（PRDH：PRD）。定时器的工作流程是每经过（TDDRH：TDDR+1）个时钟周期计数器减 1，当计数器减到 0 后将产生一次中断请求信号送给 CPU。

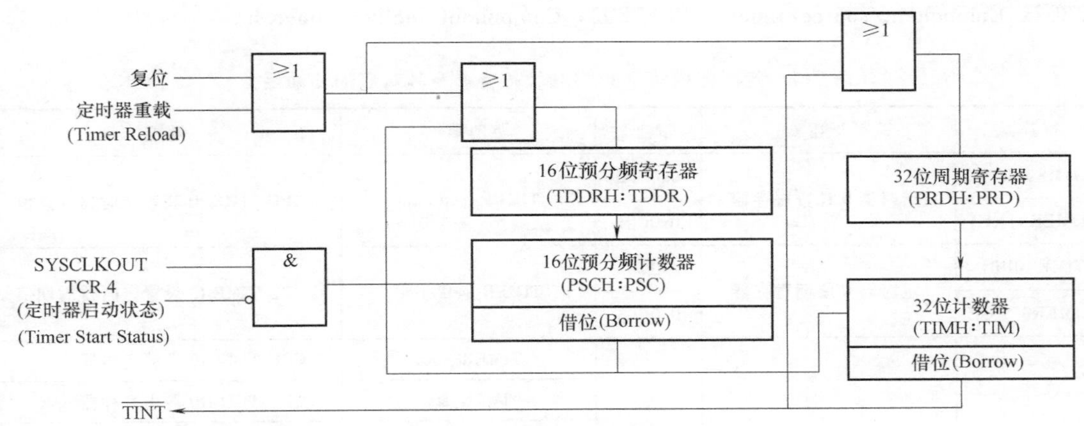

图 7-3 CPU 定时器功能框图

7.2.3 定时器功能描述

(1) 预分频器

预分频计数器（PSCH：PSC）的触发信号是系统时钟信号（SYSCLKOUT）。每个时钟周期 PSCH：PSC 的值减 1，当 PSCH：PSC 值为 0 后的一个时钟周期，发出脉冲信号（Borrow），该信号作为计数器（TIMH：TIM）的时钟信号，同时触发寄存器 TDDRH：TDDR 的值重新装载到计数器 PSCH：PSC。其中，PSCH：PSC 为只读状态，复位后为 0，通过设置寄存器 TDDRH：TDDR 的值进行预分频设置，每隔（TDDRH：TDDR+1）个时钟周期，TIMH：TIM 值减 1。

(2) 计数器 TIMH：TIM

该计数器的触发脉冲为预分频器的输出脉冲。每个时钟周期递减 1，当 TIMH：TIM 值减到 0 时，在下一个时钟周期开始时发出 Borrow 信号，该信号触发定时器的周期寄存器值（PRDH：PRD）重新装载到计数器 TIMH：TIM。同时，该信号作为中断触发信号，向 CPU 发出中断请求。

(3) 重装载控制

重装载控制位（Timer Reload）有效时（高电平有效），预分频寄存器值（TDDRH：TDDR）和周期寄存器值（PRDH：PRD）重新装载到预分频计数器（PSCH：PSC）和定时计数器（TIMH：TIM）。

(4) 定时器启动控制

定时器启动位（Timer Start Status）有效时（低电平有效），定时器开始工作。

7.3 定时器的软件架构

7.3.1 寄存器及驱动函数

TIMER 模块驱动函数

表 7-1 为定时器模块（TIMER）寄存器及其对应的驱动函数。驱动函数通过结构体指针 myTimer0、myTimer1、myTimer2 对寄存器进行读写操作。结构体指针的初始化和使用方法见第 4 章。TIMER 模块的驱动函数文件有

F2802x_Component/source/timer. c 和 F2802x_Component/include/timer. h。

表 7-1　定时器模块（TIMER）寄存器及其对应的驱动函数

寄存器	描述	地址	驱动函数	功能
TIMER0TIM	定时器 0 计数寄存器	0x0C00	TIMER_getCount	CPU TIMER0 获取定时器计数值
TIMER0TIMH		0x0C01		
TIMER0PRD	定时器 0 周期寄存器	0x0C02	TIMER_setPeriod	CPU TIMER0 设置定时器周期值
TIMER0PRDH		0x0C03		
TIMER0TCR	定时器 0 控制寄存器	0x0C04	TIMER_start	CPU TIMER0 启动定时器
			TIMER_stop	CPU TIMER0 停止寄存器
			TIMER_reload	CPU TIMER0 重装载预分频值和周期值
			TIMER_getStatus	CPU TIMER0 获取定时器中断标志位 TIF
			TIMER_enableInt	CPU TIMER0 使能定时器中断
			TIMER_disableInt	CPU TIMER0 禁止定时器中断
			TIMER_clearFlag	CPU TIMER0 清除中断标志位
TIMER0TPR	定时器 0 预分频寄存器	0x0C06	TIMER_setDecimationFactor	CPU TIMER0 分频设置
TIMER0TPRH		0x0C07		
TIMER1TIM	定时器 1 计数寄存器	0x0C08	同定时器 0	CPU TIMER1 计数器
TIMER1TIMH		0x0C09		
TIMER1PRD	定时器 1 周期寄存器	0x0C0A		CPU TIMER1 周期值设置
TIMER1PRDH		0x0C0B		
TIMER1TCR	定时器 1 控制寄存器	0x0C0C		CPU TIMER1 控制寄存器
TIMER1TPR	定时器 1 预分频寄存器	0x0C0E		CPU TIMER1 分频设置
TIMER1TPRH		0x0C0F		
TIMER2TIM	定时器 2 计数定时器	0x0C10	同定时器 0	CPU TIMER2 计数器
TIMER2TIMH		0x0C11		
TIMER2PRD	定时器 2 周期寄存器	0x0C12		CPU TIMER2 周期值设置
TIMER2PRDH		0x0C13		
TIMER2TCR	定时器 2 控制寄存器	0x0C14		CPU TIMER2 控制寄存器
TIMER2TPR	定时器 2 预分频寄存器	0x0C16		CPU TIMER2 分频设置
TIMER2TPRH		0x0C17		

7.3.2　软件思维导图

图 7-4 为定时器模块的软件思维导图，包括定时器模块的时钟使能、预分频值和周期值配置、中断事件配置、中断服务程序等。

使用 CPU 定时器模块时，可参考以下步骤进行操作，并根据实际情况灵活使用。

首先，根据需要定时的时间，进行预分频值和周期值的计算。根据定时器的工作原理，

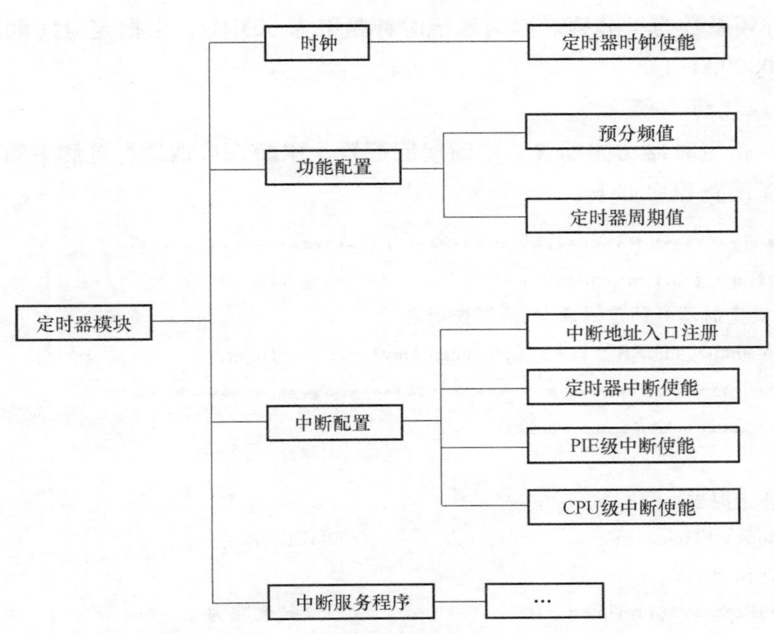

图 7-4　定时器模块的软件思维导图

定时时间由预分频值和周期值共同决定，计算公式为

$$定时时间\ T=时钟周期\times(预分频值+1)\times(周期值+1) \tag{7-4}$$

(1) 定时器的配置

步骤 1：停止定时器（TIMER_stop）。

步骤 2：根据计算结果，配置预分频值（TIMER_setDecimationFactor）。

步骤 3：根据计算结果，配置周期值（TIMER_setPeriod）。

步骤 4：重装载预分频值和周期值（TIMER_reload）。

步骤 5：定时器中断使能（TIMER_enableInt）。

步骤 6：启动定时器（TIMER_start）。

(2) 中断事件配置

步骤 7：中断入口地址注册（PIE_registerPieIntHandler）。

步骤 8：定时器中断使能（TIMER_enableInt）。

步骤 9：PIE 级中断使能（PIE_enableInt）。

步骤 10：CPU 级中断使能（CPU_enableInt）。

(3) 中断服务程序

在中断服务程序里面完成授时服务，清除对应的 PIE 中断应答位 PIEACKx。

7.4　应用实例——“我的时间最准”

1. 项目任务

利用定时器控制 LED 流水灯的间隔时间。在 F28027 LaunchPad 实验板上完成实例验证。

2. 项目分析

定时器中断时间设置为 1s，在定时器中断程序中实现流水灯的切换控制。配置预分频值为0，则预分频系数为1分频。因为系统时钟频率为60MHz，根据定时时间计算公式，周期值设置为60000000-1。

3. 部分程序代码

软件工程包括定时器功能配置、中断使能配置、中断入口地址配置和中断函数等。

定时器功能配置程序如下：

```
/****************************************************************
 * 名称:myTimer_functionConfigure ( )
 * 功能:设置定时器0的定时周期,启动定时器
 * 路径:..\chap7_TIMER_1\User_Component\myTimer\myTimer.c
 ****************************************************************/
void myTimer_functionConfigure(void)
{
  // 1. 停止定时器
  TIMER_stop(myTimer0);                              //TIMER0停止
  // 2. 设置预分频
  TIMER_setPreScaler(myTimer0, 0)                    //预分频系数为1
  // 3. 设置周期
  TIMER_setPeriod(myTimer0, 60000000L-1);            //定时器周期值设置
  // 4. 装载初始值
  TIMER_reload(myTimer0);                            //重装载
  // 5. 定时器启动
  TIMER_start(myTimer0);                             //定时器0开始工作
}
```

中断使能配置程序如下：

```
/****************************************************************
 * 名称:User_Pie_eventConfigure()
 * 功能:定时器的中断使能配置
 * 路径:..\chap7_TIMER_1\User_Component\User_Pie\User_Pie.c
 ****************************************************************/
void User_Pie_eventConfigure(void)
{
  // 1. 设备级中断允许
  TIMER_enableInt(myTimer0);                 //定时器0中断允许
  // 2. PIE级中断允许
  PIE_enableInt(myPie, PIE_GroupNumber_1, PIE_InterruptSource_TIMER_0)
  // 3. CPU级中断允许
  CPU_enableInt(myCpu, CPU_IntNumber_1);
}
```

中断入口地址配置程序如下：

```
/****************************************************************
 * 名称:User_Pie_functionConfigure()
 * 功能:中断入口地址配置
```

```
 * 路径:..\chap7_TIMER_1\User_Component\User_Pie\User_Pie.c
 *******************************************************************/
void User_Pie_functionConfigure(void)
{
  //register PIE vector TIMER0
  PIE_registerPieIntHandler(myPie,PIE_GroupNumber_1,PIE_SubGroupNumber_7,(intVec_t)&myTimer_
Cputimer0_isr);  //中断入口地址配置
}
```

CPU Time0 中断函数程序如下：

```
/*******************************************************************
 * 名称:interrupt void myTimer_Cputimer0_isr (void)
 * 功能:定时器 0 中断子程序,在中断程序中进行流水灯控制
 * 路径:..\chap7_TIMER_1\Application\isr.c
 *******************************************************************/
interrupt void myTimer_Cputimer0_isr(void)
{
  LED_off(LED[LED_Count]);                          //当前 LED 灯暗
  LED_Count++;                                      //下一个 LED 灯
  if(LED_Count >=4)
  {
    LED_Count=0;
  }
  LED_on(LED[LED_Count]);                           //LED 灯亮
  PIE_clearInt(myPie, PIE_GroupNumber_1);           //清应答位
}
```

4. 文件管理

在第 6 章软件工程的基础上，在用户层增加 myTimer 文件夹，包括 myTimer.c 和 myTimer.h。在 User_Device.h 文件中包含新增的库文件 myTimer.h。在中断文件 isr.c 里增加定时器中断函数。

5. 项目实施

项目实施步骤如下。

步骤 1：导入工程 chap7_TIMER_1。

步骤 2：编译工程，如果没有错误，则会生成 chap7_TIMER_1.out 文件；如果有错误，则修改程序直至没有错误为止。

步骤 3：将生成的目标文件下载到 MCU 的 Flash 存储器中。

步骤 4：运行程序，检查实验结果。如果程序正确，4 个 LED 按流水灯显示，切换间隔时间为 1s。

思考与练习

7-1　软件延时和定时器延时的特点是什么？分别应用于什么场合？

7-2　定时器的类型有几种？不同类型的定时器有什么区别？

7-3　定时器的工作原理是什么?

7-4　F28027定时器的内部结构有什么特点?

7-5　F28027定时器的预分频器有什么作用?

7-6　F28027的预分频器值为4，希望定时器定时时间为1s，那么周期寄存器的值应该为多少?

7-7　F28027定时器最大的定时时间是多少?

7-8　设计并完成项目，利用按键控制流水灯的间隔时间，按键3次为一个循环，实现以下功能:

1）第1次按键显示间隔时间为500ms。

2）第2次按键显示间隔时间为1s。

3）第3次按键显示间隔时间为2s。

第8章 增强型捕获模块

增强型捕获模块（Enhenced Capture，eCAP）一般用于外部事件的精确时间测量。捕获模块能够捕获引脚电平发生的跳变，记录电平跳变的时刻，从而完成对输入信号周期、频率、相位和占空比的测量。在实际中，增强型捕获模块广泛应用于电机转速测量和新能源并网发电等领域。本章首先介绍捕获的基础知识，其次对 C2000 的捕获模块的内部结构、工作原理、寄存器及其驱动函数进行详细介绍，并给出软件思维导图和应用实例。

8.1 捕获模块的基础知识

捕获模块可以捕获 MCU 引脚的电平跳变（上升沿、下降沿），并记录电平跳变的时刻。跟定时器模块一样，捕获模块也有对时间的处理，也是通过计数器来实现的。如图 8-1 所示，捕获模块的计数器工作在增计数模式，设置捕获模块可以连续捕获外部事件，当检测到上升沿或下降沿时，硬件发出触发信号，捕获模块计数器的当前值被装载到捕获寄存器中。假设计数器的时钟频率 f 为 100Hz，3 次捕获对应的计数器值分别保存在捕获寄存器 CAPReg1、CAPReg2、CAPReg3 中，那么 CAPReg1＝1、CAPReg2＝4、CAPReg3＝8。通过计算，该脉冲信号的相关信息为

脉冲的高电平时间：$T_{on}=(\text{CAPReg2}-\text{CAPReg1})/f=(4-1)/100=0.03(\text{s})$

脉冲周期：$T=(\text{CAPReg3}-\text{CAPReg1})/f=(8-1)/100=0.07(\text{s})$

脉冲占空比：$D=(\text{CAPReg2}-\text{CAPReg1})/(\text{CAPReg3}-\text{CAPReg1})=(4-1)/(8-1)=3/7$

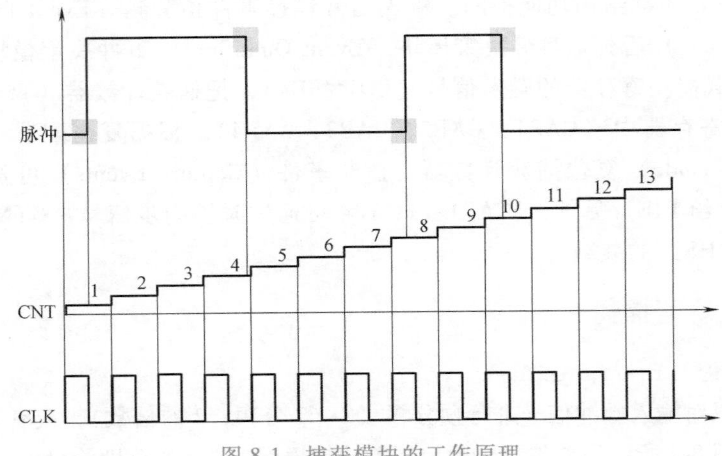

图 8-1 捕获模块的工作原理

捕获模块可以用于外部事件的精确时间测量。只要被检测信号能够转换为脉冲信号，捕获模块就可以对该脉冲信号进行捕获，从而间接获得该事件的相关信息，如速度、时间差、周期值、占空比等。捕获模块包括但不限于以下应用：

1）电机的转速测量（需要利用传感器把转速转换为脉冲信号）。

2）脉冲信号的周期和占空比测量。

3）位置传感器输出脉冲的时间测量。

4）脉冲编码型电压或电流传感器的电压或电流幅值的测量。

8.2 C2000 的 eCAP

8.2.1 eCAP 概述

F28027 有一个增强型捕获模块，可配置输入引脚为 GPIO5 或 GPIO19。当 eCAP 不用作捕获模块时还可当作 PWM 输出。

eCAP 模块的主要特性如下：

1）32 位计数时基。

2）4 个 32 位的事件时间戳寄存器（CAP1~CAP4）。

3）4 级序列器，与捕获输入信号的上升沿或下降沿同步。

4）输入捕获信号的预分频（2~62 分频）。

5）4 个捕获事件的边沿极性可独立选择。

6）差分（Delta）模式时间戳捕获。

7）绝对（Absolute）模式时间戳捕获。

8）单次捕获模式，捕获 1~4 个事件后停止捕获。

9）连续捕获模式，循环进行 1~4 个事件的捕获。

10）中断功能，4 个捕获事件都可以触发中断。

11）在捕获模式不使用时，eCAP 模块可以配置为单通道 PWM 输出。

8.2.2 eCAP 内部结构

图 8-2 为 eCAP 内部结构功能框图。输入信号经过事件预分频（Event Prescale）和极性选择（Polarity Select）后到达事件决策模块（Event Qualifier）。事件决策模块根据捕获模式的配置，产生装载捕获寄存器的触发信号（LD1~LD4），把捕获计数器（TSCTR）的当前值 CTR 装载到捕获寄存器中（CAP1、CAP2、CAP3、CAP4）。根据复位配置（CTRRSTx）可输出信号（Delta_mode）复位捕获计数器。捕获事件（Capture Events）可发出捕获事件中断信号（CEVT）给 PIE。另外，eCAP1~ eCAP4 可通过时钟同步信号（SYNCIn）进行计数器初始值（CTRPHS）的装载。

8.2.3 eCAP 功能描述

1. 预分频功能（Event Prescale）

预分频器可以对输入脉冲信号进行预分频（2~62 分频，2 的倍数），或者直接旁路，不经过预分频器。如图 8-3 所示为事件预分频控制器功能框图。图 8-4 分别给出了 2 分频、4 分频、

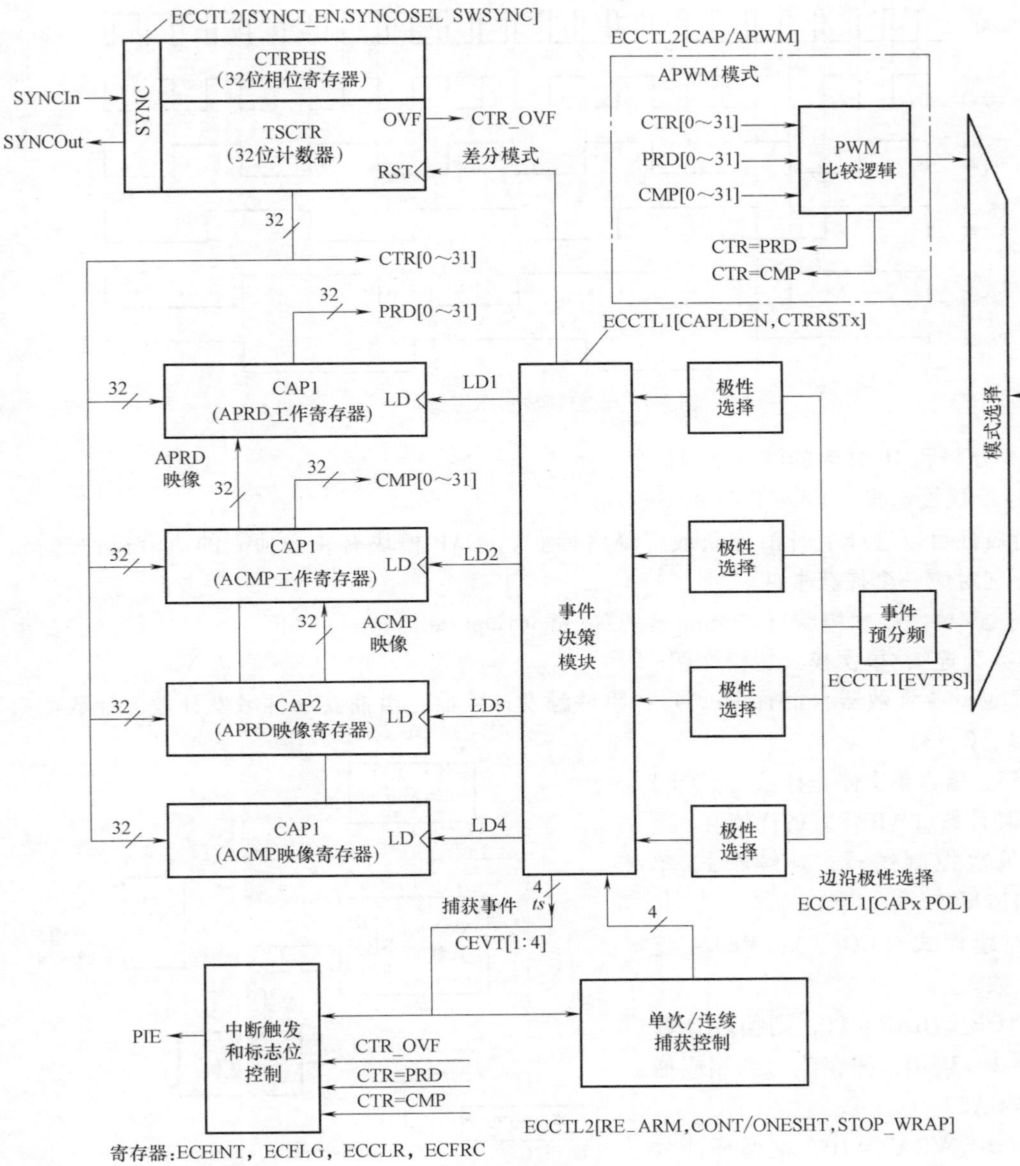

ECCTL2[SYNCI_EN.SYNCOSEL SWSYNC]
CTRPHS
(32位相位寄存器)
SYNCIn
SYNCOut
SYNC
TSCTR
(32位计数器)
OVF
CTR_OVF
RST
差分模式
32
CTR[0~31]
32
PRD[0~31]
ECCTL2[CAP/APWM]
APWM 模式
CTR[0~31]
PRD[0~31]
CMP[0~31]
PWM
比较逻辑
CTR=PRD
CTR=CMP
ECCTL1[CAPLDEN,CTRRSTx]
32
CAP1
(APRD工作寄存器)
LD
LD1
APRD
映像
32
32
CMP[0~31]
32
CAP1
(ACMP工作寄存器)
LD
LD2
32
ACMP
映像
32
CAP2
(APRD映像寄存器)
LD
LD3
32
CAP1
(ACMP映像寄存器)
LD
LD4
事件
决策
模块
极性
选择
极性
选择
极性
选择
极性
选择
事件
预分频
ECCTL1[EVTPS]
ECAPx
模式选择
边沿极性选择
ECCTL1[CAPx POL]
4
ts
捕获事件
CEVT[1:4]
4
PIE
中断触发
和标志位
控制
CTR_OVF
CTR=PRD
CTR=CMP
单次/连续
捕获控制
ECCTL2[RE_ARM,CONT/ONESHT,STOP_WRAP]
寄存器:ECEINT, ECFLG, ECCLR, ECFRC

图 8-2 eCAP 内部结构功能框图

事件预分频器
PSout
预分频输出
0
1
/n
旁路
5
ECAPx 引脚
(GPIO5 或
GPIO19)
ECCTL1[EVTPS]
预分频计数器(5位)

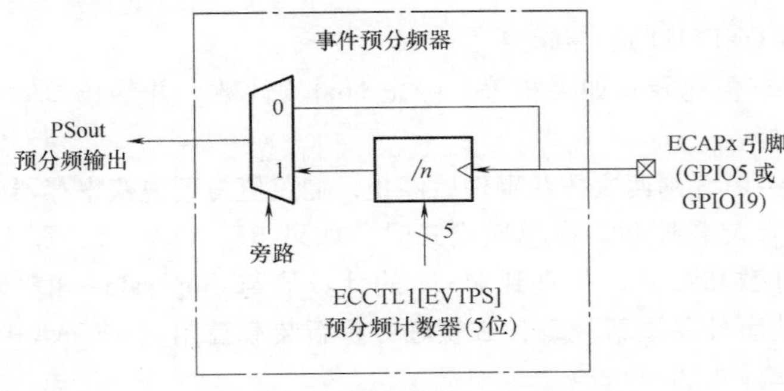

图 8-3 事件预分频控制器功能框图

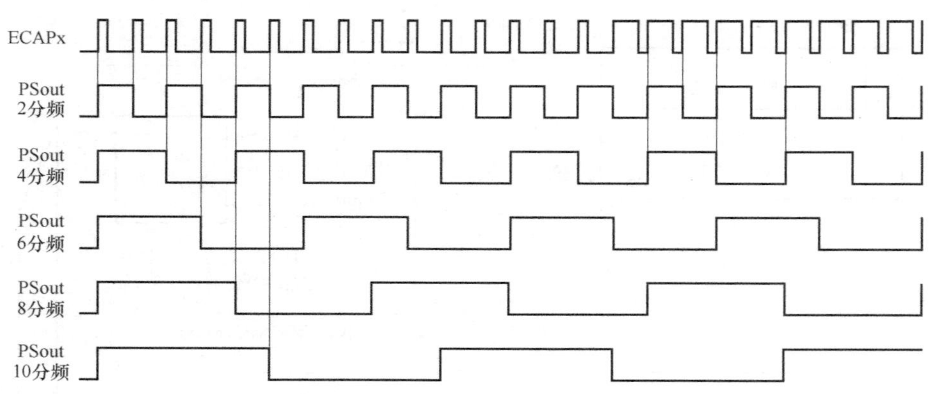

图 8-4　预分频波形示意图

6 分频、8 分频和 10 分频的波形示意图。

2. 边沿极性选择（Edge Polarity Select）

边沿极性可以选择上升沿捕获或下降沿捕获。eCAP 模块有 4 个独立的边沿极性选择，每一个分别对应一个捕获事件。

3. 连续/单次模式控制（Continuous/One Shot Capture Control）

图 8-5 为连续/单次模式逻辑框图。

1）Modulo4 计数器（简称 Mod 4）：事件触发计数器，由捕获事件触发计数。计数值只能是 0、1、2、3。

2）停止值：单次停止计数（STOP）或连续循环计数（WRAP）的比较值。

3）单次控制逻辑：连续模式/单次模式的选择。

① 连续模式（CONT）：Mod 4 连续循环计数。

若 STOP_WRAP = 11，则循环计数为 0→1→2→3→0，捕获值写到相应捕获寄存器 CAP1～CAP4。

若 STOP_WRAP = 10，则循环计数为 0→1→2→0，捕获值写到相应的捕获寄存器 CAP1～CAP3。

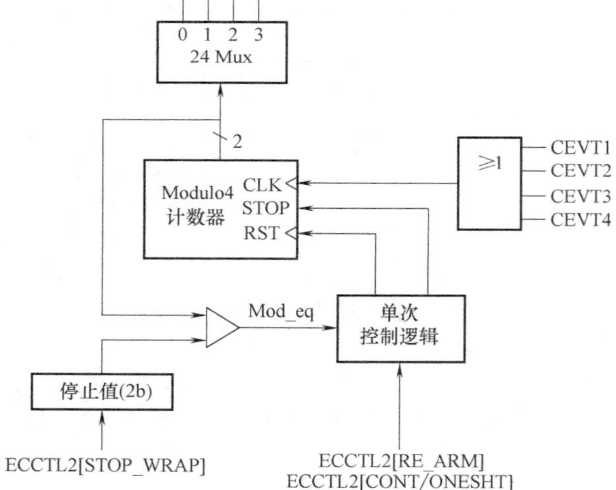

图 8-5　连续/单次模式逻辑框图

② 单次模式（ONESHT）：Mod 4 的计数值与 Stop vlaue 值比较，如果相等，停止 Mod 4 计数，并禁止 CAP1～CAP4 装载新的捕获事件值。

若 STOP_WRAP = 01，则两次捕获事件后停止，捕获值写到捕获寄存器 CAP1、CAP2 中。

4）RE_ARM：重装载控制。在单次模式时，如果 RE_ARM = 1，那么 Mod 4 将被复位，开始新一轮的捕获计数和装载，一直到 Mod4 的计数值与 Stop value 相等时停止。也就是说在单次模式时，捕获事件要重新装载，必须进行重新装载控制（RE_ARM = 1）。

4. 事件决策（Event Qualifier）

事件决策模块综合各子模块的配置（极性选择、连续/单次模式），当有符合要求的外部事件输入时产生装载捕获寄存器的触发信号（LD1~LD4）。根据配置可输出计数器复位信号（差分模式）和捕获事件中断信号。

5. 捕获寄存器（CAP1、CAP2、CAP3、CAP4）

捕获寄存器共有4个：CAP1、CAP2、CAP3和CAP4。捕获事件发生时，如果允许寄存器装载计数值（由CAPLDEN控制），那么触发信号（LD1、LD2、LD3或LD4）将触发CAP寄存器装载计数器TSCTR的当前值。

6. 32位计数器和相位控制

计数器子模块框图如图8-6所示。该子模块为eCAP模块提供时基信号。32位计数器TSCTR提供捕获事件的计数时基，该计数器的时钟源为系统时钟SYSCLK。有两种情况可以打断计数器当前的计数，即相位同步和差分模式。

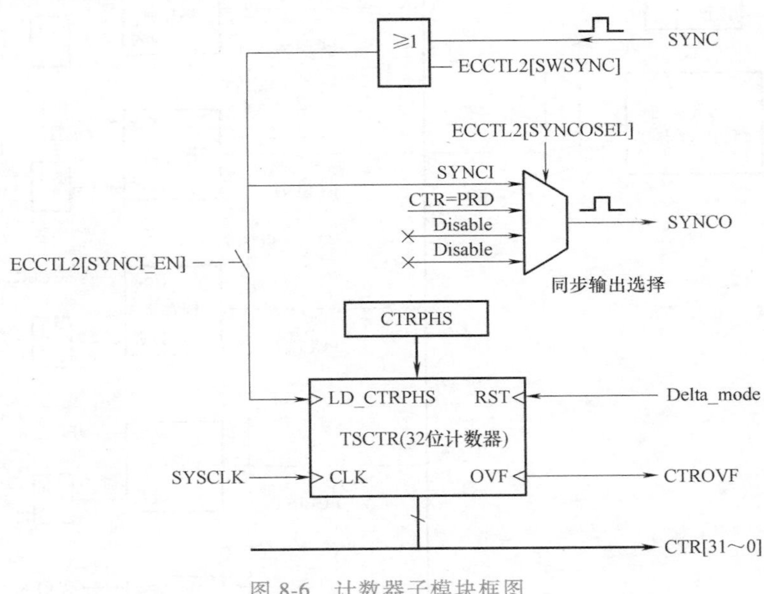

图8-6 计数器子模块框图

（1）相位同步

如果允许相位同步控制，即ECCTL2[SYNCI_EN]=1，那么硬件同步信号（SYNC）或软件强制同步信号（SWSYNC）可以触发计数器TSCTR装载初始计数值CTRPHS。

（2）差分模式

如果捕获方式设置为差分模式（Delta mode），捕获事件装载计数值后复位TSCTR。任何一个装载完成信号LD1~LD4都可以触发Delta_mode信号复位TSCTR。

7. eCAP中断控制

如图8-7所示，eCAP捕获模式时有5个中断事件，即捕获事件1（CEVT1）、捕获事件2（CEVT2）、捕获事件3（CEVT3）、捕获事件4（CEVT4）、TSCTR计数器溢出（CTROVF）（计数值从FFFFFFFF回到00000000）。另外两种为PWM模式的中断，具体参见数据手册。

每个中断事件都有中断允许（ECEINT）、中断标志位（ECFLG）、中断标志位清零（ECCLR）和强制中断（ECFRC）四种要素。当某中断事件发生时，该事件的中断标志位被置位。如果该中断事件被允许，而且全局中断标志位INT=0，那么将产生中断信号给PIE

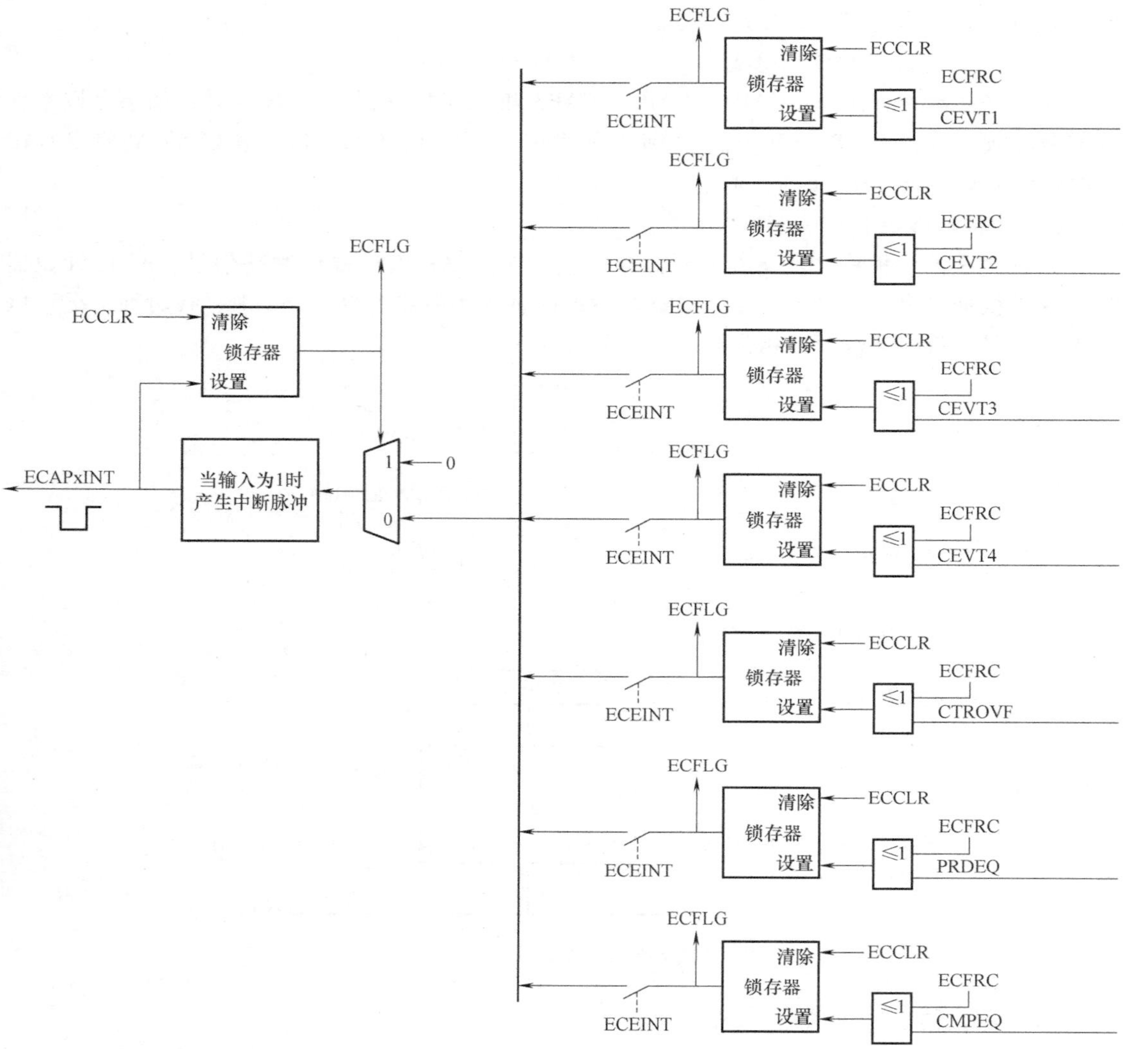

图 8-7　中断框图

模块，同时置位全局中断标志位 INT。为了继续响应其他的中断事件，在中断响应服务程序中，必须清零该中断标志位和全局中断标志位 INT。

8.3　eCAP 的软件架构

8.3.1　寄存器及驱动函数

表 8-1 为 eCAP 寄存器及其驱动函数。驱动函数通过结构体指针 myCap 对寄存器进行读写操作。结构体指针的初始化和使用方法见第 4 章。eCAP 模块的驱动函数文件有 F2802x_Component/source/eCap. c 和 F2802x_Component/include/eCap. h。

eCAP 模块驱动函数

表 8-1　eCAP 寄存器及其驱动函数

寄存器	描述	地址	驱动函数	功能
TSCTR	时间戳计数器	0x6A00	CAP_getTSCTR	读取并保存 TSCTR 的值
CTRPHS	计数相位偏移值寄存器	0x6A02	CAP_setCTRPHS	配置计数器初值
CAP1	捕获寄存器 1	0x6A04	CAP_getCap1	读取 CAP1 的值
CAP2	捕获寄存器 2	0x6A06	CAP_getCap2	读取 CAP2 的值
CAP3	捕获寄存器 3	0x6A08	CAP_getCap3	读取 CAP3 的值
CAP4	捕获寄存器 4	0x6A0A	CAP_getCap4	读取 CAP4 的值
ECCTL1	eCAP 控制寄存器 1	0x6A14	CAP_setprescaler CAP_setCapEvtPolarity CAP_setCapEvtReset CAP_enableCaptureLoad CAP_disableCaptureLoad	配置输入信号分频系数 配置捕获事件极性 配置计数器计数模式 使能捕获装载 禁止捕获装载
ECCTL2	eCAP 控制寄存器 2	0x6A15	CAP_setModeCap CAP_enableTimestampCounter CAP_disableTimestampCounter CAP_enableSyncIn CAP_disableSyncIn CAP_setStopWrap CAP_setCapContinuous CAP_setCapOneShot CAP_rearm	启用捕获模式 使能捕获的计数器 禁止捕获的计数器 使能相位同步 禁止相位同步 配置捕获事件的次数 配置为连续捕获模式 配置为单次捕获模式 重新装载
ECEINT	eCAP 中断使能寄存器	0x6A16	CAP_disableInt CAP_enableInt	禁止捕获事件触发中断 使能捕获事件触发中断
ECFLG	eCAP 中断标志寄存器	0x6A17		指示是否有中断使能
ECCLR	eCAP 中断清除寄存器	0x6A18	CAP_clearInt	清除中断标志位
ECFRC	eCAP 中断强制寄存器	0x6A19		强制中断事件

8.3.2　软件思维导图

图 8-8 为 eCAP 模块的软件思维导图，包括 eCAP 模块的时钟使能、引脚配置、功能配置、中断事件配置等。

使用 eCAP 模块时，可参考以下步骤进行操作，并根据实际情况灵活使用。

（1）引脚配置

步骤 1：配置引脚功能（GPIO_setMode）。

步骤 2：配置引脚方向（GPIO_setDirection）。

步骤 3：使能/禁止内部上拉电阻（GPIO_setPullUp）。

步骤 4：输入配置为异步系统时钟（GPIO_setQualification）。

（2）功能配置

步骤 5：捕获模式（CAP_setModeCap）。

步骤 6：配置连续模式或单次模式（CAP_setCapContinuous、CAP_setCapOneShot）。

步骤 7：配置捕获事件次数（CAP_setStopWrap）。

步骤 8：输入信号分频（CAP_setprescaler）。

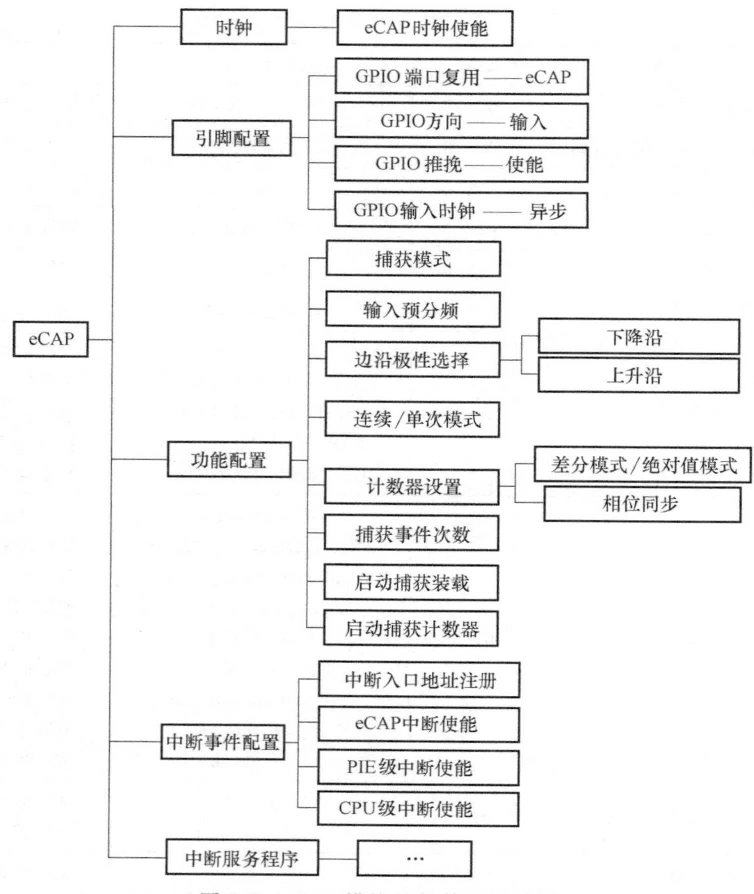

图 8-8　eCAP 模块的软件思维导图

步骤 9：边缘极性选择（CAP_setCapEvtPolarity）。

步骤 10：配置事件的差分模式或绝对值模式（CAP_setCapEvtReset）。

步骤 11：启动捕获装载（CAP_enableCaptureLoad）。

步骤 12：启动捕获计数器开始计数（CAP_enableTimestampCounter）。

（3）中断事件配置

步骤 13：中断入口地址注册（PIE_registerPieIntHandler）。

步骤 14：捕获事件中断使能（CAP_enableInt）。

步骤 15：PIE 级中断使能（PIE_enableInt）。

步骤 16：CPU 级中断使能（CPU_enableInt）。

（4）中断服务程序

在捕获中断服务程序里完成捕获事件的处理，清除捕获中断标志位和对应的 PIE 中断应答位 PIEACKx。

8.4　应用实例——“捕捉瞬息万变”

1. 项目任务

测量给定方波的周期和占空比。在 F28027 LaunchPad 实验板上完成实例验证。

2. 项目分析

1）设置捕获模块为连续工作方式。

2）设置 stopWrap 值为 01，即 Mod 4 循环计数为 0->1->0，捕获值循环装载到 CAP1、CAP2。

3）捕获事件 1 设置为上升沿触发，差分模式，当上升沿捕获时，计数器清零，开始新的周期计数；捕获事件 2 设置为下降沿触发，绝对值模式，这样 CAP2 即对应高电平周期值；CAP1 的值对应波形周期值。

3. 部分程序代码

软件工程包括捕获模块引脚配置、捕获模块功能配置、中断使能配置、中断入口地址配置和中断子程序等。

捕获模块引脚配置程序如下：

```
/****************************************************************
 * 名称：myCap_pinConfigure()
 * 功能：捕获模块引脚配置
 * 路径：..\chap8_CAP_1\User_Component\User_CAP\ User_CAP.c
****************************************************************/
void myCap_functionConfigure(void)
{
   GPIO_setMode(myGpio, GPIO_Number_5, GPIO_5_Mode_ECAP1);
   GPIO_setPullUp(myGpio, GPIO_Number_5, GPIO_PullUp_Disable);
   GPIO_setDirection(myGpio, GPIO_Number_5, GPIO_Direction_Input);
   GPIO_setQualification(myGpio, GPIO_Number_5, GPIO_Qual_ASync);
}
```


捕获模块功能配置程序如下：

```
/****************************************************************
 * 名称：myCap_functionConfigure()
 * 功能：捕获模块功能配置
 * 路径：..\chap8_CAP_1\User_Component\User_CAP\ User_CAP.c
****************************************************************/
void myCap_functionConfigure(void)
{
   CAP_setModeCap(myCap);        //模块为捕获功能
   CAP_setCapContinuous(myCap);  //连续捕获模式
   CAP_setStopWrap(myCap, CAP_Stop_Wrap_CEVT2);  //2 个事件
   CAP_setCapEvtPolarity(myCap, CAP_Event_1, CAP_Polarity_Rising); // 事件 1 上升沿
   CAP_setCapEvtPolarity(myCap, CAP_Event_2, CAP_Polarity_Falling); //事件 2 下降沿
   CAP_setCapEvtReset(myCap, CAP_Event_1, CAP_Reset_Enable); //事件 1 差分模式
   CAP_setCapEvtReset(myCap, CAP_Event_2, CAP_Reset_Disable); //事件 2 绝对值模式
   CAP_enableCaptureLoad(myCap); //允许捕获
   CAP_enableTimestampCounter(myCap); //捕获计数器开始计数
}
```

中断使能配置程序如下：

```
/ ****************************************************************
 * 名称:User_Pie_eventConfigure( )
 * 功能: 捕获模块的中断使能配置
 * 路径:. . \ chap8_CAP_1\User_Component\User_PIE\ User_PIE. c
 **************************************************************** /
void User_Pie_eventConfigure( void)
{
   //设备级中断允许:捕获模块事件 2 中断允许
   CAP_enableInt( myCap, CAP_Int_Type_CEVT2) ;
   //PIE 级中断允许
   PIE_enableInt( myPie, PIE_GroupNumber_4, PIE_InterruptSource_ECAP1) ;
   //CPU 级中断允许
   CPU_enableInt( myCpu, CPU_IntNumber_4) ;
}
```

中断入口地址配置程序如下：

```
/ ****************************************************************
 * 名称:User_Pie_functionConfigure( )
 * 功能:中断入口地址配置
 * 路径:. . \ chap8_CAP_1\User_Component\User_PIE\ User_PIE. c
 **************************************************************** /
void User_Pie_functionConfigure( void)
{
   PIE_registerPieIntHandler( myPie, PIE_GroupNumber_4, PIE_SubGroupNumber_1, ( intVec_t) & my-
Cap_CAPINT_isr) ;
}
```

中断子程序如下：

```
/ ********************************************************************
 * 名称:interrupt void myCap_CAPINT_isr( void)
 * 功能:捕获模块中断子程序,在中断程序中读取波形的高电平和周期对应的计数器值
 * 路径:. . \ chap8_CAP_1\Application\isr. c
 ******************************************************************** /
interrupt void myCap_CAPINT_isr( void)
{
   myCapVal1 = CAP_getCap1( myCap) ;              //脉冲周期对应的捕获计数值
   myCapVal2 = CAP_getCap2( myCap) ;              //脉冲高电平对应的捕获计数值
   CAP_clearInt( myCap, CAP_Int_Type_CEVT2) ;     //清事件 2 中断标志位
   CAP_clearInt( myCap, CAP_Int_Type_Global) ;    //清捕获模块中断总标志
   PIE_clearInt( myPie, PIE_GroupNumber_4) ;      //清应答位
}
```

4. 文件管理

在第 7 章软件工程架构的基础上，在用户层增加 User_Cap 文件，包括 User_Cap. c 和

User_Cap. h。在 User_Device. h 文件中包含新增的库文件 User_Cap. h。在中断文件 isr. c 里增加捕获中断函数。

5. 项目实施

项目实施步骤如下。

步骤 1：导入工程 chap8_CAP_1。

步骤 2：编译工程，如果没有错误，则会生成 chap8_CAP_1. out 文件；如果有错误则修改程序直至没有错误为止。

步骤 3：将生成的目标文件下载到 MCU 的 Flash 存储器中。

步骤 4：运行程序，检查实验结果。可以通过 CCS 观察窗口查看变量值 myCapVal1 和 myCapVal2。

思考与练习

8-1　捕获的原理是什么？

8-2　F28027 捕获模块需要进行哪些寄存器配置？

8-3　如果 eCAP 的时钟频率是 60MHz，捕获事件 1 上升沿捕获，差分模式；捕获事件 2 下降沿捕获，绝对值模式。读取的寄存器值为 CAP1：40000，CAP2：30000，请计算输入信号的周期和高电平时间。

8-4　设计并完成项目，用捕获模块识别按键的不同动作：短按、长按、双击，分别对 3 个 LED 灯进行开关控制。

第 9 章 增强型脉宽调制模块

增强型脉宽调制模块（ePWM）的作用是产生频率、相位和占空比可调的方波脉冲，是C2000 系列 MCU 的重要外设，在电机驱动控制和电力电子变流设备中必不可少，可以应用于如电机控制系统、数字电源、变频器、逆变器、储能变流器、电动汽车充电桩、新能源发电等电力电子功率变换设备中。本章首先介绍 PWM 的基础知识，其次对 C2000 的 PWM 模块的内部结构、工作原理、寄存器及其驱动函数进行详细介绍，并给出软件思维导图和应用实例。

9.1 PWM 的基础知识

9.1.1 PWM 概述

PWM 即脉冲宽度调制（Pulse Width Modulation），也就是宽度可调节的方波脉冲。PWM 相关的参数有周期、频率和占空比。

PWM 的周期（T）：每隔多长时间输出一次脉冲，也就是一次完整的高低电平的时间。

PWM 的频率（f）：周期的倒数，即 $f=1/T$。

PWM 的占空比（D）：一个 PWM 周期内，脉冲高电平时间与周期的比值，即 $D=T_1/T$。

如图 9-1 所示，假设脉冲高电平时间为 1s，脉冲周期为 2s，则此时脉冲占空比为 50%，频率为 0.5Hz。

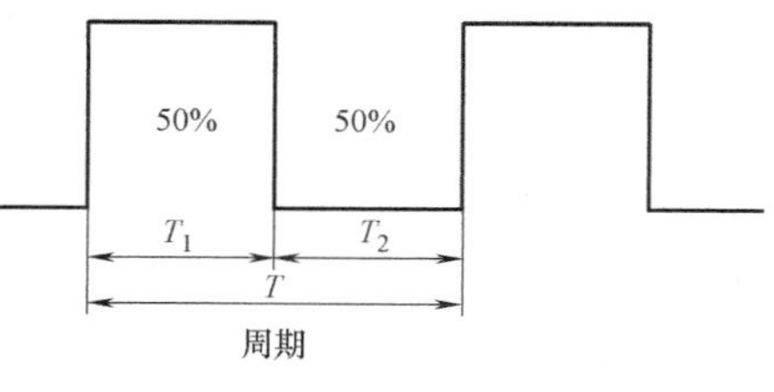

图 9-1　PWM 波形

9.1.2 PWM 信号的产生

（1）模拟电子方法

如图 9-2 所示，由电子元件构成 PWM 发生器电路。其基本原理是由三角波或锯齿波发生器产生高频调制波，经比较器产生 PWM 信号。三角波或锯齿波与可调直流电源比较，产生占空比可调的 PWM 信号；与正弦基波比较，产生占空比按正弦规律变化的 SPWM 信号。模拟电子法的优点是成本低、各环节波形和电压

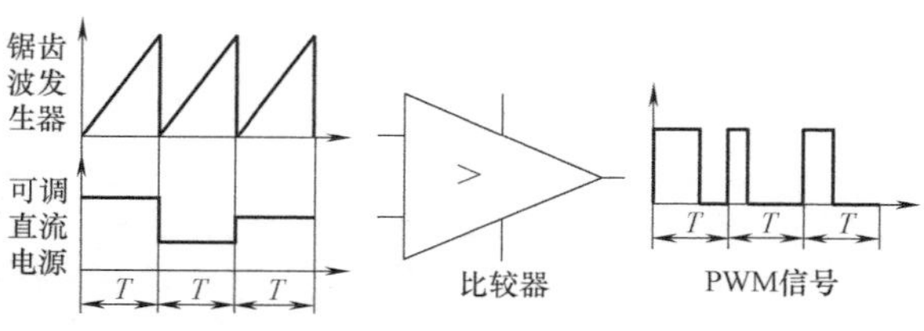

图 9-2　PWM 的硬件调制

值可观测、易于扩展应用电路等；缺点是电路集成度低，参数调节困难，不利于产品化。

（2）数字化方法

由集成电路实现 PWM 输出，可以进行数字化控制，是目前 PWM 应用的主流方法，也是 MCU 的 PWM 模块的实现方法。与硬件构成 PWM 信号类似，数字逻辑将锯齿波发生器等效为一个计数器（Count），将可调直流电源等效为比较点（Compare）。从图 9-3 可以看出，数字控制产生 PWM 需要 3 个寄存器：计数器、周期值和比较值。通过配置周期值和比较值就能够产生任意频率、占空比的 PWM 信号。

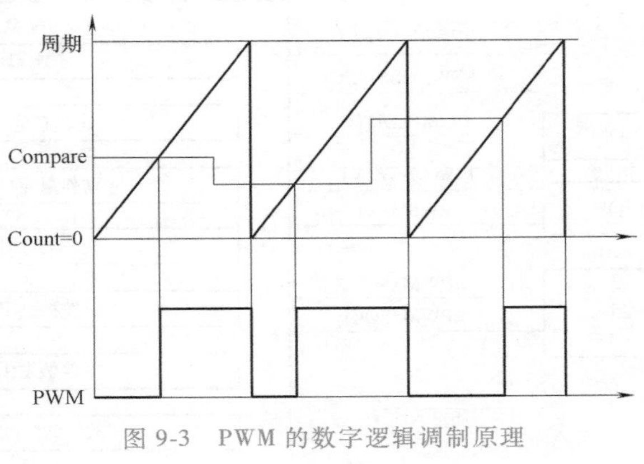

图 9-3　PWM 的数字逻辑调制原理

9.2　C2000 的 ePWM

TI 公司 C2000 系列 MCU 在电气控制领域应用广泛，除了其 C28x 内核外，更因为其集成了众多适合电气检测和控制的外设设备，PWM 是其最突出的设备之一，很多电气工程师就是因为电机控制、电源控制时需要采用 PWM 控制而选择使用 C2000 系列 MCU。

9.2.1　ePWM 概述

PWM 实质上是定时器的一种应用。为了减小 CPU 负荷，同时针对 PWM 所特有的需求，目前很多 MCU 都拥有 PWM 模块。TI 公司将 PWM 模块最小化到单一通道，资源独立，结构清晰，用户可以很方便地进行配置和使用，而且可以通过时钟同步机制构建庞大的 PWM 模块群。该时钟同步机制还可以协同捕获（eCAP）模块，实现复杂的控制系统需求。在 C28x 中 PWM 模块被称为增强型 PWM（ePWM）模块。

在 C28x 系列芯片中，ePWM 模块的数量依据型号不同而不同，F28027 有 4 个 ePWM 模块：ePWM1、ePWM2、ePWM3 和 ePWM4。为了泛指，在描述 ePWM 模块时，采用 ePWMx 来表示，字母“x”取值 1~n，n 为芯片具有的 ePWM 模块数。每个 ePWM 都有相同的内部逻辑电路，因此在功能上这 4 个 ePWM 模块都是相同的。

从图 9-4 可以看出，每个 ePWM 模块内部包含 7 个子模块，分别是时基（TB）子模块、比较功能（CC）子模块、动作限定（AQ）子模块、死区控制（DB）子模块、斩波控制（PC）子模块、事件触发（ET）子模块和故障联防（TZ）子模块。通过这些子模块的配合，可以方便地得到所需的 PWM 波形。

图 9-5 为 ePWM 模块内部结构框图。时基（TB）子模块具有计数功能，子模块输出计数值、计数器等于零信号（CTR=Zero）、计数器等于周期值信号（CTR=PRD）和计数方向信号（CTR_Dir）。比较功能（CC）子模块把 TB 的计数器值与设定的比较值进行比较，输出比较相等的触发信号（CTR=CMPA、CTR=CMPB）。动作限定（AQ）子模块综合 TB 子模块和 CC 子模块的输出信号，按预先设定的动作输出 PWM 波形。PWM 波形信号可通过死区控制（DB）子模块在上升沿或下降沿延迟输出。斩波控制（PC）子模块可对 PWM 输出

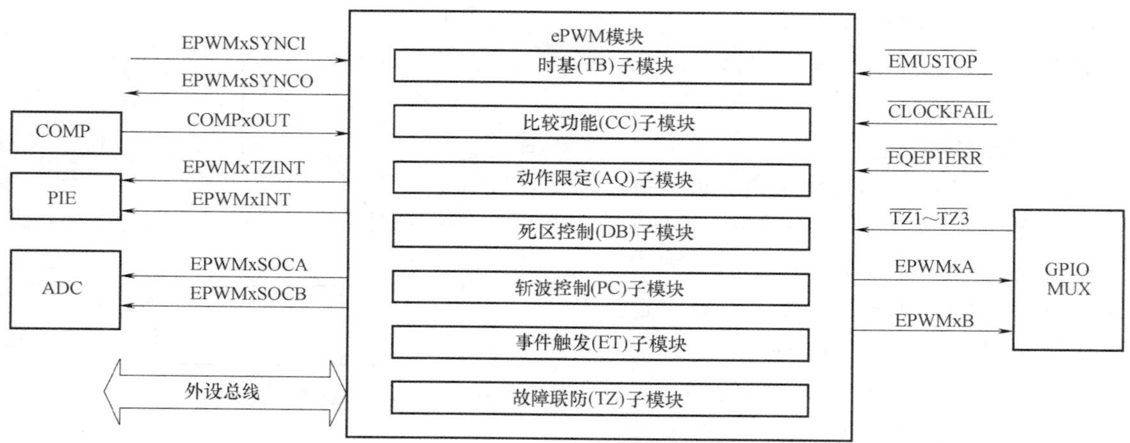

图 9-4　ePWM 的子模块及主要信号

波形进行高频斩波调制。故障联防（TZ）子模块综合各种故障信号对 PWM 输出进行限定。事件触发（ET）子模块综合 TB 子模块和 CC 子模块的信号，产生中断事件和 ADC 采样启动信号。这 7 个子模块功能强大，使用灵活，需要根据实际需要进行综合设置。

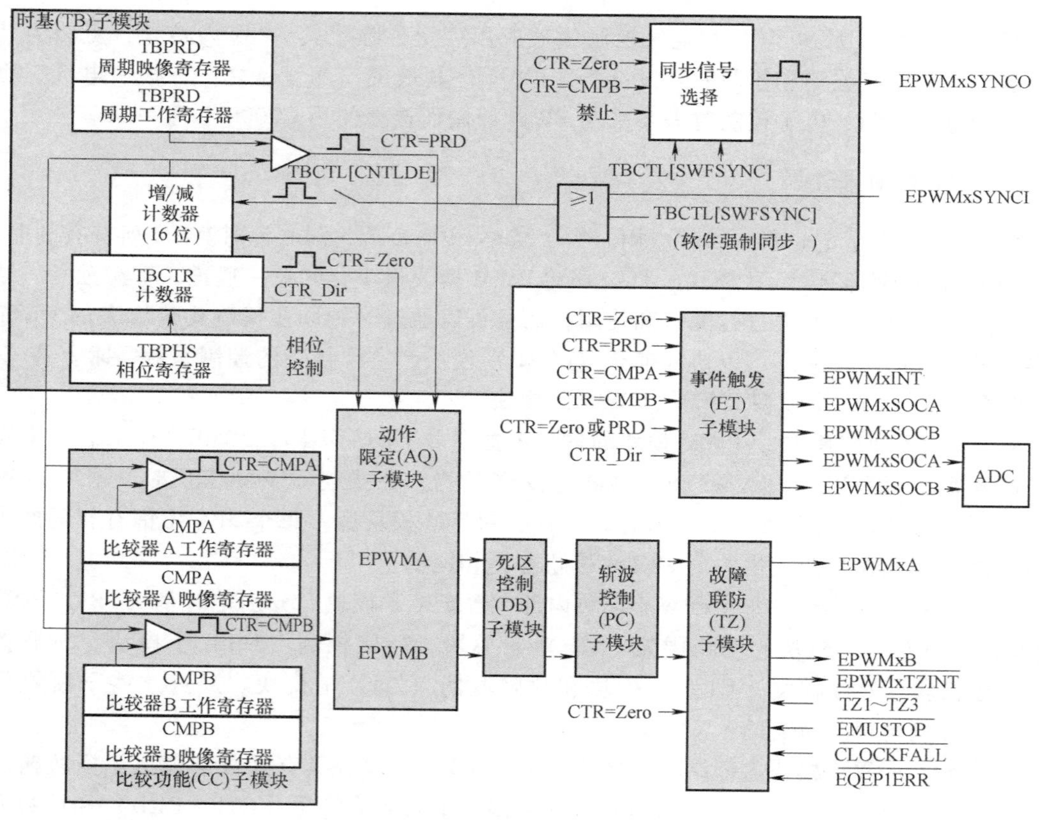

图 9-5　ePWM 模块内部结构框图

9.2.2　时基（TB）子模块

每个 ePWM 单元都有一个独立的时基单元，用来决定该 ePWM 模块相关的事件时序。

通过同步输入信号可以将所有的 ePWM 工作在同一时基信号下，即所有的 ePWM 级联在一起，处于同步状态，可以看成一个整体。

1. TB 子模块的功能框图

图 9-6 为 TB 子模块的功能框图，主要功能有：

1）对系统时钟信号 SYSCLKOUT 进行分频，产生 TB 时钟信号 TBCLK。

2）设定时基计数器 TBCTR 的计数模式，即增计数模式、减计数模式或增减计数模式。

3）通过时基计数器 TBCTR，控制事件何时发生。在 TB 模块中产生的事件有

CTR = PRD，计数器值等于周期值；

CTR = Zero，计数器值等于 0。

4）实现与其他 ePWM 模块的时基同步。

5）实现与其他 ePWM 模块的相位关系。

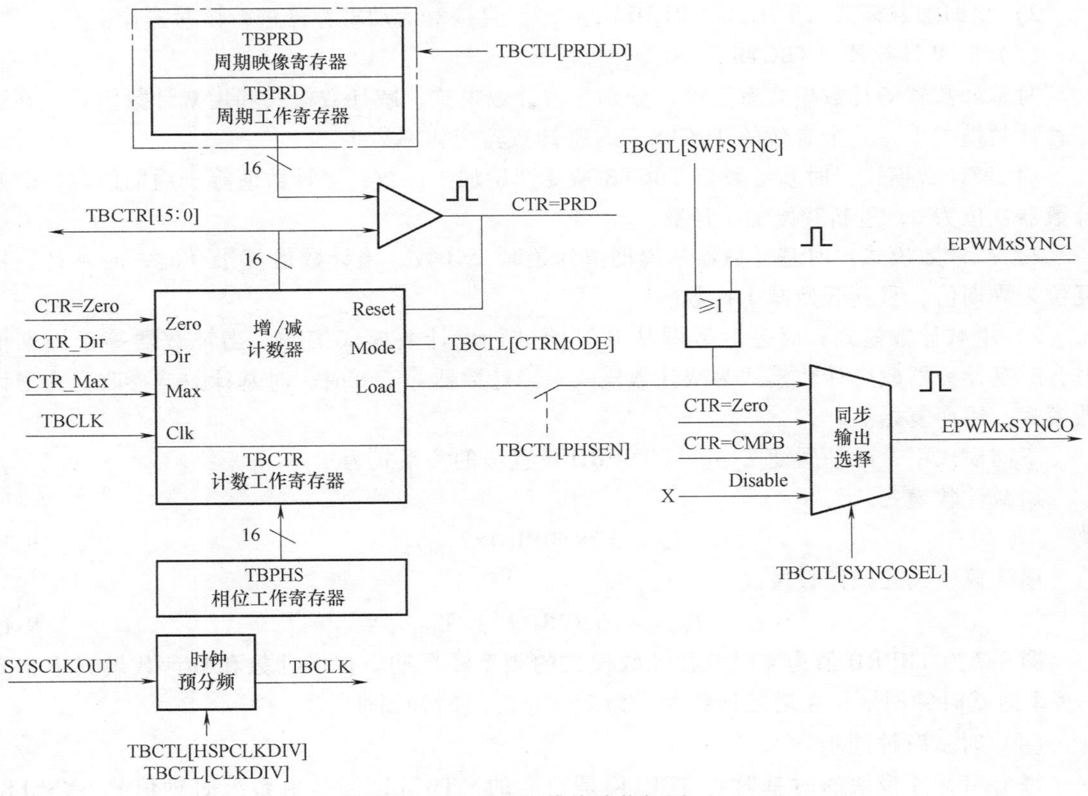

图 9-6　TB 子模块功能框图

2. TB 子模块的功能概述

（1）预分频功能（Clock Prescale）

系统时钟预分频后作为 TB 子模块的时钟信号，分频系数由寄存器 TBCTL［HSPCLKDIV］和 TBCTL［CLKDIV］决定。HSPCLKDIV 的值为 x，如果 x 为 0，则分频系数为 1；如果 x 不为 0，则分频系数为 $2x$；如果 CLKDIV 的值为 y，则分频系数为 2^y。计数时钟 TBCLK 的计算公式为

$$\text{TBCLK} = \frac{\text{SYSCLKOUT}}{2^y} \qquad x = 0 \tag{9-1}$$

$$\mathrm{TBCLK}=\frac{\mathrm{SYSCLKOUT}}{2x\times 2^{y}}\qquad x>0 \tag{9-2}$$

对应 F28027 而言，本书案例设置 SYSCLKOUT 为 60MHz，如果 HSPCLKDIV = 0，CLK-DIV = 1，则 TBCLK = 30MHz。

（2）PWM 周期值（TBPRD）

TBPRD 有两个寄存器：映像寄存器（Period Shadow）和活动寄存器（Period Active）。它们具有相同的物理地址。由 TBCTL［PRDLD］位控制周期寄存器的工作模式，即映像寄存器模式或立即加载模式。默认情况下 TBPRD 采用映像寄存器模式。

1）映像寄存器模式（TBCTL［PRDLD］= 0）：对 TBPRD 的读写操作是对映像寄存器进行的，只有当 TBCTR = 0 时，映像寄存器的值加载到工作寄存器。这种模式避免了工作寄存器在运行过程中被修改而引起系统不可预见的故障。

2）立即加载模式（TBCTL［PRDLD］= 1）：直接对活动寄存器进行读写操作。

（3）时基计数器（TBCTR）

时基计数器的计数模式有三种，分别是增计数模式、减计数模式和增减计数模式。在这三种计数模式中，一个有效的 TBCLK，时基计数器变化率为 1。

1）增计数模式：时基计数器 TBCTR 从 0 开始加 1 计数，当计数值等于周期值时，时基计数器复位为 0，重新开始加 1 计数。

2）减计数模式：时基计数器从周期值开始减 1 计数，当计数值等于 0 时，时基计数器复位为周期值，重新开始减 1 计数。

3）增减计数模式：时基计数器从 0 开始进行增计数模式工作，当计数器等于周期值时，时基计数器改变计数模式为减计数模式，当计数器等于 0 时，时基计数器再改变为增计数模式，周而复始。

不同模式下，时基周期 T_{PWM} 与 TBPRD 设置值的关系式为

增减计数模式

$$T_{\mathrm{PWM}}=2\times \mathrm{TBPRD}\times T_{\mathrm{TBCLK}} \tag{9-3}$$

增计数模式或减计数模式

$$T_{\mathrm{PWM}}=(\mathrm{TBPRD}+1)\times T_{\mathrm{TBCLK}} \tag{9-4}$$

图 9-7 为 TBPRD 值为 4 时三种计数模式的频率和周期。在增计数和减计数模式下，为 4+1 个时基时钟周期；在增减计数时，为 2×4 个时基时钟周期。

（4）时基时钟同步

每个 ePWM 模块的时基时钟 TBCLK 是独立的，TBCLK 都是由系统时钟信号 SYSCLK-OUT 分频得到，如何保证协同工作的 ePWM 模块群中 TBCTR 同步于 TBCLK 时钟，CLK 模块提供了这种同步机制。在 CLK 模块中，提供一个同步开关 TBCLKSYNC，当这个开关有效（置位）时，所有工作的 ePWM 模块的时基计数器 TBCTR 同步于 TBCLK 的第一个上升沿。当然，为了更好地同步于 TBCLK，每个 ePWM 模块的分频必须设置一致。

ePWM 模块群时钟正确设置流程如下：

1）在 CLK 模块中使能 ePWM 时钟信号。

2）设置 TBCLKSYNC = 0，停止所有 ePWM 模块的时钟。

3）配置 ePWM 模块。

4）设置 TBCLKSYNC = 1，同时启动所有 ePWM 模块的时钟。

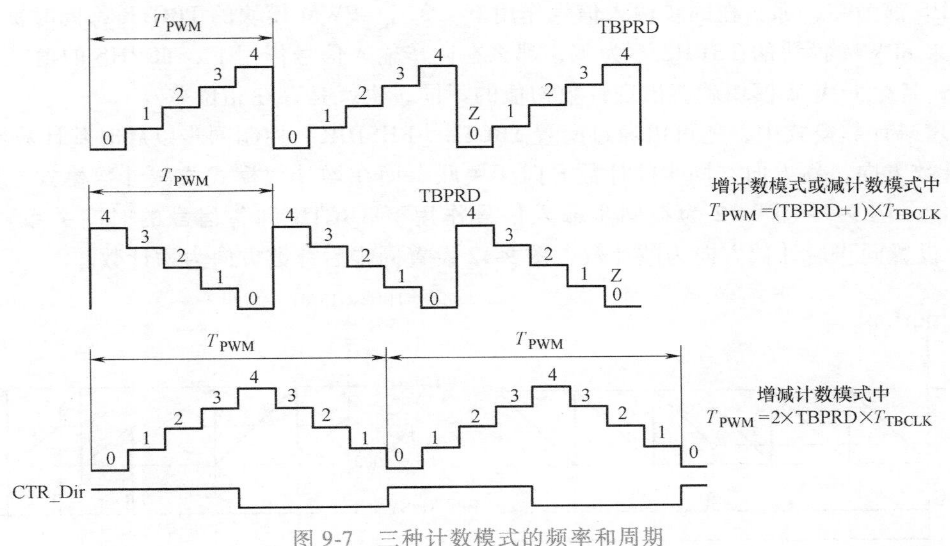

图 9-7　三种计数模式的频率和周期

（5）时基计数器相位控制

在 C28x 中，可以通过同步信号来构建满足设计要求的 ePWM 模块群层次关系。每个 ePWM 模块拥有一个同步输入信号（EPWMxSYNCI）和一个同步输出信号（EPWMxSYNCO）。第一个 ePWM 模块（ePWM1）的同步输入信号来自芯片的引脚。同步信号还控制关联的捕获（eCAP）模块。图 9-8 给出了一种 ePWM 串接的同步连接。

同步输出信号 EPWMxSYNCO 就是实现 ePWM 模块群之间信号一致的手段。在 ePWM 模块同步链中，同步输出信号发生的时刻如下：

1）直接取自同步输入脉冲信号（EPWMxSYNCI、软件强制同步脉冲信号）。

2）在 CTR=Zero 时产生。

3）在 CTR=CMPB 时产生。

4）主模块同步信号到从模块的时间延迟为

如果（TBCLK=SYSCLKOUT），延迟时间为 2×SYSCLKOUT。

如果（TBCLK！=SYSCLKOUT），延迟时间为 1×TBCLK。

同步输入脉冲信号可实现不同 ePWM 模块的同步，而且可通过 TBPHS 实现各 ePWM 模块的相位超前和滞后控制。当同步输入信号发生时，时基相位 TBPHS 装载到时基计数器 TBCTR，装载时刻一致，同步实现。如果每个 ePWM 模

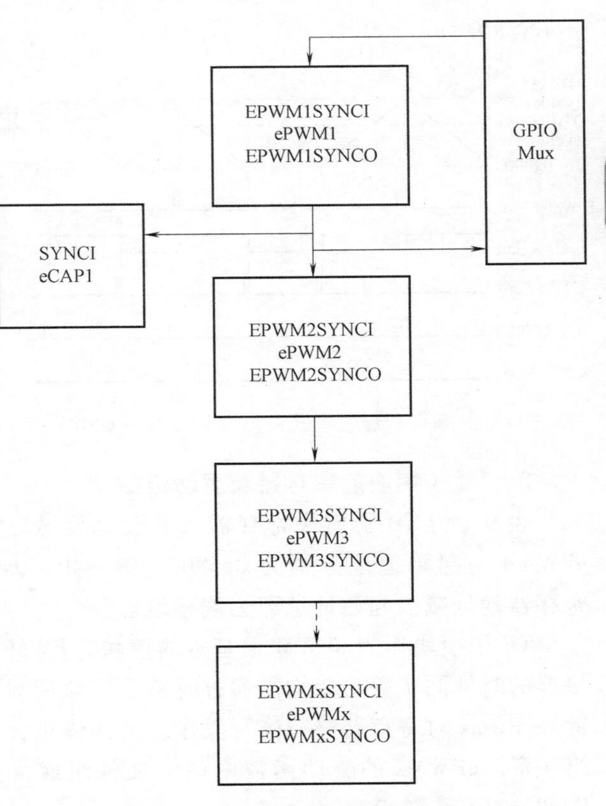

图 9-8　一种 ePWM 串接的同步连接

块 TBPHS 都为零，那么在同步输入信号作用下，每个 ePWM 模块的 TBCTR 都同时被复位为零。如果 ePWM 模块的 TBPHS 不为零，那么在同步输入信号作用下，TBPHS 的值就装载到 TBCTR，各个 ePWM 模块就会出现计数初值的不同，也就是存在相位差。

在增减计数模式中，还可以通过配置 TBCTL［PHSDIR］控制同步以后时基计数器 TBCTR 的计数方向，新方向与同步前计数方向无关联。而在增计数模式或减计数模式，则没有这个功能。图 9-9～图 9-12 为在同步输入信号作用下 TBCTR 和各信号的时间关系。其中，图 9-11 设置同步后计数方向为减计数，图 9-12 设置同步后计数方向为增计数。

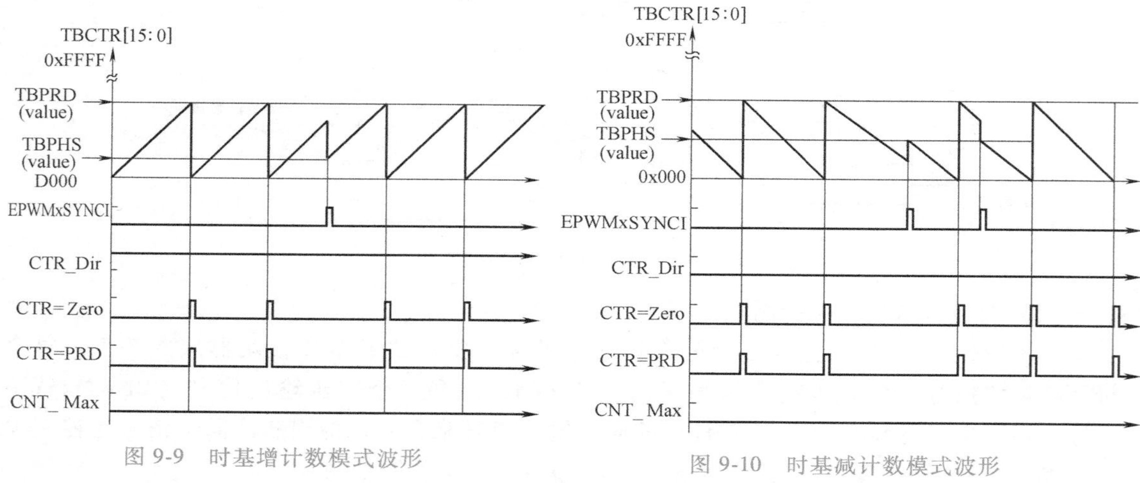

图 9-9　时基增计数模式波形

图 9-10　时基减计数模式波形

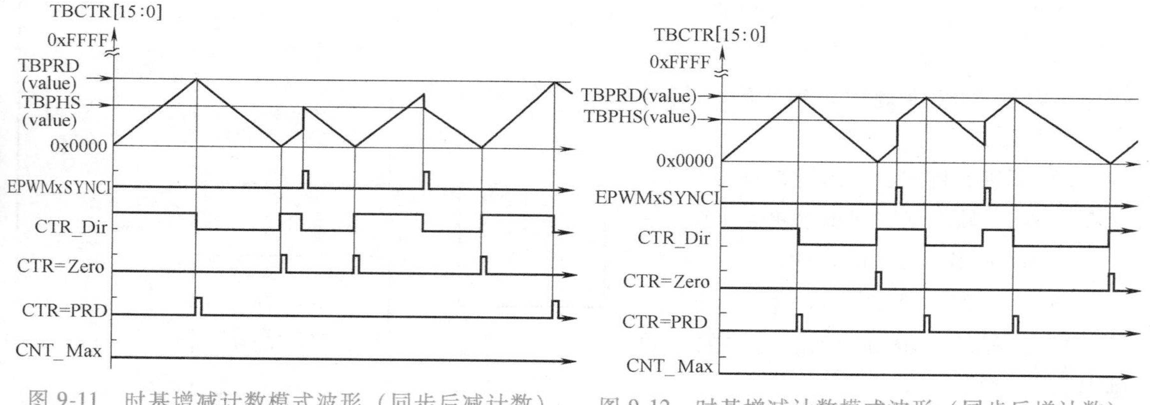

图 9-11　时基增减计数模式波形（同步后减计数）

图 9-12　时基增减计数模式波形（同步后增计数）

3. TB 子模块的寄存器及驱动函数

表 9-1 为 TB 子模块寄存器及其驱动函数。需要指出的是，ePWM1～ePWM4 的起始地址分别为 0x6800、0x6840、0x6880、0x68C0，各子模块寄存器地址减去起始地址即为偏移地址。

TB 子模块驱动函数

TB 子模块作为 ePWM 最基本的模块，PWM 的时钟频率、周期值、模块群的时钟同步等功能均需通过时基子模块配置。驱动函数通过结构体指针 myPwmx 对寄存器进行读写操作。结构体指针的初始化和使用方法参见第 4 章。ePWMx 的驱动函数由两个文件组成，分别是 F2802x_Component/source/pwm. c 和 F2802x_Component/include/pwm. h。

表 9-1 TB 子模块寄存器及其驱动函数

寄存器	描述	偏移地址	驱动函数	功能
TBCTL	时基控制寄存器	0x0000	PWM_setClkDiv PWM_setHighSpeedClkDiv PWM_setCounterMode PWM_setRunMode PWM_setPeriodLoad PWM_setSwSync PWM_enableCounterLoad PWM_disableCounterLoad PWM_setSyncMode PWM_setPhaseDir	配置 PWM 时钟频率 配置 PWM 时钟频率 配置计数器运行模式 配置时基运行模式 配置 PWM 周期装载模式 设置软件同步 允许计数器同步 禁止计数器同步 配置计数器同步模式 配置同步事件后计数方向
TBSTS	时基状态寄存器	0x0001		
TBPHS	时基相位寄存器	0x0003	PWM_setPhase	配置移相大小
TBCTR	时基计数寄存器	0x0004	PWM_setCount	设置计数器值
TBPRD	时基周期寄存器	0x0005	PWM_setPeriod	设置周期值

9.2.3 计数比较（CC）子模块

1. CC 子模块的功能框图

图 9-13 为 CC 子模块的功能框图，其主要功能是对 TB 子模块的计数器值 TBCTR 与给定的比较值进行比较，产生比较相等的事件，作为后续 AQ 子模块的触发事件。

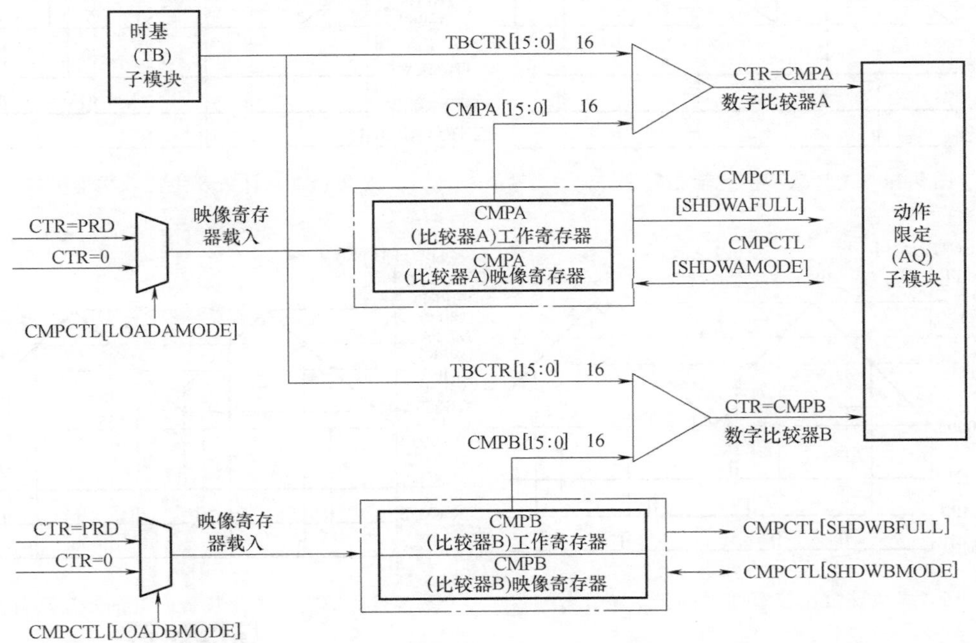

图 9-13 CC 子模块功能框图

CC 子模块有两个比较寄存器 CMPA 和 CMPB，对应两个事件：

1）CTR=CMPA，计数寄存器 TBCTR 的值等于比较寄存器 CMPA。

2）CTR＝CMPB，计数寄存器 TBCTR 的值等于比较寄存器 CMPB。

2. CC 子模块的功能概述

CC 子模块可以设置两个比较值——CMPA、CMPB。它们分别有两个寄存器，即映像寄存器和工作寄存器。映像寄存器和工作寄存器具有相同的物理地址。由 CMPCTL［SHDWAMODE］或 CMPCTL［SHDWBMODE］位控制比较寄存器的工作模式，即映像寄存器模式或立即加载模式。以 CMPA 为例说明如下：

1）映像寄存器模式（CMPCTL［SHDWAMODE］＝0）：对 CMPA 的写操作是对映像寄存器进行的。在设置的特殊时刻，映像寄存器的值加载到工作寄存器。这种模式避免了工作寄存器在运行过程中被修改而引起系统不可预见的故障。加载的特殊时刻由 CMCTRL［LOADMODE］决定，可以在 CTR＝0 时刻、CTR＝PRD 时刻或两者都可以。

2）立即加载模式（CMPCTL［SHDWAMODE］＝1）：直接对工作寄存器进行写操作。

CC 子模块可以产生两个独立的比较事件，对于增计数或减计数，在一个 PWM 周期内，比较事件只发生一次。对于增减计数模式，如果比较寄存器的值在 0～TBPRD 之间，在一个 PWM 周期内，比较事件发生两次。

图 9-14～图 9-17 为在增计数模式、减计数模式和增减计数模式下，CC 子模块产生比较相等事件的波形，其中考虑了同步输入信号的影响。

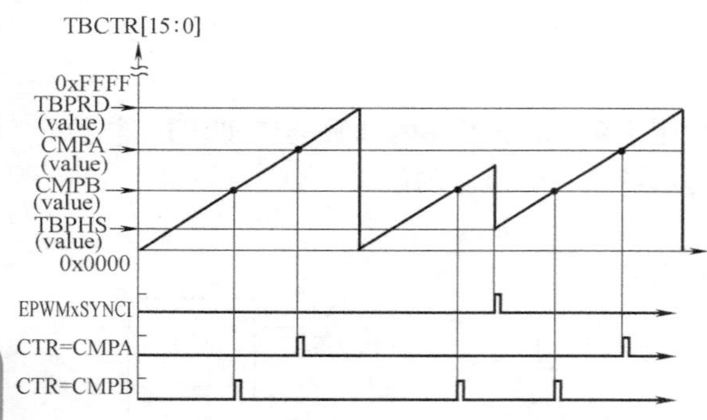

图 9-14　增计数产生比较相等事件

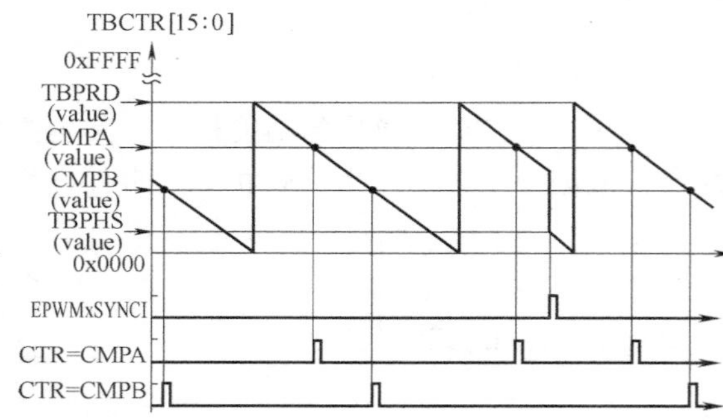

图 9-15　减计数产生比较相等事件

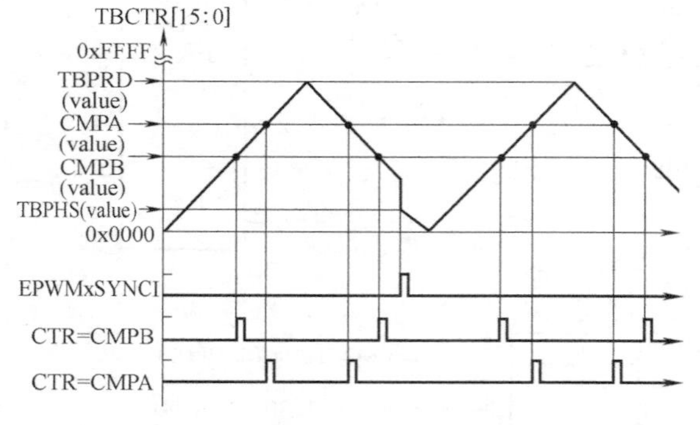

图 9-16　增减计数比较事件（同步后减计数）

图 9-17　增减计数比较事件（同步后增计数）

3. CC 子模块的寄存器及驱动函数

表 9-2 为 CC 子模块寄存器及其驱动函数。

CC 子模块驱动函数

表 9-2　CC 子模块寄存器及其驱动函数

寄存器	描述	偏移地址	驱动函数	功能
CMPCTL	比较模块控制寄存器	0x0007	PWM_setShadowMode_CmpA PWM_setShadowMode_CmpB PWM_setLoadMode_CmpA PWM_setLoadMode_CmpB	比较点 A 映像装载模式 比较点 B 映像装载模式 配置比较点 A 装载时刻 配置比较点 B 装载时刻
CMPA	比较器 A 寄存器	0x0009	PWM_setCmpA	配置比较寄存器 A 值
CMPB	比较器 B 寄存器	0x000A	PWM_setCmpB	配置比较寄存器 B 值

9.2.4　动作限定（AQ）子模块

1. AQ 子模块的功能框图

图 9-18 为 AQ 子模块的功能框图。AQ 子模块在 PWM 波形生成的环节中起到了关键作用，它决定了相应事件发生时应该输出什么样的电平。AQ 子模块是基于事件驱动的，可以认为该子模块输入的就是事件，输出的是动作。每个 AQ 子模块有两路输出：EPWMA 和 EPWMB，对这两路输出动作的设定是完全独立的，任何一个事件都可以对 EPWMA 或 EPWMB 产生任何动作。

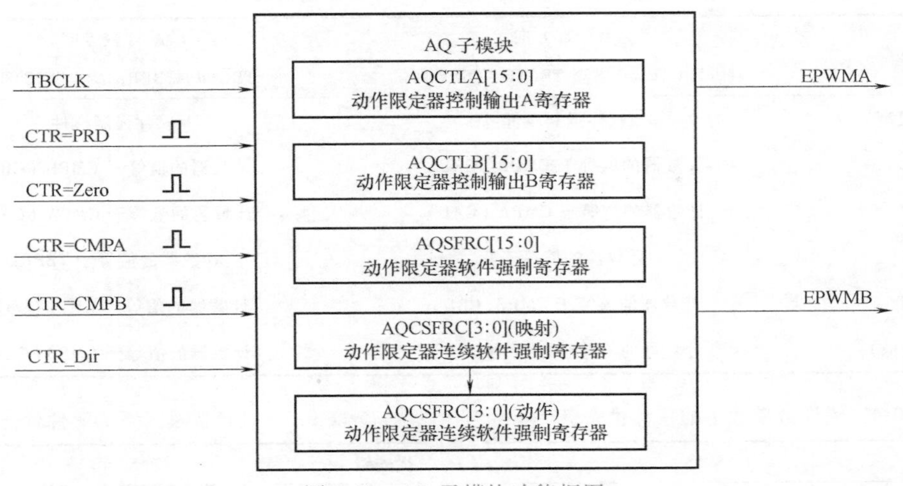

图 9-18　AQ 子模块功能框图

2. AQ 子模块的功能概述

（1）触发事件

事件发生时触发 AQ 子模块，AQ 子模块的输入事件有四种，分别如下：

1）CTR = PRD，计数器寄存器 TBCTR 的值与周期寄存器 TBPRD 相等。

2）CTR = Zero，计数器寄存器 TBCTR 的值等于 0。

3）CTR = CMPA，计数器寄存器 TBCTR 的值等于比较寄存器 CMPA。

4）CTR = CMPB，计数器寄存器 TBCTR 的值等于比较寄存器 CMPB。

CTR_Dir 为计数方向，将计数方向输入给 AQ 子模块，能够把计数比较事件细分为增计数情形的计数比较事件（CAU 和 CBU）和减计数情形的计数比较事件（CAD 和 CBD）。

除了以上外部事件外，还可以用软件强制触发 AQ 子模块，即通过 AQSFRC、AQCSFRC 实现控制。

(2) 动作输出

AQ 子模块在触发事件产生时，两路 PWM 输出 EPWMxA 和 EPWMxB 的动作设置如下：

1) 置高，EPWMxA 或 EPWMxB 输出高电平。

2) 置低，EPWMxA 或 EPWMxB 输出低电平。

3) 翻转，EPWMxA 或 EPWMxB 输出电平与之前的电平相反。

4) 无动作，EPWMxA 或 EPWMxB 的输出状态不变。

动作设置对 PWM 输出 EPWMxA 和 EPWMxB 是独立的，任何有效事件都能用来产生预定的动作，如事件 CTR=CMPA 和 CTR=CMPB 都可以作用于 EPWMxA。

(3) PWM 动作优先级控制

AQ 子模块在同一时刻可能接收到多个触发事件，在这种情况下，与中断优先级类似，AQ 在硬件上也设计有事件的优先级。在众多事件中，软件强制的优先级始终是最高的。表 9-3 给出了在增减计数模式下的事件优先级，1 表示最高优先级，6 表示最低优先级，优先级在 TBCTR 工作方向不同时略有差别。表 9-4 给出了增计数模式下事件的优先级，由于在增计数模式，减计数比较事件不会发生，因此表中没有考虑减计数比较事件。表 9-5 给出了减计数模式下事件的优先级，也同样没有考虑增计数比较事件。

表 9-3　增减计数模式下的事件优先级

优先级	增计数方向 TBCTR=0 增至 TBCTR=TBPRD	减计数方向 TBCTR=TBPRD 减至 TBCTR=0
1（最高）	软件强制事件	软件强制事件
2	计数器的值等于 CMPB（CBU）	计数器的值等于 CMPB（CBD）
3	计数器的值等于 CMPA（CAU）	计数器的值等于 CMPA（CAD）
4	计数器的值等于 0	计数器的值等于 TBPRD
5	计数器的值等于 CMPB(CBD)	计数器的值等于 CMPB(CBU)
6(最低)	计数器的值等于 CMPA(CAD)	计数器的值等于 CMPA(CAU)

表 9-4　增计数模式下的事件优先级

优先级	事件
1（最高）	软件强制事件
2	计数器的值等于 TBPRD
3	计数器的值等于 CMPB(CBU)
4	计数器的值等于 CMPA(CAU)
5（最低）	计数器的值等于 0

表 9-5　减计数模式下的事件优先级

优先级	事件
1（最高）	软件强制事件
2	计数器的值等于 0
3	计数器的值等于 CMPB(CBD)
4	计数器的值等于 CMPA(CAD)
5（最低）	计数器的值等于 TBPRD

(4) 软件强制事件（AQSFRC、AQCSFRC）

可以通过设置寄存器，产生一个软件强制事件。该软件强制事件可以是单次作用，也可以是连续作用。如果是单次作用，那么后续的事件将对输出进行更新。如果是连续作用，PWM 输出将持续为低电平或高电平。

在连续作用模式下，AQCSFRC 动作寄存器有两种装载方式，即映像装载方式和立即装载方式。映像装载方式可以设置在计数器的值过零时刻、周期时刻或两者之一装载。

3. AQ子模块的寄存器及驱动函数

表9-6为AQ子模块寄存器及其驱动函数。

AQ子模块驱动函数

4. 应用实例

通过TB、CC和AQ三个子模块的设置，就可以输出PWM波形。下面给出几种常见的PWM波形及其配置方法。

表9-6 AQ子模块寄存器及其驱动函数

寄存器	描述	偏移地址	驱动函数	功能
AQCTLA	动作限定器控制输出A寄存器(EPWMxA)	0x000B	PWM_setActionQual_CntDown_CmpA_PwmA PWM_setActionQual_CntDown_CmpB_PwmA PWM_setActionQual_CntUp_CmpA_PwmA PWM_setActionQual_CntUp_CmpB_PwmA PWM_setActionQual_Period_PwmA PWM_setActionQual_Zero_PwmA	减计数,Counter=CMPA时,PWMA动作 减计数,Counter=CMPB时,PWMA动作 增计数,Counter=CMPA时,PWMA动作 增计数,Counter=CMPB时,PWMA动作 Counter=周期值时,PWMA动作 Counter=0时,PWMA动作
AQCTRLB	动作限定器控制输出B寄存器(EPWMxB)	0x000C	PWM_setActionQual_CntDown_CmpA_PwmB PWM_setActionQual_CntDown_CmpB_PwmB PWM_setActionQual_CntUp_CmpA_PwmB PWM_setActionQual_CntUp_CmpB_PwmB PWM_setActionQual_Period_PwmB PWM_setActionQual_Zero_PwmB	减计数,Counter=CMPA时,PWMB动作 减计数,Counter=CMPB时,PWMB动作 增计数,Counter=CMPA时,PWMB动作 增计数,Counter=CMPB时,PWMB动作 Counter=周期值时,PWMB动作 Counter=0时,PWMB动作
AQSFRC	动作限定器软件强制寄存器	0x000D		
AQCSFRC	动作限定器连续软件强制寄存器	0x000E		

(1) 增减计数模式下输出对称PWM波形

图9-19为增减计数模式下输出的对称PWM波形，通过比较值设置实现PWM由0~

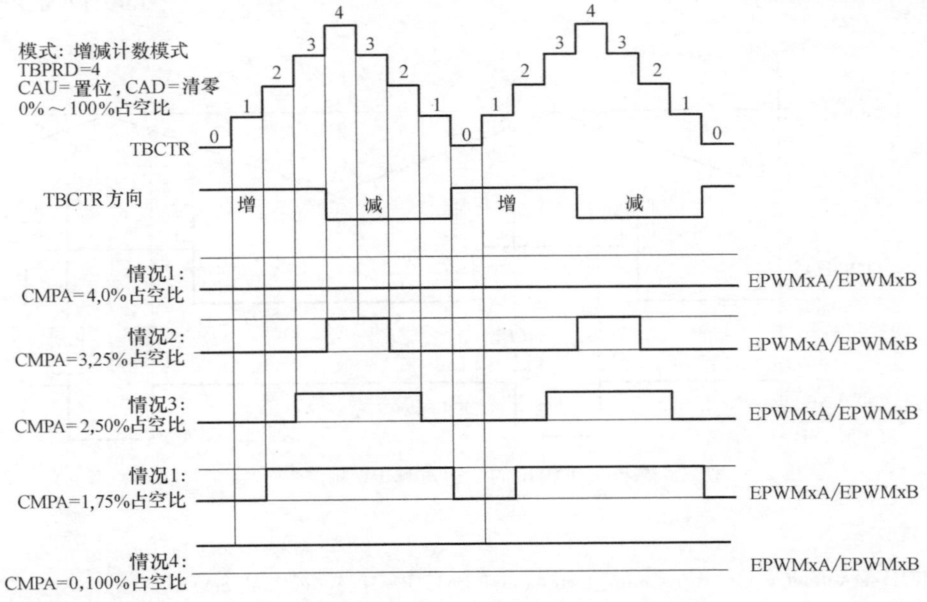

图9-19 增减计数模式下输出的对称PWM波形

100%的调制。图中，CMPA 作为比较单元，CMPA 的值增大，PWM 输出高电平的比例增加，反之，CMPA 的值减小，PWM 输出高电平的比例减少。当 CMPA = 0 时，PWM 输出低电平，即占空比为 0；当 CMPA = TBPRD 时，PWM 输出高电平，即占空比为 100%。

图 9-20、图 9-21 为增减计数模式下输出的对称 PWM 波形。

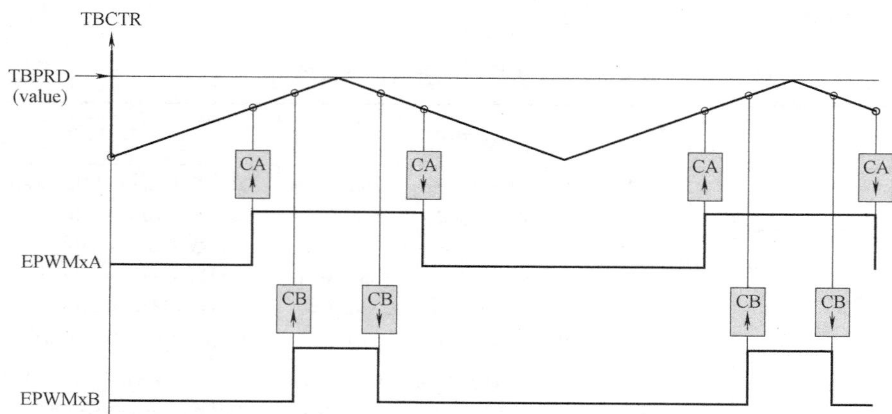

图 9-20　增减计数模式下输出双边对称 PWM 波形（独立调制）

配置函数：

```
PWM_setActionQual_CntUp_CmpA_PwmA(myPwm1, PWM_ActionQual_Set);
                                                    //CAU,PWM1A 置高
PWM_setActionQual_CntDown_CmpA_PwmA(myPwm1, PWM_ActionQual_Clear);
                                                    //CAD,PWM1A 置低
PWM_setActionQual_CntUp_CmpB_PwmB(myPwm1, PWM_ActionQual_Set);
                                                    //CBU,PWM1B 置高
PWM_setActionQual_CntDown_CmpB_PwmB(myPwm1, PWM_ActionQual_Clear);
                                                    //CBD,PWM1B 置低
```


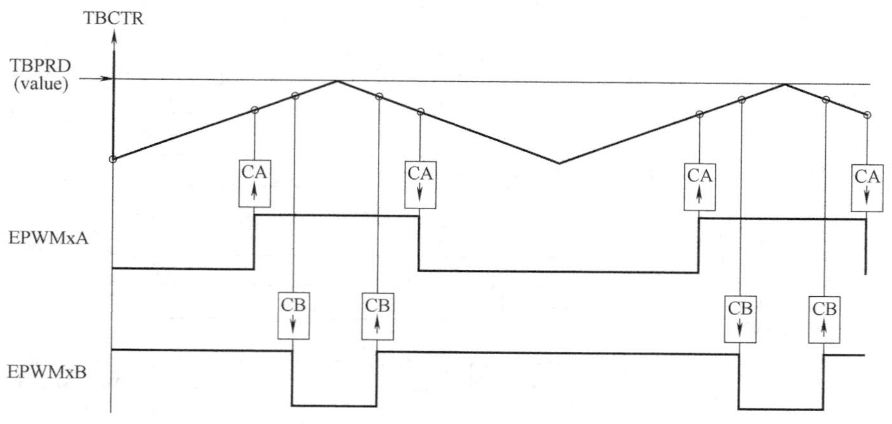

图 9-21　增减计数模式下输出的双边对称 PWM 波形（独立调制互补型）

配置函数：

```
PWM_setActionQual_CntUp_CmpA_PwmA(myPwm1, PWM_ActionQual_Set);
                                                    //CAU,PWM1A 置高
```

```
PWM_setActionQual_CntDown_CmpA_PwmA(myPwm1, PWM_ActionQual_Clear);
                                                          //CAD,PWM1A 置低
PWM_setActionQual_CntUp_CmpB_PwmB(myPwm1, PWM_ActionQual_Clear);
                                                          //CBU,PWM1B 置低
PWM_setActionQual_CntDown_CmpB_PwmB(myPwm1, PWM_ActionQual_Set);
                                                          //CBD,PWM1B 置高
```

(2) 增计数模式下输出非对称波形

图 9-22、图 9-23 为增计数模式下输出的非对称波形。

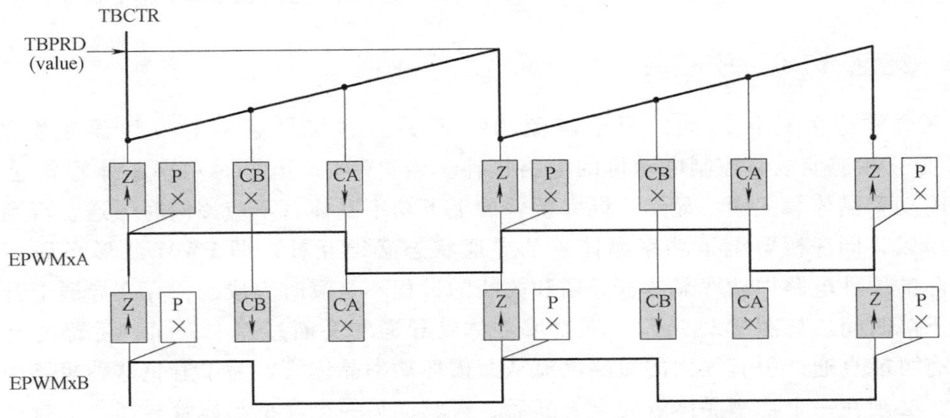

图 9-22　增计数模式下输出的单边非对称波形（独立调制，高电平有效）

配置函数：

```
PWM_setActionQual_Zero_PwmA(myPwm1, PWM_ActionQual_Set);
                                                  // Counter=0,PWM1A 置高
PWM_setActionQual_CntUp_CmpA_PwmA(myPwm1, PWM_ActionQual_Clear);
                                                  //CAU,PWM1A 置低
PWM_setActionQual_Zero_PwmB(myPwm1, PWM_ActionQual_Set);
                                                  // Counter=0,PWM1B 置高
PWM_setActionQual_CntUp_CmpB_PwmB(myPwm1, PWM_ActionQual_Clear);
                                                  //CBU,PWM1B 置低
```

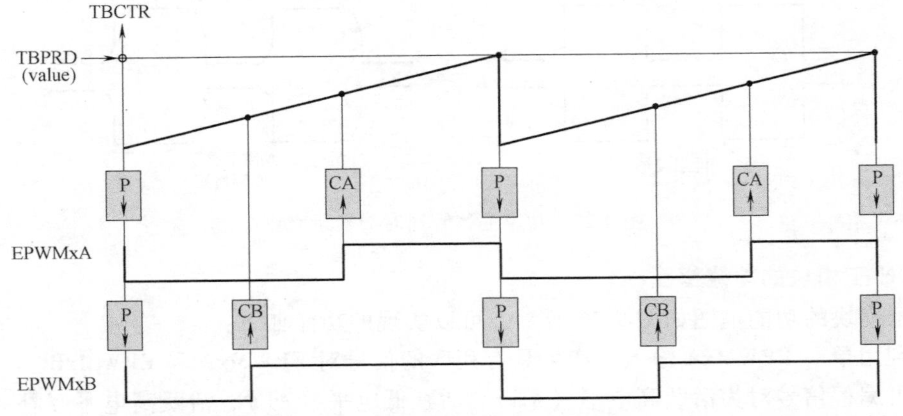

图 9-23　增计数模式下输出的单边非对称波形（独立调制，低电平有效）

配置函数：

```
PWM_setActionQual_Period_PwmA(myPwm1, PWM_ActionQual_Clear);
                                                    // Counter= period,PWM1A 置低
PWM_setActionQual_CntUp_CmpA_PwmA(myPwm1, PWM_ActionQual_Set);
                                                    //CAU,PWM1A 置高
PWM_setActionQual_Period_PwmB(myPwm1, PWM_ActionQual_Clear);
                                                    // Counter= period,PWM1B 置低
PWM_setActionQual_CntUp_CmpB_PwmB(myPwm1, PWM_ActionQual_Set);
                                                    //CBU,PWM1B 置高
```

9.2.5 死区（DB）子模块

死区通常称为死区时间，用于避免功率开关控制信号翻转时发生误触发的情况。图 9-24 为三相逆变电路控制电动机的电路拓扑。当 PWM 高电平时功率晶体管导通，PWM 低电平时功率晶体管关断。显然，同一桥臂的上下功率晶体管不应该同时导通，否则将直接短路。所以，同一桥臂上下功率晶体管的导通状态必须互补，即 PWM 波形必须互补。但是，实际的硬件电路中功率晶体管导通和关断的过程不是瞬时完成的，存在导通上升时间以及关断下降时间。如图 9-25 所示，在功率晶体管导通和关断过程中，同一桥臂的上下功率晶体管有可能直通，引起很大的短路电流从而损坏功率晶体管。为了避免这种短路，针对同一桥臂，必须在一个功率晶体管完全关断后，再驱动另一个功率晶体管导通，也就是说，导通和关断错开一定的时间，这个时间称为死区。死区子模块就是起到这种延迟导通的作用。

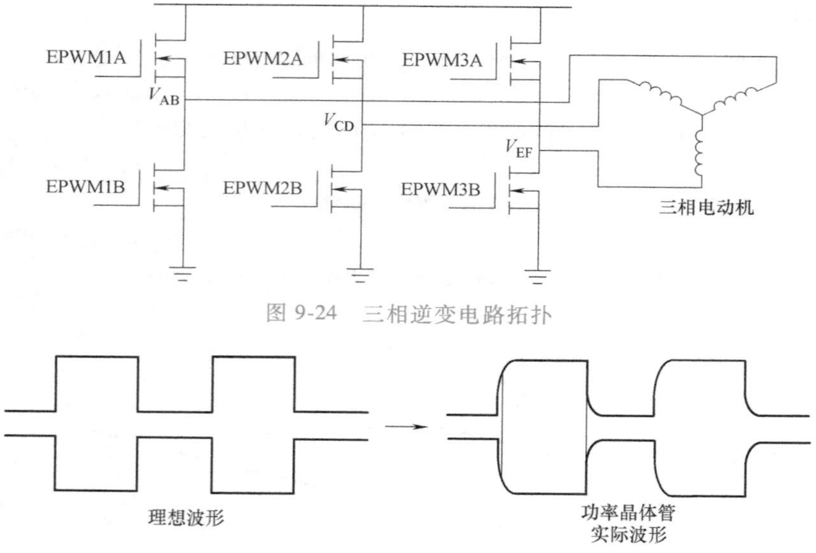

图 9-24 三相逆变电路拓扑

图 9-25 功率晶体管同时导通示意图

1. DB 子模块的功能框图

DB 子模块的功能框图如图 9-26 所示，可以实现的功能如下：

1）利用单一 EPWMxA 输入，产生具有死区的信号对 EPWMxA 和 EPWMxB。

2）可编程信号对为活跃高电平（AH）、活跃低电平（AL）、活跃高电平互补（AHC）、活跃低电平互补（ALC）。

3）对上升沿（RED）增加可编程的延迟时间。

4）对下降沿（FED）增加可编程的延迟时间。

5）禁用 DB 子模块，信号直接输出，边沿没有改变。

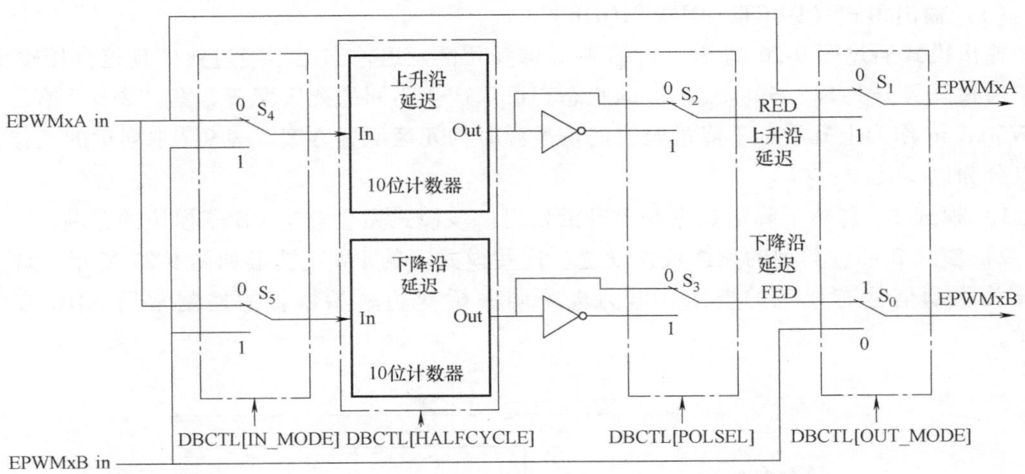

图 9-26 DB 子模块功能框图

2. DB 子模块的功能概述

（1）死区发生器时钟选择

由图 9-26 可见，DB 子模块中死区发生器产生波形上升沿延迟 RED 和下降沿延迟 FED，它是通过 10 位计数器来实现的。计数器时钟 DBCLK 可以选择：

1）$f_{DBCLK}=f_{TBCLK}$，即与 TBCLK 同频，称为周期时钟。

2）$f_{DBCLK}=2f_{TBCLK}$，即为 TBCLK 的 2 倍频，称为半周期时钟。

（2）死区时间的设置

DB 子模块中上升沿延迟 RED 由寄存器 DBRED 控制，下降沿延迟 FED 由寄存器 DBFED 控制，这两个寄存器都是 10 位的寄存器，具体数值代表死区计数器时钟的周期数。死区延迟时间计算公式为

$$FED=DBFED\times T_{TBCLK} \tag{9-5}$$

$$RED=DBRED\times T_{TBCLK} \tag{9-6}$$

式中，T_{TBCLK} 为时基时钟 TBCLK 的周期。如果选择半周期时钟，计算公式为

$$FED=DBFED\times T_{TBCLK}/2 \tag{9-7}$$

$$RED=DBRED\times T_{TBCLK}/2 \tag{9-8}$$

（3）输入源选择（DBCTL[IN_MODE]）

输入源选择通过图 9-26 的 S_4、S_5 控制。DB 子模块的输入信号是动作限定子模块的输出信号，记为 EPWMxA in 和 EPWMxB in。信号源设置如下：

1）EPWMxA in 作为上升沿和下降沿延迟的信号源，该模式是默认模式。

2）EPWMxA in 作为上升沿延迟的信号源，EPWMxB 作为下降沿延迟的信号源。

3）EPWMxA in 作为下降沿延迟的信号源，EPWMxB 作为上升沿延迟的信号源。

4）EPWMxB in 作为上升沿和下降沿延迟的信号源。

（4）极性选择（DBCTL［POLSEL］）

极性选择通过图 9-26 的 S_2、S_3 控制，控制上升沿延迟和（或）下降沿延迟的信号输出时是否反转。

（5）输出模式（DBCTL[OUT_MODE]）

输出模式通过图 9-26 的 S_0、S_1 控制。选择死区延迟输出或不经过死区延迟直接输出。

通过配置开关 S_0、S_1、S_2、S_3 的状态，可以产生不同的死区配置方案。表 9-7 给出了当 EPWMxA in 作为上升沿和下降沿延迟的信号源时的死区配置方案。表 9-7 中列举的工作模式可以分为以下几类：

1）模式 1：忽略下降沿延迟和上升沿延迟。该模式完全忽略 DB 子模块的存在。

2）模式 2~5：典型的死区极性设置。这些模式下的 PWM 波形如图 9-27 所示。许多电源开关驱动信号有死区的要求。电力电子同一桥臂功率晶体管的控制常用 AHC 或 ALC 模式。

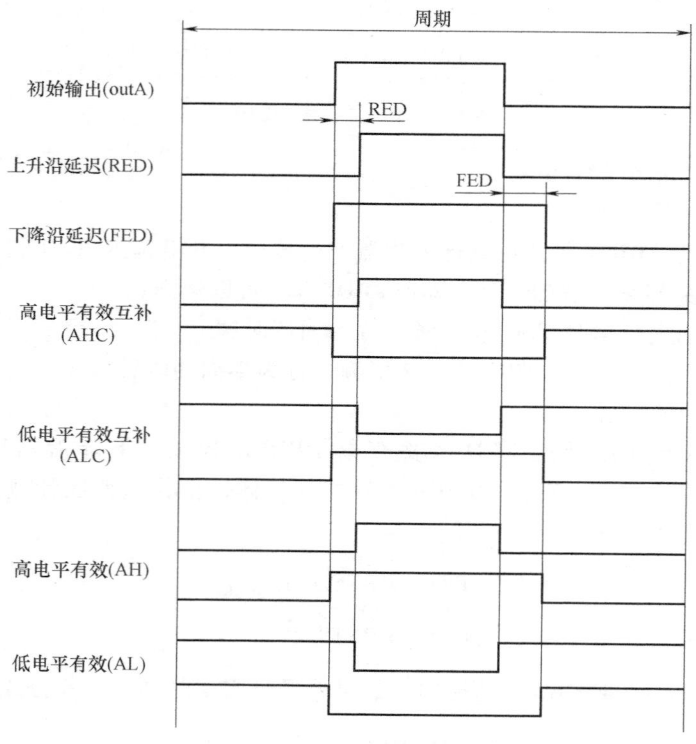

图 9-27 模式 2~5 下输出的 PWM 波形

表 9-7 典型的死区设置模式

模式	模式说明	DBCTL[POLSEL]		DBCTL[OUT_MODE]	
		S_3	S_2	S_1	S_0
1	EPWMxA 和 EPWMxB 无延迟	0 或 1	0 或 1	0	0
2	高电平有效，输出互补（AHC）	1	0	1	1
3	低电平有效，输出互补（ALC）	0	1	1	1
4	高电平有效（AH）	0	0	1	1

（续）

模式	模式说明	DBCTL[POLSEL]		DBCTL[OUT_MODE]	
		S_3	S_2	S_1	S_0
5	低电平有效（AL）	1	1	1	1
6	EPWMxA 输出 = EPWMxA 输入（无延迟） EPWMxB 输出 = EPWMxA 输入（下降沿延迟）	0 或 1	0 或 1	0	1
7	EPWMxB 输出 = EPWMxB 输入（无延迟） EPWMxA 输出 = EPWMxA 输入（上降沿延迟）	0 或 1	0 或 1	1	0

3）模式 6：忽略上升沿延迟。

4）模式 7：忽略下降沿延迟。

DB 子模块驱动函数

3. DB 子模块的寄存器及驱动函数

表 9-8 为 DB 子模块寄存器及其驱动函数。

表 9-8　DB 子模块寄存器及其驱动函数

寄存器	描述	偏移地址	驱动函数	功能
DBCTL	死区控制寄存器	0x000F	PWM_enableDeadBandHalfCycle PWM_disableDeadBandHalfCycle PWM_setDeadBandInputMode PWM_setDeadBandPolarity PWM_setDeadBandOutputMode	使能死区计数器二倍频 禁止死区计数器二倍频 设置死区输入模式 设置死区极性 设置死区输出模式
DBRED	死区上升沿延迟计数器	0x0010	PWM_setDeadBandRisingEdgeDelay	死区上升沿延迟时间
DBFED	死区下降沿延迟计数器	0x0011	PWM_setDeadBandFallingEdgeDelay	死区下降沿延迟时间

9.2.6　PWM 斩波（PC）子模块

PC 子模块通过高频载波信号来调制经由 AQ 子模块和 DB 子模块输出的 PWM 波形，这项功能在控制高开关频率的功率器件时非常有用。

1. PC 子模块的功能框图

PC 子模块的功能框图如图 9-28 所示。

PC 子模块的主要功能如下：

1）设置斩波（载波）频率。

2）设置第一个脉冲的宽度。

3）设置第二个以及后续脉冲的占空比。

2. PC 子模块的功能概述

（1）高频载波调制原理

图 9-29 为 PWM 波形经过 PC 子模块高频载波调制输出的原理。从图 9-29 可以看出，经过 PC 子模块调制后输出的波形其实是将 PWM 波形同高频载波信号做逻辑与运算。原来低电平部分还是低电平，原来高电平部分变为高频载波。

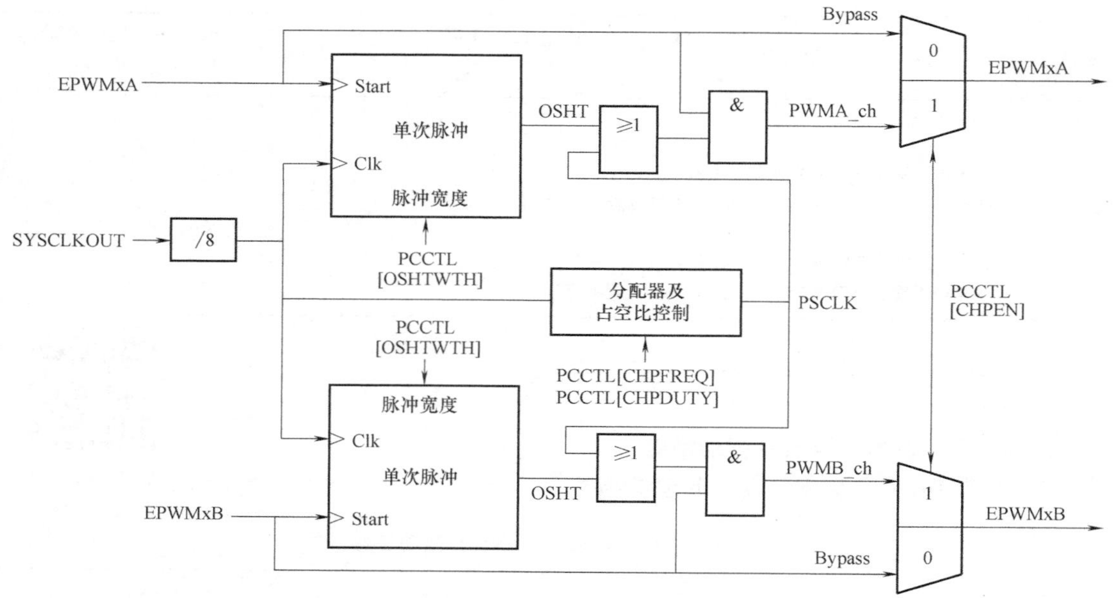

图 9-28　PC 子模块的功能框图

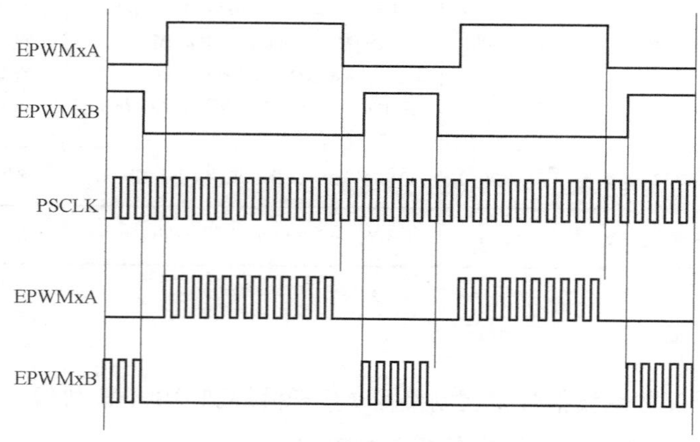

图 9-29　PC 子模块高频载波调制输出原理

（2）载波时钟 PSCLK 频率设置［PCCTL（CHPFREQ）］

PC 子模块的时钟信号为系统时钟的 8 分频。载波时钟 PSCLK 的频率，可选择对子模块时钟再进行 1~8 分频，即载波信号的频率为 SYSCLKOUT/(8×n)，n=1，2，…，8。

（3）载波时钟 PSCLK 占空比设置［PCCTL（CHPDUTY）］

PC 子模块可以设置载波时钟 PSCLK 的占空比。图 9-30 给出了占空比在 12.5%~87.5%之间变化的 7 种可供选择的载波信号。

（4）第一个脉冲的配置［PCCTL（OSHTWTH）］

在实际应用中，多数功率器件的开通电流要比维持电流大得多，因此对第一个脉冲的宽度有具体要求，用来给设备提供充足的激励能量，而后续的脉冲信号仅仅为了维持功率器件的持续导通与关断。PC 子模块提供了对第一个脉冲宽度的设置。

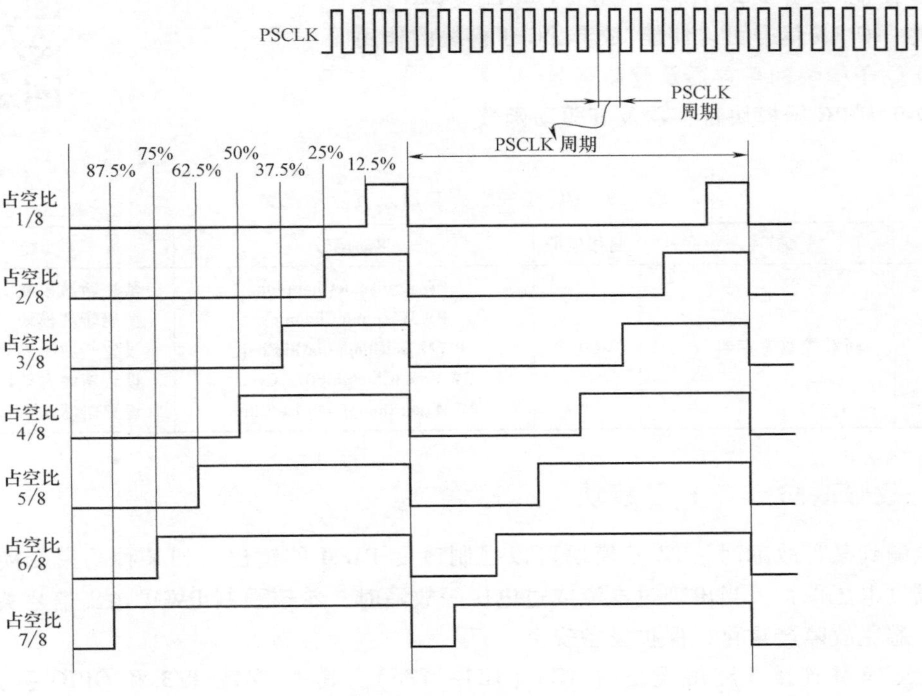

图 9-30 PSCLK 占空比控制

第一个脉冲的宽度可设置为任何 16 种可能的脉冲宽度值。第一个脉冲宽度或周期为

$$T_{1st.\ pulse} = (\mathrm{OSHTWTH}+1) \times T_{\mathrm{SYSCLKOUT}} \times 8 \tag{9-9}$$

式中，$T_{\mathrm{SYSCLKOUT}}$ 为系统时钟 SYSCLKOUT 周期，OSHTWTH 取值为 0~15。

第一个脉冲和后续脉冲波形如图 9-31 所示。

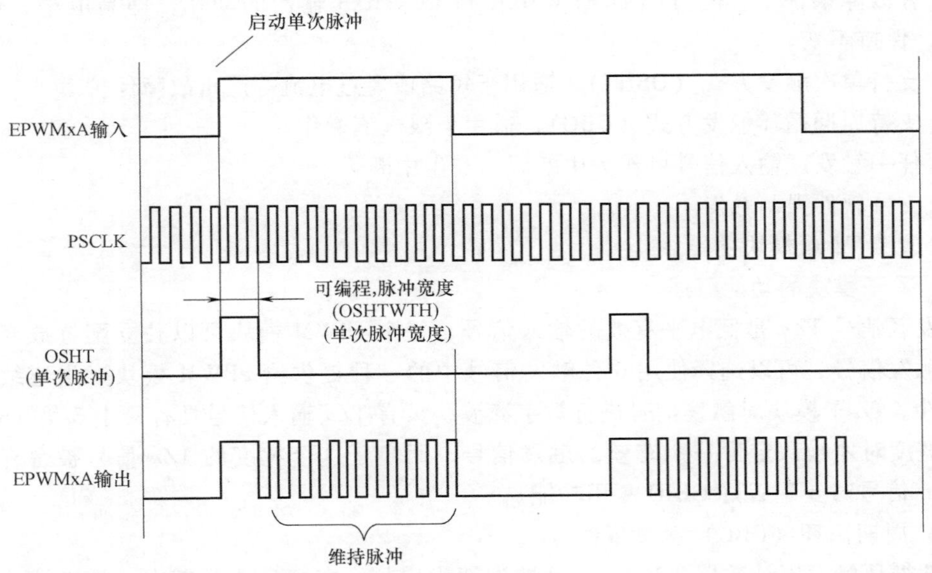

图 9-31 PC 子模块第一个脉冲和后续脉冲波形

(5) 使能/放弃 PC 子模块作用 [PCCTL (CHPEN)]

通过 CHPEN 信号可以使能/放弃 PC 子模块的作用。

PC 子模块驱动函数

3. PC 子模块的寄存器及驱动函数

表 9-9 为 PC 子模块寄存器及其驱动函数。

表 9-9 PC 子模块寄存器及其驱动函数

寄存器	描述	偏移地址	驱动函数	功能
PCCTL	斩波控制寄存器	0x001E	PWM_disableChopping PWM_enableChopping PWM_setChoppingClkFreq PWM_setChoppingDutyCycle PWM_setChoppingPulseWidth	禁止斩波模块 使能斩波模块 设置斩波时钟频率 设置斩波占空比 设置斩波初始占空比

9.2.7 故障联防 (TZ) 子模块

当检测到某种故障时，TZ 子模块可以强制改变 PWM 的输出。如某种功率变换电路的过电流或过电压保护，当出现过电流或过电压等故障时，希望强制 PWM 输出信号关断功率晶体管，避免故障严重化，保护设备安全。

每个 ePWM 连接 6 路触发信号 TZn (TZ1 ~ TZ6)。其中 TZ1 ~ TZ3 和 GPIO 引脚复用，TZ4 为含有 EQEP1 模块的 DSP 所产生的 EQEP1ERR 信号，TZ5 反映系统时钟失效逻辑，TZ6 是 CPU 输出的 EMUSTOP 信号。这些信号指明外部故障或者其他触发条件，ePWM 模块可以利用这些触发信号来影响 PWM 波形的输出。

1. TZ 子模块的功能框图

图 9-32 为 TZ 子模块的功能框图，TZ 子模块的基本功能如下：

1) 触发输入信号 TZ1 ~ TZ6 可以很方便配置到任一 ePWM 模块。

2) 在故障条件下，配置强制 EPWMxA 和 EPWMxB 输出的动作，即高电平、低电平、高阻态、保持不变。

3) 支持单次触发方式 (OSHT)，适用于短路或者过电流等严重故障保护。

4) 支持周期循环触发方式 (CBC)，适用于限电流操作。

5) 任一触发区输入信号可作为中断源，产生中断。

6) 支持软件强制触发。

7) 放弃 TZ 子模块功能。

2. TZ 子模块的功能概述

触发区信号 TZn 是低电平有效的输入信号，每个 ePWM 模块可以独立配置放弃或者使用这些触发信号，可以选择使用 6 种触发信号中的一种提供给 ePWM 模块产生连续或单次触发事件。TZ 子模块对触发信号进行数字滤波，只有 TZn 输入信号具有最小 3 倍 TBCLK 的低电平宽度时才被认定为一个有效的触发信号，而小于这个宽度的 TZn 信号被舍弃。切记使用 TZn 信号时要配置好 GPIO 复用功能。

(1) 周期循环 (CBC) 触发事件

周期循环触发以计数器 TBCTR 的计数周期为单位，在每一个周期内，如果捕获到触发信号，则 EPWMxA 和 (或) EPWMxB 的输出立即由 TZCTL 寄存器中所设定的状态决定，但

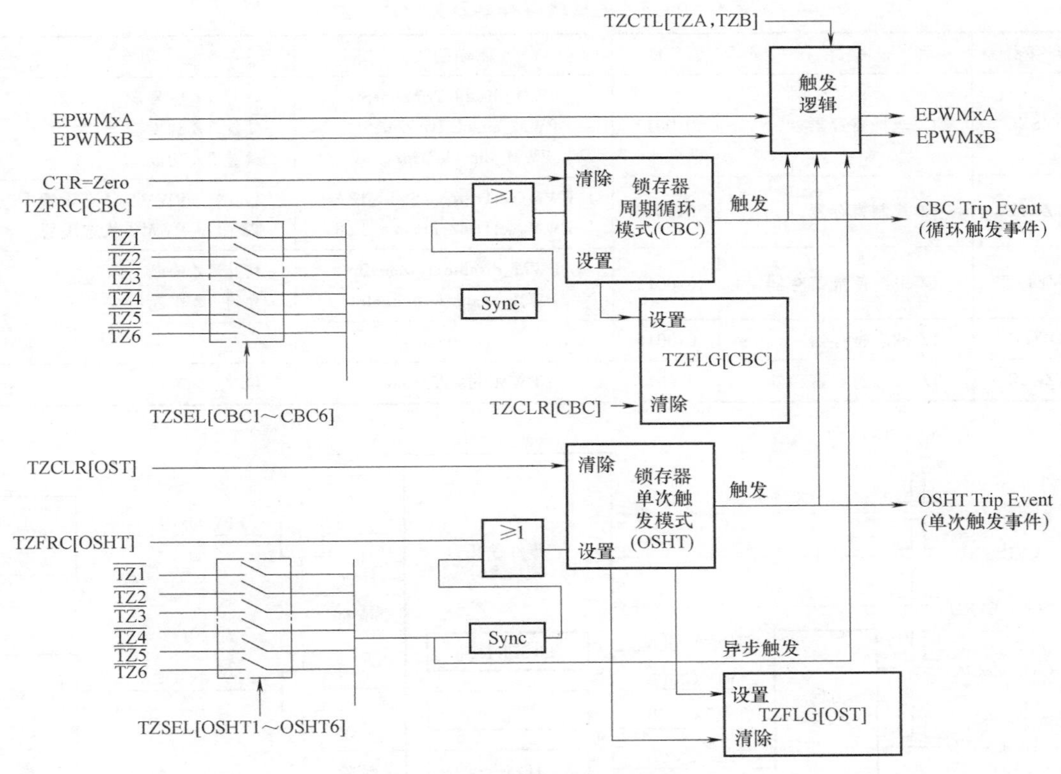

图 9-32　TZ 子模块的功能框图

当 PWM 模块的计数器 TBCTR 计数到 0 并且故障信号已经不存在时，EPWMxA 和（或）EPWMxB 的强制状态就会被清除。因此，在该模式下触发事件在每个 ePWM 周期内会被清除。

另外，周期性触发事件标志位 TZFLG［CBC］置位，如果中断使能，将产生 EPWMx_TZINT 中断。TZFLG［CBC］标志位将一直存在，直到通过写 TZCLR［CBC］位将其清零。如果 TZ 触发事件仍然存在，那么即使清除了 TZFLG［CBC］，也会立即再次被置位。

（2）单次（OST）触发事件

单次触发是指当触发事件发生时，指定的动作立即出现在 ePWM 输出 EPWMxA 和（或）EPWMxB 上，这种输出状态会一直保持下去，除非人为清除故障信号并复位 ePWM。另外，单次触发事件标志位 TZFLG［OST］置位，如果中断使能，将产生 EPWMx_TZINT 中断。TZFLG［OST］必须通过写 TZCLR［OST］位来清零。

（3）TZ 中断

CBC、OST 都可以作为中断触发事件。这些事件发生时，相应的标志位会置位，要使用 EPWMx_TZINT，需要相应中断允许和正确设置 PIE。

TZ 子模块驱动函数

3. TZ 子模块的寄存器及驱动函数

表 9-10 为 TZ 子模块寄存器及其驱动函数。

9.2.8　事件触发与中断管理（ET）子模块

1. ET 子模块的功能框图

图 9-33 为 ET 子模块的功能框图。ET 子模块的主要功能如下：

表 9-10　TZ 子模块寄存器及其驱动函数

寄存器	描述	偏移地址	驱动函数	功能
TZSEL	TZ 选择寄存器	0x0012	PWM_disableTripZoneSrc PWM_enableTripZoneSrc PWM_disableTripZones	禁止 TZ 触发源 使能 TZ 触发源 禁止 TZ 功能
TZCTL	TZ 控制寄存器	0x0014	PWM_setTripZoneState_TZA PWM_setTripZoneState_TZB	TZ 触发 PWMA 状态设置 TZ 触发 PWMB 状态设置
TZEINT	TZ 中断使能寄存器	0x0015	PWM_disableTripZoneInt PWM_enableTripZoneInt	禁止 TZ 中断 允许 TZ 中断
TZFLG	TZ 标志寄存器	0x0016		
TZCLR	TZ 标志清零寄存器	0x0017	PWM_clearTripZone	TZ 标志清零

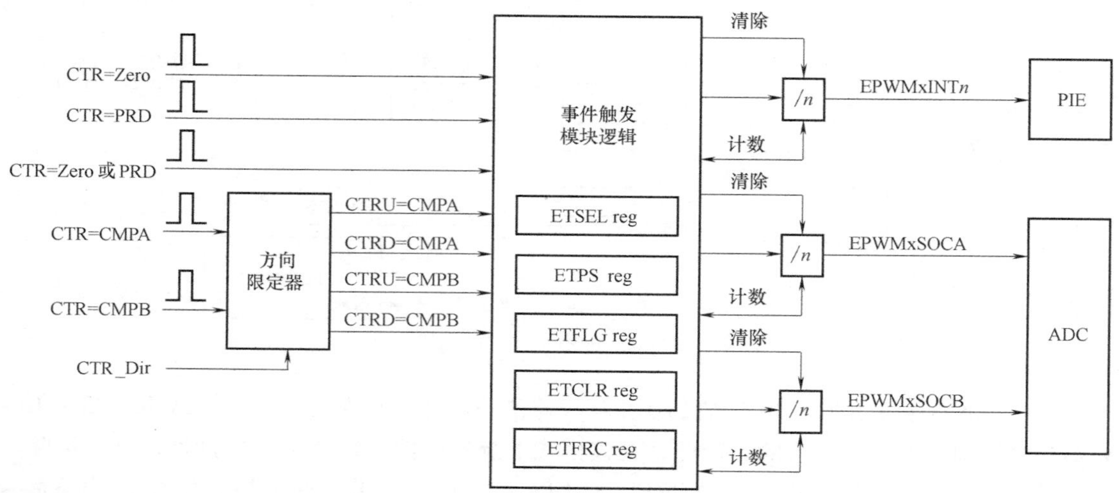

图 9-33　ET 子模块的功能框图

1）管理由时基子模块、比较子模块所产生的事件，这些事件可用于产生 PIE 中断 EPWMxINT 和 ADC 转换启动信号，即 EPWMxSOCA 和 EPWMxSOCB。

2）允许软件强制触发中断和启动 ADC 转换。

3）通过事件分频机制，灵活设置输出触发事件的频度。

2. ET 子模块的功能概述

（1）可用于 ET 子模块的输入事件信号如下：

1）CTR = Zero，计数器寄存器的值为 0，TBCTR = 0。

2）CTR = PRD，计数器寄存器的值为 PRD，TBCTR = PRD。

3）CTR = Zero 或 CTR = PRD，TBCTR = 0 或 TBCTR = period。

4）CTRU = CMPA，在计数器增计数时，TBCTR = CMPA，CTR_Dir = 1。

5）CTRD = CMPA，在计数器减计数时，TBCTR = CMPA，CTR_Dir = 0。

6）CTRU = CMPB，在计数器增计数时，TBCTR = CMPB，CTR_Dir = 1。

7）CTRD = CMPB，在计数器减计数时，TBCTR = CMPB，CTR_Dir = 0。

8）软件产生的强制事件信号。

（2）ET 子模块的输出事件

图 9-34 给出了 ET 子模块的输出事件与 PIE 模块和 ADC 模块的连接关系。

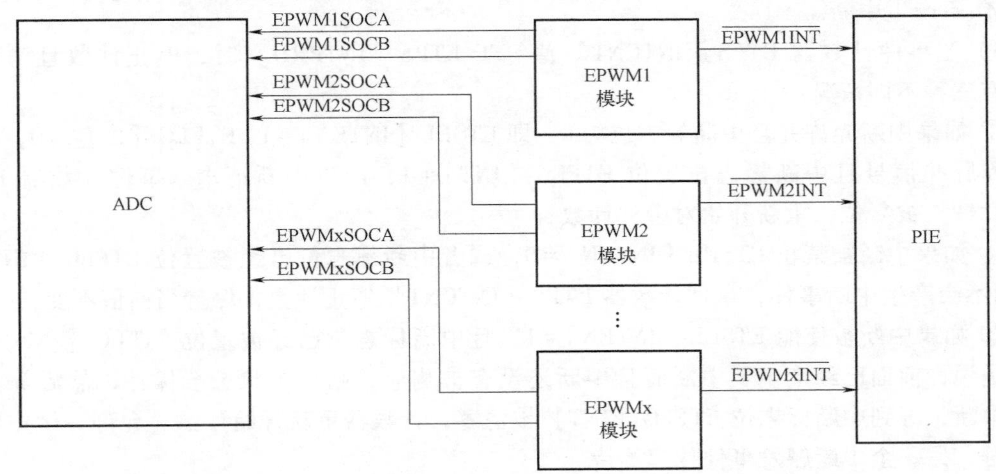

图 9-34　ET 子模块的输出事件与 PIE 模块和 ADC 模块的连接关系

每个 ePWM 的 ET 子模块拥有的输出事件信号如下：

1）1 路 PIE 中断，即 EPWMxINT。

2）2 路 ADC 启动信号，即 EPWMxSOCA 和 EPWMxSOCB。

（3）事件触发器中断 EPWMxINT 的产生逻辑

事件触发器中断 EPWMxINT 的产生逻辑如图 9-35 所示。

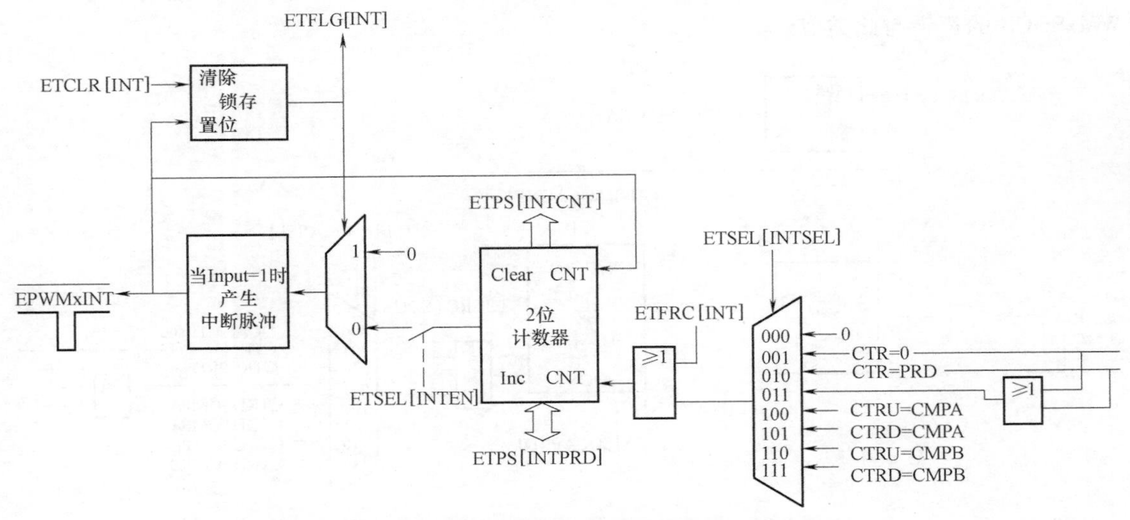

图 9-35　事件触发器中断 EPWMxINT 的产生逻辑

1）ETSEL［INTSEL］选择用于触发的事件输入，ETFRC［INT］为软件强制触发。

2）ET 子模块内部具有事件计数器（2 位计数器），每次有效事件输入，事件计数器 ETPS［INTCNT］加 1，可以通过程序随时访问事件计数器。通过设置事件计数器的周期 ETPS［INTPRD］，就可以实现事件分频，可供选择的事件分频如下：

① 每 1 个事件发生时触发一次中断，即事件分频系数 = 1；

② 每 2 个事件发生时触发一次中断，即事件分频系数 = 2；

③ 每 3 个事件发生时触发一次中断，即事件分频系数=3；

④ 不产生中断。

3）当事件计数器 ETPS［INTCNT］值等于 ETPS［INTPRD］时，停止计数且输出置位。有三种不同情况：

① 如果中断允许并且中断标志位为 0，即 ETSEL［INTEN］=1，ETFLG［INT］=0，则产生中断脉冲信号且中断标志位置位 ETFLG［INT］=1，产生中断请求，事件计数器 ETPS［INTCNT］被复位，重新开始对事件计数；

② 如果中断被禁止 ETSEL［INTEN］=0，或者中断标志位已经被置位 ETFLG［INT］=1，则不会产生中断事件，事件计数器 ETPS［INTCNT］停止计数，保持当前值不变；

③ 如果中断被使能 ETSEL［INTEN］=1，且中断标志位已经被置位 ETFLG［INT］=1，也就是说，前面已经产生了中断而且中断还没有被响应，则这个状态会保持，然后等 CPU 响应中断，等到中断标志位 ETFLG［INT］被清零，计数器重新开始计数。允许一个中断在响应时，另一个中断触发事件挂起等待。

4）写计数器周期值 ETPS［INTPRD］时，计数器值自动清零，ETPS［INTCNT］=0，计数器输出复位，不产生中断触发事件。

5）写 1 到软件强制事件位 ETFRC［INT］，计数器值增加 1。

6）当 ETPS［INTPRD］=0 时，计数器被禁止，不会对事件进行计数，不会产生中断触发信号。

（4）事件触发信号 EPWMxSOCA 和 EPWMxSOCB 原理

图 9-36 描述了事件触发信号 EPWMxSOCA 的产生逻辑，SOCA 用于 ADC 启动信号。EPWMxSOCB 的逻辑与此类似。

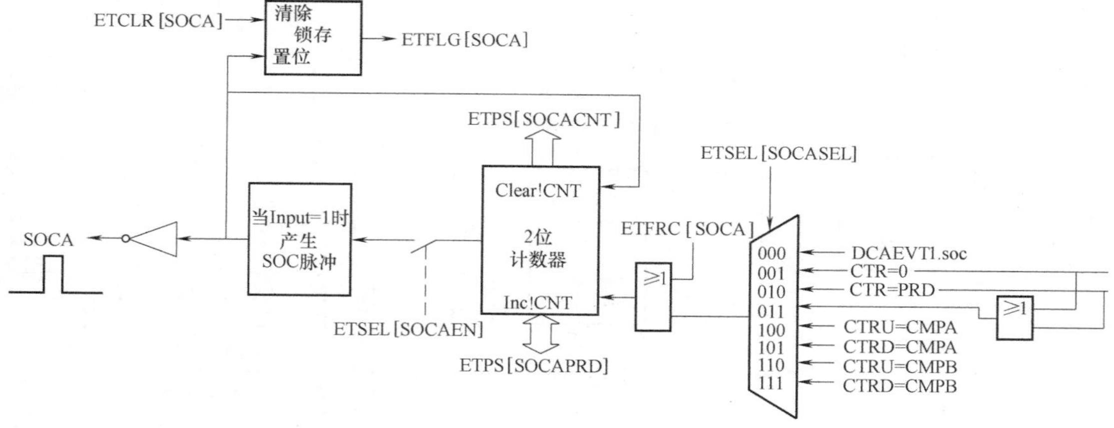

图 9-36 事件触发信号 EPWMxSOCA 的产生逻辑

事件触发信号 EPWMxSOCA 的计数器和周期寄存器与中断产生逻辑中的计数器和周期寄存器功能相同。不同的是，SOCA 的触发信号不受脉冲标志位 ETFLG［SOCA］的影响，只要计数器值等于周期值，而且 ETSEL［SOCAEN］被允许，就会输出 SOCA 触发脉冲。

ET 子模块驱动函数

3. ET 子模块的寄存器及驱动函数

表 9-11 为 ET 子模块寄存器及其驱动函数。

表 9-11　ET 子模块寄存器及其驱动函数

寄存器	描述	偏移地址	驱动函数	功能
ETSEL	事件触发选择寄存器	0x0019	PWM_setIntMode PWM_setSocAPulseSrc PWM_setSocBPulseSrc PWM_enableInt PWM_disableSocAPulse PWM_enableSocAPulse PWM_disableSocBPulse PWM_enableSocBPulse	配置 PWM 中断模式 配置 SOCA 触发源 配置 SOCB 触发源 允许 PWM 中断 禁止 PWM 触发 SOCA 允许 PWM 触发 SOCA 禁止 PWM 触发 SOCB 允许 PWM 触发 SOCB
ETPS	事件触发预分频寄存器	0x001A	PWM_setIntPeriod PWM_setSocAPeriod PWM_setSocBPeriod	配置 PWM 中断周期 配置 SOCA 触发周期 配置 SOCB 触发周期
ETFLG	事件触发标志寄存器	0x001B		
ETCLR	事件触发清除寄存器	0x001C	PWM_clearIntFlag PWM_clearSocAFlag PWM_clearSocBFlag	清除 PWM 中断标志 清除 SOCA 中断标志 清除 SOCB 中断标志
ETFRC	事件触发软件强制寄存器	0x001D		

9.2.9　软件思维导图

图 9-37 为 ePWM 模块的软件思维导图，包括 PWM 模块的时钟使能、引脚配置、功能配置、中断事件配置等。

使用 ePWM 模块时，可参考以下步骤进行操作，也可根据实际情况灵活使用。

(1) 引脚配置

步骤 1：配置引脚功能（GPIO_setMode）。

步骤 2：配置引脚方向（GPIO_setDirection）。

步骤 3：使能/禁止内部上拉电阻（GPIO_setPullUp）。

步骤 4：输入配置为异步系统时钟（GPIO_setQualification）。

(2) PWM 功能配置

步骤 5：PWM 时基时钟关闭（CLK_disableTbClockSync）。

步骤 6：PWM 时钟设置（PWM_setHighSpeedClkDiv、PWM_setClkDiv）。

步骤 7：PWM 计数模式设置（PWM_setCounterMode）。

步骤 8：PWM 动作限定设置（AQ 模块）。

步骤 9：计算 PWM 的周期，并进行周期设置（PWM_setPeriod）。

步骤 10：计算 PWM 的占空比，并进行占空比设置（CC 模块）。

步骤 11：设置 PWM 死区（DB 模块，可选项）。

步骤 12：设置 PWM 斩波（PC 模块，可选项）。

步骤 13：设置 PWM 故障联防（TZ 模块，可选项）。

步骤 14：PWM 时基时钟开启（CLK_enableTbClockSync）。

步骤 15：PWM 事件触发与中断管理（ET 模块）。

(3) 中断事件配置

步骤 16：中断入口地址注册（PIE_registerPieIntHandler）。

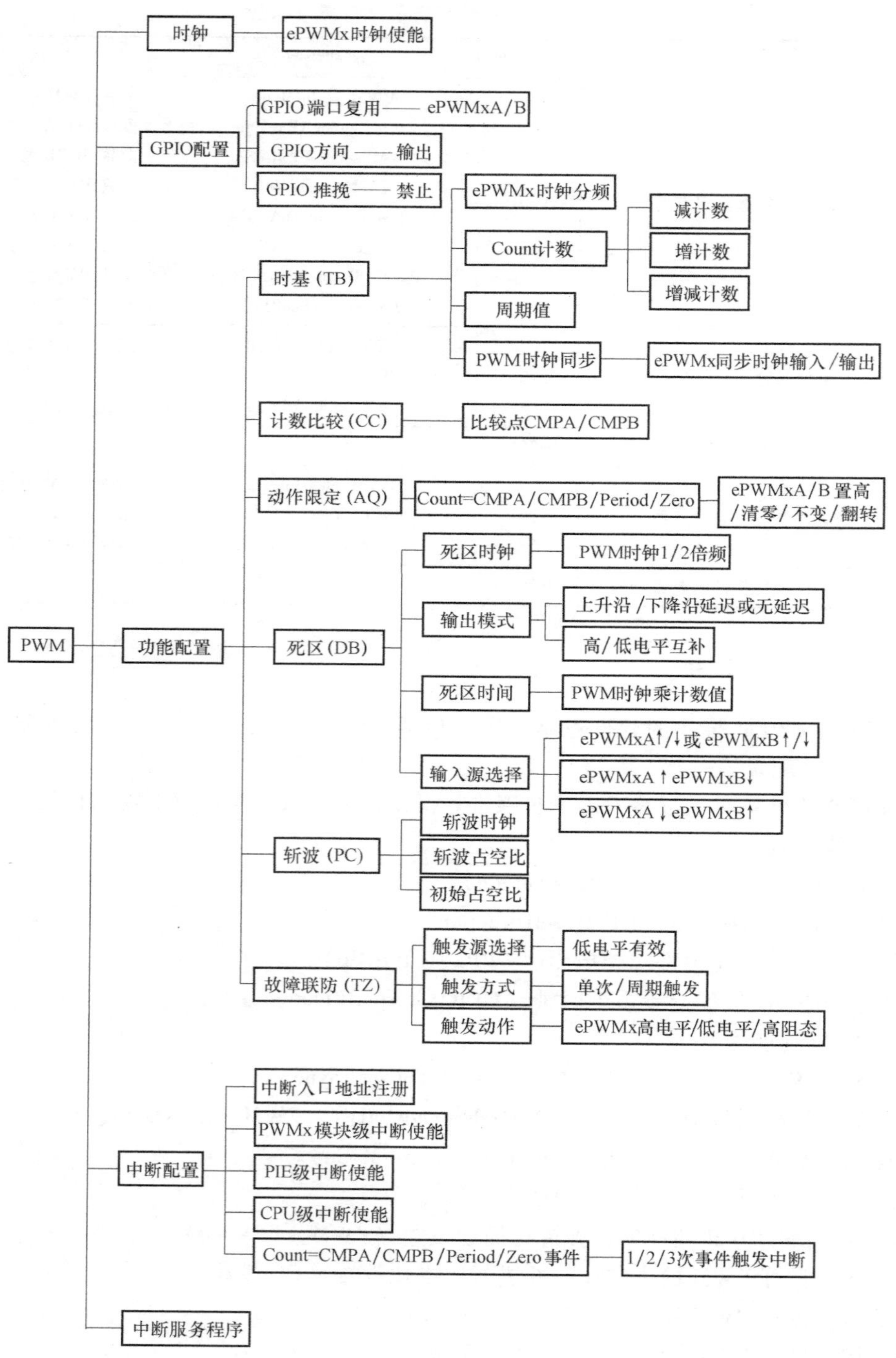

图 9-37　ePWM 模块软件思维导图

步骤 17：PWMx 事件中断使能（PWM_enableInt）。

步骤 18：PIE 级中断使能（PIE_enableInt）。

步骤 19：CPU 级中断使能（CPU_enableInt）。

（4）中断服务程序

在 PWM 中断服务程序里完成比较点的更新或其他任务，清除 PWM 中断标志位和对应的 PIE 中断应答位 PIEACKx。

9.3 应用实例——“PWM，时间宠儿”

1. 项目任务

利用 PWM 输出控制 LED 产生呼吸灯效果。

2. 项目分析

呼吸灯的原理是利用 PWM 信号的特点，连续快速地调节占空比，由于每个 PWM 周期的时间很短，肉眼无法感知快速调节的占空比产生的信号跳变，通过逐渐改变占空比就可以实现 LED 由暗变亮，或由亮变暗的过程，在视觉上产生“呼吸”的效果。

3. 部分程序代码

软件工程包括 PWM 引脚配置、功能配置、事件配置和中断事件配置、中断子程序等。

PWM 引脚配置程序如下：

```
/ ************************************************************
 * 名称:LED_PWM_pinConfigure (void)
 * 功能:PWM 引脚配置
 * 路径:..\chap9_PWM_1\User_Component\LED_Pwm\LED_PWM.c
************************************************************ /
void LED_PWM_pinConfigure(void)
{
  GPIO_setMode(myGpio, GPIO_Number_0, GPIO_0_Mode_EPWM1A);
  GPIO_setPullUp(myGpio, GPIO_Number_0, GPIO_PullUp_Disable);
  GPIO_setDirection(myGpio, GPIO_Number_0, GPIO_Direction_Output);
}
```

PWM 功能配置、事件配置程序如下：

```
/ ************************************************************
 * 名称:LED_PWM_functionConfigure(),LED_PWM_eventConfigure()
 * 功能: PWM 功能配置、事件配置
 * 路径:..\ chap9_PWM_1\User_Component\LED_PWM\LED_PWM.c
************************************************************ /
void LED_PWM_functionConfigure(void)
{
  CLK_disableTbClockSync(myClk);          //禁止时钟同步
  PWM_setHighSpeedClkDiv(myPwm1, PWM_HspClkDiv_by_1);     //TB 时钟设置
  PWM_setClkDiv(myPwm1, PWM_ClkDiv_by_1);
  PWM_setCounterMode(myPwm1, PWM_CounterMode_Up);     //增计数
  PWM_setPeriod(myPwm1, 60000);           //TB 周期:60000/60000000=1ms
  PWM_setPeriodLoad(myPwm1, PWM_PeriodLoad_Shadow);
                                          //周期值装载模式,映像模式
  PWM_setCmpA(myPwm1, 30000);             //比较点设置
  PWM_setShadowMode_CmpA(myPwm1, PWM_ShadowMode_Shadow);
                                          //比较值装载模式,映像模式
```

```
    PWM_setLoadMode_CmpA(myPwm1, PWM_LoadMode_Zero);
                                                //过零点装载
    PWM_setActionQual_CntUp_CmpA_PwmA(myPwm1, PWM_ActionQual_Set);
                                                //计数器增计数等于比较值 A 时输出高电平
    PWM_setActionQual_Period_PwmA(myPwm1, PWM_ActionQual_Clear);
                                                //计数器等于周期值时输出低电平
    CLK_enableTbClockSync(myClk);
}
void LED_PWM_eventConfigure(void)
{
    PWM_setIntMode(myPwm1, PWM_IntMode_CounterEqualZero);
                                                //计数器等于 0 时产生触发事件
    PWM_setIntPeriod(myPwm1, PWM_IntPeriod_FirstEvent);
                                                //中断周期,每次事件都进入中断
}
```

PWM 中断事件配置程序如下:

```
/**************************************************************
 * 名称:User_Pie_functionConfigure(void); User_Pie_eventConfigure(void)
 * 功能:PWM 中断事件配置,配置程序入口地址,中断使能
 * 路径:..\chap9_PWM_1\User_Component\User_Pie\User_Pie.c
 **************************************************************/
void User_Pie_functionConfigure(void)
{
    PIE_registerPieIntHandler(myPie, PIE_GroupNumber_3, PIE_SubGroupNumber_1, (intVec_t) &LED_
EPWM1_isr);                                     //PWM 中断子程序入口地址设置
}
void User_Pie_eventConfigure(void)
{
    PWM_enableInt(myPwm1);                      //PWM 模块级中断使能
    PIE_enableInt(myPie, PIE_GroupNumber_3, PIE_InterruptSource_EPWM1);
                                                //PIE 级中断使能
    CPU_enableInt(myCpu, CPU_IntNumber_3); // CPU 级中断使能
}
```

PWM 中断子程序如下:

```
/**************************************************************
 * 名称:interrupt void LED_EPWM1_isr(void);
 * 功能:PWM 中断子程序,改变 PWM 比较点,从而改变占空比
 * 路径:..\chap9_PWM_1\Application\isr.c
 **************************************************************/
interrupt void LED_EPWM1_isr(void)
{
    static int direction=0;
    if(direction==0)                                    //变亮
```

```
    {
      myCmpA ++;
      if( myCmpA >= 60000 )    direction = 1;
    }
    else
    {
      myCmpA--;                                    //变亮
      if( myCmpA = 0 )    direction = 0;
    }
    PWM_setCmpA( myPwm1, myCmpA );                 //更新比较点
    PWM_clearIntFlag( myPwm1 );                    //清除中断标志位
    PIE_clearInt( myPie, PIE_GroupNumber_3 );      //清除应答位
}
```

1. 文件管理

在第 8 章软件工程的基础上，在用户层增加 PWM 文件，包括 LED_PWM. c 和 LED_PWM. h。在 User_Device. h 文件中包含新增的库文件 LED_PWM. h。在中断管理文件中，增加中断入口地址配置、中断使能配置等。

2. 项目实施

项目实施步骤如下：

步骤 1：导入工程 chap9_PWM_1。

步骤 2：编译工程，如果没有错误，则会生成 chap9_PWM_1. out 文件；如果有错误，则修改程序直至没有错误为止。

步骤 3：将生成的目标文件下载到 MCU 的 Flash 存储器中。

步骤 4：运行程序，检查实验结果。观察到 LED 逐渐变亮，再逐渐变暗，循环进行。

思考与练习

9-1　什么是 PWM？PWM 的实现方式有哪几种？

9-2　PWM 的周期和占空比的定义是什么？

9-3　如何改变 PWM 的占空比？

9-4　F28027 的 ePWM 模块有几个子模块？各个子模块的功能是什么？

9-5　EPWM2 模块输出一个连续的 PWM 波形，假如系统时钟为 60MHz，增减计数模式，相关配置函数如下：

```
PWM_setHighSpeedClkDiv( myPwm2, PWM_HspClkDiv_by_12 );
PWM_setClkDiv( myPwm2, PWM_ClkDiv_by_32 );
PWM_setActionQual_CntUp_CmpA_PwmA( myPwm2, PWM_ActionQual_Set );
PWM_setActionQual_CntDown_CmpA_PwmA( myPwm2, PWM_ActionQual_Clear );
```

要求 PWM 的周期为 6400μs，占空比为 20%。请计算 PWM 周期寄存器和比较点寄存器的设置值。

9-6　设计并完成项目，输出如图 9-38 所示波形。TB 时钟为系统时钟 4 分频。死区时间为 200 个 TB 时钟周期。

9-7　设计并完成项目，输出如图 9-39 所示波形。$\overline{TZ1}$ 作为 PWM1A 的 CBC 保护输入，$\overline{TZ2}$ 作为 PWM1B 的 OST 保护输入，当检测到按键按下时（按键用外部中断检测），可以软件解除 PWM1B 的 OST 保护。

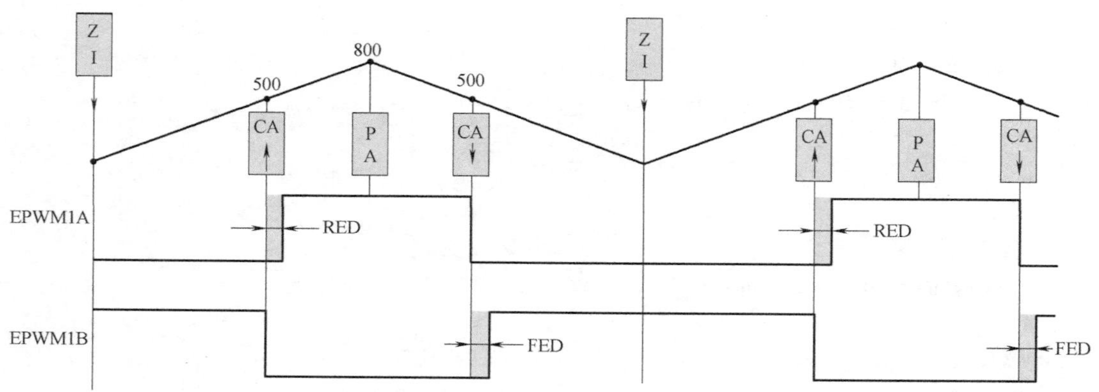

图 9-38 题 9-6 PWM 输出波形

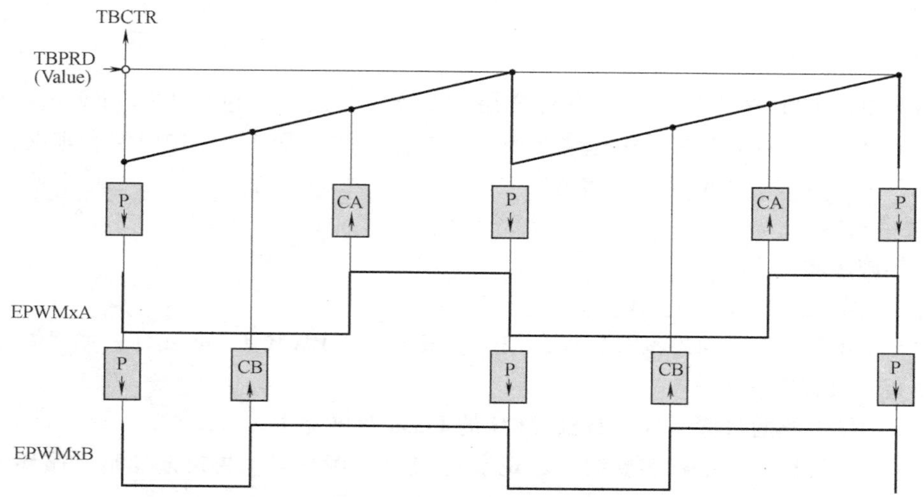

图 9-39 题 9-7 PWM 输出单边非对称波形

第10章 模/数转换器

模拟/数字转换器（Analog to Digital Converter，ADC），也称模/数转换器，是将连续变化的模拟信号转换为离散的数字信号的电子器件。它提供微控制器与现实模拟世界的连接通道。因为CPU只能处理数字量，所以需要把外部待测量的模拟量转换为数字量，CPU才能进行处理。本章首先介绍ADC的基础知识，其次对C2000的ADC模块的内部结构、工作原理、寄存器及其驱动函数进行详细介绍，并给出软件思维导图和应用实例。

10.1 ADC的基础知识

图10-1为典型的实时闭环控制系统框图，输出量为待测量的电压、电流、温度、压力、流量、速度等物理量，这些物理量先经过传感器变换为电信号，再调制成符合ADC模块输入电压范围的电压模拟量，最后送给ADC模块转换为数字量，实时控制系统可以对该数字量进行处理，用于显示或控制。

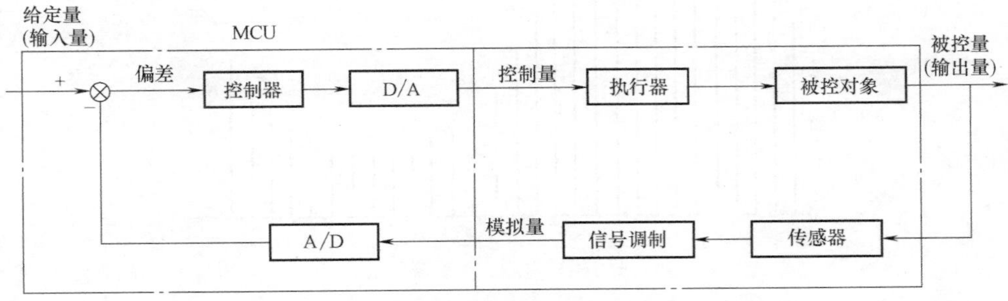

图10-1 典型的实时闭环控制系统框图

10.1.1 ADC转换步骤

ADC转换时，输入的模拟信号在时间上是连续的，而输出的数字信号是离散的。将连续的模拟量转换为离散的数字量通常要经过3个步骤：采样保持、量化、编码。即首先对输入的模拟电压采样，采样结束后进入保持时间，在这段时间内将采样的电压量转化为数字量，并按一定的编码形式给出转换结果。

1. 采样保持

采样是将随时间变化的模拟量转换为在时间上离散的模拟量，保持则将所采样的模拟信号值保持一段时间，以使得后续的量化编码过程中信号值不发生变化。采样与保持过程是通过采样保持电路同时完成的。图 10-2 为采样保持电路。C_h 为采样电容，当采样开关 S 闭合时，ADCIN 输入电压对 C_h 进行充电，该过程为采样过程。当采样开关 S 断开时，C_h 电压保持不变，直到下一次采样开关闭合，这个过程称为保持。相邻两次采样的时间间隔 T 称为采样周期。采样周期 T 必须足够小，也就是采样频率要足够高，才能用采样信号 V_s 表示模拟信号 V_i。

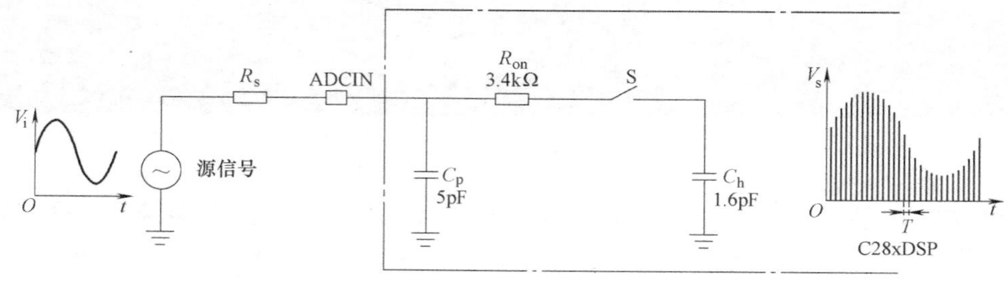

图 10-2　采样保持电路

2. 量化

对模拟信号进行采样保持后，得到一个时间上离散的脉冲信号序列，但每个脉冲的幅度仍然是连续的，必须对采样后每个脉冲的幅度进行离散化处理。如图 10-3 所示，处理方法是用指定的最小单位将模拟量划分为若干个（通常是 2^n 个）区间，这个最小单位所对应的模拟量称为量化单位。将采样保持电路输出的电平转换为量化单位的整数倍的过程称为量化。

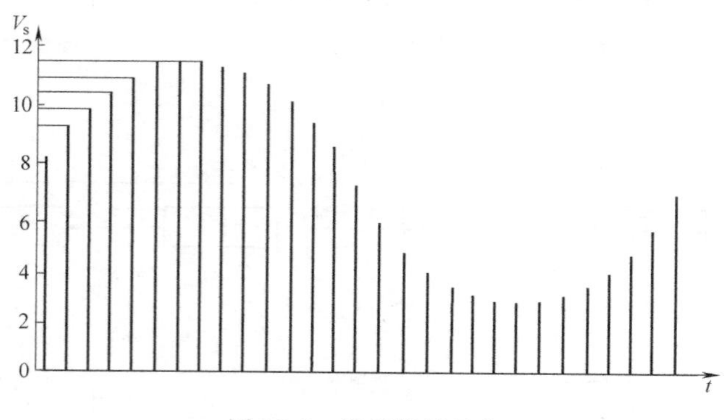

图 10-3　模拟信号量化

从图 10-3 还可以看出，采样的电压不一定能被量化单位整除，因此量化过程会存在量化误差。显然，量化单位越小，所表示的值也越准确，量化误差越小。

3. 编码

把量化的结果用二进制表示出来称为编码。编码长度常用的有 8 位、10 位、12 位和 24 位。这个二进制位数也就是 ADC 转换结果的数据长度。

10.1.2　ADC 主要性能参数

ADC 的主要性能参数有量程、分辨率、精度、转换时间、量化误差、偏移误差等。

（1）量程（Full Scale Range，FSR）

量程是指 ADC 所能转换的模拟输入电压的范围，分为单极性和双极性两种类型。例如，单极性的量程为 0~+3.3V、0~+5V 等；双极性的量程为-5~+5V、-12~+12V 等。

（2）量化误差（Quantization Error）

量化时需要把电平转换为量化单位的整数倍，因为模拟电压是连续的，它不一定能被量化单位整除，因而不可避免地会存在误差。ADC 分辨率越高，量化误差越小。一般是 1 个或 0.5 个最小数字量的模拟变化量，表示为 1LSB 或 0.5LSB（$1LSB=V_{ref}/2^n$）。

（3）分辨率（Resolution）

分辨率是指 ADC 能分辨的最小模拟输入量。从理论上来讲，n 位输出的 ADC 能区分 2^n 个不同等级的输入模拟电压，能区分输入电压的最小值为满量程输入的 $1/2^n$。在最大输入电压一定时，输出位数越多，量化单位越小，分辨率越高。所以，常以数字信号的位数来表示分辨率。

（4）精度（Accuracy）

精度是指对于 ADC 的数字输出（二进制代码），其实际需要的模拟输入值与理论上要求的模拟输入值之差。

精度与分辨率是两个不同的概念，对于一个 ADC 来说，即使它的分辨率很高，也有可能由于线性度、温度漂移等原因，导致其精度不高。影响 ADC 精度的因素除了前面讲过的量化误差以外，还有非线性误差、零点漂移误差和增益误差等，精度会受到这些误差的共同影响。

（5）转换时间（Conversion Time）

ADC 完成一次 A/D 转换所需要的时间，是指从启动 ADC 开始到获得相应数据所需要的时间。不同类型的 A/D 转换器有不同的转换时间，从毫秒级到纳秒级。一般来讲，ADC 的分辨率越高，转换时间就越长。两者相互制约，需要综合考虑。

（6）偏移误差（Offset Error）

模拟量输入信号为零时，数字量输出不为零的值。

（7）增益误差（Gain Error）

满刻度输出时对应的模拟输入量与理想的模拟输入量之差。

（8）线性度（Linearity）

实际 ADC 的转移函数与理想直线的最大偏移。

除此之外，ADC 的其他指标还有绝对精度、相对精度、微分非线性、单调性和无错码、总谐波失真和积分非线性等。

10.1.3 ADC 主要类型

ADC 的种类很多，按转换原理可分为逐次逼近型、积分型、Σ-Δ 型和流水线型等。

（1）逐次逼近型

逐次逼近型 ADC 属于直接式 ADC，其原理可理解为将输入模拟量逐次与 $V_{REF}/2$、$V_{REF}/4$、$V_{REF}/8$、…、$V_{REF}/2^{N-1}$ 作比较，模拟量大于比较值取 1（并减去比较值），否则取 0。逐次逼近型 ADC 转换精度高，速度较快，价格适中，是目前种类最多、应用最广的 A/D 转换器，典型的 8 位逐次逼近型 ADC 芯片有 ADC0809。

（2）积分型 ADC

积分型 ADC 是一种间接式 ADC，其原理是将输入模拟量和基准量通过积分器积分，转换为时间，再对时间计数，计数值即为数字量。积分型 ADC 的优点是转换精度高，缺点是转换时间较长，一般需要40~50ms，积分型ADC主要应用于低速、精密测量等领域，且成本较低，多用于数字万用表中。典型积分型ADC芯片有MC14433和ICL7109。

（3）并行比较型ADC

并行比较型ADC的主要原理是将参考电压分为2^N-1个等级（对于N位的ADC），通过2^N-1个比较器和输入模拟电压进行比较，比较器的输出状态由触发器存储，经编码器编码，得到数字量输出。并行比较型ADC的主要特点是速度快，采样速率每秒最高能达到1G次以上，但其分辨率不高。

（4）压频变换型ADC

压频变换型ADC是一种间接式ADC，其原理是将模拟量转换为频率信号，再对频率信号计数，转换为数字量。压频变换型ADC的优点是精度高，功耗较低，抗干扰能力强，便于长距离传送，但转换速度较低。

（5）Σ-Δ型ADC

Σ-Δ型ADC又称为过采样型ADC，是目前分辨率最高的ADC。它主要由采样/保持电路、模拟低通滤波器、DAC及数字滤波器构成，其中，大多数模块都是由数字电路搭建，噪声对其造成的影响很小，不需要特别处理和调试就可以达到很高的分辨率。典型的Σ-Δ型ADC芯片有ADS1210。

（6）流水线型ADC

流水线型ADC是一种新兴的ADC结构，其原理是将多级比较网络级联在一起，每一级得到一位数字码。如果需要的是n位数字码，则需要比较n次。每次输入的信号必须从头传到尾才算完成了一次量化编码。流水线型ADC的优点是高速、高精度，低功耗，芯片面积小，同时具有优异的动态特性，主要应用在电话、传真、卫星、数据通信等通信系统。

10.1.4 ADC工作流程

（1）采样通道的选择

ADC模块内部通过多路选择器选择相应的A/D通道，A/D通道与采样保持电路相连，等待ADC转换。

（2）启动ADC转换

启动ADC转换后，会依次经过采样保持、量化和编码三个过程，将输入的模拟量转换为数字量。

（3）等待转换结束

转换结束后，数字量保存在ADC结果寄存器中。通过查询或中断方式获取ADC采样结果。

（4）ADC采样结果的处理

MCU通过读取ADC结果寄存器的值来获取ADC采样结果，经过处理后用于显示或控制。

10.1.5 ADC应用注意事项

使用ADC时，需要注意以下一些事项：

1）参考电平的选择。对要求不高的场合，一般采用内部参考电平。对于需要高精度采样的场合，推荐使用外部高精度参考电平。

2）板上模拟电源和数字电源，以及模拟地和数字地要分开，减少耦合噪声的影响。

3）在 ADC 输入端，通常加入一个 *RC* 低通滤波电路，来滤除高频噪声造成的干扰。

4）ADC 输入电平需要在 ADC 有效采样范围内，否则转换结果不会变化，当输入电平过大时，有可能损坏 ADC 模块。

5）ADC 应用时必须满足采样定理，即 $f_s \geqslant 2f_{max}$，f_s 为采样频率，f_{max} 为输入信号的最高频率的分量频率（具体为对信号傅里叶分解之后的最高谐波频率）。

10.2 C2000 的 ADC 模块

10.2.1 ADC 概述

F28027 有 13 个 ADC 引脚可以与外部模拟量相连，分为两组，包括 ADCINA（ADCINA7、ADCINA6、ADCINA4、ADCINA3、ADCINA2、ADCINA1、ADCINA0 等 7 个引脚）和 ADCINB（ADCINB7、ADCINB6、ADCINB4、ADCINB3、ADCINB2、ADCINB1 等 6 个引脚）。在芯片内部，内置温度传感器占用 A5 输入，参考电压 VREFLO 占用 B5 输入，ADCINA5、ADCINB5 和 ADCINB0 没有外接引脚。

F28027 的 ADC 内核包含一个 12 位转换器，转换器为部分逐次逼近型、部分流水线型。两路采样保持电路可同步采样（有些应用系统必须同时对两路模拟信号进行同步采样，双采样保持电路为这种应用提供了可能性）或顺序采样。转换器的模拟参考电平可以配置为外部电压基准（VREFHI/VREFLO），也可以配置为内部电压基准。

ADC 模块的功能包括：

1）具有内置双采样保持（S/H）的 12 位 ADC 内核。

2）同步采样模式或顺序采样模式。

3）全范围模拟输入：0~3.3V，或者 VREFLO~VREFHI。

4）工作时钟为系统时钟，无须预分频。

5）多达 16 个通道，复用的输入（实际 ADC 输入引脚是 13 个）。

6）16 个 SOC，可针对触发源、采样窗口和通道进行配置。

7）用于存储转换值的 16 个结果寄存器（可单独寻址）。

8）多个触发源，包括 S/W（软件立即启动）、ePWM 1~4、GPIO XINT2、CPU 定时器 0/1/2 和 ADCINT1/2。

9）9 个灵活的 PIE 中断，可在任一个转换完成后发出中断请求。

10.2.2 ADC 功能框图

ADC 模块的功能框图如图 10-4 所示，包括以下部分：

1）参考电平发生器（Reference Voltage Generator）。

2）输入电路（Input Circuit）。

3）转换器（Converter）。

4）ADC 采样决策（ADC Sample Generation Logic）。

5）SOC0~SOC15 配置（SOC0~SOC15 Configurations）。

6）ADC 中断管理（ADC Interrupt Logic）。

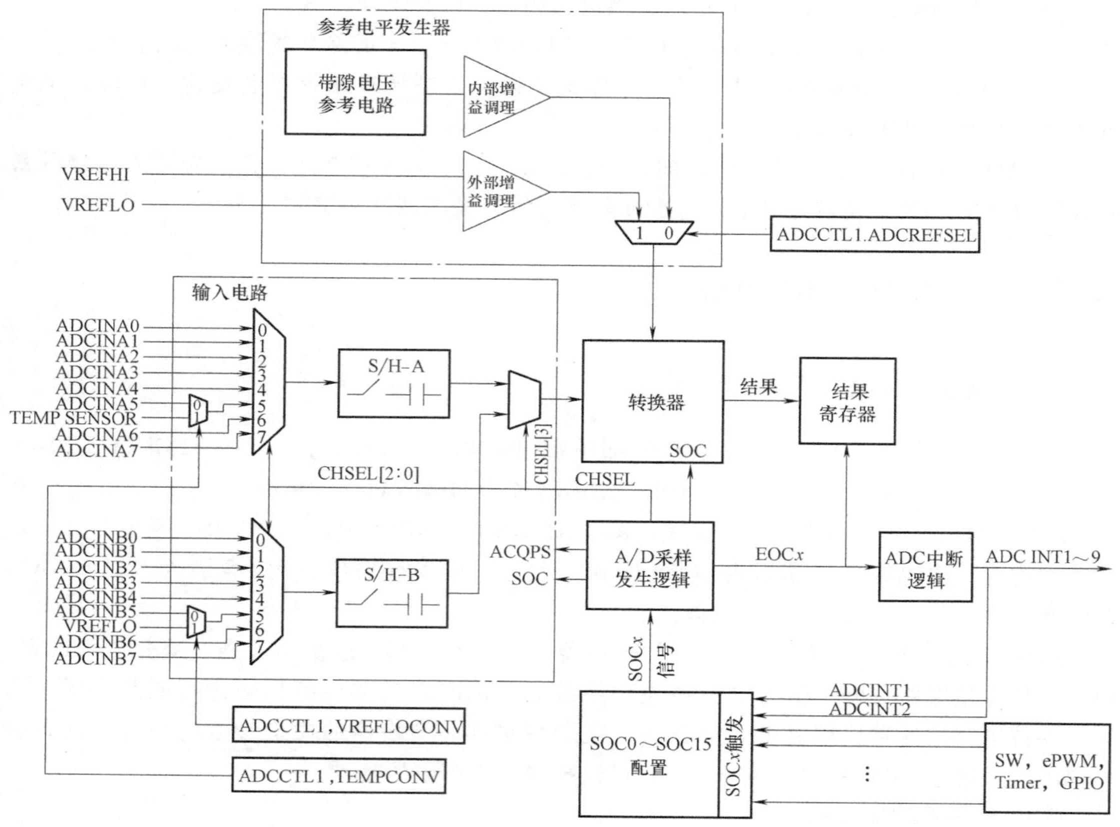

图 10-4　ADC 模块的功能框图

7）AD 转换结果寄存器（Result Registers）。

10.2.3　ADC 功能描述

1. 参考电平发生器

ADC 模块有两种不同的参考电平方式：内部参考电平和外部参考电平。通过寄存器 ADCCTL1. ADCREFSEL 位选择，该位为 0 时选择内部参考电平，该位为 1 时选择外部参考电平。

（1）内部参考电平

采用内部参考电平时，模拟量输入范围为 0~3. 3V。此时 VREFLO 引脚必须接地。对应的转换结果见表 10-1。

表 10-1　内部参考电平的转换结果

转换结果(数字量)	模拟量输入(Input)
0	Input≤0V
4096×[(Input-VREFLO)/3. 3V]	0V<Input<3. 3V
4095	Input≥3. 3V

（2）外部参考电平

外部参考电平由 VREFHI/VREFLO 引脚提供。转换器的转换结果是输入的模拟量与该电平的相对比值。对应的转换结果见表10-2。

表10-2　外部参考电平的转换结果

转换的数字量	模拟量输入(Input)
0	Input≤VREFLO
4096×[(Input-VREFLO)/(VREFHI-VREFLO)]	VREFLO <Input< VREFHI
4095	Input≥VREFHI

2. SOC（Start of Convertion）工作原理

图10-5为SOC功能框图。ADC的工作是基于SOC控制的，SOC信号送到ADC采样决策逻辑模块进行决策，产生相应的控制信号，即通道选择（CHSEL）、采样窗设置（ACQPS）和开始转换触发信号（SOC）。总共有16个SOC配置寄存器，用户通过SOC0~SOC15配置寄存器进行配置。每个SOC可以独立配置转换的通道、采样窗宽度和选择开始转换的触发源。该配置机制提供了非常灵活的转换方式。如用同一个触发源对不同的通道进行采样；用不同的触发源对不同的通道进行采样；也可以用一个触发源对同一个采样通道进行多次采样，即过采样。

以下分别对采样通道选择、采样窗宽度和触发源进行详细分析。

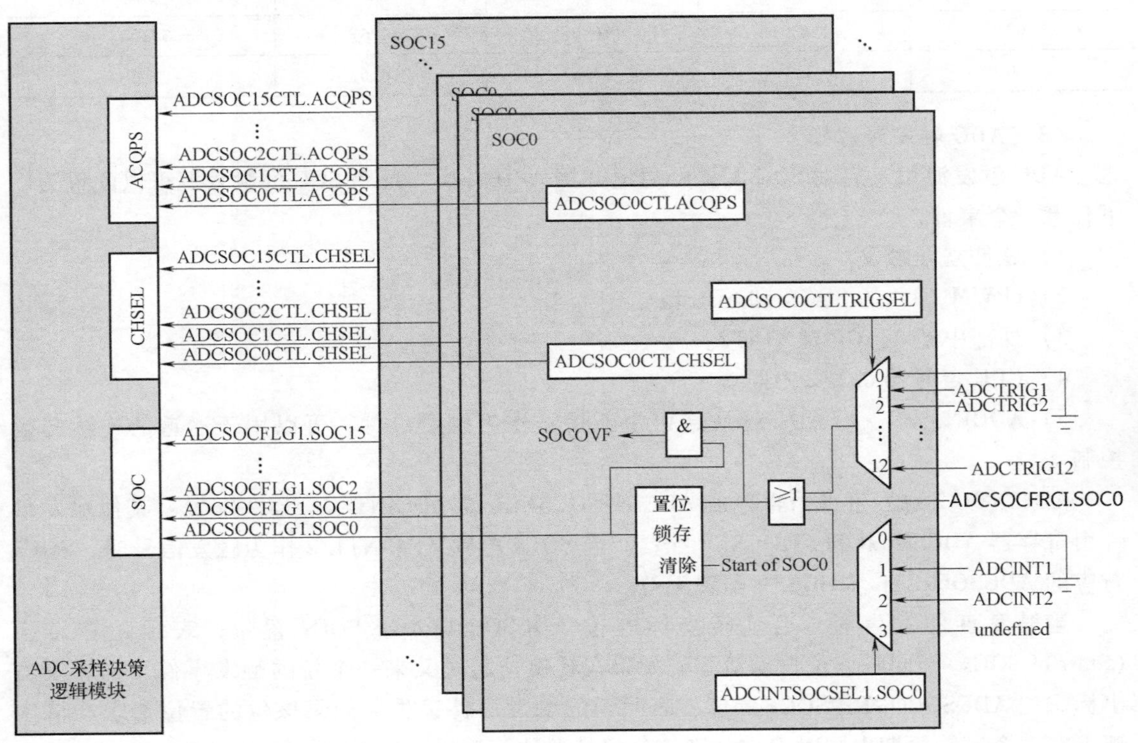

图10-5　SOC功能框图

(1) 采样通道选择

输入电路包括通道选择和采样/保持电路。通道选择信号CHSEL［0-2］和CHSEL［3］来自采样决策模块。ADC模块输入的通道有16个（F28027只有13个），分为A组和B组，各8个。内置温度传感器采样占用A5通道，通过ADCCTL1. VREFCONV位进行选择。参考电平 VREFLO 采样占用 B5 通道，通过 ADCCTL1. TEMPCONV 位进行选择。

当使用外部参考电平时，电平 VREFHI 占用 ADCINA0 引脚，ADCINA0 不能当作采样输入口。

（2）ADC 采样窗宽度选择

采样窗的配置信号 ACQPS 来自采样决策模块。采样保持电路内部模型见图 10-2。R_{on} 为采样电阻，C_h 为采样电容，C_p 为寄生电容，ADCIN 为调制后待转换的模拟信号。

ADC 的采样保持电路必须快速准确地跟踪被采样的信号 ADCIN。设计时要根据待采样信号的特点对采样窗的宽度进行配置，以便外部信号能够对采样电路的电容进行准确合适地充电。采样时间等于 ACQPS+1 个时钟周期，ACQPS 最小值为 6，最大值为 63。转换时间为 13 个时钟周期。A/D 处理总的时间等于采样时间和转换时间之和。表 10-3 为不同采样窗宽度时的采样时间和总的模拟量处理时间。表中 A/D 处理总的时间是针对单次 A/D 转换的时间，不考虑流水线转换对平均转换速度的提高。

表 10-3 不同采样窗宽度的采样时间和总的模拟量处理时间

ADC 时钟/MHz	采样窗配置	采样时间/ns	转换时间/ns	A/D 处理总的时间/ns
40	6	175	325	500
40	25	625	325	950
60	6	116. 67	216. 67	333. 33
60	25	433. 67	216. 67	650

（3）ADC 触发源选择

ADC 触发源用于启动 SOC 配置的通道开始 A/D 转换。每个 SOC 的触发源可以配置为以下任意一个事件：

1）软件立即触发。

2）ePWM 1~4 的 SOCA 和 SOCB。

3）外部中断 2，GPIO XINT2。

4）CPU 定时器 0/1/2 中断。

5）ADCINT1/2。用 ADC 转换结束中断信号作为触发事件，可以用于通道的连续转换控制。

ADCINT1/2 触发事件由寄存器 ADCINTSOCSEL1 或 ADCINTSOCSEL2 配置，其他触发事件由寄存器 ADCSOCxCTL. TRIGSEL 配置。当 SOCx 配置 ADCINT1/2 作为触发信号时，SOCx 对应的 ADCSOCxCTL. TRIGSEL 配置无效。

当触发事件发生时，启动转换标志位 ADCSOCxFLAG1. SOCx 置位，表示正在转换（Start of SOCx），同时该位自动清零。如果在转换挂起时又来一个新的触发事件，则转换溢出标志位 ADCSOCOVF1. SOCx 置位，表明新的触发事件丢失。如果该位的置位请求和清零请求在一个时钟周期内同时发生，则该位保持置位，清零设置无效。

3. ADC 采样结果的保存与读取

ADC 的结果保存在结果寄存器 ADCRESULTx 中。保存方式是：顺序采样时，SOCx 触发的通道转换结果保存在对应的 ADCRESULTx 中，序号一一对应。对于同步采样，通常只用偶数的 SOCx，该 SOCx 配置的一对通道转换后结果保存在 ADCRESULTx 和 ADCRESULT（x+1）中，分别对应 A 组和 B 组的转换结果。

例如，SOC0 配置为同步采样方式，通道配置为（ADCINA3/ADCINB3），当触发条件满足时，对 ADCINA3/ADCINB3 通道进行同步采样。接着，立即对 ADCINA3 进行转换，转换结束后结果保存在 ADCRESULT0 中，然后对 ADCINB3 进行转换，结果保存在 ADCRESULT1 中。

4. ADC 采样优先级

当多个 SOC 被同时触发时，需要通过优先级来决定哪个 SOC 对应的通道优先被转换。采样优先级有两种模式：Round Robin 模式和具有高优先级的 Round Robin 模式。

（1）Round Robin 模式

Round Robin 是由 SOC0～SOC15 组成的一个头尾相接、方向固定的循环闭环。环内部的 16 个 SOC 没有固定的优先级，优先级由循环指针 RRPOINTER 决定。当前 RRPOINTER 的值表示上一次被转换的 SOC，那么它的下一个 SOC 具有最高的优先级。ADC 模块复位后，RRPOINTER＝20h，表示没有 SOC 被转换，那么 SOC0 具有最高优先级。

图 10-6 给出了 Round Robin 模式示例。其中，图 10-6a 表示复位后，SOC0 具有最高优先级。SOC7 被触发，SOC7 配置的通道开始转换；图 10-6b 表示 RRPOINTER 值被改为指向 SOC7，即 07h，这时 SOC8 具有最高优先级；图 10-6c 表示 SOC2 和 SOC12 同时被触发，因为 SOC12 在循环圈的前端，比 SOC2 优先级高，所以 SOC12 配置的通道首先被转换，SOC2 被挂起等待；图 10-6d 表示 SOC12 转换完后，RRPOINTER 指向 SOC12，此时 SOC2 配置的通道开始转换；图 10-6e 表示 SOC2 转换结束后，RRPOINTER 指向 SOC2，此时 SOC3 具有最高优先级。

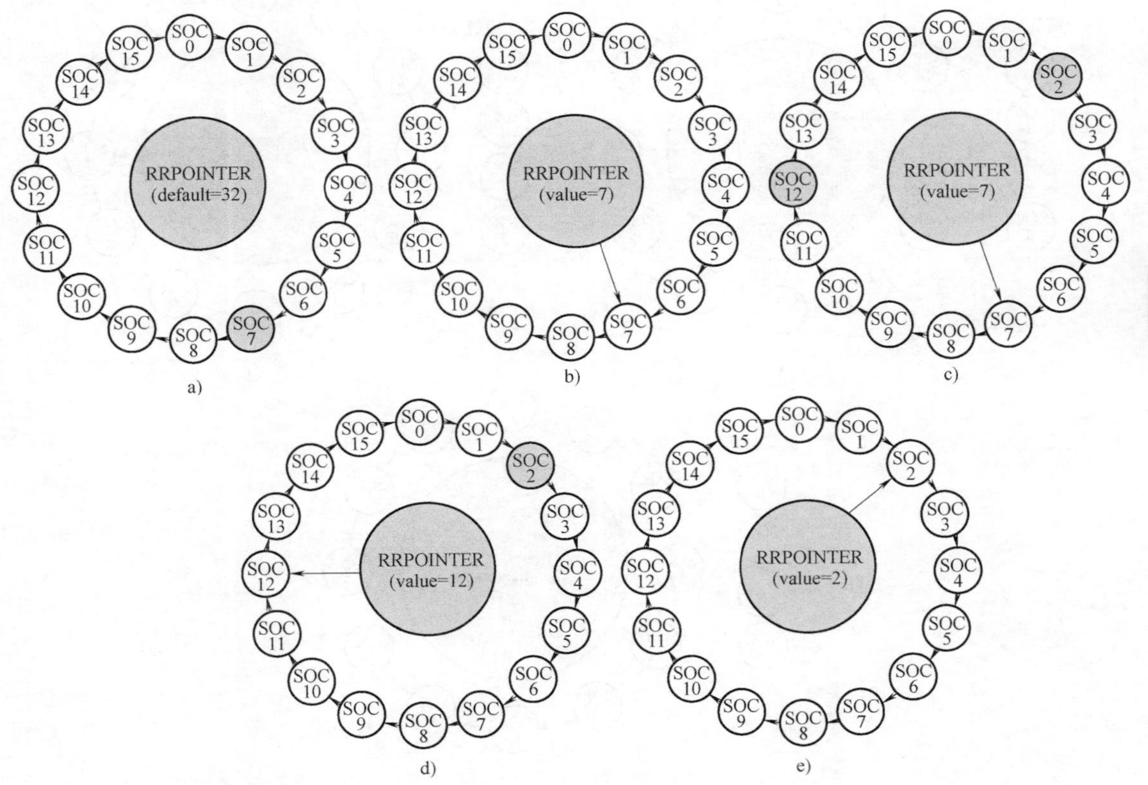

图 10-6 Round Robin 模式示例

（2）具有高优先级的 Round Robin 模式

该模式可以设置某些 SOC 具有高优先级，这些高优先级的 SOC 可以打断 Round Robin 的循环顺序，优先进行转换。多个高优先级的 SOC，序号低的优先级高。

图 10-7 给出了具有高优先级的 Round Robin 模式示例，假设 SOC0 ~ SOC3 具有高优先级。其中，图 10-7a 表示复位后，SOC4 在 Round Robin 环优先级最高，SOC7 被触发，对应的通道开始转换；图 10-7b 表示 RRPOINTER 值被改为指向 SOC7，即 07h，这时 SOC8 在环中具有最高优先级；图 10-7c 表示 SOC2 和 SOC12 同时被触发，因为 SOC2 具有高优先级，可以打断 Round Robin 的循环，所以 SOC2 配置的通道首先被转换，SOC12 被挂起等待；

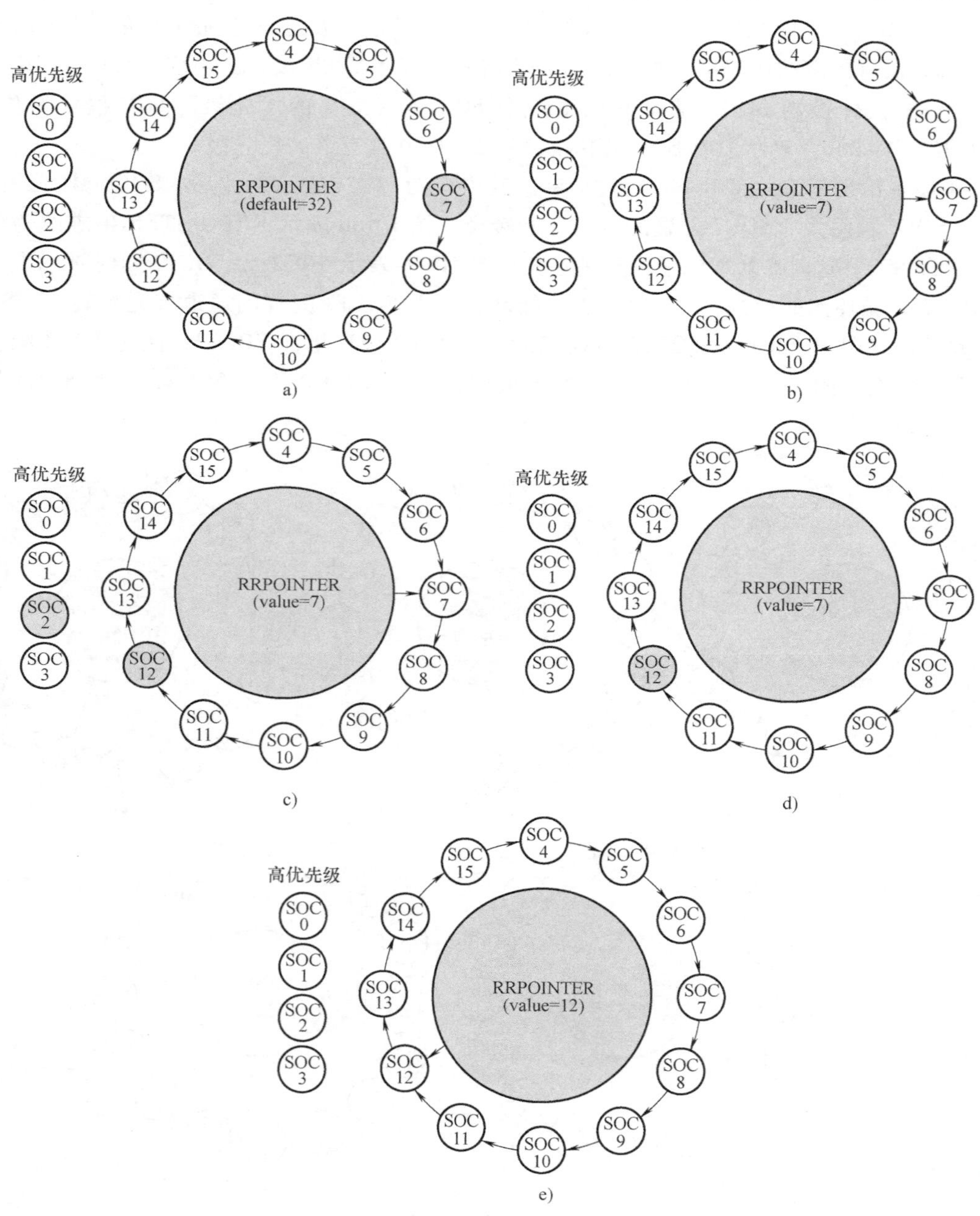

图 10-7　具有高优先级的 Round Robin 模式示例

图 10-7d 表示 SOC2 转换完后，RRPOINTER 还是指向 SOC7，此时 SOC12 配置的通道开始转换；图 10-7e 表示 SOC12 转换结束后，RRPOINTER 指向 SOC12，此时 SOC13 具有最高优先级。

5. ADC 中断

图 10-8 为 ADC 中断的功能框图。对应于 16 个独立的 SOCx，有相应的 16 个采样结束信号 EOCx。ADC 模块有 9 个中断输出信号，即 ADCINT1 ~ ADCINT9。

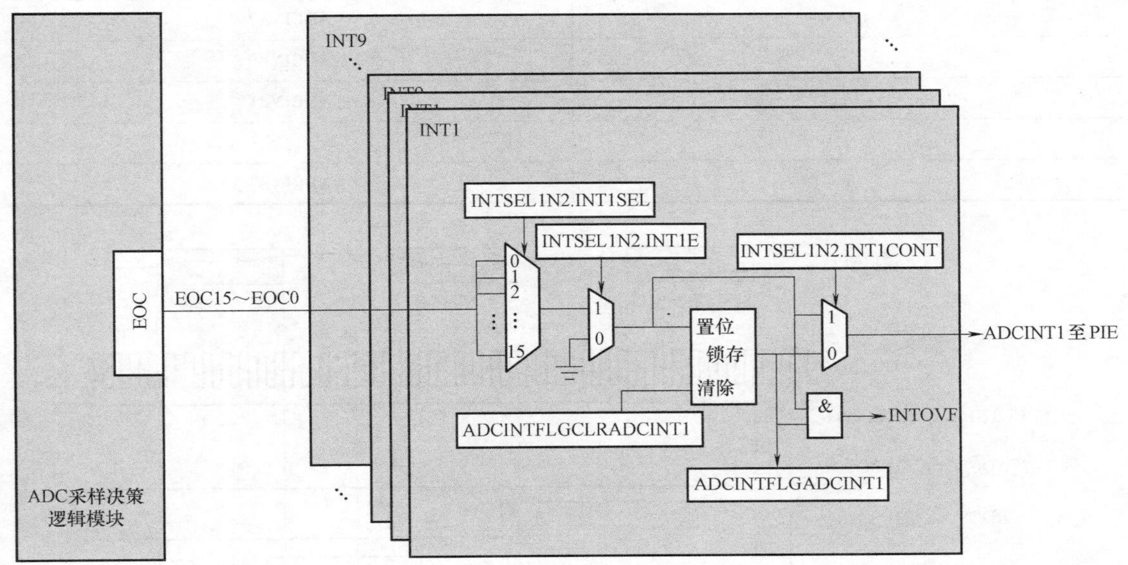

图 10-8　ADC 中断的功能框图

任意一个 EOCx 脉冲都可以配置为 ADCINTx 的触发源。具体功能如下：

1）EOC 脉冲产生模式选择，一种是 ADC 开始转换时输出 EOC 脉冲；一种是 ADC 转换结果保存前一个周期输出 EOC 脉冲。通过 ADCCTRL1. NTPULSEPOS 位设置。

2）ADCINTx 触发源选择，可以选择 16 个 EOC 的任意一个作为 INTx 的中断触发源。通过 INTSELxNy. INTxSEL 选择。

3）中断使能，INTSELxNy. INTxE 为中断使能开关，用于允许/禁止 INTx 中断。

4）连续中断模式选择 INTSELxNy. INTxCONT 位用于设置连续中断模式或非连续中断模式。连续模式时，新的中断在 EOC 触发后马上产生。非连续模式时，新的中断只能在中断标志位清零后产生。如果中断标志位 ADCINTFLG. ADCINTx 被置位时新的触发信号 EOC 发生，那么中断溢出标志位 INTOVF 置位，指示一个中断触发信号丢失。

6. 顺序采样和同步采样

采样通道分成 A 组和 B 组。A 组与采样保持电路 S/H-A 相连，B 组与采样保持电路 S/H-B 相连，所以每次最多只能同时采样两路外部模拟量。根据是否同时采样，采样方式有顺序采样和同步采样两种。

（1）顺序采样

按 SOC 配置的顺序一个一个通道进行采样保持。顺序采样用于没有时间关联性的外部模拟量采样。顺序采样时，通道选择由 CHSEL［3：0］来决定，配置方式见表 10-4。

例如，配置 SOC0 和 SOC1 为顺序采样模式，并配置 SOC0 在 ADC 结果保存到 ADC 结果寄存器的前一个周期输出 EOC0 脉冲，触发 ADCINT 中断，此时的工作时序如图 10-9 所示。

表 10-4 顺序采样时的通道选择

CHSEL[3:0]	对应通道
0h	ADCINA0
1h	ADCINA1
⋮	⋮
7h	ADCINA7
8h	ADCINB0
9h	ADCINB1
⋮	⋮
fh	ADCINB7

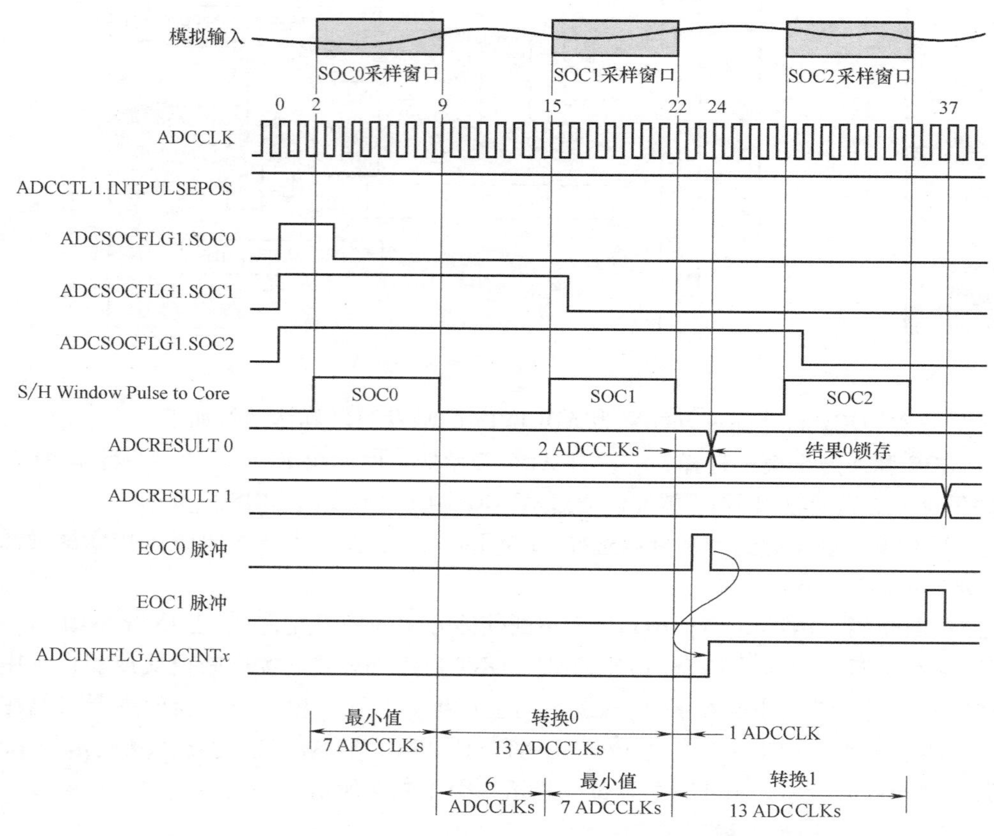

图 10-9 顺序采样模式/延迟中断脉冲时序图

顺序采样模式/延迟中断脉冲的时序分析如下：

1） ADCCLK = SYSCLKOUT：F28027 直接采用系统时钟。

2） ADCCTL1. INTPULSEPOS = 1：中断脉冲在 ADC 转换结果锁存前 1 个周期产生。

3） ADCSOCFLG1. SOC0 = 0：无待定的采样。

4） ADCSOCFLG1. SOC0 = 1：收到触发，SOC0 采样即将发生；ADCSOCFLG1. SOC1 = 1：触发相较 SOC0 延长 13 个周期，SOC1 采样在 SOC0 之后发生；ADCSOCFLG1. SOC2 = 1：触发相较 SOC1 延长 13 个周期，SOC2 采样在 SOC1 之后发生；SOC0 的转化（采样/保持）发

生在 ADCSOCFLG1. SOC0 信号向上跳变（上升沿）两个 ADC 周期之后，采样窗的长度为 7 个周期，保持窗的长度为 6 个周期。SOC1 转化相对于 SOC0 延迟 13 个周期，而 SOC2 转化相对于 SOC1 也延迟 13 个周期。

5）S/H Window Pulse to Core：采样/保持窗脉冲进入 ADC 核开始转换，每个采样/保持窗为 13 个 ADC 核时钟周期（保持窗固定为 6 个 ADC 核时钟周期）。SOC0 触发后的第 22 个 ADC 核时钟周期转换数据将锁存到 ADCRESULT0 寄存器，SOC1、SOC2 触发的转换数据以此类推。

6）EOC0 脉冲：EOC0 信号与 SOC0 关联；EOC1 脉冲：EOC1 信号与 SOC1 关联；EOC0 脉冲上升沿在 ADC 转换结果锁存前 1 个周期产生；其下降沿发生在第 22 个 ADC 核时钟周期，用作 ADCINTx 中断的触发源。

7）ADCINTFLG. ADCINTx：在 EOC0 信号的下降沿时，ADCINTFLG. ADCINTx 中断标志置 1，产生一个 ADCINTx 中断，在此期间，EOC1 的脉冲信号被忽略。

（2）同步采样

同步采样就是把 A、B 两组相同序号的通道一对一对同步进行采样保持，如 ADCINA0/ADCINB0，ADCINA1/ADCINB1 等。同步采样用于具有时间关联性的多组信号。如在交流电指标计量中，需要同时对电压电流进行采样，才能正确得出电压电流的相位差，进而算出功率因数。同步采样时，通道选择由 CHSEL［2：0］来决定，CHSEL 最高位没有用，配置方式见表 10-5。一般只配置偶数的 SOC，如配置 SOC2 的 CHSEL［2：0］=3，那么就对通道 ADCINA3 和通道 ADCINB3 进行采样，采样结果保存在结果寄存器 ADCRSULT2 和 ADCREAULT3 中。

表 10-5　同步采样时的通道选择

CHSEL[2:0]	对应的采样通道
0h	ADCINA0/ ADCINB0
1h	ADCINA1/ ADCINB1
2h	ADCINA2/ ADCINB2
3h	ADCINA3/ ADCINB3
4h	ADCINA4/ ADCINB4
5h	ADCINA5/ ADCINB5
6h	ADCINA6/ ADCINB6
7h	ADCINA7/ ADCINB7

例如，配置 SOC0 和 SOC1 为同步采样模式，并配置 SOC0 在 ADC 转换结果保存到 ADC 结果寄存器的前一个周期输出 EOC0 脉冲，触发 ADCINT 中断，此时的工作时序如图 10-10 所示。

同步采样模式/延迟中断脉冲的时序分析如下：

1）ADCCLK=SYSCLKOUT：F28027 器件直接采用系统时钟。

2）ADCCTL1. INTPULSEPOS=1：中断脉冲在 ADC 结果锁存前 1 个周期产生。

3）ADCSOCFLG1. SOC0=0：无待定的采样。

4）ADCSOCFLG1. SOC0=1：第 1 组采样已经接收到触发，SOCx 采样即将发生；ADCSOCFLG1. SOC2=1：第 2 组采样触发相对于 SOC0 延长 26 个周期，SOC2 在 SOC1 之后发生；

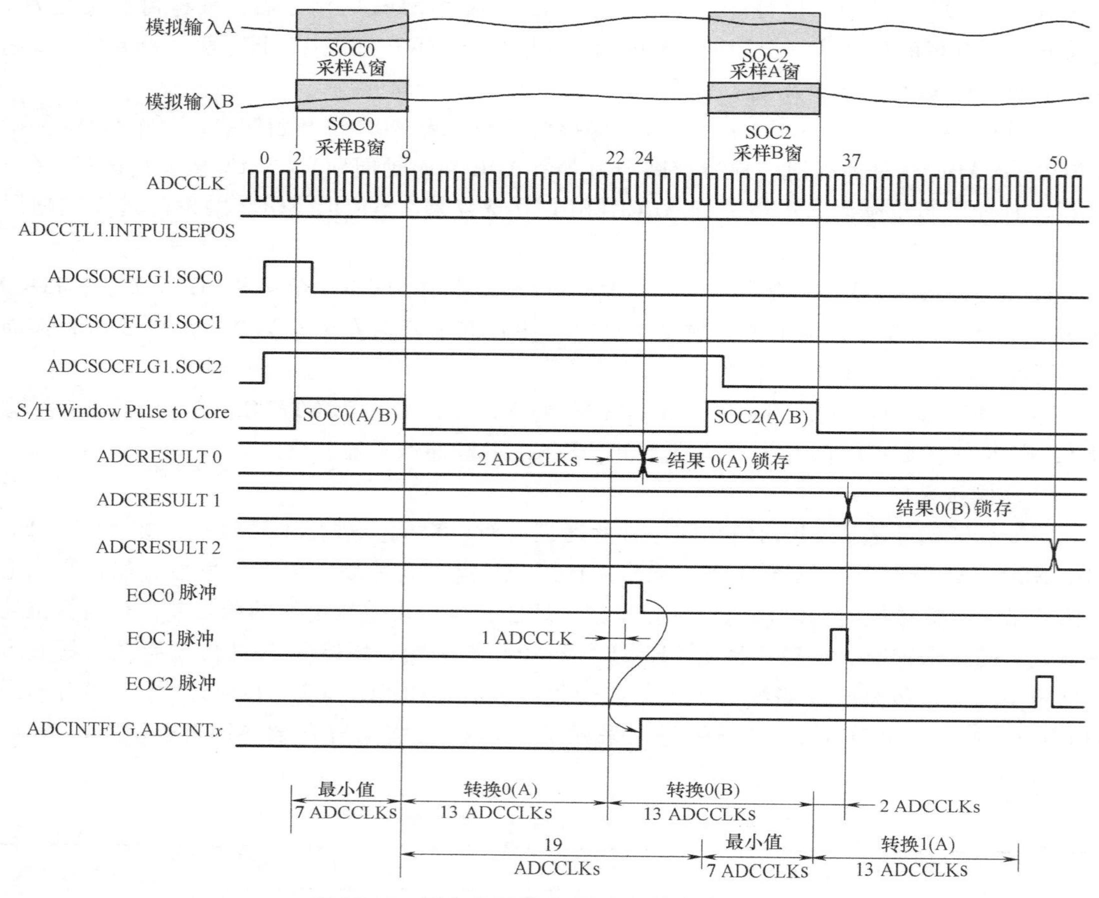

图 10-10 同步采样模式/延迟中断脉冲时序图

SOC0 的转化（采样/保持）发生在 ADCSOCFLG1. SOC0 信号向上跳变（上升沿）两个 ADC 周期之后，采样窗的长度为 7 个周期，保持窗的长度为 19 个周期，SOC1 忽略；SOC2 转换相对于 SOC0 延迟 26 个周期。

5）S/H Window Pulse to Core：SOC0（A/B）的转换（采样/保持）发生在 ADCSOCFLG1. SOC0 信号向上跳变（上升沿）两个 ADC 周期之后，SOC2（A/B）转换相对于 SOC0（A/B）延迟 26 个周期。由于 ADC 模块转换核只有一个，所谓同步转换实际上是分时进行的，只是时间间隔很小而已。因此，A、B 两个通道转换仍然各占用 13 个周期。SOC0（A/B）触发后的第 22 个 ADC 周期 A 通道转换数据将首先锁存到 RESULT0（A）寄存器中，在 A 通道转换数据锁存后的第 13 个周期，B 通道转换数据将随之锁存到 RESULT0（B）寄存器中。

6）EOC0 脉冲：EOC0 信号与 SOC0 关联；EOC1 脉冲：EOC1 信号与 SOC1 关联；EOC2 脉冲：EOC2 信号与 SOC2 关联；EOC0 脉冲上升沿在 SOC0（A/B）触发后的第 21 个时钟周期产生，正好是 ADC 结果锁存前 1 个周期。EOC0 的脉冲宽度为一个周期，其下降沿发生在第 22 个时钟周期。此时转换数刚锁存完毕，与此同时触发 ADCINTx 中断。

7）ADCINTFLG. ADCINTx：在 EOC0 信号的下降沿时，ADCINTFLG. ADCINTx 中断标志位置 1，产生一个 ADCINTx 中断，在此期间，EOC1 及 EOC2 的脉冲信号被忽略。

7. ADC 模块上电时序

复位后 ADC 模块处于关闭状态。在配置 ADC 寄存器之前必须使能 ADC 时钟。ADC 模块的上电时序为：

1）如果选择外部参考电平，则使能该模式。

2）ADC 内核、Bandgap 电路、参考电路上电（ADCCTL1. ADCPWDN、ADCCTL1. ADCBGPWD、ADCCTL1. ADCREFPWD 置位）。

3）ADC 模块使能（ADCCTL1. ADCENABLE 置位）。

4）1ms 后开始 A/D 转换。

10.3 ADC 的软件架构

10.3.1 寄存器及驱动函数

ADC 寄存器有 ADC 结果寄存器（ADC Result Register）、ADC 控制寄存器（ADC Control Register1）、ADC 中断寄存器（ADC Interrupt Registers）、ADC 优先级寄存器（ADC Priority Registers）和 ADC SOC 寄存器（ADC SOC Registers）。表 10-6~表 10-11 为 ADC 寄存器及其驱动函数。驱动函数通过结构体指针 myAdc 对寄存器进行读写操作。结构体指针的初始化和使用方法参见第 4 章。ADC 模块的驱动函数文件是 F2802x_Component/source/ adc. c 和 F2802x_Component/include/adc. h。

ADC 模块驱动函数

表 10-6 ADC 结果寄存器及其驱动函数

寄存器	描述	地址	驱动函数	功能
ADCREULT0~ADCREULT15	ADC 结果寄存器	0x0B00~0x0B0F	ADC_readResult	读取结果寄存器的值

表 10-7 ADC 控制寄存器 1 及其驱动函数

寄存器	描述	地址	驱动函数	功能
ADCCTL1	ADC 控制寄存器 1	0x7100	ADC_disable ADC_enable ADC_disableBandGap ADC_enableBandGap ADC_disableRefBuffers ADC_enableRefBuffers ADC_disableTempSensor ADC_enableTempSensor ADC_powerDown ADC_powerUp ADC_reset ADC_setIntPulseGenMode ADC_setVoltRefSrc	ADC 模块禁止 ADC 模块使能 Bandgap 电路下电 Bandgap 电路上电 参考电路下电 参考电路上电 禁止内部温度传感器 使能内部温度传感器 ADC 内核下电 ADC 内核上电 ADC 重置 EOC 脉冲产生模式选择 选择参考电平

表 10-8　ADC 控制寄存器 2 及其驱动函数

寄存器	描述	地址	驱动函数	功能
ADCCTL2	ADC 控制寄存器 2	0x7101		ADC 控制寄存器 2

表 10-9　ADC 中断寄存器及其驱动函数

寄存器	描述	地址	驱动函数	功能
ADCINTFLG	中断标志寄存器	0x7104	ADC_getIntStatus	获取中断标志位状态
ADCINTFLGCLR	中断标志清除寄存器	0x7105	ADC_clearIntFlag	清除中断标志位
ADCINTOVF	中断溢出寄存器	0x7106		
ADCINTOVFCLR	中断溢出清除寄存器	0x7107		
INTSEL1N2	中断 1 和中断 2 选择寄存器	0x7108	ADC_disableInt ADC_enableInt ADC_setIntMode ADC_setIntSrc	中断 1 和中断 2 选择
INTSEL3N4	中断 3 和中断 4 选择寄存器	0x7109		中断 3 和中断 4 选择
INTSEL5N6	中断 5 和中断 6 选择寄存器	0x710A		中断 5 和中断 6 选择
INTSEL7N8	中断 7 和中断 8 选择寄存器	0x710B		中断 7 和中断 8 选择
INTSEL9N10	中断 9 和中断 10 选择寄存器	0x710C		中断 9 和中断 10 选择

表 10-10　ADC 优先级寄存器及其驱动函数

寄存器	描述	地址	驱动函数	功能
SOCPRICTL	SOC 优先级控制寄存器	0x7110	ADC_setSOCPRI	SOC 优先级控制

表 10-11　ADC SOC 寄存器及其驱动函数

寄存器	描述	地址	驱动函数	功能
ADCSAMPLEMODE	采样模式寄存器	0x7112	ADC_setSampleMode	选择采样模式
ADCINTSOCSEL1	SOC 中断选择 1	0x7114		
ADCINTSOCSEL2	SOC 中断选择 2	0x7115		
ADCSOCFLG1	SOC 标志寄存器	0x7118		
ADCSOCFRC1	SOC 软件触发寄存器	0x711A	ADC_forceConversion	软件强制触发
ADCSOCOVF1	SOC 溢出寄存器	0x711C		
ADCSOCOVFCLR1	SOC 溢出清除寄存器	0x711E		
ADCSOCxCTL	SOC0~SOC15 控制寄存器	0x7120~ 0x712F	ADC_setSocChanNumber ADC_setSocTrigSrc ADC_setSocSampleWindow	SOC 通道配置 SOC 触发源信号配置 采样窗宽度配置

10.3.2　软件思维导图

图 10-11 为 ADC 模块的软件思维导图，包括 ADC 模块的时钟使能、ADC 模块的上电设置、ADC 模块的功能配置和 ADC 模块的中断事件配置等。

使用 ADC 模块时，可参考以下步骤进行操作，也可根据实际情况灵活使用。

(1) ADC 功能配置

步骤 1：ADC 参考电平选择（ADC_setVoltRefSrc）。

步骤 2：ADC 内核上电（ADC_powerUp）。

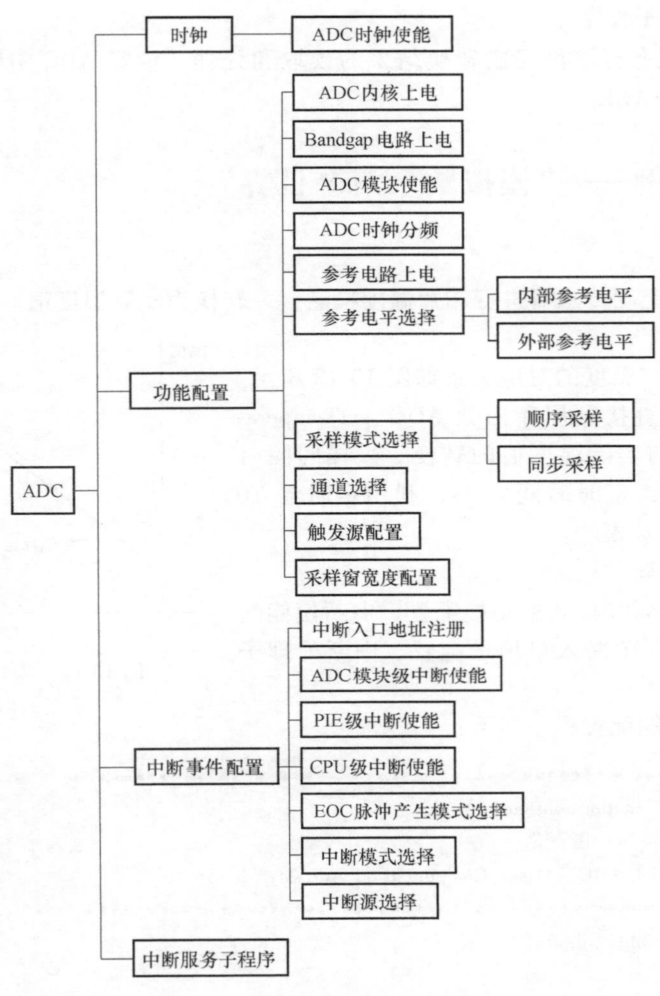

图 10-11 ADC 模块软件思维导图

步骤 3：Bandgap 电路上电（ADC_enableBandGap）。

步骤 4：参考电路上电（ADC_enableRefBuffers）。

步骤 5：ADC 模块使能（ADC_enable）。

步骤 6：采样模式选择（ADC_setSampleMode）。

步骤 7：SOCx 触发的通道选择（ADC_setSocChanNumber）。

步骤 8：触发源选择（ADC_setSocTrigSrc）。

步骤 9：采样窗宽度配置（ADC_setSocSampleWindow）。

步骤 10：事件配置（ADC_setIntPulseGenMode、ADC_setIntMode、ADC_setIntSrc）。

（2）中断事件配置

步骤 11：中断入口地址注册（PIE_registerPieIntHandler）。

步骤 12：ADC 事件中断使能（ADC_enableInt）。

步骤 13：PIE 级中断使能（PIE_enableInt）。

步骤 14：CPU 级中断使能（CPU_enableInt）。

(3) 中断服务子程序

在 ADC 中断服务程序里完成转换结果的读取和处理，清除 ADC 中断标志位和对应的 PIE 中断应答位 PIEACKx。

10.4 应用实例——“模拟数字两个世界”

1. 项目任务

利用芯片内置温度传感器进行芯片温度检测，并转换为实际温度值。采样间隔时间 1s。

2. 任务分析

A/D 转换结果与温度的对应关系如图 10-12 所示。实际应用中，可以直接利用库函数 ADC_getTemperatureC 进行 A/D 值与实际温度值的转换。采样间隔时间通过定时器控制，定时时间为 1s，利用定时器 T0 的中断信号触发 ADC 模块。

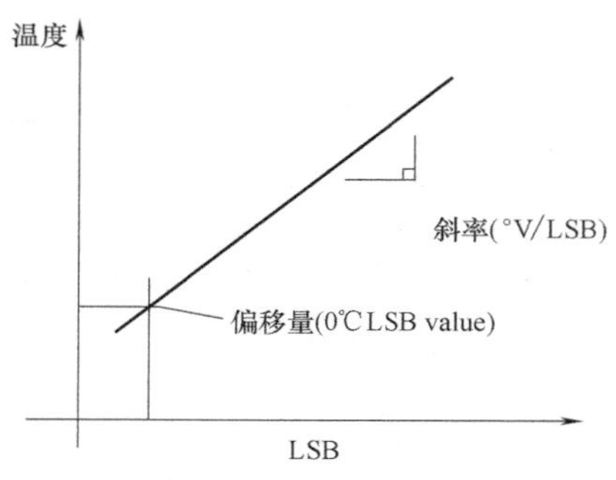

图 10-12 A/D 转换结果与温度的对应关系

3. 部分程序代码

软件工程包括 ADC 模块的功能配置、中断使能配置、中断事件配置、中断入口地址配置、中断处理子程序和主程序等。

ADC 模块的功能配置程序如下：

```
/ ***********************************************************
 * 名称:myADC_functionConfigure()
 * 功能:ADC 模块的功能配置
 * 路径:..\chap10_ADC_1\User_Component\myAdc\myAdc.c
 *********************************************************** /
void myADC_functionConfigure()
{
   ADC_powerUp(myAdc);                                      //ADC 内核上电
   ADC_enableBandGap(myAdc);                                //ADC 模块上电
   ADC_enableRefBuffers(myAdc);                             //参考电路上电
   ADC_enable(myAdc);                                       //ADC 模块使能
   ADC_setVoltRefSrc(myAdc, ADC_VoltageRefSrc_Int);         //使用内部参考电平
   ADC_enableTempSensor(myAdc);                             //通道 A5 与温度传感器连接
   // ADCINA5 由 SOC0 控制，采样窗设置为 7 个 ADCCLK 周期，定时器触发
   ADC_setSocChanNumber (myAdc, ADC_SocNumber_0, ADC_SocChanNumber_A5);
   ADC_setSocSampleWindow(myAdc, ADC_SocNumber_0, ADC_SocSampleWindow_7_cycles);
   ADC_setSocTrigSrc(myAdc, ADC_SocNumber_0,ADC_SocTrigSrc_CpuTimer_0);
}
```

ADC 模块的中断事件配置程序如下：

```
/ ***********************************************************
 * 名称:myADC_eventConfigure()
 * 功能:ADC 模块的中断事件配置
 * 路径:..\chap10_ADC_1\User_Component\myAdc\myAdc.c
```

```
*************************************************************** /
void myADC_eventConfigure( void)                    //中断信号发生时刻配置
{
  //ADCINT1 新的中断在中断标志位清零后才能产生
  ADC_setIntMode( myAdc, ADC_IntNumber_1, ADC_IntMode_ClearFlag);
  //ADC 结果保存前一个周期输出 EOC 脉冲
  ADC_setIntPulseGenMode( myAdc, ADC_IntPulseGenMode_Prior);
  // EOC0 触发 ADCINT1
  ADC_setIntSrc( myAdc, ADC_IntNumber_1, ADC_IntSrc_EOC0);
}
```

ADC 模块的中断使能配置程序如下：

```
/ ***************************************************************
 * 名称:User_Pie_eventConfigure( )
 * 功能:ADC 模块的中断使能配置
 * 路径:....\chap10_ADC_1\User_Component\ User_Pie\ User_ Pie. c
*************************************************************** /
void User_Pie_eventConfigure( void)
{
  //设备级中断允许:ADCINT1 中断允许
  ADC_enableInt( myAdc, ADC_IntNumber_1);
  //PIE 级中断允许
  PIE_enableInt( myPie, PIE_GroupNumber_10, PIE_InterruptSource_A   DCINT_10_1);
  //CPU 级中断允许
  CPU_enableInt( myCpu, CPU_IntNumber_10);
}
```

中断入口地址配置程序如下：

```
/ ***************************************************************
 * 名称:User_Pie_functionConfigure( )
 * 功能:中断入口地址配置
 * 路径:....\chap10_ADC_1\User_Component\ User_Pie\ User_ Pie. c
*************************************************************** /
void User_Pie_functionConfigure( void)
{
  PIE_registerPieIntHandler( myPie, PIE_GroupNumber_10, PIE_SubGroupNumber_1, ( intVec_t) & my-
Adc_ADCINT_isr);
}
```

中断处理子程序如下：

```
/ ***************************************************************
 * 名称:interrupt void myAdc_ADCINT_isr ( void)
 * 功能:中断处理子程序
 * 路径:...\chap10_ADC_1\Application\isr. c
*************************************************************** /
```

```
interrupt void myAdc_ADCINT_isr (void)
{
    Temp=ADC_readResult(myAdc, ADC_ResultNumber_0);    //片内温度采样的数字量
    TempC=ADC_getTemperatureC(myAdc, Temp);            //温度转化为摄氏度
    ADC_clearIntFlag(myAdc, ADC_IntNumber_1);          //清除 ADC 中断标志位
    PIE_clearInt(myPie, PIE_GroupNumber_10);           //清除 PIE 级中断标志位
    return;
}
```

主程序如下：

```
#define TARGET_GLOBAL 1
#include "Application\isr.h"
void main(void)
{
//1. 系统运行环境
    User_System_pinConfigure();
    User_System_functionConfigure();
    User_System_eventConfigure();
    User_System_initial();
    //2. Module
//2.1 ADC 模块初始化
    User_ADC_initial();
    User_ADC_pinConfigure();
    User_ADC_functionConfigure();
    User_ADC_eventConfigure();
//3. PIE 初始化
    User_Pie_initial();
    User_Pie_pinConfigure();
    User_Pie_functionConfigure();
    User_Pie_eventConfigure();
//4. 全局中断使能
    User_Pie_start();
//5. 主循环
    for( ; ; )
    {
    }
}
```

4. 文件管理

程序文件管理方式参见第 4 章。在第 4 章软件工程架构的基础上，在用户层增加了 myAdc 文件，包括 myAdc.c 和 myAdc.h。在 User_Device.h 文件中包含新增的库文件 myAdc.h。在中断程序中进行 ADC 采样值的读取和温度数据的转化。

5. 项目实施

项目实施步骤如下。

步骤1：导入工程 chap10_ADC_1。

步骤2：编译工程，如果没有错误，则会生成 chap10_ADC_1.out 文件；如果有错误，则修改程序直至没有错误为止。

步骤3：将生成的目标文件下载到 MCU 的 Flash 存储器中。

步骤4：运行程序，检查实验结果，可以通过 CCS 观察窗口查看变量值。工程运行后，在调试窗口中把 TempC 和 Temp 变量添加到观测窗口，可以看到当前的温度采样值和对应的实际值，如图 10-13 所示，当前芯片温度采样得到的数字量为 1845，对应的实际温度为 25℃。

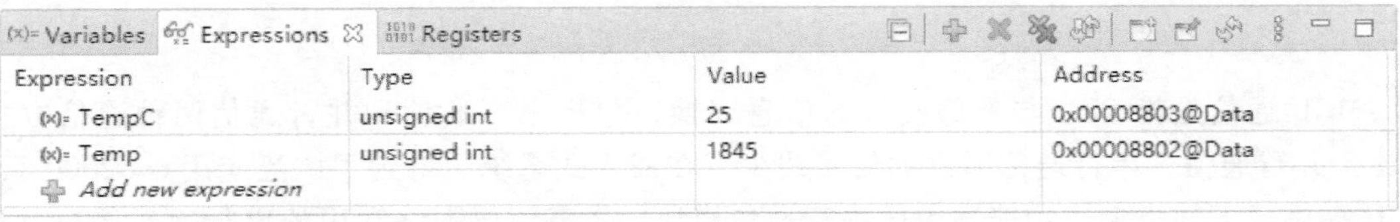

Expression	Type	Value	Address
(x)= TempC	unsigned int	25	0x00008803@Data
(x)= Temp	unsigned int	1845	0x00008802@Data
Add new expression			

图 10-13 温度采样观测窗口

思考与练习

10-1 实时微控制器系统中 ADC 模块的作用是什么?

10-2 A/D 转换器的技术指标有哪些? 分别代表什么?

10-3 ADC 的主要类型有哪些? 它们各有什么特点?

10-4 ADC 进行模/数转换分为哪几步?

10-5 F28027 的 ADC 触发方式有哪些?

10-6 在不同环境温度下，需要对 ADC 的转换结果进行零偏校正，阅读数据手册，思考如何进行校正?

10-7 F28027 的 ADC 的转换结果与模拟量输入值之间的对应关系是什么?

10-8 设计并完成项目，实现以下功能：

1）采样 MCU 片上温度（A5 通道）。

2）采样 VREFLO（B5 通道）。

3）对采样数据进行滤波处理（自由发挥）。

4）采用同步采样方式，SOC 触发信号为 PWM 周期中断，PWM 周期为 1s。

第11章 串行通信接口

MCU通信是指CPU与外部设备的信息交换，包括串行通信和并行通信两种通信方式。相比于并行通信，串行通信所需的信号线少，在嵌入式系统中得到了广泛应用。C2000系列MCU提供了不同类型、功能强大的串行通信模块。本章主要围绕常用的串行通信接口（Serial Communication Interface，SCI）模块展开，首先介绍SCI的通用基础知识，然后对C2000的SCI模块的内部结构、工作原理、寄存器及驱动函数等进行详细介绍，并给出软件思维导图和应用实例。

11.1 串行通信的基础知识

11.1.1 串行通信与并行通信

MCU通信的数据是以字节为单位进行传输，其中每个字节包括多个数据位，根据数据位传输方式的不同，MCU通信可分为串行通信和并行通信。

串行通信：字节中的数据一位一位依次传送的通信方式，具有传输信号线少、传输距离远等优点，但传输速度慢。

并行通信：字节中的所有数据位同时传送的通信方式，传输速度快，但是所需传输信号线多，适用于近距离通信。

图11-1为SCI串行通信和8位并行通信接口示例，SCI串行通信仅需接收和发送两根信号线，8位并行通信则需8根信号线。这两种通信方式除了信号线外，还需一根零电位参考线。

根据串行数据时钟控制方式的不同，串行通信分为异步串行通信和同步串行通信。异步

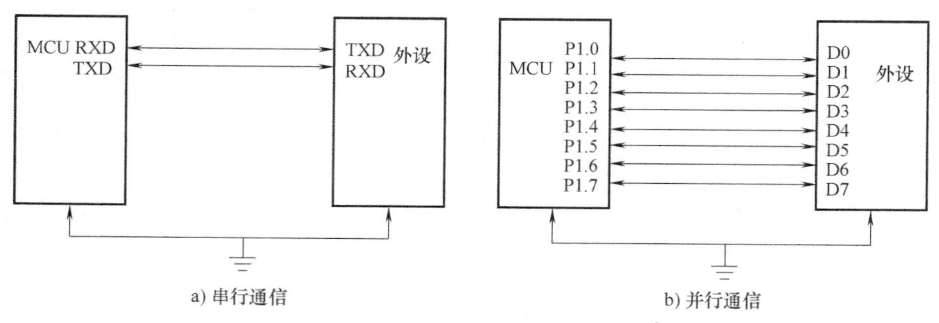

图11-1 SCI串行通信和8位并行通信接口示例

串行通信在发送字符时之间的时间间隔可以是任意的，接收端时刻做好接收准备，具有通信设备简单、价格低廉等优点，但因为每个字符都需要有起始位和停止位，所以传输效率较低。为了提高串行通信效率，数据传输过程中去掉了异步通信的起始位和停止位，同步串行通信得到了发展。同步串行通信时通信双方共用一个时钟，发送端的发送频率和接收端的接收频率要同步，数据开始传送前用同步字符来指示，并由时钟来实现发送端和接收端的同步，即检测到规定的同步字符后，接下来就按顺序连续传送数据，直到数据传送完毕。同步传送时，字符之间没有时间间隔，也不要起始位和停止位，仅在数据开始时用同步字符来指示，因此传输速度较快，其缺点是需要使用专用的时钟控制线实现同步，对于长距离的通信，成本较高，通信的速率也会降低。

串行通信在数据传输的过程通常会涉及以下几个问题：①位的信息如何表示；②各个字节之间如何区分开；③发送一个数据位需要多长时间；④能否知道传输的数据是否正确。针对上述四个问题，下面介绍数据位的表示、帧格式、波特率、奇偶校验等内容。

11.1.2　数据位的表示

通信过程所传输的数据是二进制形式，也就是0和1的组合。位信息在数据线上传输时需要转换为对应的电平信号，如0对应低电平、1对应高电平，或者0对应负电平、1对应正电平。根据电平与数据对应的不同形成不同的编码方式，可分成RZ编码（Return Zero Code）、NRZ编码（Not Return Zero Code）和NRZI编码（Not Return Zero Inverted Code）等。

在RZ编码中，正电平表示逻辑1，负电平表示逻辑0，并且每传输完一位数据信号返回到零电平，因此，数据线上存在三种电平：正电平、负电平、零电平。数据为010011b的RZ编码，如图11-2所示。

与RZ编码不同，NRZ编码电平不需要归零，因此只需采用高、低两种电平即可进行数据传输。数据为010011b的NRZ编码，如图11-3所示。

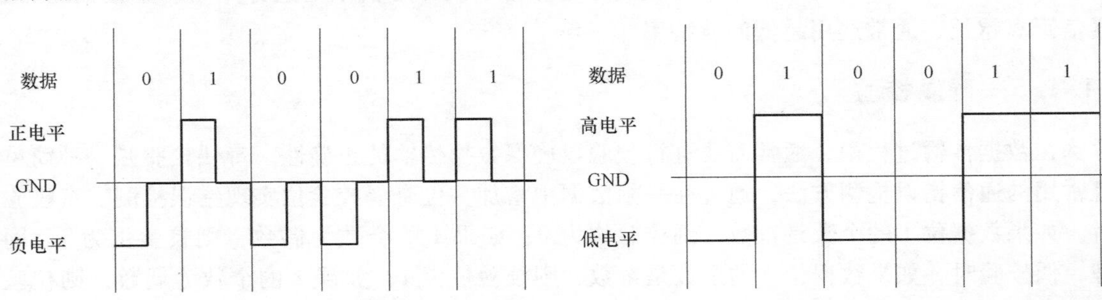

图11-2　数据为010011b的RZ编码　　图11-3　数据为010011b的NRZ编码

NRZI编码则用信号的翻转表示一种逻辑，信号保持不变表示另外一种逻辑。图11-4给出了NRZI和NRZ的编码对比，上半部分为NRZ编码，下半部分为NRZI编码，0对应电平翻转，1对应电平保持不变。

关于编码的更多信息，读者可以查阅相关文献资料。目前，MCU串行通信SCI所用的编码方式基本上是NRZ编码。

11.1.3　异步串行通信的帧格式

数据在信号线上传输时需要满足一定的规范，才能使得通信双方正确地收发数据。通常以帧（Frame）为单位进行数据传输。图 11-5 给出了异步串行通信 SCI 的帧格式，从起始位到停止位的时间间隔称为一帧，通常一帧数据包括 1 位起始位、8 位数据位、1~2 位的停止位。

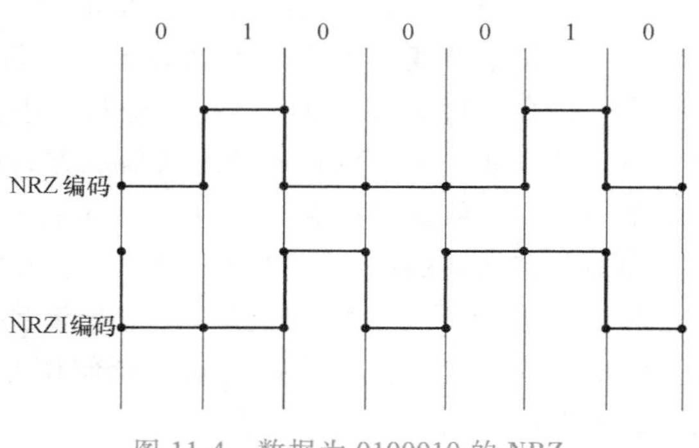

图 11-4　数据为 0100010 的 NRZ 编码和 NRZI 编码对比

信号线空闲时为高电平状态，当发送端开始发送数据时，首先发出 1 位低电平信号作为起始位，然后开始发送数据位，数据发送完成后，信号线又回到高电平状态作为停止位。接收端硬件自动检测端口状态，当检测到低电平时，表示有数据要发送过来，就启动接收并把数据按位接收到相应寄存器。

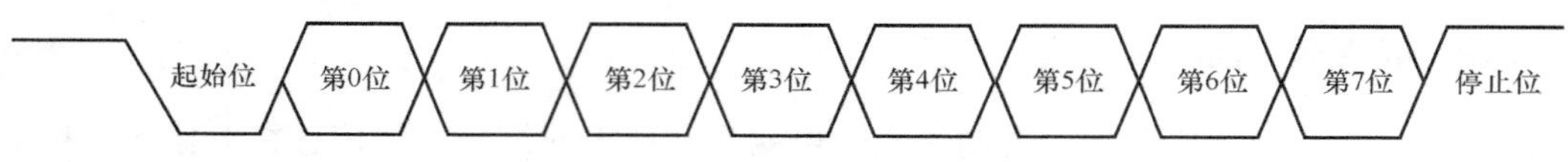

图 11-5　异步串行通信 SCI 的帧格式

11.1.4　串行通信的波特率

异步串行通信过程中，通信双方的发送和接收步调要一致才能保证传输数据的正确接收。通过波特率来实现通信双方的步调一致。波特率是用来描述数据传输的速率，单位为 Baud，通常用每秒发送或接收多少位数据来表示。常用的波特率有 600bit/s、900bit/s、1200bit/s、1800bit/s、2400bit/s、4800bit/s、9600bit/s、19200bit/s、38400bit/s、57600bit/s、115200bit/s、128000bit/s 等。应用时应当综合考虑干扰和通信距离选择一个合适的波特率，通信距离越长，通常选用越低的波特率。

11.1.5　奇偶校验

在数据传输过程中，通常需要进行校验以确保数据传输的正确性。奇偶校验是一种简单且常用的通信错误检测方法，通过在一帧数据中增加一位奇偶校验位实现错误检测。奇校验时，如果数据位 1 的个数是奇数，则校验位为 0；如果 1 的个数为偶数，则校验位为 1。同理，偶校验时，如果数据位 1 的个数是奇数，则校验位为 1；如果 1 的个数为偶数，则校验位为 0。在接收端对收到的数据进行奇偶校验，如果与收到的奇偶校验位一致，则认为数据传输过程无错误发生；如果不一致，则说明数据传输过程中有错误发生，此时下位机可以发送一个错误重传的信号，让上位机再次发送数据。

然而，奇偶校验也存在一定弊端，由于奇偶校验只能检测出奇数个位发生的错误，如果有偶数个位同时发生错误则无法检测。但奇偶校验方法比较简单，使用方便，而且发生一位错误的概率远大于两位同时发生错误的概率。因此，目前大部分的 MCU 异步串行通信都有奇偶校验功能。

11.1.6　串行通信的传输方式

串行通信根据接线的不同，有单工、半双工、全双工三种传输方式，如图 11-6 所示。

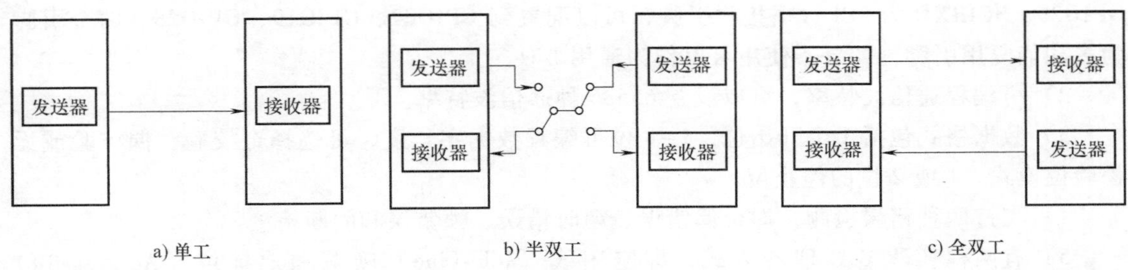

图 11-6　串行通信的三种传输方式

单工：数据传输是单向的，除了地线外，只有一根数据线。

半双工：数据传输是双向的，但是只有一根数据线，发送和接收不能同时进行。

全双工：数据传输是双向的，有两根独立的数据线，发送和接收可以同时进行。

11.1.7　RS-232 串口

MCU 的引脚电平为 TTL 电平，TTL 电平的 1 和 0 的特征电压分别为 2.4V 和 0.4V，适用于芯片级数据传输。为了使传输距离更远，美国电子工业协会（Electronic Industry Association，EIA）制定了串行通信物理接口标准 RS-232C。RS-232C 采用负逻辑，逻辑 1 对应的电平为-15~-3V，逻辑 0 对应的电平为 3~15V，最大传输距离大约为 30m。

MCU 的 TTL 电平和 RS-232 电平之间要互相转换，可以采用分立元器件或者集成芯片进行转换，如 MAX232 芯片。RS-232 接口简称串口，用于连接具有同样接口的设备，图 11-7 为 9 芯串口排列和串口引脚含义。需要注意的是，发送端的 RXD 和 TXD 应与接收端的 TXD 和 RXD 相连，通常需要在传输线上做交叉。

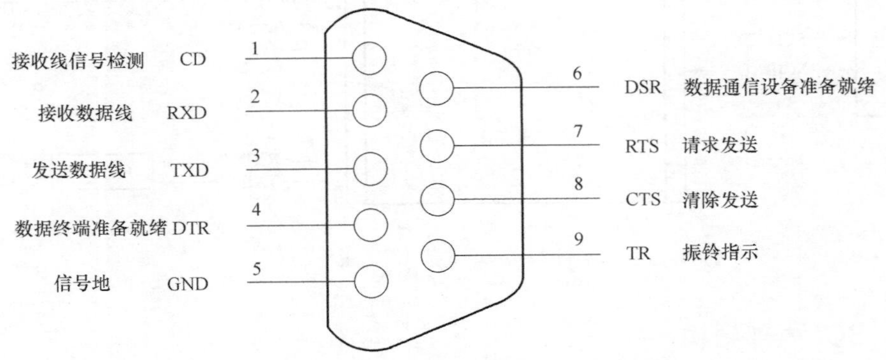

图 11-7　9 芯串口排列和串口引脚含义

11.2　C2000 的 SCI 模块

11.2.1　SCI 概述

C2000 系列 MCU 的 SCI 模块与 CPU 的接口如图 11-8 所示。其中，F28027 有 1 个 SCI 模块，基本特性如下：

1）两个外部引脚，其中 SCITXD 为 SCI 数据发送引脚，可以配置到 GPIO12、GPIO18、

GPIO29；SCIRXD为SCI数据接收引脚，可以配置到GPIO07、GPIO19、GPIO28。两个引脚为多功能复用引脚，如果不使用可以作为通用I/O。

2）可编程通信波特率，可以设置65536种通信波特率。

3）数据格式包括1个开始位，1~8位可编程数据字长度，可选择奇校验、偶校验或无校验位模式，1或2位的停止位。

4）支持四种错误检测，即奇偶错误、超时错误、帧错误和间断检测。

5）有两种唤醒多处理器方式，即空闲线（Idle-Line）唤醒和地址位（Address-Bit）唤醒。

6）全双工或者半双工通信模式。

7）双缓冲接收和发送功能。

8）发送和接收可以采用中断和状态查询两种方式。

9）独立的发送和接收中断使能控制（BRKDT除外）。

10）NRZ通信格式。

11）自动通信速率检测。

12）支持4级发送/接收FIFO。

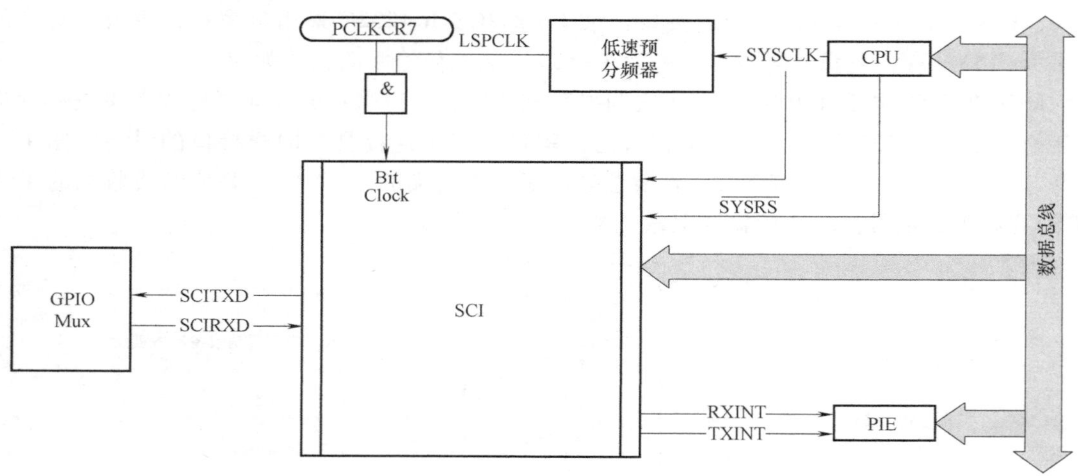

图11-8 SCI的CPU接口

11.2.2 SCI内部结构

SCI模块的功能框图如图11-9所示，包括波特率设置子模块、自动波特率检测子模块、帧格式和模式设置子模块、发送子模块、接收子模块、中断子模块、FIFO子模块等7个部分。

11.2.3 SCI功能描述

1. 波特率配置

SCI的波特率由时钟LSPCLK和波特率配置寄存器（SCIHBAUD.15~8、SCILBAUD.7~0）控制。LSPCLK由系统时钟模块的低速外设时钟预分频寄存器（Low-Speed Peripheral Clock Prescaler Register）配置，波特率选择寄存器为16位寄存器，有65536种不同的波特

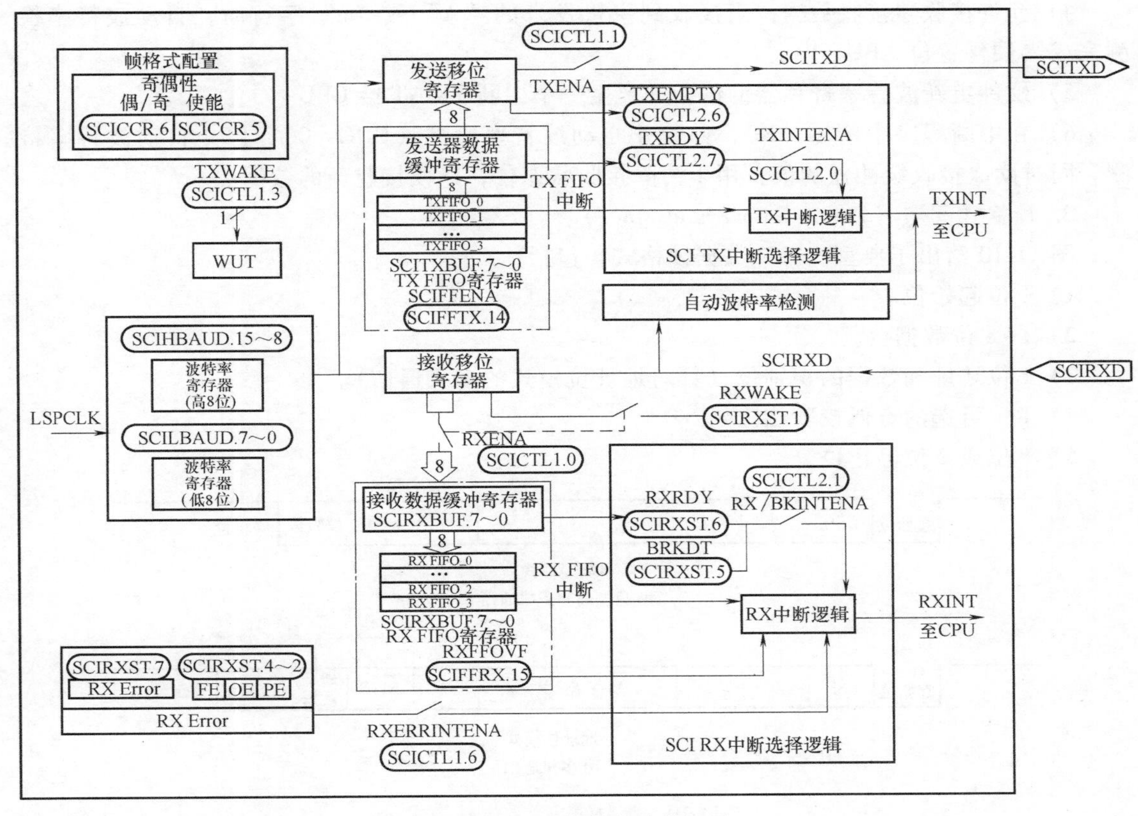

图 11-9 SCI 模块的功能框图

率选择。假设 16 位波特率配置寄存器配置值为 BRR，则对应的波特率计算方法为

$$Baud = LSPCLK/(BRR+1)\times 8 \qquad 1\leqslant BRR\leqslant 65536$$

$$Baud = LSPCLK/16 \qquad BRR = 0$$

然而，波特率的理论值与实际值往往存在偏差，表 11-1 为 LSPCLK = 15MHz 时，常用的波特率理论值与实际值的偏差。

表 11-1 常用的 SCI 波特率理论值与实际值的偏差（LSPCLK = 15MHz）

理论值	BRR	实际值	偏差(%)
2400	780(30Ch)	2401	0.03
4800	390(186h)	4795	-0.01
9600	194(C2h)	9615	0.16
19200	97(61h)	19133	-0.35
38400	48(30h)	38265	-0.35

2. 自动波特率检测（AutoBaud Detect logic）

C2000 系列 MCU 的 SCI 模块具备波特率自动检测功能，可利用内部硬件检测波特率并更新波特率值寄存器，具体操作步骤如下：

1）置位 SCIRST 位开始波特率自动检测。

2）使能自动波特率检测（CDC = 1），并清零自动波特率检测完成位 ABD。

3）初始化波特率为 1 或小于 500kbit/s 的值。

4）允许接收器接收数据，当接收到主机发来的“A”或“a”字符时，自动波特率检测完成（硬件置位 ABD=1）。

5）硬件更新波特率寄存器的值，并产生一个中断 TXINT 给 CPU。

6）在中断程序中清零 ABD，并禁止自动波特率检测（CDC=0），停止自动波特率检测。同时读取接收缓冲器的值，用于清除接收状态位，以便接收新的数据。

3. 帧格式配置（Frame Format and Mode）

图 11-10 给出了典型的 SCI 数据帧格式，包括：

1）1 位起始位。

2）1~8 位数据位。

3）1 位地址和数据的识别位（针对地址位模式的多机通信）。

4）1 位可选的奇偶校验位。

5）1 位或 2 位停止位。

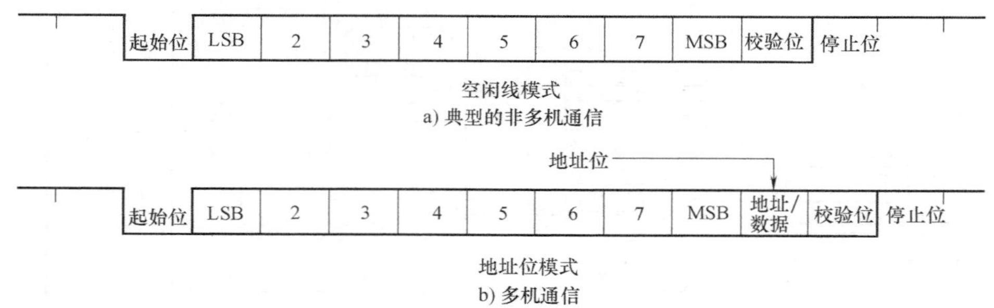

图 11-10 典型的 SCI 数据帧格式

可以通过操作 SCICCR 寄存器对数据帧格式进行修改，具体操作详见表 11-2。

表 11-2 SCICCR 寄存器说明

位	位域名称	地址	功能
2：0	SCI CHAR2~0	SCICCR. 2：0	选择字符（数据）长度，1~8 位
5	PARITY ENABLE	SCICCR. 5	置 1 使能校验，清零禁止校验
6	EVEN/ODD PARITY	SCICCR. 6	当校验使能时，置 1 采用偶校验，清零采用奇校验
7	STOP BITS	SCICCR. 7	确定发送停止位的个数，置 1 有两个停止位，清零则只有一个停止位

4. SCI 发送子模块

SCI 发送子模块的功能框图如图 11-11 所示。

发送子模块相关寄存器及其说明如下：

1）SCITXBUF：发送数据缓冲寄存器，存放要发送的数据，由 CPU 装载。

2）TXSHF：发送移位寄存器，从 SCITXBUF 寄存器接收数据，并将数据移位到 SCITXD 引脚上，每次移 1 位数据，移位的速率由波特率决定。

3）TXENA：发送允许位，数据从 TXSHF 寄存器发送到 SCITXD，必须将 TXENA 置 1。

4）TXEMPTY：发送空标志位，表示发送数据缓冲寄存器和发送移位寄存器是否都为空，如果都为空，TXEMPTY=1；如果任意一个不为空，TXEMPTY=0。

5）TXRDY：发送缓冲寄存器准备好标志，该位为 1 表示 SCITXBUF 允许接收新的数

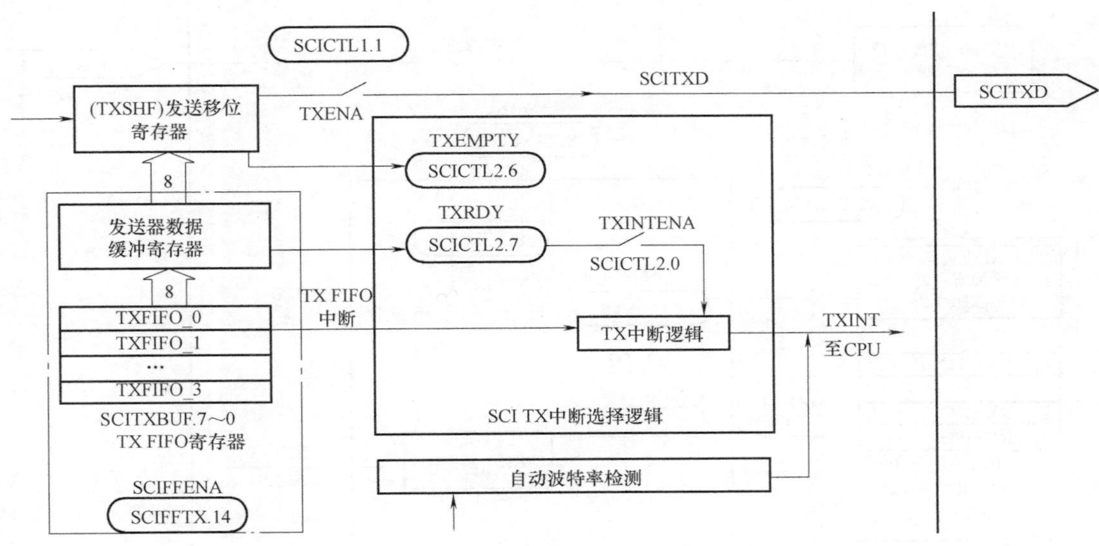

图 11-11　SCI 发送子模块的功能框图

据，如果发送中断允许标志位 TXINTENA = 1，那么将产生一个中断信号。

6）TXINTENA：发送中断允许控制，该位如果置 1 且 TXRDY = 1，将产生一个发送中断，在该中断程序里可以装载新的数据给 SCITXBUF。

SCI 发送数据的步骤如下：

1）发送允许位 TXENA 置 1。

2）用户程序把需要发送的数据写到 SCITXBUF 中，硬件清零 TXRDY，禁止写入新数据。

3）MCU 把 SCITXBUF 中的数据传送到 TXSHF 寄存器，同时 TXRDY = 1，TXSHF 寄存器按给定的波特率把数据移位至 SCITXD 引脚上。

4）当 TXRDY = 1 时，表示可以写下一个待发送的数据了，如果中断允许（TXINTENA = 1），可以在中断程序中完成新数据的写入。

5. SCI 接收子模块

SCI 接收子模块的功能框图如图 11-12 所示。

接收子模块相关寄存器及其说明如下：

1）RXSHF：接收移位寄存器，SCIRXD 引脚接收到的数据位按给定的波特率移入移位寄存器。

2）SCIRXBUF：接收数据缓冲寄存器，用以存放接收到的数据。

3）RXENA：接收允许位，如果 RXENA = 1，当接收移位寄存器接收完一帧数据后，数据从 RXSHF 寄存器传送到 SCIRXBUF。

4）RXRDY：接收缓冲寄存器接收完成标志，该位为 1 表示 SCIRXBUF 接收到新的数据，可以读取，读取后该位自动清零，如果接收/间断检测中断允许控制位 RX/BKINTENA 置 1，那么将产生一个中断信号。

5）BRKDT：间断检测标志位，如果接收引脚连续保持至少 10 位的低电平，那么该标志位置 1，如果接收/间断检测中断允许控制位 RX/BKINTENA 置 1，那么将产生一个中断信号，该位只能通过软件复位或系统复位清零。

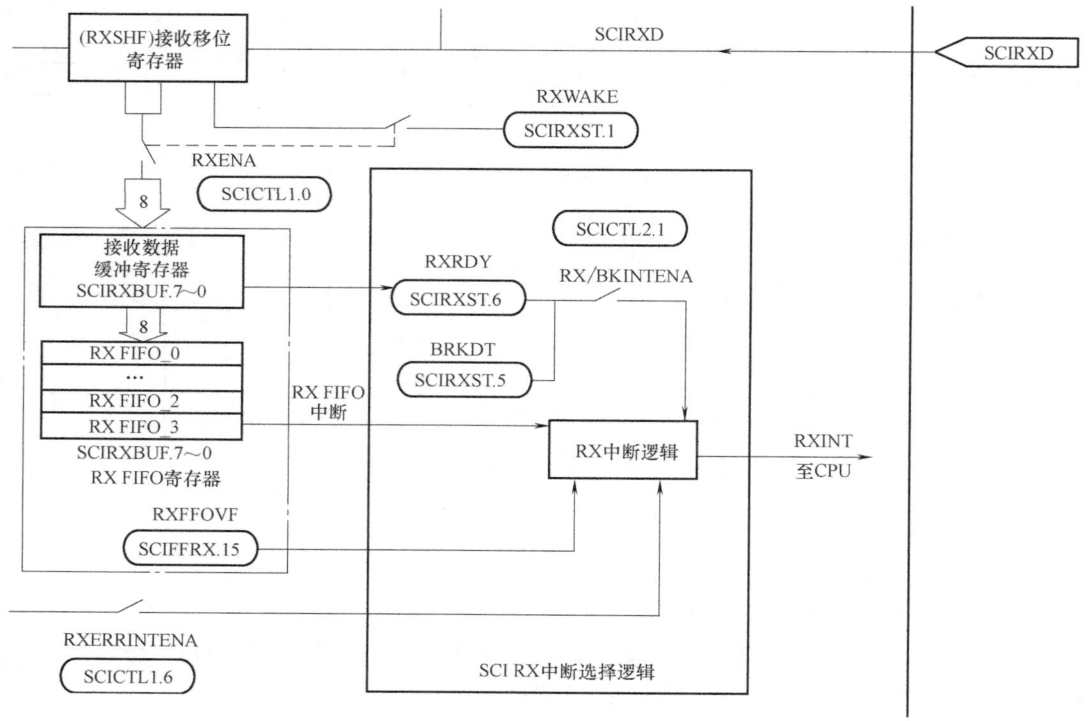

图 11-12 SCI 接收子模块的功能框图

6）RX/BKINTENA：接收/间断检测中断允许控制位，该位如果置 1 且 RXRDY=1，将产生一个接收中断，在该中断程序里可以读取 SCIRXBUF 的数据；该位如果置 1 并且 BRKDT=1，将产生一个间断检测中断。这两种中断对 CPU 而言，为同一个中断信号，但可通过标志位来判断中断的类型。

7）RXERRINTENA：接收故障中断允许控制位，置位该位，如果发生奇偶错误、超时错误、帧错误和间断检测错误任一个故障时，将触发中断。

8）RXFFOVF：FIFO 接收溢出，该位为 1 时表示第一个接收的数据丢失。

SCI 接收数据步骤如下：

1）接收允许位 RXENA=1。

2）接收有两种方式，即查询方式和中断方式。其中，查询方式是查询 RXRDY 是否为 1，为 1 就可以读取接收缓冲寄存器 SCIRXBUF 的值；中断方式是置位 RX/BKINTENA，接收完成后系统产生一个接收中断，在中断程序里读取接收缓冲寄存器 SCIRXBUF 的值。实际应用中常用中断方式实现数据接收。

6. SCI 中断子模块

SCI 模块接收和发送都可以产生中断，有独立的中断向量地址。两种中断可以独立设置为高优先级或低优先级。当它们配置为相同的优先级时，如果同时发出中断请求，CPU 首先响应接收中断请求以避免接收数据丢失。

发送中断由发送完成标志位 TXRDY 触发，发送中断使能开关为 TXINTENA。接收中断由接收完成标志位 RXRDY、接收间断标志位 BRKDT 和接收错误标志位 RXERROR 触发，接收使能开关为 RX/BKINTENA 和 RXERRINTENA。

7. FIFO 子模块

FIFO 即先进先出（First-In First-Out），是一种常见的队列操作。根据 FIFO 工作的时钟域，可以将 FIFO 分为同步 FIFO 和异步 FIFO。C2000 系列 MCU 的 SCI 模块包含 4 级发送/接收 FIFO。

发送 FIFO 的工作过程：只要有数据写到发送 FIFO 里，就会立即启动发送过程。由于发送本身是个相对缓慢的过程，因此在发送的同时其他需要发送的数据还可以继续写到发送 FIFO 里。当 4 级发送 FIFO 都写有数据时就不能再继续写了，否则会造成数据丢失。发送 FIFO 会按照写入数据的先后顺序把数据一个个发送出去，直到发送 FIFO 全空时为止。

接收 FIFO 的工作过程：当接收引脚收到数据时，把数据保存到接收 FIFO 里。当 4 级接收 FIFO 都有数据时，程序应当及时读取这些数据，否则，新的数据接收时将造成旧的数据丢失。

发送/接收 FIFO 主要是为了解决 SCI 模块收发中断过于频繁而导致 CPU 效率不高的问题。在进行串口通信时，中断方式比查询方式要简便且效率高。但是，如果没有收发 FIFO，则每收发一个数据都要中断处理一次，效率仍然不够高。如果有了收发 FIFO，则可以在连续收发若干个数据后才产生一次中断然后一并处理，从而大大提高了收发效率。

FIFO 的特点和使用方法如下：

1）复位：在上电复位时，SCI 工作在标准 SCI 模式，禁止 FIFO 功能，FIFO 寄存器 SCIFFTX、SCIFFRX 和 SCIFFCT 都被禁止。

2）FIFO 使能：通过将 SCIFFTX 寄存器中的 SCIFFENA 位置 1，使能 FIFO 模式。设置 SCIRST 位为 1 可以重启 SCI FIFO 的发送和接收操作。

3）寄存器有效：所有 SCI 寄存器和 SCI FIFO 寄存器 SCIFFTX、SCIFFRX、SCIFFCT 有效。

4）中断：FIFO 模式有两个中断，一个是发送 FIFO 中断 TXINT，另一个是接收 FIFO 中断 RXINT，FIFO 接收、接收错误和接收 FIFO 溢出共用 RXINT 中断。标准 SCI 的 TXINT 将被禁止，该中断将作为 SCI 发送 FIFO 中断使用。

5）缓冲：发送和接收缓冲器增加了 2 个 4 级的 FIFO，发送 FIFO 寄存器是 8 位，接收 FIFO 寄存器是 10 位。使能 FIFO 后，经过一个可选择的延迟 SCIFFCT，TXSHF 被直接装载而不使用 TXBUF。

6）延迟发送：FIFO 中的数据传送到发送移位寄存器的速率是可编程的，可以通过 SCIFFCT 寄存器的 FFTXDLY（位 7~0）设置发送数据间的延时。FFTXDLY 确定延迟的 SCI 波特率时钟周期数，8 位寄存器可以定义从 0 个波特率时钟周期的最小延迟到 256 个波特率时钟周期的最大延迟。当使用 0 延迟时，SCI 模块的 FIFO 数据移出时，数据间没有延时，一位紧接一位地从 FIFO 移出，实现数据的连续发送。当选择 256 个波特率时钟的延迟时，SCI 模块工作在最大延迟模式，FIFO 移出的每个数据之间有 256 个波特率时钟的延迟。在慢速 SCI 通信时，可编程延迟可以减少 CPU 对 SCI 通信的开销。

7）FIFO 状态位：发送和接收 FIFO 都有状态位 TXFFST 或 RXFFST（位 12~0），这些状态位显示当前 FIFO 内有用数据的个数。当发送 FIFO 复位位 TXFIFORESET 和接收 FIFO 复位位 RXFIFORESET 写 0 时复位 FIFO 指针为 0，一旦这些位被设置为 1，则 FIFO 从初始状态开始运行。

8）可编程中断级：发送和接收 FIFO 都能产生 CPU 中断，只要发送 FIFO 状态位

TXFFST（位 12~8）与中断触发级别位 TXFFIL（位 4~0）相匹配，就能产生一个中断触发，从而为 SCI 的发送和接收提供一个可编程的中断触发逻辑。接收 FIFO 的默认触发优先级为 0x11111，发送 FIFO 的默认触发优先级为 0x0。

11.2.4 SCI 多机通信模式

C2000 系列 MCU 的 SCI 模块支持多机通信，但是每次只能有一个发送器，其他为接收器。多机通信有两种模式：地址位模式和空闲线模式。

1. 地址位模式

（1）帧格式

图 11-13 给出了地址位模式的帧格式，地址位模式的帧格式包括 1 个起始位、1~8 个数据位、1 个地址和数据的识别位（1：地址，0：数据）、1 个可选的奇偶校验位和 1~2 个停止位。

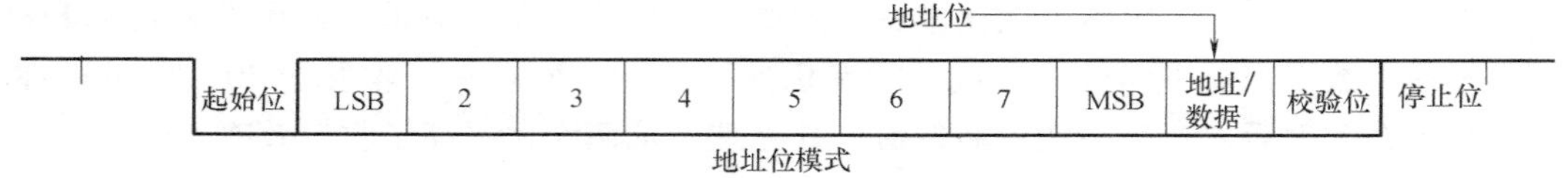

图 11-13 地址位模式的帧格式

（2）多机通信格式与工作机理

按地址位模式进行多机通信时，每个站点都有一个独立的地址，发送器发送的第一帧为地址帧。总线上其他的接收器都可以接收该地址帧，但只有地址相符的站点才会继续接收后续的数据，其他站点将忽略后续的数据。地址位模式的多机通信格式如图 11-14 所示。

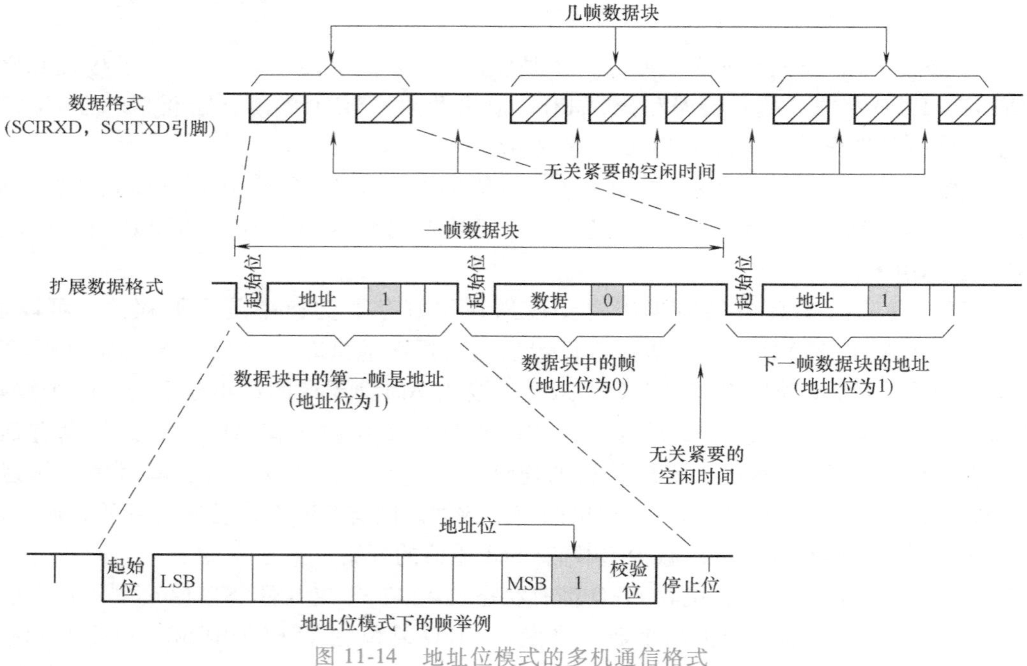

图 11-14 地址位模式的多机通信格式

具体操作步骤如下：

（1）发送器操作步骤

1）配置多机通信为地址位模式，允许发送，允许发送中断。

2）置位 TXWAKE，把地址帧数据写入 SCITXBUF。发送时 SCITXBUF 传递给 TXSHF，TXWAKE 值传递给 WUT，同时 TXWAKE 被清零。

3）在发送中断程序里把后续的数据帧写入 SCITXBUF。

（2）接收器操作步骤

1）配置多机通信为地址位模式，允许接收，允许接收中断。

2）接收器置位 SCI SLEEP 位。

3）接收器开始接收帧数据，在 SLEEP 位置位的情况下，只有接收到地址帧才可以触发接收中断。

4）在接收中断程序里判断地址与本机是否相符，如果一致，则软件清零 SLEEP 位。

5）对于 SLEEP 位为 0 的站点，后续的数据帧可以正常接收并触发接收中断，而 SLEEP 为 1 的站点，尽管可以接收数据，但是无法触发中断，也将忽略接收到的数据。

2. 空闲线模式

（1）帧格式

图 11-15 为空闲线模式的帧格式，空闲线模式时的帧格式包括 1 个起始位、1~8 个数据位、1 个可选的奇偶校验位和 1~2 个停止位。空闲线模式与地址位模式相比少了一个地址位，传输效率更高。所以，空闲线模式一般用于发送多于 12 个字节的数据帧，地址位模式一般用于发送少于 12 个字节的数据帧。

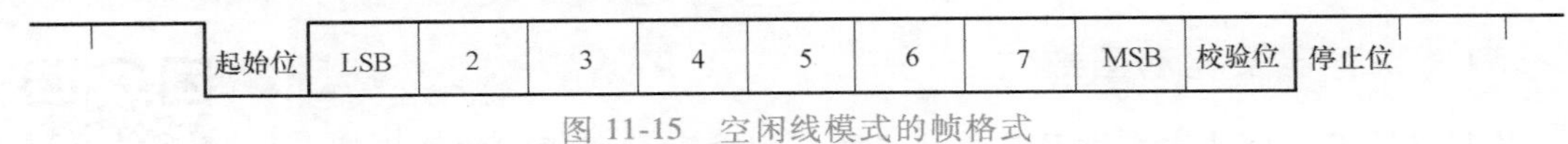

图 11-15　空闲线模式的帧格式

（2）多机通信格式与工作机理

空闲线模式的多机通信格式如图 11-16 所示。当采用空闲线模式进行通信时，不同数据包用空闲线隔离开，该空闲线需至少维持 10 位或更多位的高电平信号。对于数据包内部的不同帧也用空闲线隔离开，帧间间隔少于 10 位高电平信号。在 10 位或更多位的高电平信号后，开始的第一帧数据为地址帧，随后为数据帧。

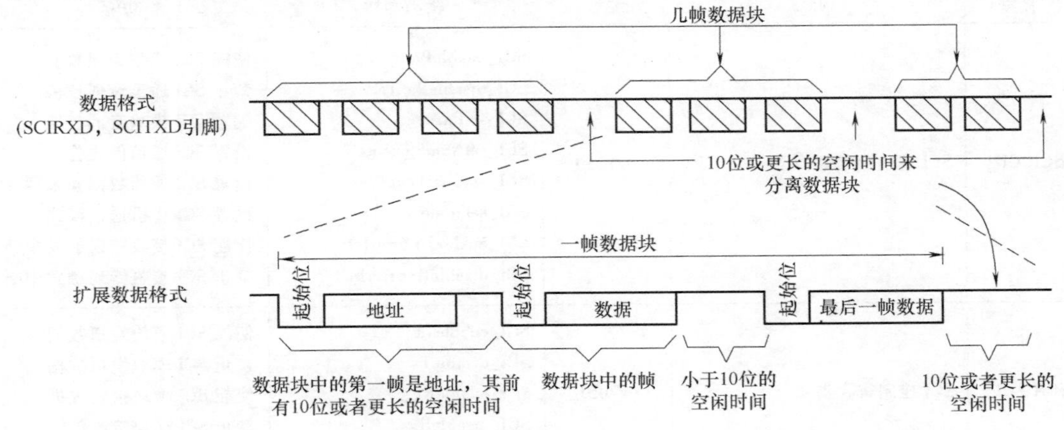

图 11-16　空闲线模式的多机通信格式

具体操作步骤如下：

（1）发送器操作步骤

1）配置多机通信为空闲线模式，允许发送，允许发送中断。

2）置位 TXWAKE，任意数据写入 SCITXBUF 用于启动发送，由于 TXWAKE = 1，这时 SCI 模块将产生一个标准的 11 位高电平空闲线信号（SCITXBUF 的值对此没有影响），该信号用于唤醒接收器，发送后 TXWAKE 被清零。

3）把地址信号写入 SCITXBUF，发送地址帧。

4）在发送中断中发送数据帧。

（2）接收器操作步骤

1）配置多机通信为地址位模式，允许接收，允许接收中断。

2）接收器置位 SCI SLEEP 位。

3）接收器接收到数据包起始信号，SCI 被唤醒。

4）接收器接收到地址帧，并触发中断。

5）在接收中断程序里判断地址与本机是否相符，如一致，则软件清零 SLEEP 位。

6）对于 SLEEP 位为 0 的站点，后续的数据帧可以正常接收并触发接收中断，而 SLEEP 为 1 的站点，尽管可以接收数据，但是无法触发中断，也将忽略接收到的数据，直到下一次数据包到来，重新比较地址。

11.3 SCI 的软件架构

11.3.1 寄存器及驱动函数

表 11-3 为 SCI 模块寄存器及其驱动函数。驱动函数通过结构体指针 mySci 对寄存器进行读写操作。结构体指针的初始化和使用方法参见第 4 章。SCI 模块的驱动函数文件是：F2802x_Component/source/sci. c 和 F2802x_Component/include/sci. h。

SCI 模块驱动函数

表 11-3 SCI 模块寄存器及其驱动函数

寄存器	描述	地址	驱动函数	功能
SCICCR	SCI 通信控制寄存器	0x7050	SCI_enableParity SCI_disableParity SCI_setParity SCI_setNumStopBits SCI_setCharLength SCI_setMode SCI_enableRxErrorInt SCI_disableRxErrorInt	使能 SCI 通信奇偶校验 禁止 SCI 通信奇偶校验 配置 SCI 模块奇偶校验 设置 SCI 通信停止位 设置 SCI 通信数据帧长度 设置 SCI 多机通信模式 使能 SCI 接收错误触发中断 禁止 SCI 接收错误触发中断
SCICTL1	SCI 控制寄存器 1	0x7051	SCI_enableTx SCI_disableTx SCI_enableRx SCI_disableRx SCI_enable	使能 SCI 模块发送数据 禁止 SCI 模块发送数据 使能 SCI 模块接收数据 禁止 SCI 模块接收数据 使能 SCI 模块
SCIHBAUD	SCI 波特率高位寄存器	0x7052	SCI_setBaudRate	设置 SCI 通信波特率
SCILBAUD	SCI 波特率低位寄存器	0x7053		

（续）

寄存器	描述	地址	驱动函数	功能
SCICTL2	SCI 控制寄存器 2	0x7054	SCI_disableTxInt SCI_enableTxInt SCI_disableRxInt SCI_enableRxInt	禁止 SCI 发送中断 使能 SCI 发送中断 禁止 SCI 接收中断 使能 SCI 接收中断
SCIRXST	SCI 接收状态寄存器	0x7055		
SCIRXEMU	SCI 接收仿真数据缓冲寄存器	0x7056		
SCIRXBUF	SCI 接收数据缓冲寄存器	0x7057	SCI_getData SCI_getDataBlocking SCI_getDataNonBlocking	读取接收数据，中断方式用 查询并等待接收完成 查询读取，不成功返回空值
SCITXBUF	SCI 发送数据缓冲寄存器	0x7059	SCI_putData SCI_putDataBlocking SCI_putDataNonBlocking	发送数据，中断方式用 等待发送数据直至成功发送 发送数据，不成功返回
SCIFFTX	FIFO 发送寄存器	0x705A	SCI_enableFifoEnh SCI_disableFifoEnh SCI_enableTxFifoInt SCI_disableTxFifoInt SCI_setTxFifoIntLevel SCI_clearTxFifoInt SCI_resetTxFifo SCI_resetChannels	使能 SIC 模块 FIFO 功能 禁止 SIC 模块 FIFO 功能 使能 SIC 模块 FIFO 发送中断 禁止 SIC 模块 FIFO 发送中断 配置 FIFO 发送中断级别 清除 FIFO 发送中断标志位 复位发送 FIFO 指针 复位 SCI 发送和接收通道
SCIFFRX	FIFO 接收寄存器	0x705B	SCI_enableRxFifoInt SCI_disableRxFifoInt SCI_setRxFifoIntLevel SCI_clearRxFifoInt SCI_clearRxFifoOvf SCI_resetRxFifo	使能 SIC 模块 FIFO 接收中断 禁止 SIC 模块 FIFO 接收中断 配置 FIFO 接收中断级别 清除 FIFO 接收中断标志位 清除 FIFO 接收溢出标志位 复位接收 FIFO 指针
SCIFFCT	FIFO 控制寄存器	0x705C	SCI_clearAutoBaudDetect SCI_disableAutoBaudAlign SCI_enableAutoBaudAlign SCI_setTxDelay	清零自动波特率检测完成位 禁止自动波特率检测 使能自动波特率检测 设置 FIFO 发送延时
SCTPRI	SCI 优先级控制寄存器	0x705F		

11.3.2　软件思维导图

图 11-17 为 SCI 模块的软件思维导图，包括 SCI 模块的时钟使能、引脚配置、帧格式配置、中断事件配置等。

使用 SCI 模块时，可参考以下步骤进行操作，也可根据实际情况灵活使用。

（1）引脚配置

步骤 1：配置引脚功能（GPIO_setMode）。

步骤 2：配置引脚方向（GPIO_setDirection）。

步骤 3：使能/禁止内部上拉电阻（GPIO_setPullUp）。

步骤 4：输入配置为异步系统时钟（GPIO_setQualification）。

（2）SCI 功能配置

步骤 5：帧格式配置，包括：

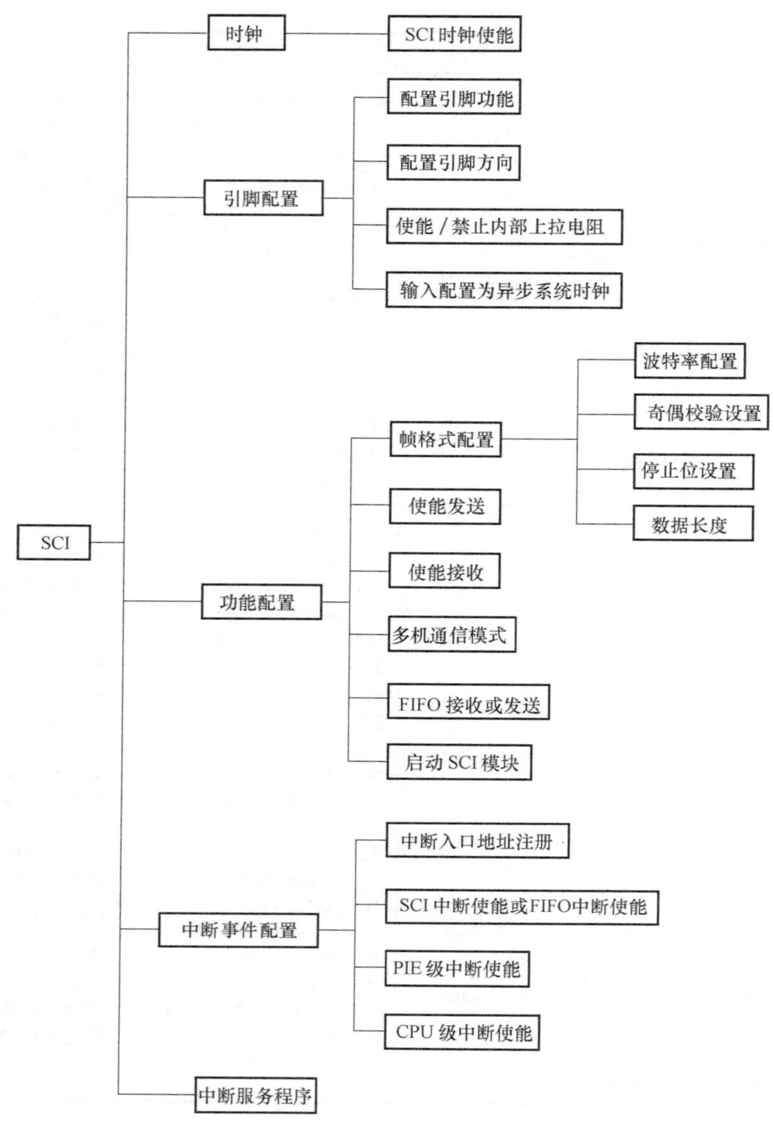

图 11-17　SCI 模块的软件思维导图

① 波特率配置（SCI_setBaudRate）。

② 奇偶校验设置（SCI_enableParity、SCI_disableParity、SCI_setParity）。

③ 停止位设置（SCI_setNumStopBits）。

④ 数据长度（SCI_setCharLength）。

步骤 6：使能发送（SCI_enableTx）。

步骤 7：使能接收（SCI_enableRx）。

步骤 8：多机通信模式（SCI_setMode）（可选项）。

步骤 9：FIFO 接收或发送（可选项）。

步骤 10：启动 SCI 模块（CAP_enableCaptureLoad）。

（3）中断事件配置

步骤 11：中断入口地址注册（PIE_registerPieIntHandler）。

步骤 12：SCI 中断使能（SCI_enableTxInt、SCI_enableRxInt）或 FIFO 中断使能（可选项）。

步骤 13：PIE 级中断使能（PIE_enableInt）。

步骤 14：CPU 级中断使能（CPU_enableInt）。

（4）中断服务程序

在 SCI 发送中断服务程序里完成新数据的写入，在 SCI 接收中断程序里完成数据的读取和存储。清除发送中断标志位或接收中断标志位，清除对应的 PIE 中断应答位 PIEACKx。

11.4 应用实例——“一定要把数据送出去”

1. 项目任务

任务 1：通过查询方式实现 1 个数据的发送和接收，利用串口调试助手测试。

任务 2：通过中断方式实现多个数据的发送和接收，利用串口调试助手测试。

2. 项目分析

通过计算机端串口调试助手向 F28027 发送数据，F28027 把收到的数据回送到串口调试助手显示。

3. 部分程序代码

软件工程包括 SCI 模块初始化配置、数据接收程序、数据发送程序和主程序等。

SCI 模块的引脚配置程序如下：

```
/*****************************************************************
* 名称:mySCI_pinConfigure()
* 功能:SCI 模块的引脚配置
* 路径:..\..\chap11_SCI_1\User_Component\mySci\mySci.c
*****************************************************************/
void mySCI_pinConfigure(void)
{
    GPIO_setMode(myGpio, GPIO_Number_28, GPIO_28_Mode_SCIRXDA);
    GPIO_setMode(myGpio, GPIO_Number_29, GPIO_29_Mode_SCITXDA);
    GPIO_setPullUp(myGpio, GPIO_Number_28, GPIO_PullUp_Enable);
    GPIO_setPullUp(myGpio, GPIO_Number_29, GPIO_PullUp_Disable);
    GPIO_setDirection(myGpio, GPIO_Number_28, GPIO_Direction_Input);
    GPIO_setDirection(myGpio, GPIO_Number_29, GPIO_Direction_Output);
    GPIO_setQualification(myGpio, GPIO_Number_28, GPIO_Qual_ASync);
}
```

SCI 模块的功能配置程序如下：

```
/*****************************************************************
* 名称:void mySCI_functionConfigure(void);
* 功能:SCI 帧格式配置、使能发送和接收
* 路径:..\..\chap11_SCI_1\User_Component\mySci\mySci.c
*****************************************************************/
void mySCI_functionConfigure(void)
```

```
{
    //1. SCI BRR=LSPCLK/(SCI BAUDx8) -1
    SCI_setBaudRate(mySci, SCI_BaudRate_9_6_kBaud);          //波特率:9600bit/s
    SCI_disableParity(mySci);                                //禁止奇偶校验
    SCI_setNumStopBits(mySci, SCI_NumStopBits_One);          //停止位1位
    SCI_setCharLength(mySci, SCI_CharLength_8_Bits);         //数据长度8位
    //3. enable SCI TX&RX
    SCI_enableTx(mySci);                                     //允许发送
    SCI_enableRx(mySci);                                     //允许接收
    //4. enable SCI module
    SCI_enable(mySci);                                       //使能SCI模块
}
```

SCI查询方式接收数据程序如下:

```
/****************************************************************
 * 名称:SCI_getDataBlocking();
 * 功能:SCI查询方式接收数据
 * 路径:..\..\chap11_SCI_1\F2802X_Component\Souce\sci.c
****************************************************************/
uint16_t SCI_getDataBlocking(SCI_Handle sciHandle)


{
    SCI_Obj *sci=(SCI_Obj *)sciHandle;
    while(SCI_isRxDataReady(sciHandle) ! =true)
    {
    }
    return (sci->SCIRXBUF);
}
```

SCI查询方式发送数据程序如下:

```
/****************************************************************
 * 名称:SCI_putDataBlocking();
 * 功能:SCI查询方式发送数据
 * 路径:..\..\chap11_SCI_1\F2802X_Component\Souce\sci.c
****************************************************************/
void SCI_putDataBlocking(SCI_Handle sciHandle, uint16_t data)
{
    SCI_Obj *sci=(SCI_Obj *)sciHandle;
    while(SCI_isTxReady(sciHandle) ! =true){
    }
    sci->SCITXBUF=data;
}
```

SCI 回传接收到的字符程序如下：

```
/**************************************************************************
 * 名称:SCI_Test();
 * 功能:SCI 回传接收到的字符
 * 路径:..\chap11_SCI_1\Application\app.c
 **************************************************************************/
void SCI_Test(void)
{
    uint16_t ch;
    uint16_t * msg;
    msg=(uint16_t *)"\r\n Enter a character: \0";
    mySCI_sendMessageBlocking(msg);
    ch=mySCI_receiveCharBlocking();          //接收一个字符
    mySCI_sendCharBlocking(ch);              //发送一个字符
}
```

SCI 中断方式发送数据程序如下：

```
/**************************************************************************
 * 名称:interrupt void mySCI_TXINT_isr(void)
 * 功能:在发送中断里面写入新的数据给发送缓冲寄存器
 * 路径:..\chap11_SCI_1\Application\isr.c
 **************************************************************************/
interrupt void mySCI_TXINT_isr(void)
{
    if(true==SciSentOk)
    {
      SciSendPoint +=1;  //一次最多发送 50 个数据
      if('\0'! =SciSendBuf[SciSendPoint] && SciSendPoint <=50)
        SCI_putData(mySci,SciSendBuf[SciSendPoint]);
      else
      {
        SciSentOk=false;
      }
    }
    PIE_clearInt(myPie, PIE_GroupNumber_9);
}
```

SCI 中断方式接收数据程序如下：

```
/**************************************************************************
 * 名称:interrupt void mySCI_RXINT_isr(void)
 * 功能:中断方式接收数据
 * 路径:..\chap11_SCI_1\Application\isr.c
 **************************************************************************/
interrupt void mySCI_RXINT_isr(void)
```

```
{
    uint16_t   ch;
    if(false = =SciReceivedOk)
    {
        ch=SCI_getData(mySci);
        SciReceiveBuf[SciReceivePoint]=ch;
        SciReceivePoint +=1;
        if( SciReceivePoint >=50)
        {
            SciReceivePoint=0;
        }
        if('\0'= =ch)                              //收到字符串结束符后结束当前接收
        {
            SciReceivedOk=true;
        }
    }
    PIE_clearInt(myPie, PIE_GroupNumber_9);//清除 PIE 应答位
}
```

SCI 将接收到的数据保存到发送数据缓冲区的程序如下：

```
/**********************************************************************
 * 名称:SCI_ExchageData (void)
 * 功能:接收到的数据保存到发送数据缓冲区
 * 路径:..\ chap11_SCI_1\Application\app.c
**********************************************************************/
Void SCI_ExchageData void (void)
{
    if(true= =SciReceivedOk && false= =SciSentOk)
    {  SciReceivePoint=0;
       do
       {   ch=SciReceiveBuf[SciReceivePoint];
           SciSendBuf[SciReceivePoint]=ch;
       SciReceivePoint ++;
       }while(ch ! ='\0');
       SciReceivePoint=0;
       SciReceivedOk=false;
       SciSentOk=true;
       SciSendPoint=0;
       SCI_putData(mySci, SciSendBuf[0]); //发送第一个数据,后续数据在中断程序里发送
    }
}
```

主程序如下：

```
#define TARGET_GLOBAL 1
```

```
#include "Application\isr.h"
void main(void)
{
//1. 系统运行环境
  User_System_pinConfigure();
  User_System_functionConfigure();
  User_System_eventConfigure();
  User_System_initial();
  //2. Module
//2.1 SCI 模块初始化
  User_SCI_initial();
  User_SCI_pinConfigure();
  User_SCI_functionConfigure();
  User_SCI_eventConfigure();
//3. PIE 初始化
  User_Pie_initial();
  User_Pie_pinConfigure();
  User_Pie_functionConfigure();
  User_Pie_eventConfigure();
//4. 全局中断使能
  User_Pie_start();   //中断总开关。查询方式时,屏蔽该函数;中断方式时,开启该函数
//5. 主循环
  for( ; ; )
  {
    //SCI_Test();         //查询方式,要关闭中断,把串口收到的数据发送回去
    SCI_ExchageData();//中断方式,串口调试助手的发送数据串需加上结束字符"\0"
  }
}
```

4. 文件管理

在第 10 章软件工程架构的基础上，在用户层增加 mySci 文件，包括 mySci_.c 和 my_Sci.h。在 User_Device.h 文件中包含新增的库文件 my_Sci.h。在中断文件 isr.c 里增加发送中断函数和接收中断函数。

5. 项目实施

项目实施步骤如下。

步骤 1：导入工程 chap11_SCI_1。

步骤 2：查收方式测试时，主程序调用 SCI_Test 函数，关闭中断总开关。中断方式测试时，主程序调用 SCI_ExchgeData 函数，使能中断总开关 INTM。

步骤 3：编译工程，如果没有错误，则会生成 chap11_SCI_1.out 文件；如果有错误，则修改程序直至没有错误为止。

步骤 4：将生成的目标文件下载到 MCU 的 Flash 存储器中。

步骤 5：打开串口调试工具，配置好帧格式。在发送窗口输入数据，单击发送，在接收窗口将显示相应的数据。串口调试助手界面如图 11-18 所示。

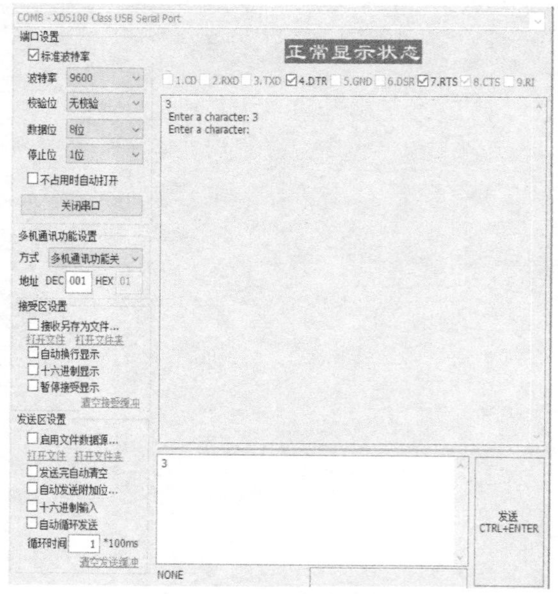

a) 查询方式测试界面

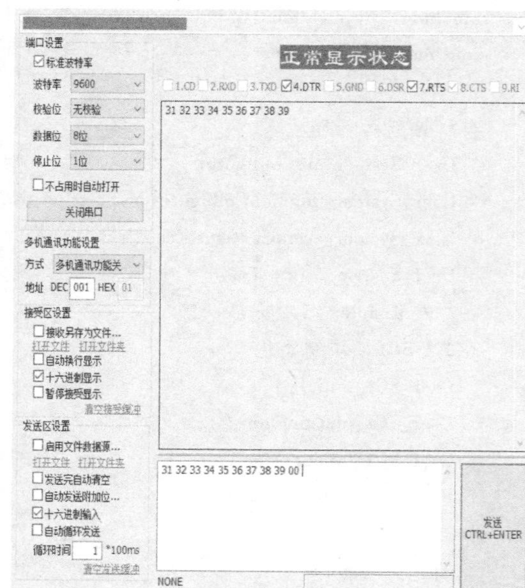

b) 中断方式测试界面

图 11-18 串口调试助手界面

思考与练习

11-1 串行通信和并行通信各有什么特点?

11-2 异步通信和同步通信各有什么特点?

11-3 什么是波特率? 波特率的单位是什么?

11-4 串行通信的数据帧格式是什么?

11-5 RS-232 总线标准是什么? TTL 电平和 RS-232 电平如何转换?

11-6 简述 F28027 SCI 模块的工作原理。

11-7 设计并完成项目，利用 FIFO 功能实现应用实例的任务。

11-8 设计并完成项目，实现功能：利用 3 块 TMS320F28027 LauchPad 实验板进行多机通信，其中 1 个主机，2 个从机。当主机按键短按时，主机控制 1 号从机的 LED1 亮暗，当主机按键长按时，主机控制 2 号从机的 LED1 亮暗。

第12章 串行外设接口

串行外设接口（Serial Peripheral Interface，SPI）是由摩托罗拉公司推出的一种高速同步串行通信接口，可将1~16位的数据按给定的波特率移进或者移出设备，通常用作MCU与外设或者MCU与其他MCU之间的通信接口，如EEPROM、Flash、显示驱动器、实时时钟，A/D转换器等具有SPI接口的外部设备。本章首先介绍SPI的通用基础知识，其次对C2000的SPI模块的内部结构、工作原理、寄存器及驱动函数等进行详细介绍，并给出软件思维导图和应用实例。

12.1 SPI的基础知识

SCI和SPI都是串行通信接口，两者最大的区别是SPI是同步通信，SCI是异步通信。SPI适用于板上短距离高速率通信，而SCI适用于较长距离的低速率通信。在点对点的通信中，SPI接口不需要寻址操作且为全双工通信，因此通信比较简单、高效。

12.1.1 SPI总线接口

SPI是同步全双工串行通信接口，需要有一根公共的时钟线实现同步；需要至少两根数据线来实现数据的双向同时传输以实现全双工；收发数据是以串行形式一位一位地在各自的数据线上传输；通信时还需要有一根从设备选择信号线。因此，SPI接口一般使用4根线，分别是SPICLK、SPISIMO、SPISOMI和$\overline{\text{SPISTE}}$，通常也简称CLK、SIMO、SOMI和$\overline{\text{STE}}$。

1）CLK（Serial Clock）：即串行时钟线，由主设备发出。每个时钟周期可以传输一位数据，经过8个时钟周期，一个完整的字节数据就传输完成了。不同的设备支持的时钟频率不同。

2）SIMO（Slave Input Master Output）：即主设备数据输出/从设备数据输入线。这根信号线上的数据方向是从主设备到从设备，即主设备从这根信号线发送数据，从设备从这根信号线上接收数据。有的半导体厂商（如Microchip公司），以从设备的角度，将其命名为SDI。

3）SOMI（Slave Output Master Input）：即主设备数据输入/从设备数据输出线。这根信号线上的数据方向是由从设备到主设备，即从设备从这根信号线发送数据，主设备从这根信号线上接收数据。有的半导体厂商（如Microchip公司），以从设备的角度，将其命名为SDO。

4）$\overline{\text{STE}}$（Slave Transmit Enable）：有时也称CS（Chip Select），SPI从设备选择信号线，用来选择激活指定的从设备，由SPI主设备（通常是微控制器）驱动，低电平有效。当只有一个 SPI 从设备与 SPI 主设备相连时，该引脚并不是必需的。

图 12-1 为一主一从式（点对点式）、互为主从式、一主多从式、多主多从式（分布式）四种 SPI 总线连接结构。

一主一从式的系统，SPI 总线上只有一个主机和一个从机，接收和发送数据是单向的，主机的 SPISIMO 发送、从机的 SPISIMO 接收，从机的 SPISOMI 发送、主机的 SPISOMI 接收。主机 SLK 作为同步时钟输出到从设备，由于只有一个从设备，从设备 $\overline{\text{SPISTE}}$ 接低电平，始终被选中。

一主多从式的系统，SPI 总线上有一个主机和多个从机，SPI 的所有信号都是单向的，主机的 SPISIMO 和 SPICLK 为输出，SPISOMI 为输入，由于系统中有多个从机，因此，需要使用主机的 I/O 引脚去选择要访问的从机，即 GPIO 的某些引脚连接从机的 $\overline{\text{SPISTE}}$ 端。

对于互为主从式和多主多从式的系统，SPISOMI 和 SPISIMO 以及 SPICLK 都是双向的，视发送或接收而定，$\overline{\text{SPISTE}}$ 不能直接固定电平，如果作为主机，则设置 $\overline{\text{SPISTE}}$ 输出低电平，迫使对方作为从机。

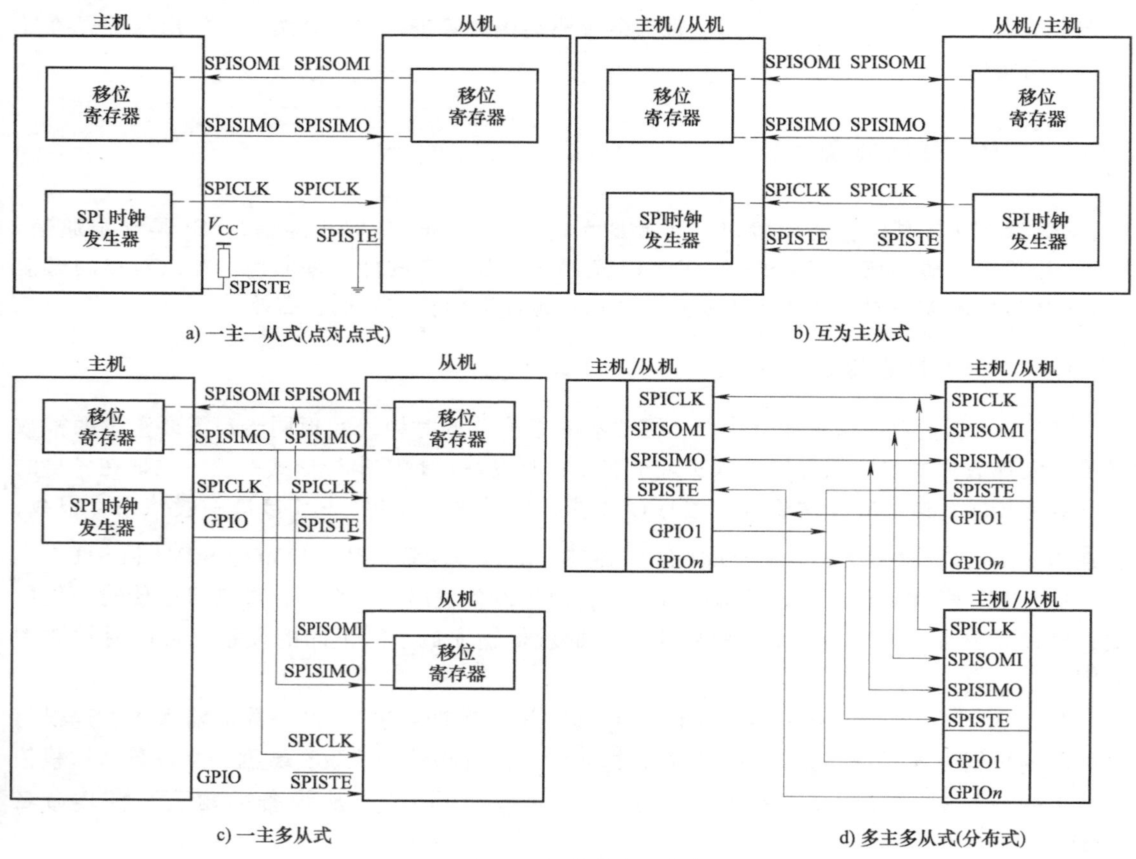

图 12-1　SPI 总线连接结构

12.1.2　SPI 的工作原理

SPI 是一个环形总线结构，时序比较简单，主要是在时钟脉冲 SPICLK 的控制下，两个双向移位寄存器进行数据交换。通信时，同步时钟脉冲由主设备输出，SPISIMO 和 SPISOMI

引脚则是基于此时钟脉冲完成数据的发送或者接收，也就是说，通信时数据是一位一位进行传输的。当主机给从机发送数据时，数据在时钟脉冲的上升沿或者下降沿时通过主机的SPISIMO 引脚发送，在接下来的下降沿或者上升沿时通过从机的 SPISIMO 引脚接收。当从机给主机发送数据时，原理是一样的，只不过通过 SPISOMI 引脚来完成。如图 12-2 所示，两个 SPI 接口同时发送和接收数据，SPI 移位寄存器总是将最高位的数据移出，接着将剩余的数据分别左移 1 位，然后将接收的数据移入其最低位。

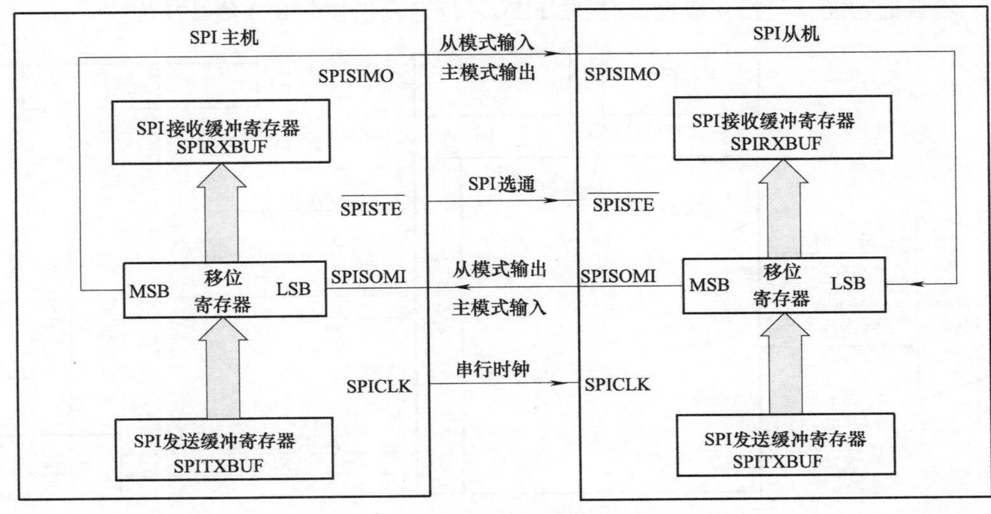

图 12-2　SPI 数据通信示意图

图 12-3 为 SPI 数据传输示例，假设主机数据为 01010101，从机数据为 10101010。当时钟脉冲第一个上升沿到来时，主机将最高位 0 移出，并将其他所有的数据左移 1 位，这时主机的 SPISIMO 引脚为低电平，而从机将最高位 1 移出，并将其他所有的数据左移 1 位，这时从机的 SPISOMI 引脚为高电平。当时钟脉冲下降沿到来时，主机移位寄存器将锁存主机 SP-ISOMI 引脚上的电平，即从机发出的高电平，并将数值 1 移入其最低位。同样，从机移位寄存器将锁存从机 SPISIMO 引脚上的电平，即主机发出的低电平，并将数值 0 移入其最低位。经过 8 个时钟脉冲后，两个移位寄存器实现了数据的交换，即完成了一次 SPI 的时序。

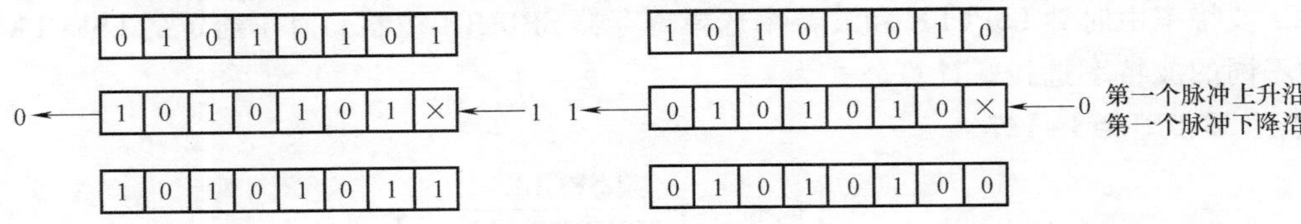

图 12-3　SPI 数据传输示例

12.2　C2000 的 SPI 模块

12.2.1　SPI 概述

图 12-4 为 SPI 与 CPU 的接口示意图。F28027 有 1 个 SPI 接口，基本特性如下：

1）有 4 个外部引脚，即 SPICLK、SPISIMO、SPISOMI 和 $\overline{\text{SPISTE}}$。

2）两种工作模式，即主机和从机工作模式。

3）波特率为125种不同的可编程速率。

4）数据字长为1~16个数据位。

5）四种时序方式（通过时钟极性CLKPOLARITY和时钟相位CLK_PHASE进行控制）。

6）同时发送和接收操作（可以通过软件禁止发送）。

7）发送器和接收器操作方式为中断方式或者查询方式。

8）增强的功能，包括4级发送/接收FIFO、延迟发送控制和3线SPI模式。

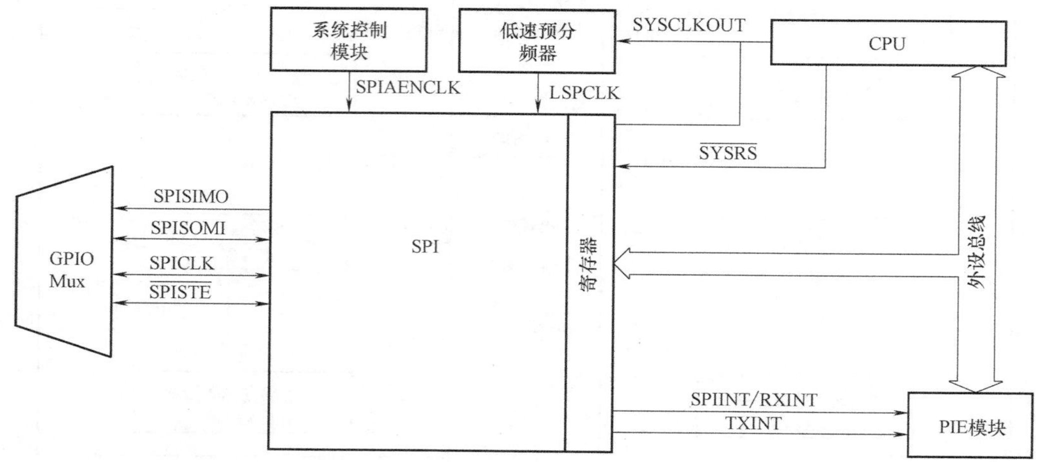

图12-4 SPI与CPU接口示意图

12.2.2 SPI内部结构

SPI模块的功能框图如图12-5所示，主要有SPI波特率配置、移位数据寄存器，SPI中断管理、SPI控制等子模块。

12.2.3 SPI功能描述

1. SPI波特率配置

SPI波特率由时钟LSPCLK和波特率选择寄存器SPIBRR控制。对于给定的LSPCLK，有125种不同的波特率选择。计算公式为

对于SPIBRR=3~127

$$\text{SPI 波特率}=\frac{\text{LSPCLK}}{(\text{SPIBRR}+1)} \tag{12-1}$$

对于SPIBRR=0，1或2

$$\text{SPI 波特率}=\frac{\text{LSPCLK}}{4} \tag{12-2}$$

2. SPI通信位数配置

SPI发送和接收的数据位可配置为1~16位，由SPICCR.3~0决定。发送时数据左对齐，高位先发送，接收时数据右对齐。

3. SPI时钟极性和相位配置

SPI的时钟极性和相位配置决定了SPI数据的传输格式，Clock Polarity（CLKPOLARI-

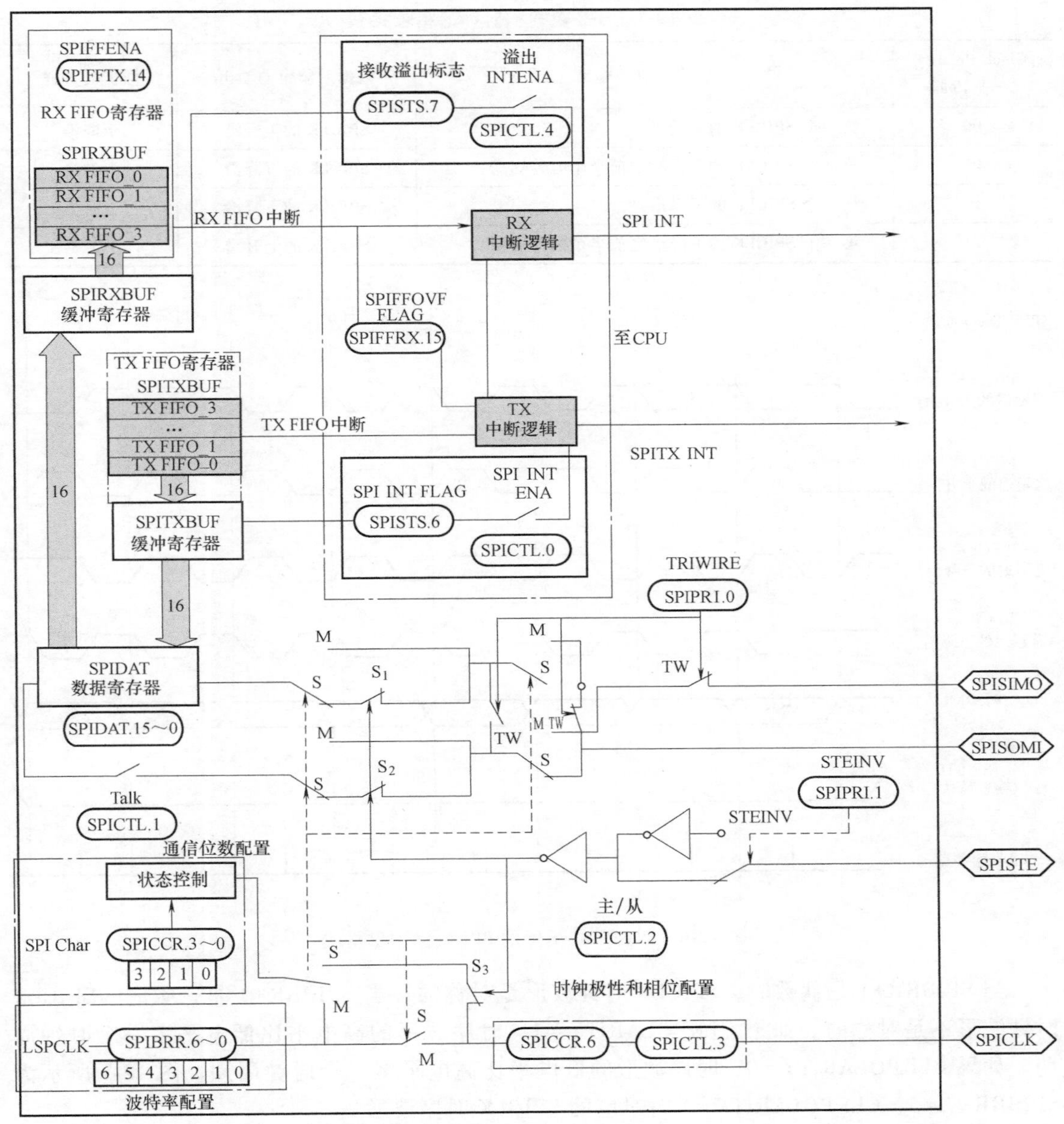

图 12-5　SPI 模块的功能框图

TY）和 Clock Phase（CLK_PHASE）组合形成四种不同的 SPI 数据和时钟的相位关系。

1）Clock Polarity：时钟极性选择。该位决定 SPI 总线空闲时，SPICLK 时钟线的电平。CLKPOLARITY = 0，当 SPI 总线空闲时，SPICLK 时钟线为低电平；CLKPOLARITY = 1，当 SPI 总线空闲时，SPICLK 时钟线为高电平。

2）Clock Phase：时钟相位选择。该位决定了 SPI 总线上数据的采样位置。CLK_PHASE = 0，正常的 SPI 时钟方式；CLK_ PHASE = 1，SPICLK 信号延时半个时钟周期。

表 12-1 为 SPI 数据和时钟的相位关系。其中“数据第一位的输出”和“数据后续位的输出”两列表示数据位更新输出的时间，由硬件 SPI 接口自动操作。“数据的采样”这一列表示数据在 SPICLK 上升沿有效还是下降沿有效。图 12-6 为四种不同配置的 SPI 数据输出格式。

表 12-1 SPI 数据和时钟的相位关系

Clock Polarity Clock Phase	数据第一位的输出	数据后续位的输出	数据的采样
00	第一个 SPICLK 的上升沿	SPICLK 的上升沿	下降沿
01	第一个 SPICLK 的上升沿之前半个时钟周期	SPICLK 的下降沿	上升沿
10	第一个 SPICLK 的下降沿	SPICLK 的下降沿	上升沿
11	第一个 SPICLK 的下降沿之前半个时钟周期	SPICLK 的上升沿	下降沿

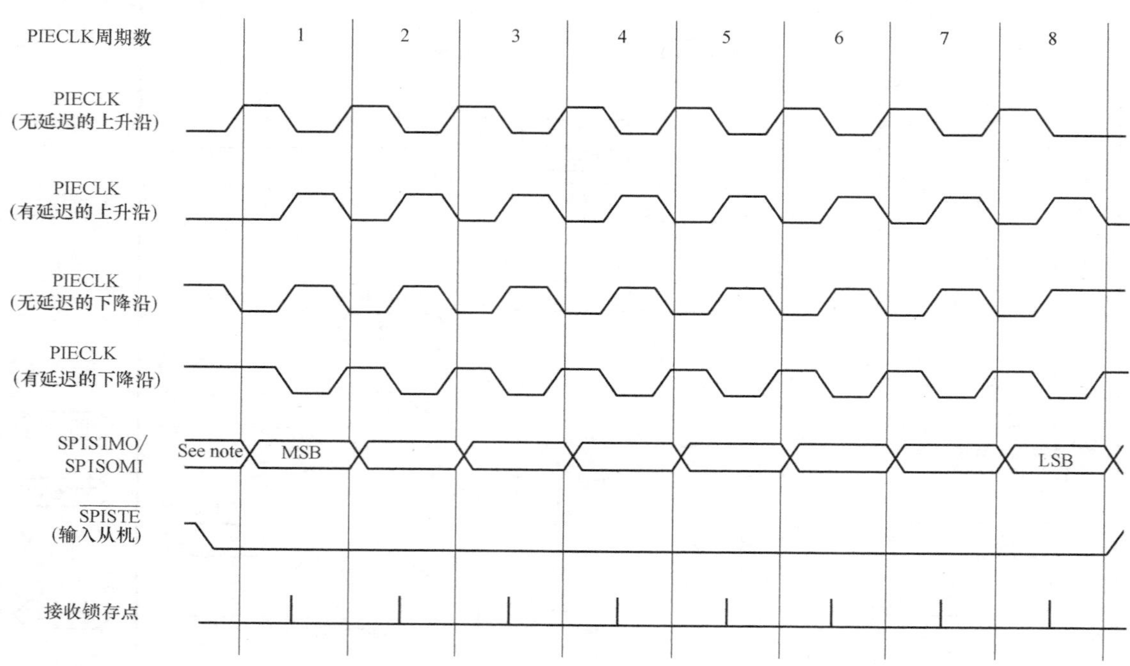

图 12-6 四种不同配置的 SPI 数据输出格式

当 SPIBRR+1 是偶数时，SPICLK 时钟波形是对称的，当 SPIBRR+1 是奇数时，SPICLK 时钟波形不是对称的。如果 CLKPOLARITY = 1，时序波形的高电平比低电平多一个时钟周期，如果 CLKPOLARITY = 0，时序波形的低电平比高电平多一个时钟周期。图 12-7 所示为 SPIBRR+1 = 5、CLKPOLARITY = 1 时对应的 SPICLK 时序波形。

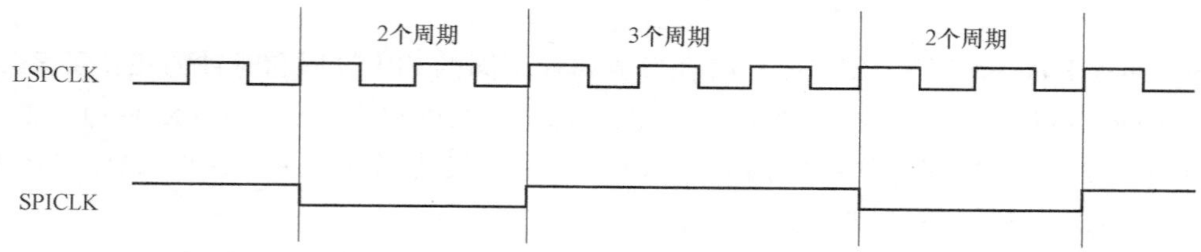

图 12-7 SPIBRR+1 = 5、CLKPOLARITY = 1 时对应的 SPICLK 时序波形

4. SPI 的发送接收

本节以互为主从通信方式为例，进行 SPI 数据发送和接收的说明。C2000 微控制器互为主从 SPI 通信连接框图如图 12-8 所示。

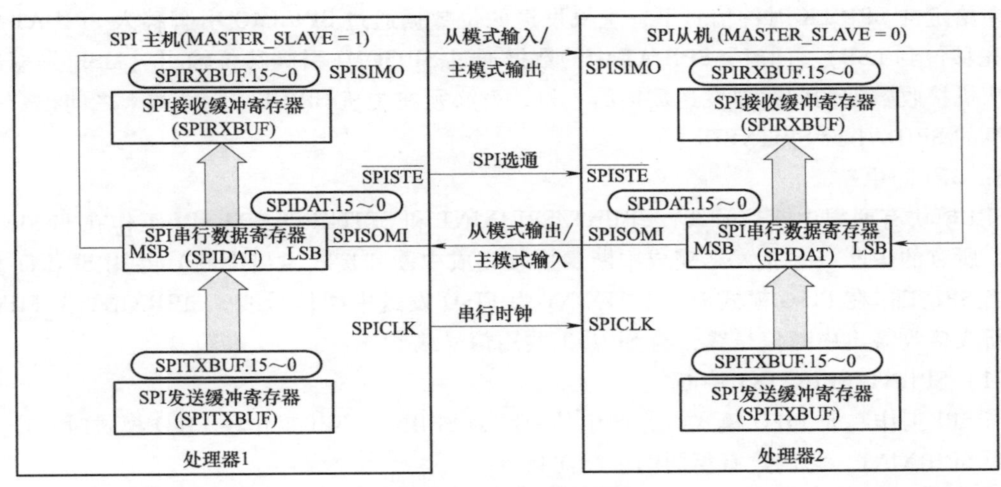

图 12-8　C2000 微控制器互为主从 SPI 通信连接框图

（1）相关寄存器

SPIDAT：SPI 串行数据寄存器，该寄存器为 16 位的发送和接收移位寄存器。写到 SPIDAT 寄存器中的数据按给定的 SPICLK 时钟移位输出到 SPISIMO 引脚，同时从机来的信号从 SPISOMI 引脚移位输入。SPIDAT 寄存器数据的最高位（MSB）先输出，输入时先保存到最低位（LSB）。所以发送时的数据必须是左对齐的，接收时的数据按右对齐读取。

SPITXBUF：SPI 发送缓冲寄存器，如果 SPIDAT 数据已经发送完成，那么 SPITXBUF 的数据自动装载到 SPIDAT 寄存器，开始新的数据发送。自动装载完成后，可以重新写数据给 SPITXBUF。由于高位先发送，所以该数据必须是左对齐的。

SPIRXBUF：SPI 接收缓冲寄存器，当 SPIDAT 接收到完整的数据时，SPIDAT 数据自动传送给 SPIRXBUF，用户可以在 SPIRXBUF 中读取数据，该数据是右对齐的。

（2）主机工作模式

在主机模式下（MASTER_SLAVE = 1），主机通过 SPICLK 引脚提供串行时钟信号，数据从 SPISIMO 引脚输出并在 SPISOMI 引脚输入。

写入到 SPIDAT 或者 SPITXBUF 中的数据在 SPISIMO 引脚上启动数据传输，数据最高位（MSB）先发送。同时，接收到的数据从 SPISOMI 引脚移位到 SPIDAT 的最低位（LSB）中。当设置的位数被发送完后，接收到的数据就被传送到 SPIRXBUF 中，CPU 可以读取该数据，数据以右对齐的方式存储在 SPIRXBUF 中。

SPIDAT 移位完设置的位数后，会发生以下事件：

1）SPIDAT 中的内容传输给 SPIRXBUF。

2）发送/接收完成标志位置 1（INT_FLAG = 1）。

3）如果 SPITXBUF 还有数据需要发送（BUFFULL_FLAG = 1），该数据被传输到 SPIDAT 并发送，同时 BUFFULL_FLAG 位清零。否则，SPICLK 会在所有位均移出 SPIDAT 后停止。

4）如果中断允许（SPIINTENA = 1），会触发中断响应。

（3）从机工作模式

在从机模式下（MASTER_SLAVE = 0），数据移出 SPISOMI 引脚并移入到 SPISIMO 引脚，移位脉冲 SPICLK 由主机提供，SPICLK 输入频率不能大于 LSPCLK 频率的 1/4。

在给定的 SPICLK 时钟信号下，主机发送的位数据通过 SPISIMO 引脚移入 SPIDAT 寄存器（先移位到 LSB）。同时，SPIDAT 中的数据通过 SPISOMI 引脚移位输出（MSB 先输出）。如果从机接收数据的同时要发送数据给主机，就必须在主机 SPICLK 信号到来之前把数据写入从机的 SPIDAT 或 SPITXBUF。

5. SPI 的中断

SPI 模块有两根中断信号线：SPIINT/SPIRXINT 和 SPITXINT。当 SPI 工作在非 FIFO 模式时，所有的中断（包括发送完成中断、接收完成中断和接收溢出中断）共用 SPIINT 信号线。当 SPI 工作在 FIFO 模式时，SPITXINT 为 FIFO 发送中断信号线，SPIRXINT 为 FIFO 接收中断或接收溢出中断信号线，与 SPIINT 共用信号线。

（1）SPIINT/SPIRXINT 中断

当 SPI 工作在非 FIFO 模式时，产生的中断为 SPIINT；SPI 工作在 FIFO 模式时，产生的中断为 SPIRXINT，它们具有相同的中断向量。

当发送或接收完成时，INT_FLAG 被置位，接收到的数据保存到接收缓冲器 SPIRXBUF 中，如果中断使能 SPIINTENA 允许，将产生中断请求 SPIINT。

接收溢出标志位（OVERRUN_FLAG）表示一个新的数据已经接收完成，但是之前接收的数据还没读出。如果溢出中断使能 OVERRUNINTENA 允许，将产生一个中断请求 SPI-INT。在中断服务程序中，需要把接收溢出标志位清零，否则新的接收溢出无法产生中断。

在 FIFO 模式下，当 FIFO 接收完成（RXFFST = RXFFIL）而且 FIFO 接收中断使能允许（RXFFIENA = 1）时，将产生一个中断请求信号 SPIRXINT。

（2）SPITXINT 中断

非 FIFO 模式时，该信号无效。在 FIFO 模式时，当 FIFO 发送完成（TXFFST = TXFFIL）而且 FIFO 发送中断使能允许（TXFFIENA = 1）时，将产生一个中断请求信号 SPITXINT。

（3）操作信号

INT_FLAG：SPI 发送/接收中断标志位，SPI 发送或接收完数据的最后一位时置位，该位的复位方法有：①读 SPIRXBUF 寄存器；②写 0 软件复位 SPISWRESET；③系统复位。

SPIINTENA：SPI 接收/发送中断使能，允许或禁止 CPU 响应 SPI 发送/接收中断。

OVERRUN_FLAG：接收器溢出标志位，如果接收缓存器的数据在被读取之前发生了新的发送/接收，也即上一次接收的数据已经被刷新并丢失，该标志位置位。OVERRUN_FLAG 和 INT_FLAG 共享相同的中断向量，所以必须在中断程序复位该标志位，复位方法有：①写 1 对该标志位清零；②写 0 软件复位 SPISWRESET；③系统复位。

OVERRUNINTENA：接收器溢出中断使能，允许或禁止 CPU 响应接收器溢出中断使能。

6. SPI 的 FIFO 功能与 FIFO 中断

SPI 的 FIFO 功能与中断信号框图如图 12-9 所示。

（1）操作信号

RX FIFO0、RX FIFO1、RX FIFO2、RX FIFO3：4 个 16 位的 FIFO 接收寄存器。

TX FIFO0、RX FIFO1、RX FIFO2、RX FIFO3：4 个 16 位的 FIFO 发送寄存器。

RXFFOVF flag：FIFO 接收溢出标志。

RXFFIL：FIFO 接收中断触发级别。

TXFFIL：FIFO 发送中断触发级别。

RXFFIENA：FIFO 接收中断使能。

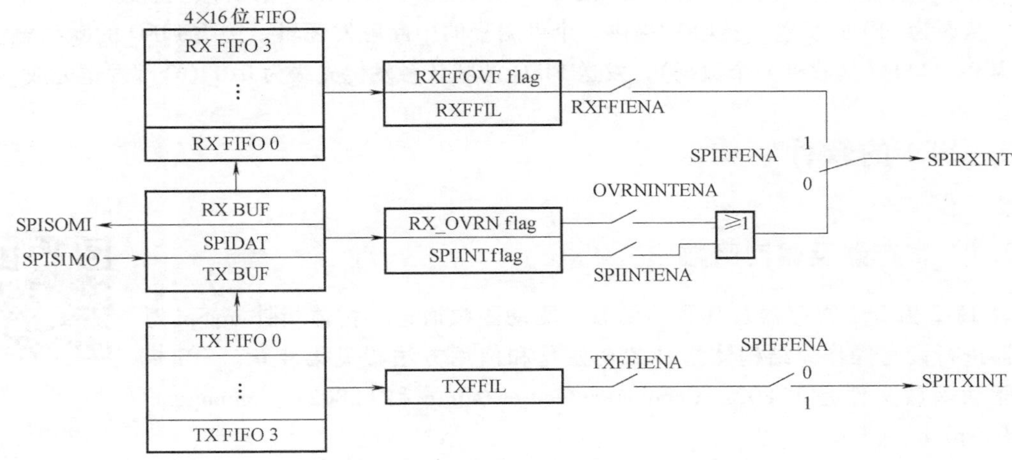

图 12-9　SPI 的 FIFO 功能与中断信号框图

TXFFIENA：FIFO 发送中断使能。

SPIFFENA：SPI FIFO 中断使能。

（2）FIFO 的操作步骤

1）复位：在上电复位时，SPI 工作在标准 SPI 模式，禁止 FIFO 功能。FIFO 的寄存器 SPIFFTX、SPIFFRX 和 SPIFFCT 都被禁止。

2）FIFO 使能：通过将 SPIFFTX 寄存器中的 SPIFFENA 位置 1，使能 FIFO 模式。在任何操作状态下 SPIRST 都可以复位 FIFO 模式。

3）寄存器有效：所有 SPI 寄存器和 SPI FIFO 寄存器（SPIFFTX、SPIFFRX 和 SPIFFCT）有效。

4）中断：FIFO 模式有两个中断，一个是发送 FIFO 中断 SPITXINT，另一个是接收 FIFO 中断 SPIRXINT。FIFO 接收、接收错误和接收 FIFO 溢出共用 SPIRXINT 中断。标准 SPI 的 SPIINT 将被禁止，该中断将作为 SPI 接收 FIFO 中断使用。

5）缓冲：发送和接收缓冲器增加了 2 个 4 级的 FIFO。标准模式下的 SPITXBUF 作为发送 FIFO 与移位寄存器之间的缓存。当最后一位移位寄存器移出时，SPITXBUF 装载 FIFO 数据。

6）延迟的发送：FIFO 中的数据传送到发送移位寄存器的速率是可编程的，可以通过 SPIFFCT 寄存器的位 FFTXDLY（7~0）设置发送数据间的延时。FFTXDLY（7~0）确定延迟的 SPI 波特率时钟周期数，8 位寄存器可以定义从 0 个波特率时钟周期的最小延迟到 255 个波特率时钟周期的最大延迟。当使用 0 延迟时，SPI 模块的 FIFO 数据移出时，数据间没有延迟，一位紧接一位地从 FIFO 移出，实现数据的连续发送。当选择 255 个波特率时钟的延迟时，SPI 模块工作在最大延迟模式，FIFO 移出的每个数据之间有 255 个波特率时钟的延迟。慢速的 SPI 一般用于慢速的外部设备，如 EEPROM、ADC 或 DAC 等。

7）FIFO 状态位：发送和接收 FIFO 状态位 TXFFST 和 RXFFST，用于定义 FIFO 中可用的数据字数。清零发送 FIFO 重置位（TXFIFO）和接收 FIFO 重置位（RXFIFO）可以将 FIFO 指针重置为零，置位 TXFIFO 和 RXFIFO 重新使能 FIFO。

8）可编程的中断级：发送和接收 FIFO 都能产生 CPU 中断，只要发送（接收）FIFO 状态位 TXFFST（RXFFST）与中断触发级别位 TXFFIL（RXFFIL）相匹配，就能产生一个中断触发，从而为 SPI 的发送（接收）提供一个可编程的中断触发逻辑。接收 FIFO 的默认触发优先级为 0x11111（接收到 4 个数据），发送 FIFO 的默认触发优先级为 0x0（全部发送完成）。

12.3 SPI 的软件架构

12.3.1 寄存器及驱动函数

表 12-2 为 SPI 寄存器及其驱动函数。驱动函数通过结构体指针 mySpi 对寄存器进行读写操作。结构体指针的初始化和使用方法参见第 4 章。SPI 模块的驱动函数文件是 F2802x_Component/source/spi. c 和 F2802x_Component/include/spi. h。

SPI 模块驱动函数

表 12-2 SPI 寄存器及其驱动函数

寄存器	描述	地址	驱动函数	功能
SPICCR	SPI 配置与控制寄存器	0x7040	SPI_reset SPI_enable SPI_setCharLength SPI_setClkPolarity SPI_disableLoopBack SPI_enableLoopBack	SPI 复位 使能 SPI 模块 配置 SPI 发送和接收的数据位 配置 SPICLK 时钟极性 禁止 SPI 回环测试 使能 SPI 回环测试
SPICTL	SPI 操作控制寄存器	0x7041	SPI_setClkPhase SPI_setMode SPI_enableTx SPI_disableTx SPI_enableInt SPI_disableInt SPI_enableOverRunInt SPI_disableOverRunInt	配置 SPICLK 时钟相位选择 配置主机/从机模式 允许发送 禁止发送 SPI 中断允许 SPI 中断禁止 接收溢出中断允许 接收溢出中断禁止
SPISTS	SPI 状态寄存器	0x7042		SPI 状态寄存器
SPIBRR	SPI 波特率寄存器	0x7044	SPI_setBaudRate	配置 SPI 波特率
SPIRXEMU	SPI 仿真缓冲寄存器	0x7046		SPI 仿真用缓冲寄存器
SPIRXBUF	SPI 接收缓冲寄存器	0x7047	SPI_read	读接收缓冲器数据
SPITXBUF	SPI 发送缓冲寄存器	0x7048	SPI_write	写数据到发送缓冲器
SPIDAT	SPI 串行数据寄存器	0x7049		SPI 串行数据寄存器
SPIFFTX	SPI FIFO 发送寄存器	0x704A	SPI_enableChannels SPI_disableChannels SPI_enableFifoEnh SPI_disableTxFifoEnh SPI_enableTxFifo SPI_resetTxFifo SPI_enableTxFifoInt SPI_disableTxFifoInt SPI_clearTxFifoInt SPI_setTxFifoIntLevel SPI_getTxFifoStatus	使能 SPI 发送接收 复位 SPI 发送接收通道 使能 SPI FIFO 禁止 SPI FIFO 重新使能 TX FIFO 发送 TX FIFO 发送指针复位，并保持复位状态 允许 SPI FIFO 发送中断 禁止 SPI FIFO 发送中断 SPI FIFO 发送中断标志位清零 SPI FIFO 发送中断级别设置 SPI FIFO 发送状态

（续）

寄存器	描述	地址	驱动函数	功能
SPIFFRX	SPI FIFO 接收寄存器	0x704B	SPI_enableRxFifoInt	允许 SPI FIFO 接收中断
			SPI_disableRxFifoInt	禁止 SPI FIFO 接收中断
			SPI_clearRxFifoInt	SPI FIFO 接收中断标志位清零
			SPI_resetRxFifo	SPI FIFO 接收指针复位,并保持复位状态
			SPI_enableRxFifo	重新使能 SPI FIFO 接收操作
			SPI_getRxFifoStatus	SPI FIFO 接收状态
			SPI_setRxFifoIntLevel	SPI FIFO 接收中断级别设置
			SPI_clearRxFifoOvf	SPI FIFO 接收溢出标志位清零
SPIFFCT	SPI FIFO 控制寄存器	0x704C	SPI_setTxDelay	发送延迟设置
SPIPRI	SPI 优先权控制寄存器	0x704F	SPI_setPriority	仿真挂起操作设置

12.3.2　软件思维导图

图 12-10 为 SPI 模块的软件思维导图，包括 SPI 模块的时钟使能、引脚配置、功能配置、中断事件配置等。

使用 SPI 模块时，可参考以下步骤进行操作，也可根据实际情况灵活使用。

（1）引脚配置

步骤 1：配置引脚功能（GPIO_setMode）。

步骤 2：配置引脚方向（GPIO_setDirection）。

步骤 3：使能/禁止内部上拉电阻（GPIO_setPullUp）。

步骤 4：输入配置为异步系统时钟（GPIO_setQualification）。

（2）SPI 功能配置

步骤 5：SPI 复位（SPI_reset）。

步骤 6：帧格式配置，包括波特率设置（SCI_setBaudRate）、时钟极性设置（SPI_setClkPolarity）、时钟相位设置（SPI_setClkPhase）、数据长度设置（SPI_setCharLength）。

步骤 7：主机/从机模式（SPI_setMode）。

步骤 8：使能发送（SPI_enableTx）。

步骤 9：使能接收（SCI_enableRx）。

步骤 10：FIFO 发送功能（可选项），包括复位 SPI 发送接收通道（SPI_disableChannels）、SPI FIFO 发送级别设置（SPI_setTxFifointLevel）、SPI FIFO 发送指针复位（SPI_resetTxFifo）、使能 TX FIFO（SPI_enableTxFifo）、使能 SPI 发送接收（SPI_enableChannels）、使能 FIFO 功能（SPI_enableFifoEnh）。

步骤 11：FIFO 接收功能（可选项），包括接收指针复位，并保持复位状态（SPI_resetRxFifo）、SPI FIFO 接收中断级别设置（SPI_setRxFifoIntLevel）、重新使能接收（SPI_enableRxFifo）、使能 SPI 发送接收（SPI_enableChannels）、使能 FIFO 功能（SPI_enableFifoEnh）。

步骤 12：使能 SPI 模块（SPI_enable）。

（3）中断事件配置

步骤 13：中断入口地址注册（PIE_registerPieIntHandler）。

步骤 14：SPI 中断使能（SPI_enableInt）、SPI 接收溢出中断使能（SPI_enableOverRunInt）、FIFO 发送中断使能（SPI_enableTxFifoInt）（可选项）、FIFO 接收中断使能（SPI_

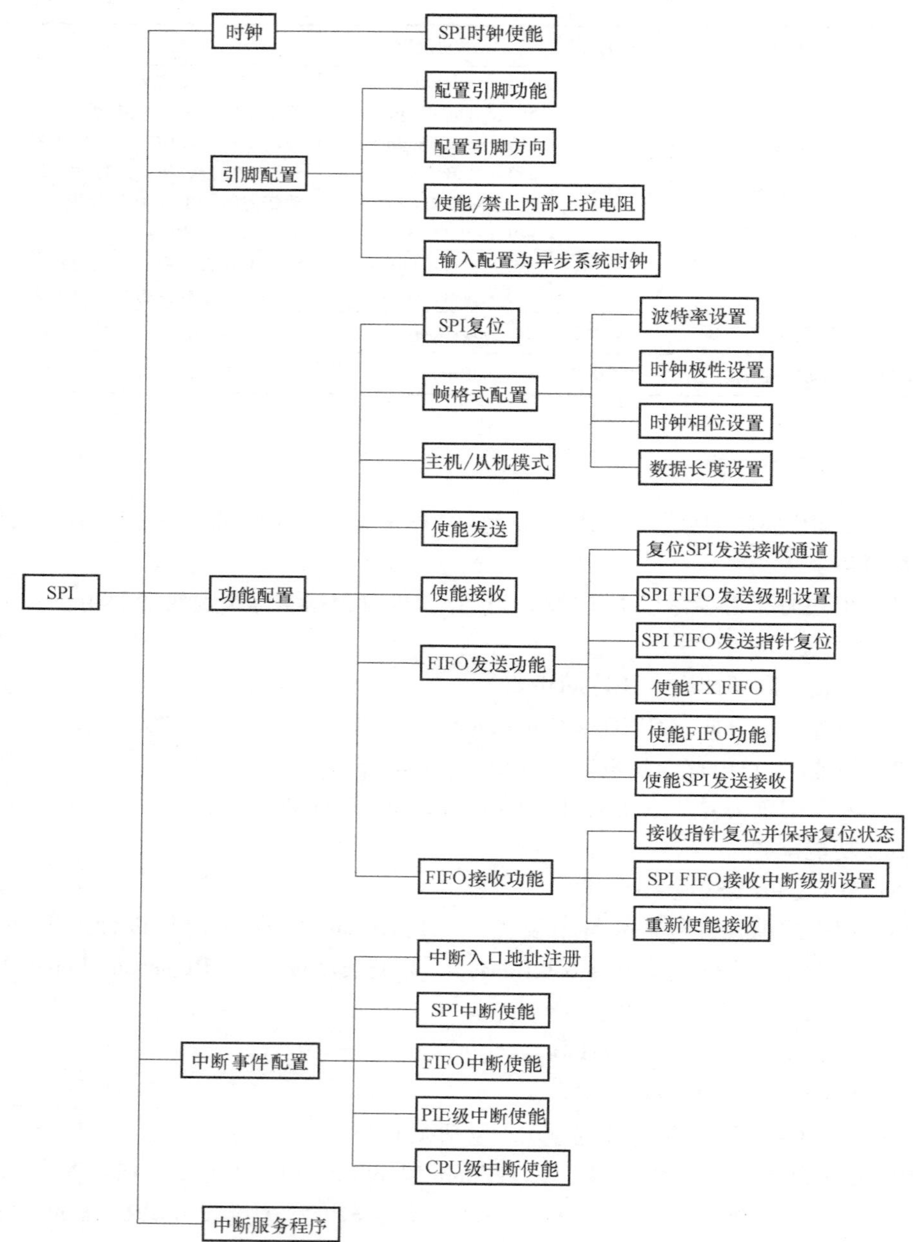

图 12-10　SPI 模块的软件思维导图

enableRxFifoInt）（可选项）。

步骤 15：PIE 级中断使能（PIE_enableInt）。

步骤 16：CPU 级中断使能（CPU_enableInt）。

（4）中断服务程序

在 SPI 发送中断服务程序里完成新数据的写入（SPI_write），在 SPI 接收中断程序里完成数据的读取（SPI_read）。清除发送中断标志位或接收中断标志位，清除对应的 PIE 中断应答位 PIEACKx。

12.4　实训案例——“同一个时钟，同一个步伐”

1. 项目任务

利用 F28027 LaunchPad 实验板，用中断方式实现 SPI 串行通信的测试。

2. 项目分析

采用 SPI 内环测试，自发自收。SPI 采用 FIFO 功能，发送 2 个数据，接收 2 个数据。在变量观测窗口进行验证。发送数据的格式如图 12-11 所示，并且一直循环。发送 FIFO 中断中连续发送 2 个数据，发送数据保存在变量 sdata 中。接收 FIFO 接收到 2 个数据时触发中断，读取 FIFO 的值并保存在变量 rdata 中。通过变量观测窗口观察 sdata 和 rdata 的值来验证程序。

0000 0001
0001 0002
0002 0003
…
FFFE FFFF
FFFF 0000
…

图 12-11　发送数据的格式

3. 部分程序代码

软件工程包括 SPI 模块的引脚配置、SPI 串口通信的初始化、SPI 模块的中断使能配置、SPI FIFO 接收中断、SPI FIFO 发送中断和主程序等。

SPI 模块的引脚配置程序如下：

```
/ ******************************************************************
 * 名称:MYSPI_pinConfigure( )
 * 功能:SPI 模块的引脚配置
 * 路径:..\chap12_SPI_1\User_Component\mySpi\mySpi.c
 ******************************************************************
void MYSPI_pinConfigure(void)
{
    GPIO_setPullUp(myGpio, GPIO_Number_16, GPIO_PullUp_Enable);
    GPIO_setPullUp(myGpio, GPIO_Number_17, GPIO_PullUp_Enable);
    GPIO_setPullUp(myGpio, GPIO_Number_18, GPIO_PullUp_Enable);
    GPIO_setPullUp(myGpio, GPIO_Number_19, GPIO_PullUp_Enable);
    GPIO_setQualification(myGpio, GPIO_Number_16, GPIO_Qual_ASync);
    GPIO_setQualification(myGpio, GPIO_Number_17, GPIO_Qual_ASync);
    GPIO_setQualification(myGpio, GPIO_Number_18, GPIO_Qual_ASync);
    GPIO_setQualification(myGpio, GPIO_Number_19, GPIO_Qual_ASync);
    GPIO_setMode(myGpio, GPIO_Number_16, GPIO_16_Mode_SPISIMOA);
    GPIO_setMode(myGpio, GPIO_Number_17, GPIO_17_Mode_SPISOMIA);
    GPIO_setMode(myGpio, GPIO_Number_18, GPIO_18_Mode_SPICLKA);
    GPIO_setMode(myGpio, GPIO_Number_19, GPIO_19_Mode_SPISTEA_NOT);
}
```

SPI 串口通信的初始化程序如下：

```
/ ******************************************************************
 * 名称:MYSPI_functionConfigure( );
```

```
 * 功能:SPI 串口通信的初始化
 * 路径:..\chap12_SPI_1\User_Component\mySpi\mySpi.c
 ***************************************************************/
void MYSPI_functionConfigure(void)
{
    SPI_reset(mySpi);                                        //SPI 复位
    SPI_setBaudRate(mySpi, (SPI_BaudRate_e)0x63);            //波特率设置
    SPI_setCharLength(mySpi, SPI_CharLength_16_Bits);        //SPI 数据长度 16 位
    SPI_enableLoopBack(mySpi);                               //SPI 内环测试
    SPI_setMode(mySpi, SPI_Mode_Master);                     //SPI 配置为主机
    SPI_enableTx(mySpi);                                     //允许 SPI 发送
    SPI_enableOverRunInt(mySpi);                             //溢出中断允许
    SPI_enableInt(mySpi);                                    //中断允许
                                                             //SPI FIFO 配置
    SPI_enableFifoEnh(mySpi);                                //使能 FIFO 增强型功能
    SPI_enableChannels(mySpi);                               //使能 FIFO 发送接收通道
    SPI_resetTxFifo(mySpi);                                  //FIFO 发送指针复位
    SPI_clearTxFifoInt(mySpi);                               //清除 FIFO 发送中断标志位
    SPI_setTxFifoIntLevel(mySpi, SPI_FifoLevel_Empty);       //FIFO 发送中断级别,发送
                                                             //空时产生中断
    SPI_resetRxFifo(mySpi);                                  //FIFO 接收指针复位
    SPI_setRxFifoIntLevel(mySpi, SPI_FifoLevel_2_Words);     //FIFO 接收中断级别,接收
                                                             //2 个字时产生中断
    SPI_clearRxFifoInt(mySpi);                               //清除 FIFO 接收中断标志位
    SPI_setTxDelay(mySpi, 0);
    SPI_setPriority(mySpi, SPI_Priority_FreeRun);        //仿真挂起时,继续 SPI 发送接收
    SPI_enable(mySpi);                                       //使能 SPI 发送接收
    SPI_enableTxFifo(mySpi);                                 //使能 FIFO 发送
    SPI_enableRxFifo(mySpi);                                 //使能 FIFO 接收
}
```

SPI 模块的中断使能配置程序如下:

```
*****************************************************************
 * 名称:User_Pie_eventConfigure()
 * 功能:SPI 模块的中断使能配置
 * 路径:..\chap12_SPI_1\User_Component\User_Pie \User_Pie.c
*****************************************************************
void User_Pie_eventConfigure(void)
{
    SPI_enableTxFifoInt(mySpi);                         //SPI 设备级 FIFO 发送中断允许
    SPI_enableRxFifoInt(mySpi);                         //SPI 设备级 FIFO 接收中断允许
```

```
    PIE_enableInt(myPie, PIE_GroupNumber_6, PIE_InterruptSource_SPIARX);
                                                    //PIE 级中断使能
    PIE_enableInt(myPie, PIE_GroupNumber_6, PIE_InterruptSource_SPIATX);
    CPU_enableInt(myCpu, CPU_IntNumber_6);          //CPU 级中断使能
}
```

SPI 中断入口地址配置程序如下：

```
****************************************************************************
* 名称:User_Pie_functionConfigure()
* 功能:SPI 中断入口地址配置
* 路径:..\chap12_SPI_1\User_Component\User_Pie\User_Pie.c
****************************************************************************
void User_Pie_functionConfigure(void)
{
    PIE_registerPieIntHandler(myPie, PIE_GroupNumber_6, PIE_SubGroupNumber_1, (intVec_t)
&spiRxFifoIsr);
    PIE_registerPieIntHandler(myPie, PIE_GroupNumber_6, PIE_SubGroupNumber_2, (intVec_t)
&spiTxFifoIsr);
}
```

SPI FIFO 接收中断程序如下：

```
****************************************************************************
* 名称:interrupt void spiRxFifoIsr (void)
* 功能:SPI FIFO 接收中断
* 路径:..\chap12_SPI_1\Application\isr.c
****************************************************************************
interrupt void spiRxFifoIsr(void)
{
    uint16_t i;
    for(i=0;i<2;i++)
    {
        rdata[i]=SPI_read(mySpi);                //读取接收到的数据
    }
    SPI_clearRxFifoOvf(mySpi);                   //清除溢出中断标志位
    SPI_clearRxFifoInt(mySpi);                   //清除 FIFO 接收中断标志位
    PIE_clearInt(myPie, PIE_GroupNumber_6);      //清除 PIE 应答响应位
    return;
}
```

SPI FIFO 发送中断程序如下：

```
****************************************************************************
* 名称:interrupt void spiTxFifoIsr (void)
* 功能:SPI FIFO 发送中断
```

```
 * 路径:..\chap12_SPI_1\Application\isr.c
 ******************************************************************
interrupt void spiTxFifoIsr(void)
{
    uint16_t   i;
    for(i=0;i<2;i++)
    {
        SPI_write(mySpi, sdata[i]);      //发送数据
    }
    for(i=0;i<2;i++)
    {
        sdata[i]++;        //改变发送的数据(数据加1),为下一次发送做好准备
    }
    SPI_clearTxFifoInt(mySpi);                       //清除 FIFO 接收中断标志位
    PIE_clearInt(myPie, PIE_GroupNumber_6);//清除 PIE 应答标志位
    return;
}
```

主程序如下：

```
#define TARGET_GLOBAL 1
#include "Application\app.h"
void main(void)
{
//1. 系统运行环境
    User_System_pinConfigure();
    User_System_functionConfigure();
    User_System_eventConfigure();
    User_System_initial();
//2. 模块
    //2.1 LED_Gpio
    LED_GPIO_pinConfigure();
    LED_GPIO_functionConfigure();
    LED_GPIO_eventConfigure();
    LED_GPIO_initial();
    //2.2 SPI
    MYSPI_pinConfigure();
    MYSPI _functionConfigure();
    MYSPI _eventConfigure();
    MYSPI _initial();
//3. PIE 运行环境(如果使用中断)
    User_Pie_initial();
```

```
        User_Pie_pinConfigure();
        User_Pie_functionConfigure();
        User_Pie_eventConfigure();
    //4. 全局中断使能
        USER_PIE_start();
    //5. 主循环
        for(;;)
        {
        }
    }
```

4. 项目实施

项目实施步骤如下。

步骤 1：导入工程 chap12_SPI_1。

步骤 2：编译工程，如果没有错误，则会生成 chap12_SPI_1.out 文件；如果有错误，则修改程序直至没有错误为止。

步骤 3：将生成的目标文件下载到 MCU 的 Flash 存储器中。

步骤 4：运行程序，检查实验结果。在调试窗口中把 sdata 和 rdata 变量添加到观测窗口。可以看到发送的数据和接收的数据与程序算法一致，如图 12-12 所示。

(x)= Variables | Expressions | Registers

Expression	Type	Value	Address
sdata	unsigned short[2]	0x00008816@Data	0x00008816@Data
(x)= [0]	unsigned short	0x2A3D (Hex)	0x00008816@Data
(x)= [1]	unsigned short	0x2A3E (Hex)	0x00008817@Data
rdata	unsigned short[2]	0x00008814@Data	0x00008814@Data
(x)= [0]	unsigned short	0x2A3B (Hex)	0x00008814@Data
(x)= [1]	unsigned short	0x2A3C (Hex)	0x00008815@Data
Add new expression			

图 12-12　SPI 发送数据和接收数据的观测窗口

思考与练习

12-1　SPI 接口由哪几根线组成？它们分别有什么作用？

12-2　简述 F28027 微控制器 SPI 的主要特点。

12-3　F28027 微控制器 SPI 的数据帧格式有什么特点？

12-4　SPI 主控制器只有一根从机发送器的选通信号线 $\overline{\text{SPISTE}}$，如何实现一台 SPI 主控制器选通两台以上 SPI 从控制器实现一主一从同步通信？

12-5　SPI 的主/从控制器同步通信的含义是什么？发送器和接收器在同步时钟边沿上有什么移位特点？

12-6　SPI 的 SPIDAT 与 SPITXBUF、SPIRXBUF 有何区别？

12-7　SPI 传送字符长度的范围是多少？发送和接收时分别是左对齐还是右对齐？

12-8　试比较 SCI 模块和 SPI 模块在数据结构和操作模式上有什么区别？

12-9　选择一种常用的 SPI 接口外设（OLED 显示模块、A/D 转换芯片或其他 SPI 接口外设），编写 SPI 接口程序。

第13章 内部集成电路总线

内部集成电路总线（Inter Integrated Circuit，I2C）是两线式串行通信总线，仅需要时钟和数据两根线就可以进行数据传输。与 SCI、SPI 通信总线对比，具有接口线少、控制方式简单、器件封装形式小等优点，在存储芯片、数/模转换器（DAC）、模/数转换器（ADC）等场合得到了较好的应用。本章首先介绍 I2C 的基础知识，其次对 C2000 的 I2C 模块的内部结构、工作原理、寄存器及驱动函数等进行详细介绍，并给出软件思维导图和应用实例。

13.1 I2C 的基础知识

13.1.1 I2C 总线介绍

I2C 总线也称 IIC 总线，读作“I 平方 C”“I-squared-C”，是 Philips 公司（现为 NXP 半导体）1980 年为了让主板、嵌入式系统或手机连接低速周边设备而开发的。仅一根时钟线和一根数据线，可以多设备并联于总线，并且支持多主控模式，任何能够进行发送和接收的设备都可以成为主设备。I2C 总线可以支持 0~5MHz 的设备，可运行于普通模式（100kbit/s）、快速模式（400kbit/s）、快速模式（1Mbit/s）、高速模式（3.4Mbit/s）和超高速模式（5Mbit/s）。

图 13-1 为多个模块连接、实现双向数据传输的 I2C 总线硬件连接示例。I2C 总线硬件连接中，所有 I2C 设备都挂在总线上，各设备均可作为主机或从机。串行数据（SDA）和串行

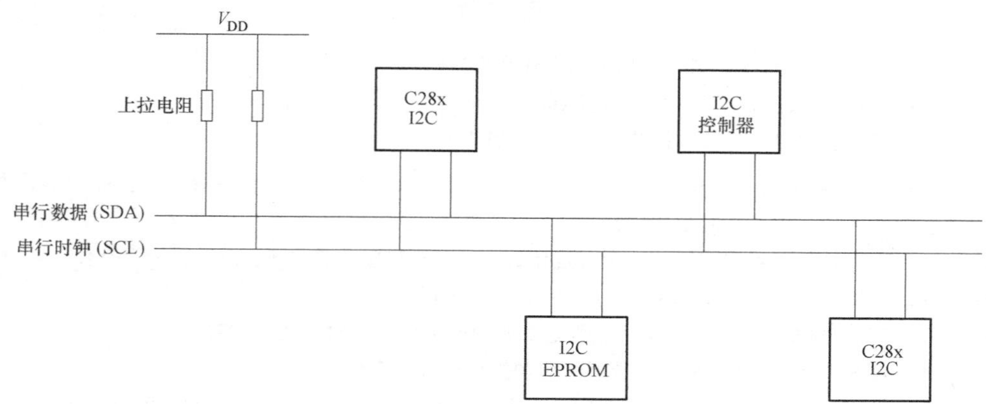

图 13-1 I2C 总线硬件连接示例

时钟（SCL）引脚都是双向的，通过一个上拉电阻连接到电源正端，总线空闲时，两个引脚都是高电位。SDA 和 SCL 两个引脚都是开漏或集电极开路输出，具有线与逻辑，也就是每个设备都可以把总线拉低，但只有所有器件输出都为高时，公共总线的电平才能为高。另外，所有器件都可以通过输入缓冲一直“监测”总线电平的高低，这样就能知道电平是否符合要求，从而判断是否有别的器件在与自己竞争总线。利用这种线与结构，I2C 能完成复杂的多主多从双向通信。

图 13-2 为总线电平拉低过程，当总线要传输低电平 0 时，主控芯片控制开关使其导通，从而将 V_{BUS} 总线拉低至地。

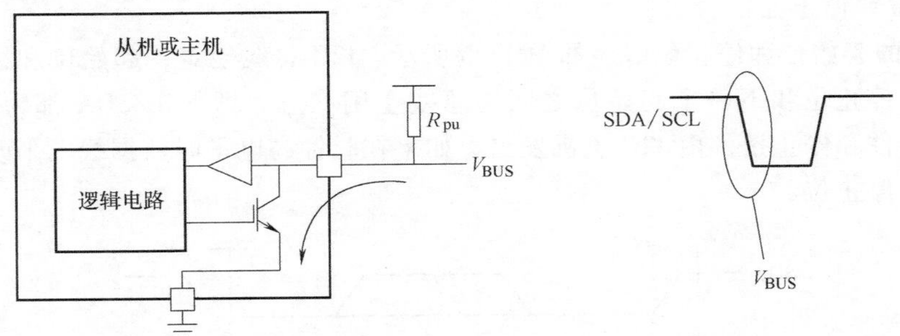

图 13-2　总线电平拉低过程

图 13-3 为总线电平抬高过程，当总线要传输高电平 1 时，主控芯片控制开关断开，V_{BUS} 通过上拉电阻 R_{pu} 抬高电平。

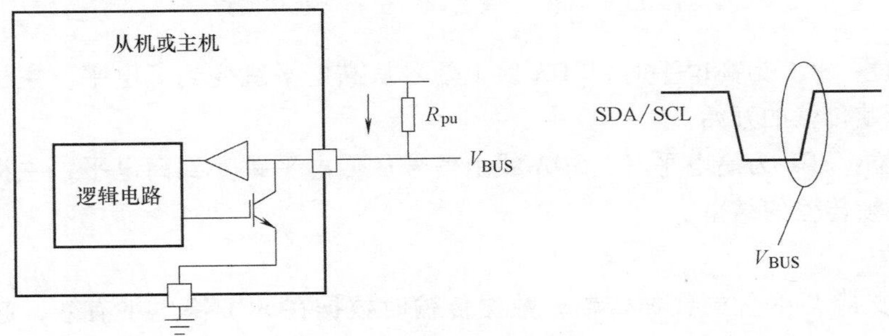

图 13-3　总线电平抬高过程

13.1.2　I2C 总线的基本帧格式

图 13-4 为 I2C 总线的位变化时序，SDA 数据只能在时钟的低电平周期改变，在时钟的高电平周期必须保持稳定。如果在时钟的高电平周期，SDA 数据发生变化，就表示特殊的状态，即起始或结束位。

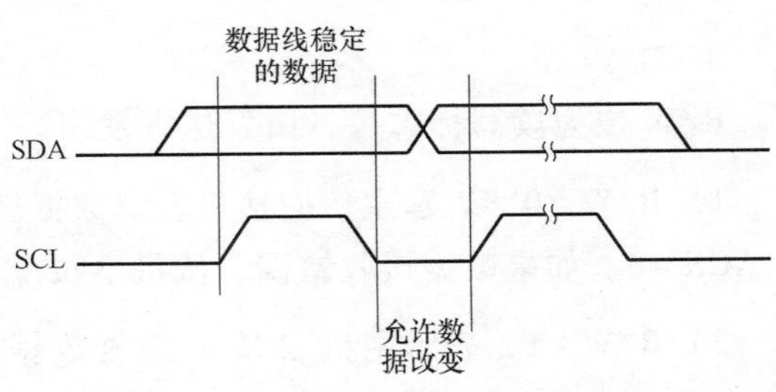

图 13-4　I2C 总线的位变化时序

I2C 模块可支持 1～8 位的数据传输，图 13-5 为一个传输 8 位数据的 I2C 总线完整数据帧示例。一个 I2C 总线的完整数据帧包括起始位、地址位、读写位、应答位、数据位、应答位、…、数据位、应答位、停止位。一个完整帧中间的数据可以任意多个，直到遇见停止位为止。

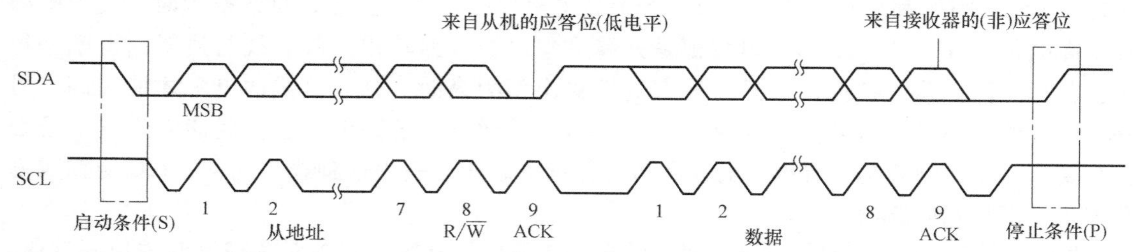

图 13-5　I2C 总线的完整数据帧格式示例

1. 起始位和停止位

I2C 总线的起始位和停止位时序如图 13-6 所示。I2C 总线规定，起始位和结束位之间为总线忙状态，停止位和下一个起始位之间为总线空闲状态，即 SCL/SDA 都为高电平。I2C 总线的启动条件和停止条件由 I2C 主机发出。如果在时钟高电平时数据线电平改变，就是表示起始位或者停止位。

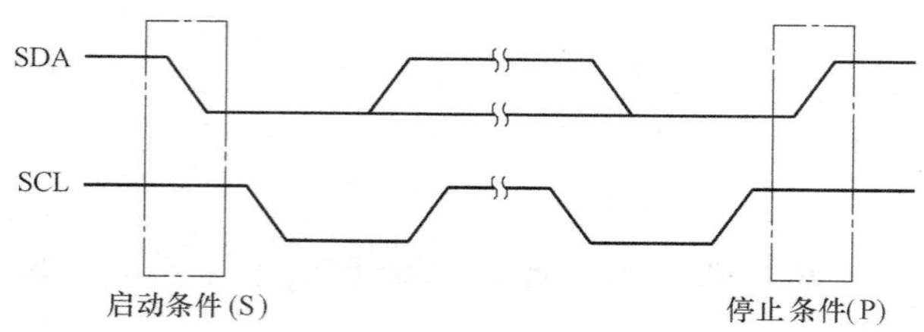

图 13-6　I2C 总线的起始位和停止位时序

1）起始位：SCL 为高电平时，SDA 线上信号从高电平跳变到低电平，主机发出该信号用来指示数据帧传输的开始。

2）停止位：SCL 为高电平时，SDA 线上信号从低电平跳变到高电平，主机发出该信号用来指示数据帧传输的结束。

2. 数据位

I2C 模块支持 1~8 位的数据传输，数据传输时数据在 SCL 高电平有效，起始位后第一帧数据为地址帧，即 7 位地址、1 位读写标志位和接收方应答位，后续的每帧都是 8 位数据和 1 位数据接收方应答。

3. R/$\overline{W}$ 位

R/$\overline{W}$ 位为读写标志位，由发送方发出。

1）R/$\overline{W}$=0，表示主机向从机发送数据。从机在正确收到地址或数据后拉低 SDA 总线，即 ACK=0。如果数据接收错误，从机不拉低 SDA 总线，即 ACK=1。

2）R/$\overline{W}$=1，表示主机自从机接收数据。主机在正确收到数据后拉低 SDA 总线，即 ACK=0。如果数据接收错误，主机不拉低 SDA 总线，即 ACK=1。

4. ACK 位

ACK 位为应答位，由接收方发出。

为了完成数据的传送，接收方应该发送一个 ACK 位给发送方。ACK 脉冲应该出现在 SCL 总线的第 9 个时钟脉冲上，见图 13-5。主机发出第 1 帧地址和读写位后，地址符合的从机产生 ACK 应答信号（SDA=0）。主机开始读或写下一帧（由 R/$\overline{W}$ 决定），直到产生停止位。在这期间，其他从机不接收数据，仅判断停止位是否出现，等待下一次起始信号并判断地址是否相符。

13.1.3　I2C 的地址和自由数据规范

I2C 总线的地址分为 7 位、10 位、自由数据格式和重复 START 方式帧格式等。总线上能挂载的器件数量受总线最大电容 400pF 的限制。7 位地址可以表示 128 个器件，能满足绝大多数需求，挂在总线上的 I2C 器件必须有唯一的地址。

1. 7 位寻址格式

图 13-7 为 7 位地址寻址格式。第 1 个字节的头 7 位组成了从机地址，最低位（LSB）是第 8 位 R/$\overline{W}$，它决定了传输的方向。R/$\overline{W}$=0，表示主机会写信息到被选中的从机；R/$\overline{W}$=1 表示主机向从机读信息。当发送了一个地址后，系统中的每个器件都在起始条件后将头 7 位与它自己的地址比较，如果一样，器件会判定它被主机寻址。被选中的从机发出应答信号 ACK。

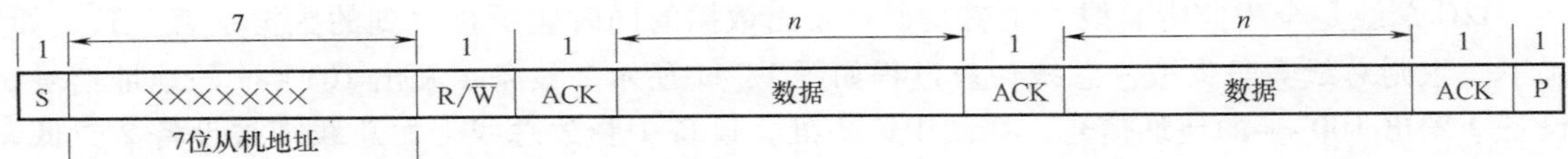

图 13-7　I2C 总线的 7 位寻址格式

2. 10 位寻址格式

如图 13-8 所示，主机发送的 10 位地址由两个字节组成。第 1 个字节由固定的 11110b、10 位从机地址的高两位以及 R/$\overline{W}$ 位组成。第 2 个字节是 10 位从机地址的低 8 位。从机必须在每个字节发送之后发出一个确认信号。一旦主机写第 2 个字节给从机，主机就可以写或读数据，结束后主机发出停止信号。

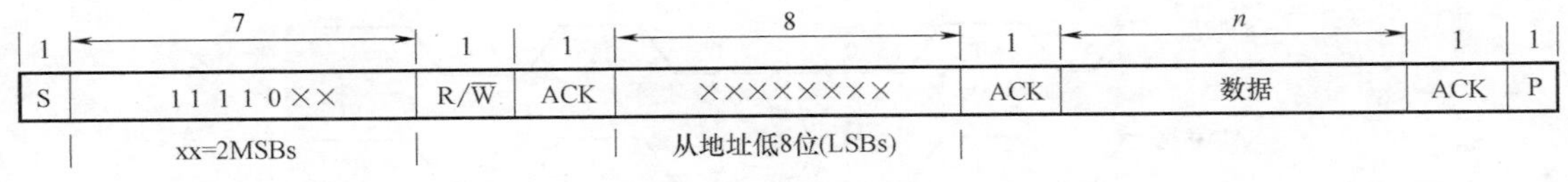

图 13-8　I2C 总线的 10 位寻址格式

3. 自由数据格式

如图 13-9 所示，自由数据格式进行数据传输的主机在发送完起始位后，马上发送数据，接收方则在每个数据后发送应答位，帧格式没有地址也没有方向位。因此，发送器和接收器必须都支持自由数据格式，并且在整个传输过程中数据的方向保持不变。

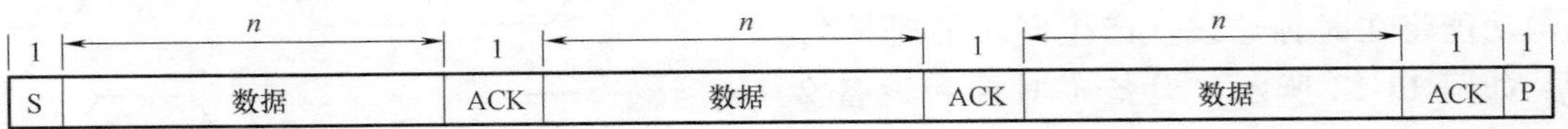

图 13-9　I2C 总线的自由数据格式

4. 重复 START 操作

I2C 总线的重复 START 方式帧格式如图 13-10 所示。主机在每次数据发送结束时，马上发出另一个 START 位。通过这种方式，一个主机能够和多个不同的从机进行通信，而不用发出 STOP 信号来放弃对总线的控制，提高了传输效率。一个数据字节的长度可以是 1～8 位、重复 START 条件的从机地址可以是 7 位、10 位或自由数据格式。图 13-10 为 7 位寻址格式下的重复 START 操作。

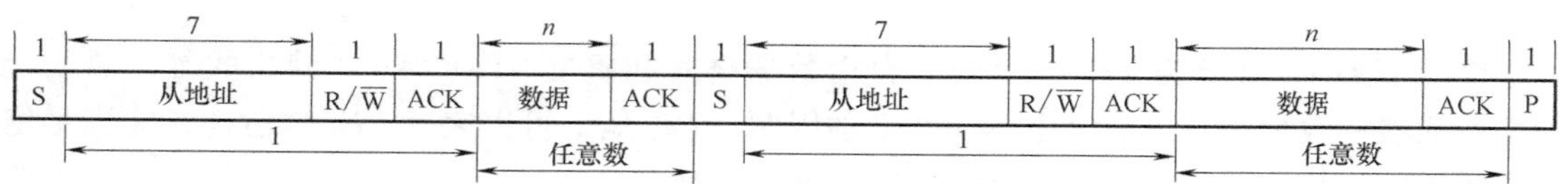

图 13-10　I2C 总线的重复 START 方式帧格式

13.1.4　I2C 的多主机仲裁

I2C 协议是真正的多主机总线，任何一个 I2C 设备都可以成为主机从而控制时钟总线。但是同一时间，只能有一个主机控制总线。如果两个或者两个以上的主机同时开始在总线上进行通信，则需要仲裁决定哪台设备控制总线。

I2C 总线是全程监听总线，也就是说在发出数据的同时监听接收到的数据是否一致，如果不一致则总线竞争失败。总线仲裁过程如图 13-11 所示，设备 1 发出 101 *** 的地址信号，设备 2 发出 100 ** 的地址信号，在图中箭头处，设备 1 释放总线，而总线却被设备 2 拉低，设备 1 产生的电平为 1，但是监听数据总线的电平为 0，说明仲裁失败，设备 1 变为高阻态退出总线竞争，并产生仲裁丢失中断请求。按照该仲裁原则，多个主机同时发出地址信号时，小地址从机通信的设备具有高的优先权，获得总线使用权。

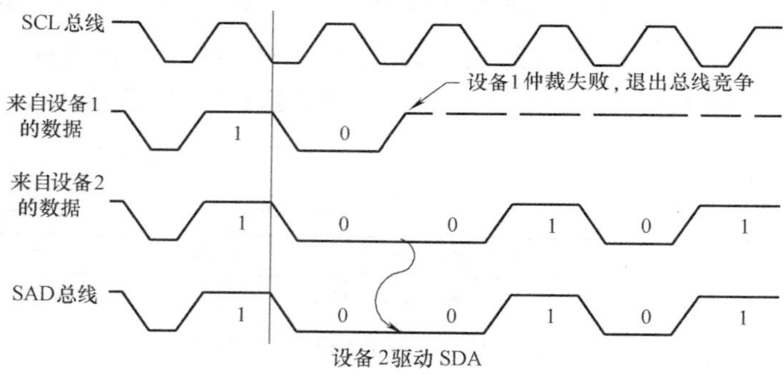

图 13-11　总线仲裁过程

正常情况下，只有一个主机设备产生时钟信号 SCL。在仲裁过程中，有两个或两个以上的主机产生时钟信号，这时 I2C 总线的线与功能将在时钟总线上产生同步的时钟信号。如图 13-12 所示，设备 1 时钟和设备 2 时钟不同步，任一装置低电平的时钟信号都可以把 SCL 总线的时钟信号拉低，时钟同步的结果是总线上所有的设备都将遵守最终的总线时钟。

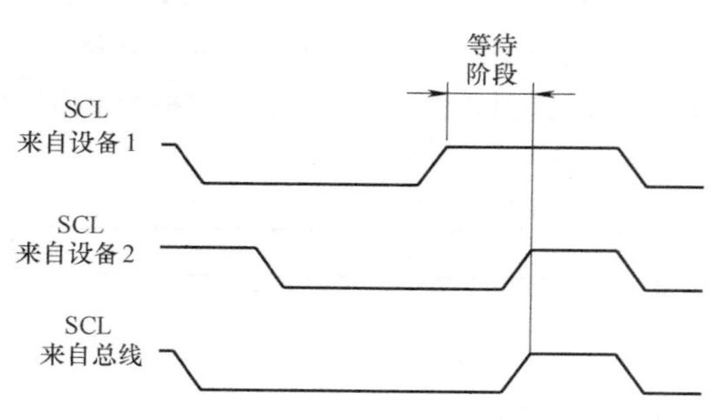

图 13-12　在仲裁时同步两个 I2C 时钟发生器

如果一个设备较长时间拉低了时钟线，那么其他所有的时钟发生器都必须进入等待状态。通过这种方式，从机可以减慢主机的速度，保证有足够的时间来保存接收到的数据或者准备要发送的数据。

13.2　C2000 的 I2C 模块

13.2.1　I2C 概述

C2000 系列 MCU 的 I2C 模块具有如下功能：

1）符合 NXP 半导体 I2C 总线规范（版本 2.1）。

① 支持 8 位的格式传输。

② 7 位和 10 位寻址模式。

③ 常规调用。

④ START 字节模式。

⑤ 支持多个主发送机和从接收机。

⑥ 支持多个从发送机和主接收机。

⑦ 联合主发送/接收和接收/发送模式。

⑧ 数据传输速率为 10~400kbit/s（快速模式速率）。

2）一个 4 级接收 FIFO 和一个 4 级发送 FIFO。

3）支持两种 PIE 中断。

① I2C 中断。触发 I2C 中断的有数据发送完成、数据接收完成、寄存器访问就绪、非应答、仲裁失败、停止位、从机被寻址七种情况。

② I2C_FIFO 中断。FIFO 发送中断、FIFO 接收中断。

4）模块使能/禁止功能。

5）自由数据格式模式

13.2.2　I2C 内部结构

C2000 系列 MCU 的 I2C 模块内部结构框图如图 13-13 所示，主要资源如下：

1）1 个串行接口，即数据引脚（SDA）和时钟引脚（SCL）。

2）数据寄存器和 FIFO 寄存器，用于暂时保存 SDA 引脚和 CPU 之间传输的数据。

3）控制和状态寄存器。

4）外设总线，CPU 通过外设总线访问 I2C 模块寄存器和 FIFO。

5）时钟同步器，同步 I2C 的设备时钟和 SCL 引脚的时钟。

6）预分频器，产生 I2C 模块时钟和 SCL 时钟。

7）噪声滤波器，滤除 SDA、SCL 引脚的噪声。

8）仲裁器，实现多个 I2C 模块的主机仲裁。

9）基本中断处理，包括 7 种基本的 I2C 模块中断处理。

10）FIFO 中断处理，包括 FIFO 接收/发送中断处理。

在传输数据时，CPU 将数据写入至 I2CDXR，从 I2CDRR 读取接收的数据。当 I2C 模块配置为发送方时，写入 I2CDXR 的数据将复制到 I2CXSR 中并从 SDA 端一次移出一位数据。

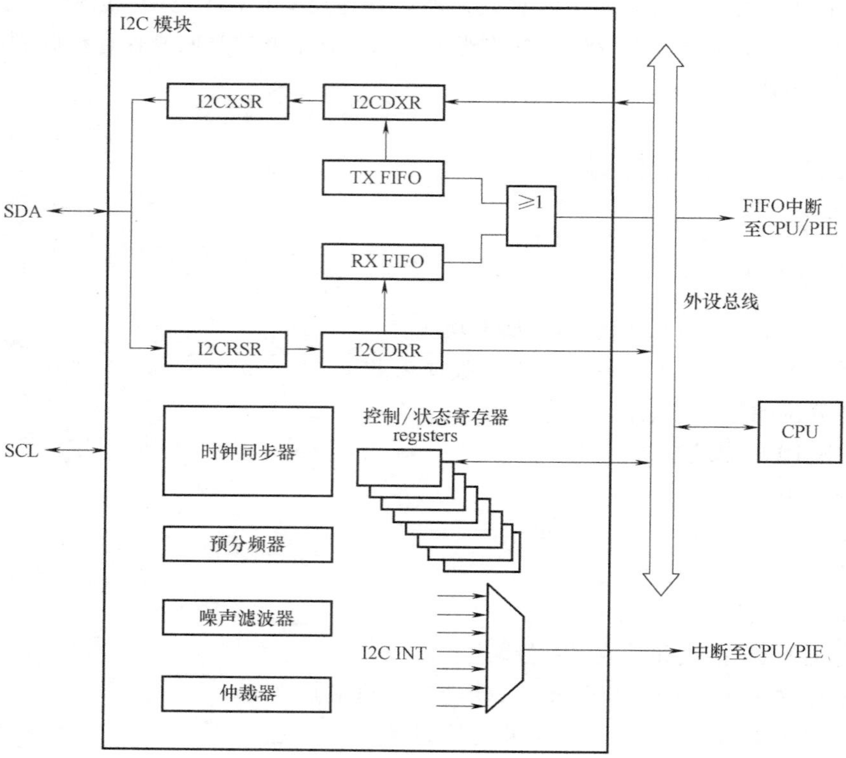

图 13-13　I2C 模块内部结构框图

当 I2C 模块配置为接收方时，将接收到的数据转移到 I2CRSR 中，并复制到 I2CDRR 中。

13.2.3　I2C 功能描述

1. I2C 时钟

I2C 模块的时钟框图如图 13-14 所示，其输入时钟为系统时钟 SYSCLKOUT。经过预分频器 IPSC 和 ICCL/ICCH 分频后产生 I2C 模块时钟（Module Clock）和 SCL 总线的主机时钟(Master Clock)。

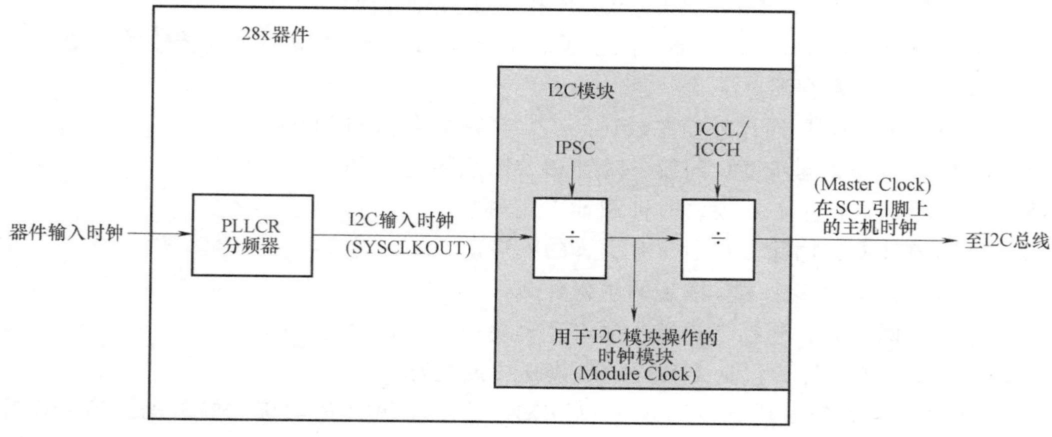

图 13-14　I2C 模块的时钟框图

（1）模块时钟的配置

预分频器 IPSC 只有在 I2C 模块处于复位状态时（I2CMDR 的 IRS=0）才能初始化，并在退出复位状态时生效，模块时钟与预分频器 IPSC 的关系为

$$\text{模块时钟频率}=\frac{\text{SYSCLKOUT}}{\text{IPSC}+1}$$

需要注意的是，为了满足所有 I2C 协议的时序规范，模块时钟必须配置在 7～12MHz 之内。

（2）主机时钟的配置

当 I2C 模块被配置为主机时，SCL 引脚输出主机时钟，主机时钟由模块时钟分频得到，计算公式为

$$T_{\text{mst}}=[(\text{ICCH}+d)+(\text{ICCL}+d)]T_{\text{mod}} \tag{13-1}$$

式中，ICCL 为配置主机时钟的低电平时间；ICCH 为配置主机时钟的高电平时间；T_{mod} 为模块时钟周期；d 为延迟时间，由 IPSC 决定，取值详见表 13-1。

表 13-1　d 值与 IPSC 的关系

IPSC	d
0	7
1	6
>1	5

图 13-15 为 SCL 引脚的时钟时序。

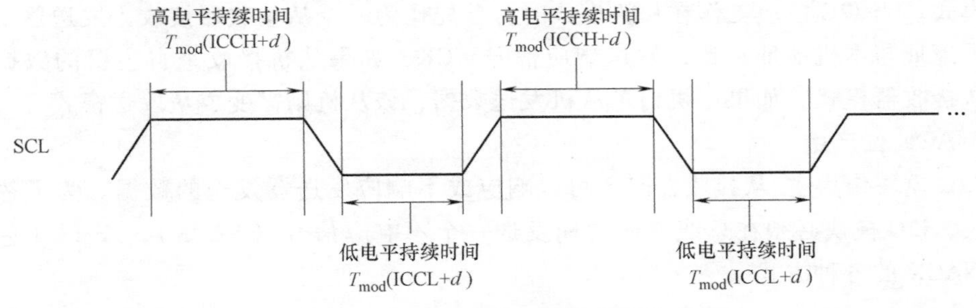

图 13-15　SCL 引脚时钟时序图

2. I2C 数据发送

由于 CPU 无法直接访问 I2CXSR 寄存器，因此 I2C 发送数据时，CPU 先把待发送数据写入 I2C 数据发送寄存器 I2CDXR，I2C 模块再将 I2CDXR 的数据复制到发送移位寄存器 I2CXSR，I2CXSR 寄存器中的数据在 SCL 时钟控制下移位至 SDA 总线上。发送少于 8 位的数据时，在 I2CDXR 中的格式必须是右对齐。

3. I2C 数据接收

I2C 模块把 SDA 总线来的数据一位位移入移位寄存器 I2CRSR，当设定位数的数据接收完成后，I2C 模块把 I2CRSR 的数据复制到接收寄存器 I2CDRR，CPU 可以读取 I2CDRR 的数据。接收少于 8 位数据时，在 I2CDRR 中的格式是右对齐。同样，CPU 也无法对 I2CRSR 寄存器直接访问。

4. I2C 的工作模式

C2000 系列 MCU 的 I2C 模块支持主发送器、主接收器、从接收器、从发送器四种工作

模式，具体的功能描述见表 13-2。

表 13-2 I2C 模块的工作模式

工作模式	功能描述
主发送器模式	I2C 模块作为主机，向从机发送控制信息和数据。所有主机由该模式启动。在该模式下，首先发送 7 位/10 位地址信号到 SDA。数据移位与 SCL 的时钟同步。当发送完一个字节后，如果发送为空，即 XSMT=0（发送移位寄存器 I2CXSR 为空，没有新的数据写入 I2CDXR），此时，时钟脉冲被禁止，SCL 保持为低电平
主接收器模式	I2C 模块作为主机，接收从机发出的数据。该模式只能从主发送器模式进入。主发送器发送地址和 $R/\overline{W}=1$ 之后进入主接收器模式。SDA 上的串行数据根据 SCL 的时钟脉冲移位到 I2C 模块。当接收到一个字节后，如果接收溢出，即 RSFULL=1（移位寄存器 I2CRSR 已经接收完数据，旧的数据还没从接收数据寄存器 I2CDRR 读出），时钟脉冲被禁止，SCL 保持为低电平
从接收器模式	I2C 模块作为从机模块，接收主机发出的数据。所有的从机均从该模式启动，在该模式下，SDA 上接收的串行数据根据主模块产生的时钟脉冲进行移位。作为从机，I2C 模块不产生时钟信号，但当接收到一个字节后，如果接收溢出（RSFULL=1），它可以将 SCL 拉低
从发送器模式	I2C 模块作为从机，向主机发送数据。该模式只能由从接收器模式进入，I2C 模块首先从主模块接收命令，当主机发送的从机地址与其本身地址（I2COAR）相同时，且主机已发送 $R/\overline{W}=1$，I2C 模块进入从发送器模式。作为从发送器，I2C 模块根据主模块发出的时钟脉冲将串行数据移位输出到 SDA。作为从机，I2C 模块不产生时钟信号，当发送一个字节后，如果发送为空，即 XSMT=0，它可以将 SCL 拉低

当 I2C 模块工作在主机模式时，首先作为一个主发送器发送从机地址，如果需要发送数据给从机，I2C 仍保持在主发送器模式，如果需要接收来自从机的数据，主机模块需变成主接收器模式。当 I2C 模块工作在从机模式时，首先作为一个从接收器接收主发送器发出的地址，如果地址与本机地址一致，发送响应信号 ACK，如果从机接收来自主机的数据，该从机保持从接收器模式，如果主机请求从机发送数据，该从机则需变成从发送模式。

5. NACK 位产生

当 I2C 模块作为主/从接收器时，可以响应或不响应发送器发送的数据。为了忽略新的数据接收，I2C 模块必须在总线响应周期发送一个不响应信号（NACK），表 13-3 总结了可以产生 NACK 的各种方式。

表 13-3 产生 NACK 的方式

I2C 模块工作模式	NACK 信号产生选择
从接收器模式	接收溢出发生（RSFULL=1） 模块复位（IRS=0） 在接收的最后一个数据位的上升沿之前置位 NACKMOD 位
主接收器模式与重复模式（RM=1）	产生 STOP 信号（STP=1） 模块复位（IRS=0） 在接收最后一个数据位的上升沿之前置位 NACKMOD 位
主接收器模式与不重复模式（RM=0）	如果 STP=1，当内部数据计数器到 0 时，强制产生 STOP 信号 如果 STP=0，置位 STP=1 产生一个 STOP 信号 模块复位（IRS=0） 在接收最后一个数据位的上升沿之前置位 NACKMOD 位

6. I2C 中断

（1）基本中断

I2C 模块能够触发数据发送完成（XRDYINT）、数据接收完成（RRDYINT）、寄存器允许访问（ARDYINT）、非应答（NACKINT）、仲裁失败（ARBLINT）、停止位（SCDINT）、从机被寻址（AASINT）七种类型的基本中断请求，见表 13-4。这七种中断的入口地址相同，具体的中断类型可通过在中断程序中判断中断标志位来获知。如果不采用中断响应方式，也可以通过查询方式处理这些事件。

表 13-4　I2C 基本中断请求描述

I2C 中断请求	中断源
XRDYINT	发送完成中断，发送寄存器可以写入新的数据
RRDYINT	接收完成中断，接收寄存器有新的数据可以读取
ARDYINT	寄存器访问就绪中断，可以访问 I2C 模块的寄存器
NACKINT	非应答中断，主机没有收到从机的应答信号，产生非应答中断
ARBLINT	仲裁失败中断，多个主机竞争总线时，仲裁失败的主机产生该中断
SCDINT	停止位中断，I2C 总线上检测到停止位产生该中断
AASINT	从机被寻址中断，从机被主机寻址，地址匹配时从机产生该中断

图 13-16 为中断请求使能路径示意图，其中中断标志位 NACK、ARBL、SCD 和 AAS 在中断程序中自动清零，其他标志位必须写 1 清零。

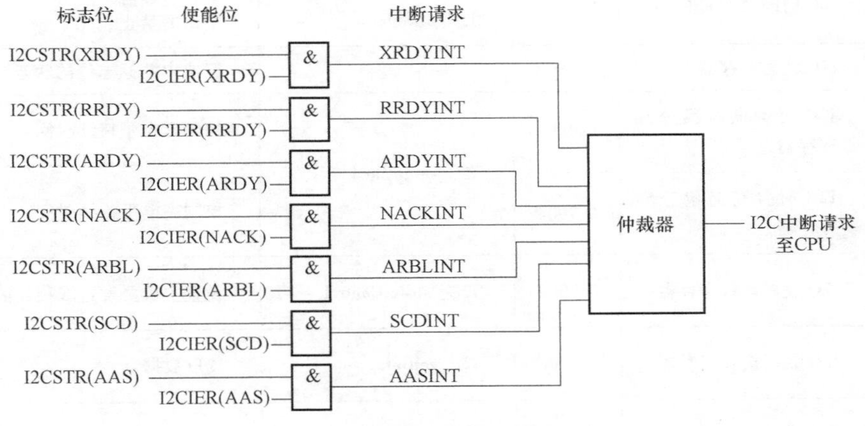

图 13-16　中断请求使能路径示意图

（2）FIFO 中断

除了上述七种基本的中断外，I2C 模块还有 FIFO 接收中断、FIFO 发送中断两种中断方式。当 MCU 接收/发送完规定数量的数据时（最多 4 个数据），I2C 产生 FIFO 接收/发送中断。这两种中断同样具有相同的中断入口地址，也需要在中断程序中进行具体中断辨别。

7. I2C 模块复位/禁止

可以通过以下两种方式对 I2C 模块进行复位/禁止：

1）将 I2C 模式寄存器 I2CMDR 的 I2C 复位 IRS 置 0。I2CSTR 中的所有状态位将恢复至默认值，SDA 和 SCL 引脚为高阻态，I2C 模块保持禁止状态直到 IRS=1。

2）通过将 $\overline{\text{XRS}}$ 引脚拉低初始化 MCU。该操作复位整个 MCU 并使 MCU 保持复位状态直到 $\overline{\text{XRS}}$ 引脚被拉高。在此过程中，I2C 模块寄存器复位为默认值，IRS 被强制置 0 从而复位 I2C 模块，I2C 模块保持禁止状态直到 IRS=1。需要注意的是，在配置或重新配置 I2C 模块时 IRS 必须保持为 0。

13.3 I2C 的软件架构

13.3.1 寄存器及驱动函数

I2C 模块驱动函数

表 13-5 为 I2C 寄存器及其驱动函数。表 13-6 为模式寄存器 I2CMDR 的常用位。表 13-7 为 I2CMDR 中 RM、STT 和 STP 位对主发送器/接收器总线活动的影响。驱动函数通过结构体指针 myI2c 对寄存器进行读写操作。结构体指针的初始化和使用方法参见第 4 章。I2C 模块的驱动函数文件是 F2802x_Component/source/I2c.c 和 F2802x_Component/include/I2c.h。

表 13-5 I2C 寄存器及其驱动函数

寄存器	描述	地址	驱动函数名	功能
I2COAR	I2C 自身地址寄存器	0x7900	I2C_setOwnAddress	设置本机地址
I2CIER	I2C 中断使能寄存器	0x7901	I2C_enableInt I2C_disableInt	中断的使能 中断的禁止
I2CSTR	I2C 状态寄存器	0x7902		读取中断标志位的状态
I2CCLKL	I2C 时钟低时段分频器寄存器	0x7903	I2C_setupClock	控制低电平持续时间
I2CCLKH	I2C 时钟高时段分频器寄存器	0x7904		控制高电平持续时间
I2CCNT	I2C 数据计数寄存器	0x7905	I2C_MasterControl	设置主机要发送或接收的数据个数
I2CDRR	I2C 数据接收寄存器	0x7906	I2C_getData	读取数据
I2CSAR	I2C 从机地址寄存器	0x7907	I2C_setObjAddress	设置从机地址
I2CDXR	I2C 数据发送寄存器	0x7908	I2C_putData	数据写入发送寄存器
I2CMDR	I2C 模式寄存器	0x7909	I2C_enable I2C_disable I2C_setPriority I2C_SetNumberOfBits I2C_MasterControl I2C_getMDR_STP	使能 I2C 模块 复位 I2C 模块 设置 I2C 模块遇到断点时的运行方式 设置发送的数据位数 设置主机工作模式 禁止 I2C 外接设备
I2CISRC	I2C 中断源寄存器	0x790A	I2C_clearInt I2C_getIntSource	清除 I2C 中断标志位 获取当前中断源信息
I2CEMDR	I2C 扩展模式寄存器	0x790B		
I2CPSC	I2C 预分频器寄存器	0x790C	I2C_setupClock	对 SYSCLKOUT 时钟进行预分频

（续）

寄存器	描述	地址	驱动函数名	功能
I2CFFTX	I2C FIFO 发送寄存器	0x7920	I2C_enableFifo I2C_disableFifo I2C_enableTxFifo I2C_disableTxFifo I2C_enableTxFifoInt I2C_disableTxFifoInt I2C_setTxFifoIntLevel I2C_clearTxFifoInt	使能 FIFO 禁止 FIFO 使能 I2C 模块 FIFO 发送 禁止 I2C 模块 FIFO 发送 使能 I2C 模块 FIFO 发送中断 禁止 I2C 模块 FIFO 发送中断 配置 FIFO 发送中断级别 清除 FIFO 发送中断标志位
I2CFFRX	I2C FIFO 接收寄存器	0x7921	I2C_enableRxFifo I2C_disableRxFifo I2C_enableRxFifoInt I2C_disableRxFifoInt I2C_setRxFifoIntLevel I2C_clearRxFifoInt	使能 I2C 模块 FIFO 接收 禁止 I2C 模块 FIFO 接收 使能 I2C 模块 FIFO 接收中断 禁止 I2C 模块 FIFO 接收中断 配置 FIFO 接收中断级别 清除 FIFO 接收中断标志位
I2CRSR	I2C 接收移位寄存器（不可访问 CPU）			
I2CXSR	I2C 发送移位寄存器（不可访问 CPU）			

表 13-6　I2CMDR 寄存器常用位介绍

位	功能	备注
14 FREE	断点影响控制	设置在线调试遇到断点时模块的反应
13 STT	起始信号控制	写入 1 之后产生一个起始信号，并自动清零该信号
11 STP	停止信号控制	写入 1 之后，当一次通信完成时，产生一个停止信号，并自动清零该位
10 MST	主从模式选择	设置模块是主机还是从机，一次通信完成后为从机
9 TRX	发送接收模式选择	设置模块是接收还是发送，通信完成后保持该位数据
7 RM	重复模式控制	重复模式时，忽略数据计数寄存器 I2CCNT 的值
5 IRS	模块使能/复位	写 0 复位 I2C 模块并保持复位状态，写 1 使能 I2C 模块
2-0 BC	数据帧长度选择	可选 1~8 位数据，默认为 8 位数据

表 13-7　I2CMDR 中 RM、STT 和 STP 位定义的主发送器/接收器总线活动

RM	STT	STP	总线活动	说明
0	0	0	无	无活动
0	0	1	P	停止条件
0	1	0	S-A-D…(n)…D	启动条件，从地址，n 数据字节（n=I2CCNT 的值）
0	1	1	S-A-D…(n)…D-P	启动条件，从地址，n 数据字节，停止条件（n=I2CCNT 的值）
1	0	0	无	无活动
1	0	1	P	停止条件
1	1	0	S-A-D-D-D	重复模式发送，即从启动条件，从地址，连续数据发送直到停止条件或下一个启动条件
1	1	1	无	保留

13.3.2 软件思维导图

图 13-17 为 I2C 模块的软件思维导图，包括 I2C 模块的时钟使能、引脚配置、功能配置、中断事件配置等。

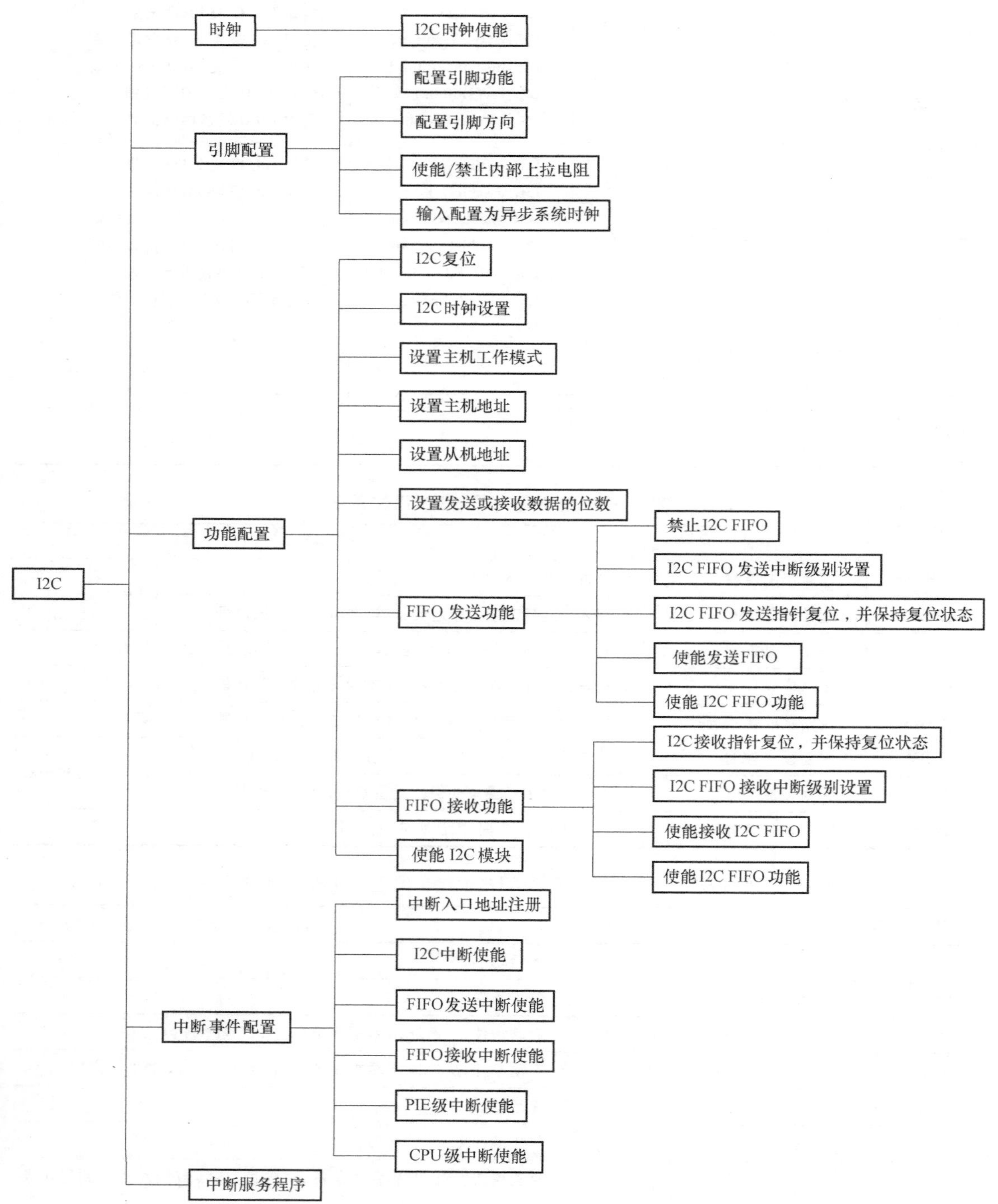

图 13-17 I2C 模块软件思维导图

使用 I2C 模块时，可参考以下步骤进行操作，也可根据实际情况灵活使用。

（1）I2C 引脚配置

步骤 1：配置引脚功能（GPIO_setMode）。

步骤 2：配置引脚方向（GPIO_setDirection）。

步骤 3：使能/禁止内部上拉电阻（GPIO_setPullUp）。

步骤 4：输入配置为异步系统时钟（GPIO_setQualification）。

（2）I2C 功能配置

步骤 5：I2C 复位（I2C_disable）。

步骤 6：I2C 时钟设置（I2C_setupClock）。

步骤 7：设置主机工作模式（I2C_MasterControl）。

步骤 8：设置主机地址（I2C_setOwnAddress）。

步骤 9：设置从机地址（I2C_setObjAddress）。

步骤 10：设置发送或接收数据的位数（I2C_SetNumberOfBits）。

步骤 11：FIFO 发送功能（可选项）。

① 禁止 I2C FIFO（I2C_disableFifo）。

② I2C FIFO 发送中断级别设置（I2C_setTxFifoIntLevell）。

③ I2C FIFO 发送指针复位，并保持复位状态（I2C_disableTxFifo）。

④ 使能发送 FIFO（I2C_enableTxFifo）。

⑤ 使能 I2C FIFO（I2C_enableFifo）。

步骤 12：FIFO 接收功能（可选项）。

① I2C 接收指针复位，并保持复位状态（I2C_disableRxFifo）。

② SPI FIFO 接收中断级别设置（I2C_setRxFifoIntLevel。

③ 使能接收 I2C FIFO（SPI_enableRxFifo）。

④ 使能 I2C FIFO（I2C_enableFifo）。

步骤 13：使能 I2C 模块（I2C_enable）。

（3）中断事件配置

步骤 14：中断入口地址注册（PIE_registerPieIntHandler）。

步骤 15：I2C 中断使能（I2C_enableInt）。

① FIFO 发送中断使能（I2C_enableTxFifoInt）（可选项）。

② FIFO 接收中断使能（I2C_enableRxFifoInt）（可选项）。

步骤 16：PIE 级中断使能（PIE_enableInt）。

步骤 17：CPU 级中断使能（CPU_enableInt）。

（4）中断服务程序

在 I2C 发送中断服务程序里完成新数据的写入（I2C_putdData），在 I2C 接收中断程序里完成数据的读取（I2C_getData）。清除发送中断标志位或接收中断标志位，清除对应的 PIE 中断应答位 PIEACKx。

13.4　应用实例——"两线同步串行，简洁高效"

1. 项目任务

利用两块 F28027 LaunchPad 实验板，实现 I2C 模块的通信。

2. 项目分析

两块 F28027 LaunchPad 实验板以主从方式工作，测试软件完成以下功能：

1）主机采用 FIFO 发送方式，发送 4 个数据给从机。

2）从机采用 FIFO 接收方式，接收 4 个数据并保持。

3）从机接收到的数据分别+1 之后发送给主机。

4）主机保存接收到的数据，作为下一次发送的数据。

3. 主机部分程序代码

软件工程包括 I2C 的引脚配置、I2C 的功能配置、主机 FIFO 测试程序、从机 FIFO 测试程序等。

I2C 的引脚配置程序如下：

```
/****************************************************************
* 名称:MYI2C_pinConfigure()
* 功能:I2C 的引脚配置
* 路径:..\chap13_I2C_Master\User_Component\myI2C\myI2C.c
****************************************************************/
void MYI2C_pinConfigure(void)
{
    GPIO_setPullUp(myGpio, GPIO_Number_32, GPIO_PullUp_Enable);
    GPIO_setPullUp(myGpio, GPIO_Number_33, GPIO_PullUp_Enable);
    GPIO_setMode(myGpio, GPIO_Number_32, GPIO_32_Mode_SDAA);
    GPIO_setMode(myGpio, GPIO_Number_33, GPIO_33_Mode_SCLA);
    GPIO_setQualification(myGpio, GPIO_Number_32, GPIO_Qual_ASync);
    GPIO_setQualification(myGpio, GPIO_Number_33, GPIO_Qual_ASync);
}
```

主机 I2C 的功能配置程序如下：

```
/****************************************************************
* 名称:MYI2C_functionConfigure();
* 功能:主机 I2C 的功能配置
* 路径:..\chap13_I2C_Master\User_Component\myI2C\myI2C.c
****************************************************************/
void MYI2C_functionConfigure(void)
{
    I2C_SetNumberOfBits(myI2c, I2C_BitCount_8_Bits);       //8 位数据位格式
    I2C_setOwnAddress(myI2c, 0X01);                         //本机地址
    I2C_setObjAddress(myI2c, 0X02);                         //从机地址
    I2C_setupClock(myI2c, 7, 10, 5);                        //时钟配置
    I2C_enableFifo(myI2c);                                  //使能 FIFO 功能
    I2C_enableTxFifo(myI2c);                                //使能 FIFO 发送
    I2C_enableRxFifo(myI2c);                                //使能 FIFO 接收
    I2C_enable(myI2c);                                      //使能 I2C
```

```
    I2C_setPriority(myI2c,I2C_Priority_FreeRun);          //断点自由运行
}
```

主机主程序如下：

```
/*****************************************************************
测试程序:主机主程序的部分
*****************************************************************/
for(;;)
{
    for(i=0;i<4;i++)
    I2C_putData(myI2c, master_send[i]);                   //4 个发送数据写入 FIFO
    I2C_MasterControl(myI2c, I2C_Control_Single_TX,4);    //发送设置
    while (wI2C_getMDR_STP(myI2c));                       //等待通信完成
    I2C_MasterControl(myI2c, I2C_Control_Single_RX,4);    //接收设置
    while(! I2C_getRxFifoStatusN(myI2c,4));               //等待接收 4 个数据
    for(i=0;i<4;i++)
    master_receive[i]=I2C_getData(myI2c);                 //收到的数据保存
    for(i=0;i<4;i++)
      master_send[i]=master_receive[i];                   //转存,为下次发送做好准备
    while (wI2C_getMDR_STP(myI2c));                       //等待通信完成
    LED_toggle(LED1);                                     //测试灯
}
```

从机 I2C 的功能配置程序如下：

```
/*****************************************************************
 * 名称:MYI2C_functionConfigure();
 * 功能:从机 I2C 的功能配置
 * 路径:..\chap13_I2C_Slave\User_Component\myI2C\myI2C.c
*****************************************************************/
void MYI2C_functionConfigure(void)
{
    I2C_SetNumberOfBits(myI2c, I2C_BitCount_8_Bits);   //8 位数据位格式
    I2C_setOwnAddress(myI2c, 0X02);                    //本机地址
    I2C_setObjAddress(myI2c, 0X01);                    //主机地址
    I2C_setupClock(myI2c, 7, 10, 5);                   //时钟配置
    I2C_enableFifo(myI2c);                             //使能 FIFO 功能
    I2C_enableTxFifo(myI2c);                           //使能 FIFO 发送
    I2C_enableRxFifo(myI2c);                           //使能 FIFO 接收
    I2C_enable(myI2c);                                 //使能 I2C
    I2C_setPriority(myI2c,I2C_Priority_FreeRun);       //断点自由运行
}
```

从机主程序如下：

```
/ *************************************************************
测试程序:主程序的部分
************************************************************* /
for( ; ; )
{
    while( ! I2C_getRxFifoStatusN( myI2c,4) );          //等待收到 4 个数据
    for( i = 0;i<4;i++)
      slave_receive[ i] = I2C_getData( myI2c);           //保存
    for( i = 0;i<4;i++)
      slave_send[ i] = slave_receive[ i] +1;             //数据+1
    for( i = 0;i<4;i++)
      I2C_putData( myI2c, slave_send[ i] );              //数据写入 FIFO
    LED_toggle( LED[ 0] );                               //状态灯
}
```

4. 项目实施

项目实施步骤如下。

步骤 1：导入工程 chap13_I2C_Master。

步骤 2：编译工程，如果没有错误，则会生成 chap13_I2C_Master. out 文件；如果有错误，则修改程序直至没有错误为止。

步骤 3：将生成的目标文件下载到主机的 Flash 存储器中。

步骤 4：导入工程 chap13_I2C_Slave，重复以上步骤，把目标文件下载到从机。

步骤 5：连接两块板子的 I2C 接口，如图 13-18 所示，I2C 接口为 GPIO32 和 GPIO33（对应 J2 的第 6 引脚和第 7 引脚）。从机的电源由主机提供（J5 的第 1 引脚、第 2 引脚提供 5V 电源）。

图 13-18　实物连接图

步骤 6：运行程序，检查实验结果。主程序有 LED 闪烁控制，如果程序运行正常，可以看到 LED 闪烁。在线调试主机，在监视窗口可以看到接收到的数据，如图 13-19 所示。

▼ master_receive	char[10]	[10 '\x0a',11 '\x0b',12 '\x0c',13 '\x...	0x00008840@Dat
(x)= [0]	char	10 '\x0a'	0x00008840@Dat
(x)= [1]	char	11 '\x0b'	0x00008841@Dat
(x)= [2]	char	12 '\x0c'	0x00008842@Dat
(x)= [3]	char	13 '\x0d'	0x00008843@Dat

图 13-19　I2C 接收数据的观测窗口

思考与练习

13-1　I2C 接口有几根线？它们分别有什么作用？

13-2　试比较嵌入式系统中常用的三种通信接口：SCI、SPI 和 I2C。

13-3　I2C 的时序是怎样的？

13-4　在 I2C 协议中，起始信号和终止信号的定义分别是什么？

13-5　在 I2C 协议中，如何产生应答信号和非应答信号？

13-6　I2C 如何进行多主机仲裁？

13-7　F28027 微控制器的 I2C 模块有什么特点？

13-8　本书应用实例的 FIFO 接收发送为查询方式，请改成中断方式实现该项目。

13-9　选择一种 I2C 接口的外设（如 EEPROM 存储器 AT24C＊＊），编写 I2C 接口程序。

第14章 实时微控制器的综合案例

前面章节介绍了 MCU 内部的各个模块，以及模块的工作原理和应用。本章将通过两个项目来学习 MCU 的综合应用。第一个项目是按键的识别与显示切换，只需要 F28027 的 LanchPad 实验板即可完成测试。第二个项目是以 DC/AC 单相逆变器为控制对象，构造一个实时微控制器系统。该项目分析了 DC/AC 单相逆变器的工作原理、MATLAB 仿真验证、PID 控制算法实现以及程序的实现和测试。通过综合应用实践，培养读者的探索精神，提高分析问题和解决问题的能力，为今后从事 MCU 系统的开发奠定坚实的基础。

14.1 项目 1——按键的识别与显示切换

14.1.1 项目任务

本实例采用 F28027 LanchPad 实验板进行测试，实现按键识别和显示切换功能，具体要求如下：

1）按键识别，识别按键的短按、长按、双击三种动作。

2）显示模式，包括 LED1 的闪烁显示、LED1～LED4 流水灯显示、LED1～LED4 呼吸灯显示。

3）按键功能，根据按键动作切换 LED 显示模式。双击用来切换 LED 的显示模式，三种显示模式进行循环；短按时，显示间隔时间变短；长按时，显示间隔时间变长。

14.1.2 项目分析

按键和显示的硬件原理图参见第 5 章。按键为 GPIO12 引脚，按下时为高电平，放开时为低电平。LED1～LED4 对应引脚 GPIO0～GPIO3，低电平时 LED 亮。呼吸灯显示模式时，GPIO 工作在 PWM 模式。流水灯显示模式时，有两种实现方式：一种是普通的 IO 口控制；一种是 PWM 控制。为了简化程序，避免 GPIO 口频繁切换工作模式，本项目采用第二种方法，统一采用 PWM 工作模式。

为了实现对不同按键状态的判断，需要对不同按键状态产生的实验现象进行分析。图 14-1 为不同按键状态对应的 GPIO12 电平变化。由图 14-1 可知，当高电平时间较长时，判定为长按；当两个高电平的时间间隔很短，即上一次按键的下降沿与当前次按键的上升沿之间的时间间隔很短时，判定为双击。除上述两种情况外，则判定为短按。因此，可以利用 CAP 模块对 GPIO12 的电平时间进行测量，区分按键的短按、长按和双击三种动作。

长按
短按
双击
事件0
事件1
事件0
事件1
事件0 事件1 事件0 事件1

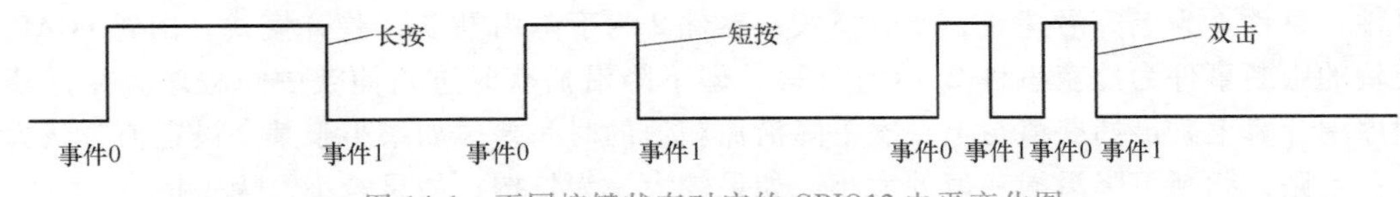

图 14-1　不同按键状态对应的 GPIO12 电平变化图

综上所述，本项目需要配置 GPIO12 为通用 IO 输入模式，配置 GPIO5 为捕获功能模式。用杜邦线把 GPIO12 和 GPIO5 短接，通过捕获模块来检测按键的动作。配置 GPIO0～GPIO3 为 PWM 功能模式。利用定时器模块进行时间间隔控制。本实例综合应用了 GPIO 模块、定时器模块、捕获模块、PWM 模块和中断模块。图 14-2 为软件工程思维导图，各模块相对独立，通过变量进行控制信号的传递。

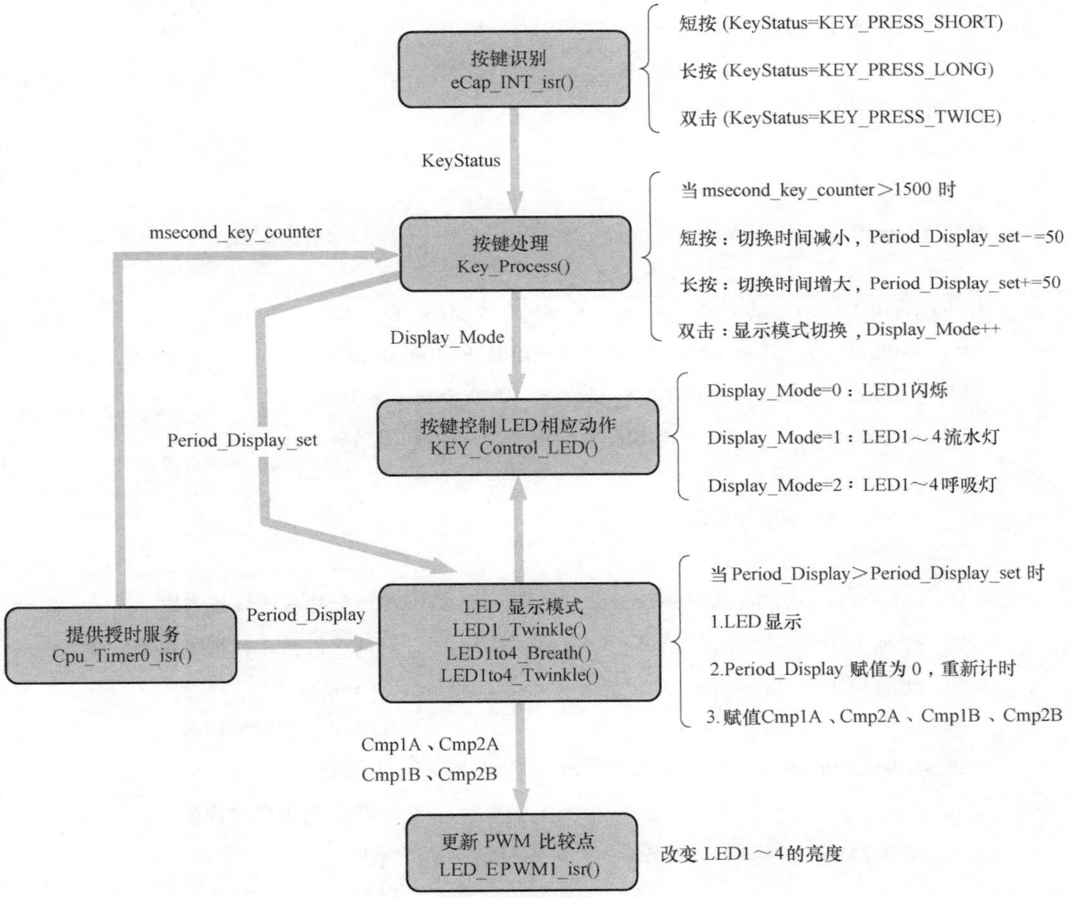

按键识别
eCap_INT_isr()
短按 (KeyStatus=KEY_PRESS_SHORT)
长按 (KeyStatus=KEY_PRESS_LONG)
双击 (KeyStatus=KEY_PRESS_TWICE)
KeyStatus
msecond_key_counter
按键处理
Key_Process()
当 msecond_key_counter＞1500 时
短按：切换时间减小，Period_Display_set-=50
长按：切换时间增大，Period_Display_set+=50
双击：显示模式切换，Display_Mode++
Display_Mode
Period_Display_set
按键控制 LED 相应动作
KEY_Control_LED()
Display_Mode=0：LED1闪烁
Display_Mode=1：LED1～4流水灯
Display_Mode=2：LED1～4呼吸灯
提供授时服务
Cpu_Timer0_isr()
Period_Display
LED 显示模式
LED1_Twinkle()
LED1to4_Breath()
LED1to4_Twinkle()
当 Period_Display＞Period_Display_set 时
1.LED 显示
2.Period_Display 赋值为 0，重新计时
3.赋值Cmp1A、Cmp2A、Cmp1B、Cmp2B
Cmp1A、Cmp2A
Cmp1B、Cmp2B
更新 PWM 比较点
LED_EPWM1_isr()
改变 LED1～4的亮度

图 14-2　软件工程思维导图

14.1.3　部分程序代码

根据上述分析，程序主要包括按键识别程序、按键处理程序、定时器中断程序、PWM 中断程序和显示处理程序等。

1. 按键识别程序

按键识别通过 eCAP 模块捕获的时间来判断。eCAP 模块配置为连续捕获模式，两个捕

获事件：事件 1 为上升沿捕获，差分模式；事件 2 为下降沿捕获，差分模式。配置 eCAP 捕获模块的中断事件为捕获事件 2（CEVT2），即下降沿捕获时进入捕获中断程序。在捕获中断程序中计算上升沿捕获值与上一次下降沿捕获值的时间差，如果小于某个设定值，认为是双击；否则，判断下降沿捕获值的大小，如果较大，为长按；如果较小，为短按。

eCAP 模块配置程序如下：

```
/***********************************************************************
 * 名称：MYCAP_initial、MYCAP_pinConfigure、MYCAP_functionConfigure、MYCAP_eventConfigure
 * 功能：捕获模块初始化、捕获模块引脚配置、捕获模块功能配置、捕获模块事件配置
 * 路径：..\chap14_Multi_1\User_Component\myCap/myCap.c
***********************************************************************/
void MYCAP_initial(void)
{
    myCapVal1 = 0;
    myCapVal2 = 0;
}
void MYCAP_pinConfigure(void)                              //捕获引脚配置
{
    GPIO_setMode(myGpio, GPIO_Number_5, GPIO_5_Mode_ECAP1);
    GPIO_setPullUp(myGpio, GPIO_Number_5, GPIO_PullUp_Disable);
    GPIO_setDirection(myGpio, GPIO_Number_5, GPIO_Direction_Input);
    GPIO_setQualification(myGpio, GPIO_Number_5, GPIO_Qual_ASync);
}
void MYCAP_functionConfigure(void)
{
    CAP_enableTimestampCounter(myCap);                     //使能捕获计数器工作
    CAP_setStopWrap(myCap,CAP_Stop_Wrap_CEVT2);            //捕获值循环装载到 CAP1~2
    CAP_setCapEvtPolarity(myCap, CAP_Event_1,CAP_Polarity_Rising);
                                                           //事件 1,上升沿捕获
    CAP_setCapEvtPolarity(myCap, CAP_Event_2,CAP_Polarity_Falling);
                                                           //事件 2,下降沿捕获
    CAP_setCapEvtReset(myCap, CAP_Event_1, CAP_Reset_Enable);
                                                           //事件 1,差分模式
    CAP_setCapEvtReset(myCap, CAP_Event_2, CAP_Reset_Enable);
                                                           //事件 2,差分模式
    CAP_setCapContinuous(myCap);                           //连续捕获模式
    CAP_enableCaptureLoad(myCap);                          //使能捕获值装载
}
void MYCAP_eventConfigure(void)
{
```

```
    CAP_enableInt(myCap, CAP_Int_Type_CEVT2);//捕获事件 2 触发中断
}
```

CAP 中断服务程序如下：

```
/*****************************************************************
 * 名称：eCap_INT_isr
 * 功能：CAP 中断服务
 * 路径：..\chap14_Multi_1\Application\isr.c
*****************************************************************/
interrupt void eCap_INT_isr(void)
{
    myCapVal1=CAP_getCap1(myCap);
    myCapVal2=CAP_getCap2(myCap);
    if(myCapVal2 < 900000L) //<15ms(900000/60000000=15ms),判断为抖动,直接退出中断
    {
        CAP_clearInt(myCap,CAP_Int_Type_CEVT2);
        CAP_clearInt(myCap,CAP_Int_Type_Global);
        PIE_clearInt(myPie, PIE_GroupNumber_4);
        return;
    }
    else if((myCapVal1 <24000000L)&&(myCapVal1>1500000L))
    {
      KeyStatus=KEY_PRESS_TWICE;     //25ms<myCapVal1<400ms,判定为双击
    }
    else if(myCapVal2 > 600000000L)      //>1s,60000000/60000000=1s
    {
        KeyStatus=KEY_PRESS_LONG;    //长按
    }
    else
    {
        KeyStatus=KEY_PRESS_SHORT;  //短按
    }
    msecond_key_counter=0;          //按键处理时间清零,用于避免双击误判为短按
    CAP_clearInt(myCap, CAP_Int_Type_CEVT2);
    CAP_clearInt(myCap, CAP_Int_Type_Global);
    PIE_clearInt(myPie, PIE_GroupNumber_4);
}
```

2. 按键处理程序

按键处理程序如下：

```
/*****************************************************************
 * 名称：Key_Process
```

```
 * 功能:按键处理
 * 路径:..\chap14_Multi_1\Application\app.c
 **************************************************************************/
void Key_Process(void)
{
    if(msecond_key_counter > 1500)          //避免短按和双击同时处理
    {
        switch(KeyStatus)
        {
            case KEY_PRESS_SHORT:           //短按
                Period_Display_set-=50;     //切换时间减小
                KeyStatus=KEY_PRESS_NO;
                break;
            case KEY_PRESS_LONG:            //长按
                Period_Display_set+=50;     //切换时间增大
                KeyStatus=KEY_PRESS_NO;
                break;
            case KEY_PRESS_TWICE:           //双击
                Display_Mode++;             //显示模式切换
                if(Display_Mode>=3)  Display_Mode=0;
                KeyStatus=KEY_PRESS_NO;
                break;
            default:break;
        }
    }
}
```

根据按键的状态（Key Status），进行相应的操作。短按时，减小显示间隔时间；长按时，增大显示间隔时间；双击时进行显示模式切换。

3. 定时器中断程序

定时器中断程序如下：

```
/**************************************************************************
 * 名称:Cpu_Timer0_isr
 * 功能:定时器中断,提供授时服务
 * 路径:..\chap14_Multi_1\Application\isr.c
 **************************************************************************/
interrupt void Cpu_Timer0_isr(void)                 //redefined in Isr.h
{
    Period_Display++;                               //显示切换时间计时
    msecond_key_counter++;                          //按键处理时间计时
    TIMER_clearFlag(myTimer0);
```

```
PIE_clearInt(myPie, PIE_GroupNumber_1);
}
```

定时器提供授时服务，每1ms中断一次。Period_Display为显示切换的计时时间。msecond_key_counter为按键处理的计时时间，在捕获中断程序中清零该变量，只有时间超过1500ms才对按键进行处理，避免双击按键的第一次被识别为短按，解决方法如图14-3所示。

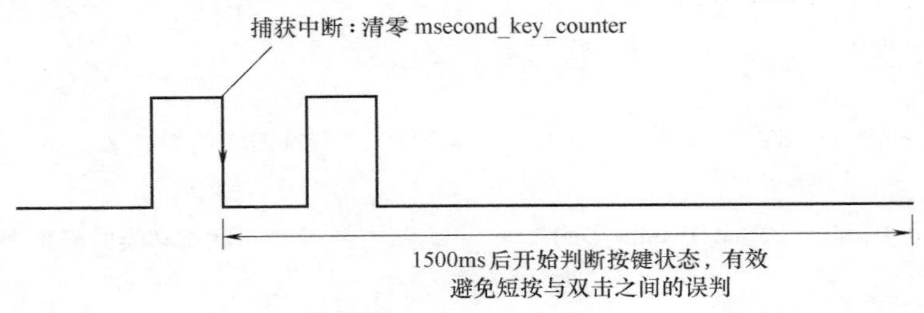

图14-3　按键延时处理示意图

4. PWM中断程序

PWM中断程序如下：

```
/**********************************************************************
 * 名称：LED_EPWM1_isr
 * 功能：PWM中断，进行比较点更新
 * 路径：..\chap14_Multi_1\Application\isr.c
 **********************************************************************/
interrupt void LED_EPWM1_isr(void)
{
    PWM_setCmpA(myPwm1,Cmp1A);                    //PWM1A比较点更新
    PWM_setCmpB(myPwm1,Cmp1B);                    //PWM1B比较点更新
    PWM_setCmpA(myPwm2,Cmp2A);                    //PWM2A比较点更新
    PWM_setCmpB(myPwm2,Cmp2B);                    //PWM2B比较点更新
    PWM_clearIntFlag(myPwm1);                     //清中断标志位
    PIE_clearInt(myPie, PIE_GroupNumber_3);       //清应答位
}
```

在PWM中断里进行比较点更新，控制4个LED的显示。Cmp1A、Cmp1B、Cmp2A、Cmp2B由显示处理程序更新。PWM初始化配置为增计数模式，比较点相等时输出高电平，周期值时输出低电平。

5. 显示处理程序

显示处理程序如下：

```
/**********************************************************************
 * 名称：Key_Control_LED
 * 功能：根据按键动作，进行显示处理
 * 路径：..\chap14_Multi_1\Application\app.c
 **********************************************************************/
```

```
void KEY_Control_LED(void)
{
    switch(Display_Mode)
    {
    case 0: LED1_Twinkle();break;                           //LED1 闪烁显示
    case 1: LED1to4_Twinkle();break;                        //流水灯显示
    case 2: LED1to4_Breath();break;                         //呼吸灯显示
    default: break;
    }}
void LED1_Twinkle(void)                                     //LED1 闪烁显示
{
    if(Period_Display>Period_Display_set)                   //显示状态切换时间到否?
    {
      Period_Display=0;
      Display_switch++;
    if(Display_switch%2==0)                                 //LED1 亮
    {       Cmp1A=60000-1;Cmp1B=0;Cmp2A=0;Cmp2B=0;    }
    else                                                    //LED1 暗
    {       Cmp1A=0;Cmp1B=0;Cmp2A=0;Cmp2B=0;}}}
void LED1to4_Breath(void)                                   //呼吸灯显示
{
if(Period_Display>Period_Display_set)
{
   Period_Display=0;
   PWM_Breath+=4000;                                        //改变比较点值
   if(PWM_Breath>60000-1)   PWM_Breath=0;
   Cmp1A=PWM_Breath;
   Cmp1B=PWM_Breath;
   Cmp2A=PWM_Breath;
   Cmp2B=PWM_Breath;
}
}
void LED1to4_Twinkle(void)
{
if(Period_Display>Period_Display_set)
{
Period_Display=0;
Display_switch++;
if(Display_switch%4==0)                                     //LED1 灯亮
{
```

```
    Cmp1A=60000-1;
    Cmp1B=0;
    Cmp2A=0;
    Cmp2B=0;
  }
  else if(Display_switch%4==1)          //LED2 灯亮
  {
    Cmp1A=0;
    Cmp1B=60000-1;
    Cmp2A=0;
    Cmp2B=0;
  }
  else if(Display_switch%4==2)          //LED3 灯亮
  {
    Cmp1A=0;
    Cmp1B=0;
    Cmp2A=60000-1;
    Cmp2B=0;
  }
  else if(Display_switch%4==3)          //LED4 灯亮
  {
    Cmp1A=0;
    Cmp1B=0;
    Cmp2A=0;
    Cmp2B=60000-1;
  }
  }
  }
```

输入参数为显示模式（Display_Mode，来自按键处理程序）、期望的切换时间（Period_Display_set，来自按键处理程序）、当前时间（Period_Display，来自定时器授时）。输出参数为PWM的比较点值（Cmp1A，Cmp1B，Cmp2A，Cmp2B，送给PWM中断程序）。

14.1.4　项目执行

项目设计时按模块化方法分别进行编程和调试。在各个模块测试正确的基础上，再进行综合测试。可参考以下步骤进行：

步骤1：编写并测试定时器中断服务程序，观测定时器的授时变量是否正确。

步骤2：编写并测试按键识别程序，观测按键状态的变量值与按键动作是否一致。

步骤3：编写并测试按键处理程序，观测显示模式变量值、显示周期期望值与按键动作是否一致。

步骤4：编写并测试显示程序，观测显示是否正确。

步骤 5：编写并测试 PWM 程序，观测 PWM 中断输出是否正确。

步骤 6：编写并测试显示处理程序，观测比较点的输出值与按键动作是否一致。

步骤 7：在以上各模块测试正确的基础上，进行综合测试，观测实验结果。

14.2　项目 2——DC/AC 单相逆变器

TI 公司的 C2000 系列 MCU 已广泛应用于电能变换与控制系统中。项目 2 以 DC/AC 单相逆变器为对象，介绍 C2000 微控制器在电力电子功率变换控制方面的综合应用。通过该项目的学习，读者在实际应用能力方面将有一个更大的提升。

14.2.1　项目任务

DC/AC 单相逆变器是实现将直流电压输入转换为交流电压输出的一种功率变换电路。本项目以单相全桥逆变器为对象，实现将输入电压 9V 的直流电转换为输出电压有效值 5V、输出频率 50Hz 的交流电。闭环控制采用单电压环控制，控制算法采用 PID 控制。

14.2.2　工作原理

图 14-4 为单相逆变器的硬件系统原理框图。单相逆变器硬件系统包括单相全桥逆变主电路、采样电路、驱动电路和控制器。逆变器的输出电压经过电压采样电路调理后，转换为符合要求的电压信号，送到 MCU 的 ADC 端口进行采样。MCU 计算出当前电压有效值作为闭环控制的反馈量，通过 PID 控制算法来调节 PWM 占空比的大小。PWM 信号经过驱动电路实现对 4 个功率晶体管 $VT_1 \sim VT_4$ 的控制，从而实现对输出电压的调节。辅助电源产生 3.3V 和 5V 电源给驱动电路芯片、采样芯片和 MCU 系统。

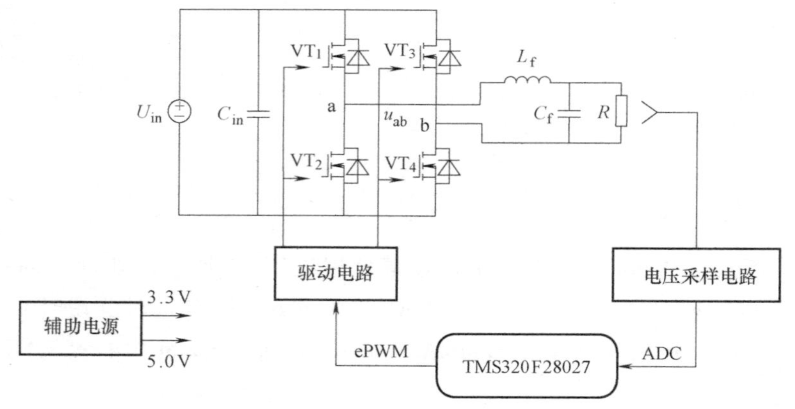

图 14-4　单相逆变器硬件系统原理框图

单相桥式逆变器工作原理：当 VT_1、VT_4 导通，VT_2、VT_3 关断时，$u_{ab}>0$；当 VT_2、VT_3 导通，VT_1、VT_4 关断，$u_{ab}<0$；当 VT_1、VT_3 导通，VT_2、VT_4 关断时，$u_{ab}=0$；当 VT_2、VT_4 导通，VT_1、VT_3 关断时，$u_{ab}=0$。当 4 个功率晶体管以 SPWM 方式进行工作时，两个桥臂输出电压 u_{ab} 经过 LC 滤波后为正弦波。项目采用单极性调制方式进行控制，单极性调制方式的特点是在一个工频周期内两只功率晶体管以较高的开关频率互补导通，而另两只功率晶体管以较低的输出电压基波频率工作。采用单极性调制方式时，电路的开关状态共有四种，如图 14-5 所示。

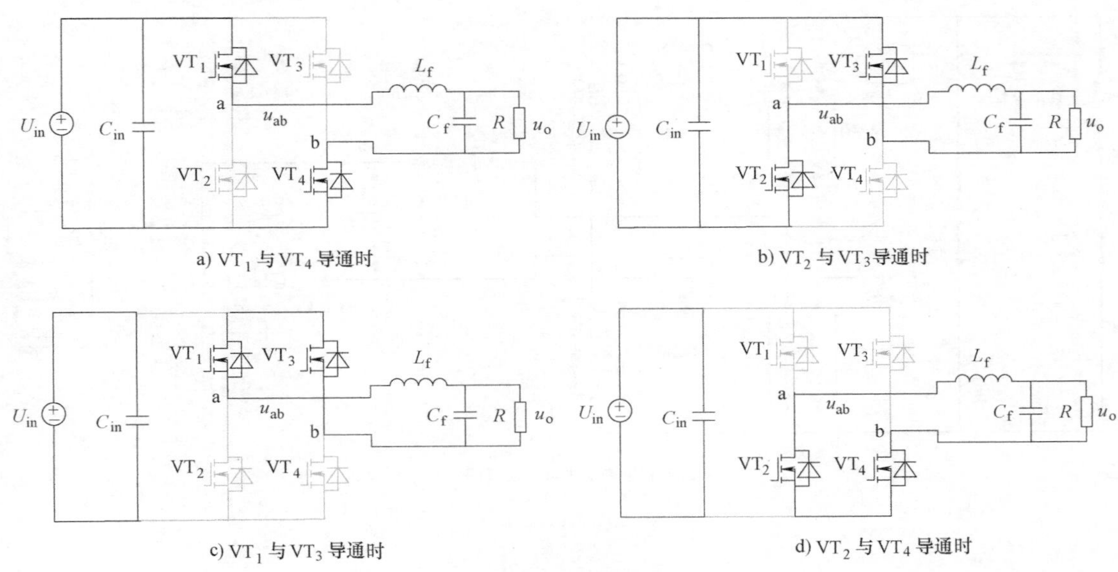

图 14-5　单极性调制电路的四种开关状态

单极性 SPWM 驱动信号的调制原理与调制输出波形如图 14-6 所示。图 14-6a 中，u_c 为三角载波，u_r 为正弦调制波，u_{ab} 为逆变器的输出电压。在 u_r 的正半周期，VT_4 常通，VT_3 常断，VT_1、VT_2 高频互补工作。当 $u_r>u_c$ 时，VT_1 导通，VT_2 关断，当 $u_c>u_r$ 时，VT_2 导通，VT_1 关断。在 u_r 的负半周期，VT_2 常通，VT_1 常断，VT_3、VT_4 高频互补工作。当 $u_r>-u_c$ 时，VT_4 导通，VT_3 关断，当 $u_r<-u_c$ 时，VT_3 导通，VT_4 关断。

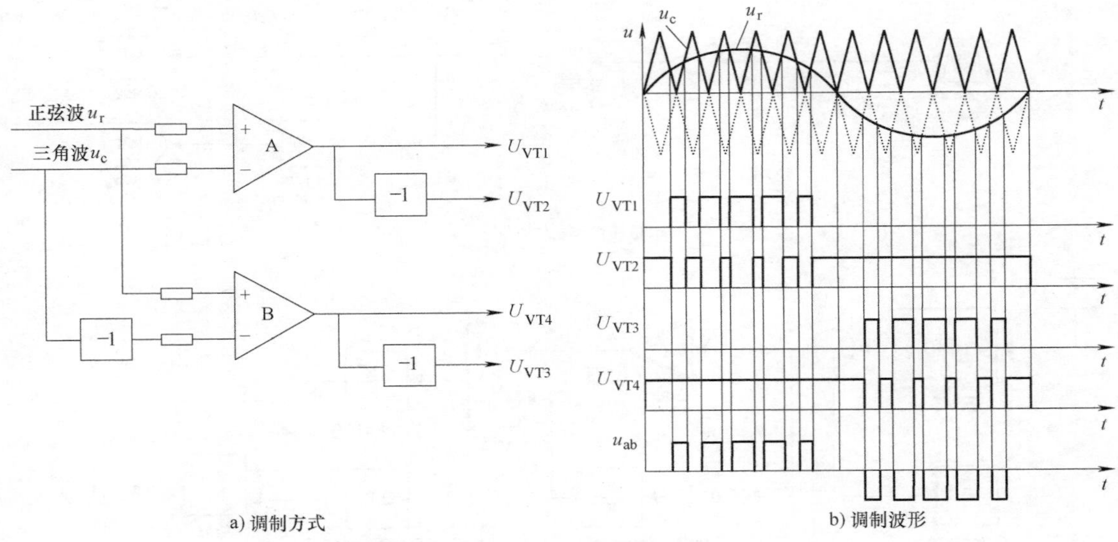

图 14-6　单极性调制驱动信号生成电路

14.2.3　仿真验证

为进一步掌握 DC/AC 单相逆变器的工作原理，采用 MATLAB/Simulink 软件进行仿真，仿真电路如图 14-7 所示。图 14-7a 为主电路仿真图，参数与电路板原理图一致。图 14-7b 为

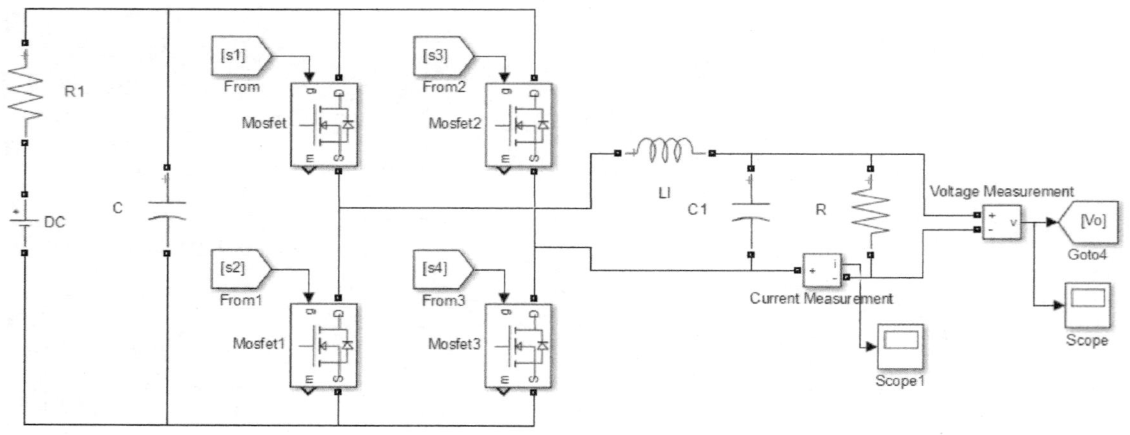

a) 单相逆变器主电路仿真图

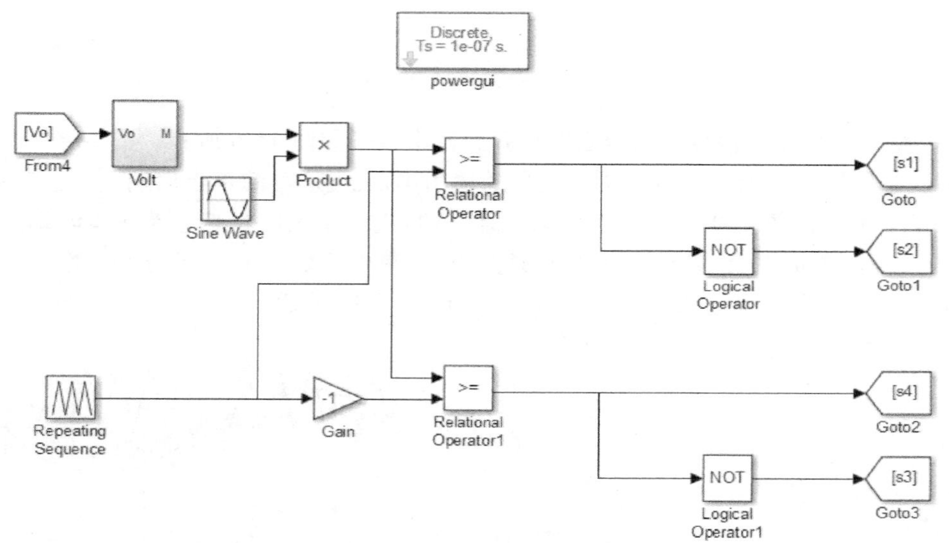

b) 单极性调制仿真图

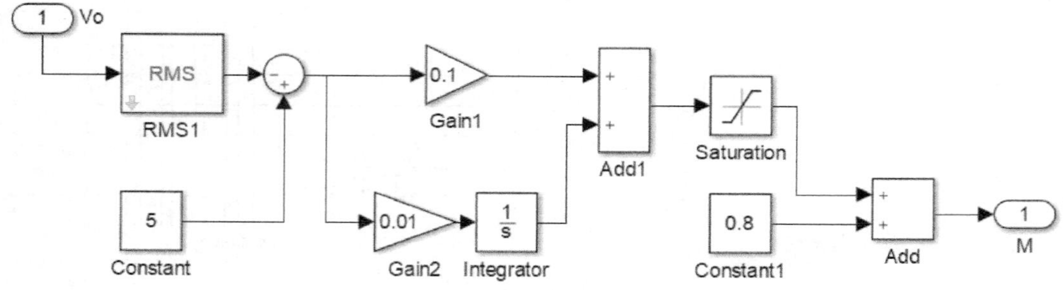

c) Volt闭环子系统仿真图

图 14-7 单相逆变器 Simulink 仿真电路图

单级性调制仿真图，设置载波 u_c 为 25kHz 的三角波，调制波 u_r 为 50Hz 的正弦波，调制波与载波进行比较，产生 SPWM 驱动信号。图 14-7b 中，Volt 为自定义的封装子系统，实现

PID 闭环控制，具体如图 14-7c 所示，其中 RMS 为有效值计算。子系统的输入为变换器的输出电压，逆变器的输出电压求取有效值后与给定值 5 做差，得到误差信号经过比例积分环节，再经过限幅器，设置限幅器的大小为±0.05，闭环的输出再加上常量 0.8 作为正弦波的调制度 M。调制度 M 与幅值为 1、频率为 50Hz 的正弦波相乘得到调制波。0.8 相当于控制器的稳态分量，PI 控制相当于控制器的动态修正分量。设置 PI 控制器的参数 K_p、K_i 分别为 0.1 和 0.01。具体仿真参数见表 14-1。

表 14-1 仿真参数表

仿真参数	取值	仿真参数	取值
输入电压内阻 R1/Ω	0.01	滤波电容 C1/μF	1
输入电容 C/μF	470	负载电阻 R/Ω	25
滤波电感 L1/mH	2		

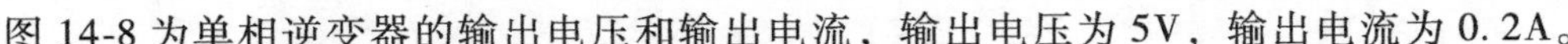

图 14-8 为单相逆变器的输出电压和输出电流，输出电压为 5V，输出电流为 0.2A。

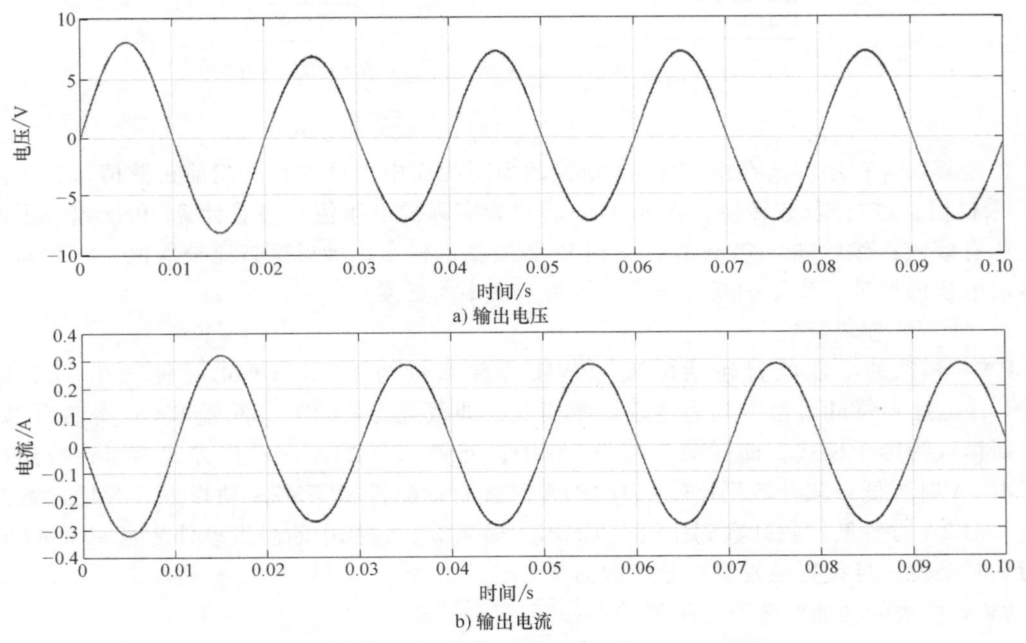

a) 输出电压

b) 输出电流

图 14-8 单相逆变器输出电压、输出电流仿真图

14.2.4 项目分析与程序实现

在完成单相逆变器的仿真验证后，可结合单相逆变器实验板进行实验验证。本项目主要使用了 F28027 芯片的 ePWM 模块和 ADC 模块。ADC 模块用来采样逆变电路的输出电压，ePWM 模块用来产生驱动信号。单相逆变器的程序流程图如图 14-9 所示。

主程序首先进行系统、各模块的初始化配置，以及正弦表的生成，然后进入主循环。其中，正弦表的大小是由输出频率与控制频率决定。由于输出频率为 50Hz，开关频率为 25kHz，开关频率与控制频率相同，因而正弦表的大小为 500，即将正弦波离散化为 500 个正弦值。

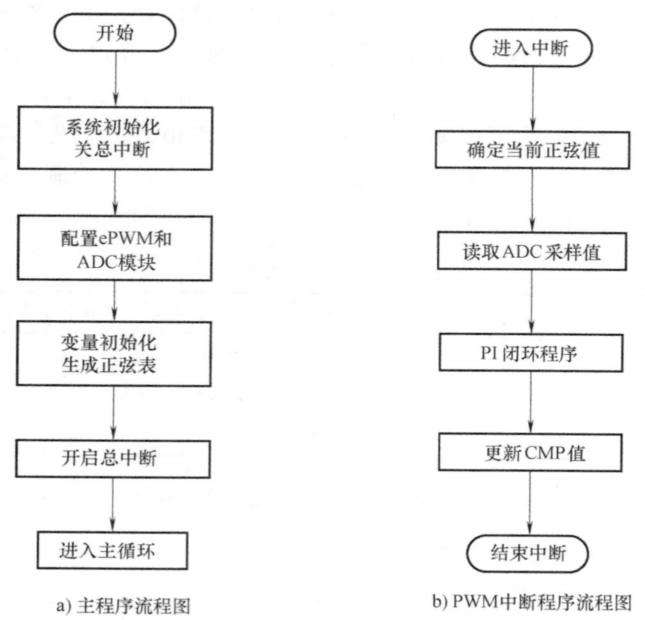

a) 主程序流程图　　b) PWM中断程序流程图

图 14-9　单相逆变器程序流程图

控制算法等程序都放在由 ePWM1 触发的中断程序中，首先判断当前正弦值；其次读取 ADC 采样值，进行模/数转换，将 ADC 值转换为实际的电压值；接着计算 50Hz 频率下的输出电压有效值；然后进行 PI 计算，得到 PI 控制器的输出；最后更新比较器值，实现对逆变器输出电压的调节，清除中断标志位，等待下次中断触发。

1. ePWM 模块配置

PWM 模块的功能配置包括配置 ePWM 分频系数为 1，即 PWM 时钟频率 TBCLK 为 60MHz；配置 ePWM 计数方式为增减计数模式，即载波为三角波；配置 PWM 周期为 1200，值更新模式为影子模式，即开关频率为 25kHz；配置 ePWM1A 的动作方式为增计数到比较点 CMP1A 时置低，减计数到比较点 CMP1A 时置高；配置 ePWM2A 动作方式为增计数到比较点 CMP2A 时置低，减计数到比较点 CMP2A 时置高；选择中断触发事件为当 ePWM1 计数值为 0 时触发，且设置触发事件分频数为 1。

PWM 模块的功能配置事件配置程序如下：

```
/ ****************************************************************************
 * 名称：PWM_functionConfigure、PWM_eventConfigure
 * 功能：PWM 模块功能配置、PWM 模块事件配置
 * 路径：.. \chap14_Multi_2\User_Component\myPWM/myPWM. c
 **************************************************************************** /
void PWM_functionConfigure( void)
{
    CLK_disableTbClockSync( myClk) ;                          //TBCLKSYNC = 0
    PWM_setHighSpeedClkDiv( myPwm1, PWM_HspClkDiv_by_1) ;
                                                              //TBCLK 设置分频系数
    PWM_setClkDiv( myPwm1, PWM_ClkDiv_by_1) ;
```

```
    PWM_setHighSpeedClkDiv(myPwm2, PWM_HspClkDiv_by_1);
    PWM_setClkDiv(myPwm2, PWM_ClkDiv_by_1);
    PWM_setCounterMode(myPwm1, PWM_CounterMode_UpDown);
                                                            //TBCTR 设置计数方式
    PWM_setCounterMode(myPwm2, PWM_CounterMode_UpDown);
    PWM_setPeriod(myPwm1,1200);                    //TBPRD 配置周期,开关频率 25kHz
    PWM_setPeriod(myPwm2,1200);
    PWM_setPeriodLoad(myPwm1, PWM_PeriodLoad_Shadow);
    PWM_setPeriodLoad(myPwm2, PWM_PeriodLoad_Shadow);
    PWM_setCmpA(myPwm1,600-1);                                        //设置 CMPA
    PWM_setCmpA(myPwm2,600-1);
    PWM_setShadowMode_CmpA(myPwm1, PWM_ShadowMode_Shadow);
    PWM_setShadowMode_CmpA(myPwm2, PWM_ShadowMode_Shadow);
    PWM_setLoadMode_CmpA(myPwm1, PWM_LoadMode_Zero);
    PWM_setLoadMode_CmpA(myPwm2, PWM_LoadMode_Zero);//设置动作方式
    PWM_setActionQual_CntUp_CmpA_PwmA(myPwm1,PWM_ActionQual_Clear);
    PWM_setActionQual_CntDown_CmpA_PwmA(myPwm1, PWM_ActionQual_Set);
    PWM_setActionQual_CntUp_CmpA_PwmA(myPwm2,PWM_ActionQual_Clear);
    PWM_setActionQual_CntDown_CmpA_PwmA(myPwm2, PWM_ActionQual_Set);
    CLK_enableTbClockSync (myClk);                                  //TBCLKSYNC=1
}
void PWM_eventConfigure(void)
{
   PWM_setIntMode(myPwm1, PWM_IntMode_CounterEqualZero);   //计数器过零点中断
   PWM_setIntPeriod(myPwm1, PWM_IntPeriod_FirstEvent);//每次过零点都发出中断信号
   PWM_setSocAPulseSrc(myPwm1,PWM_SocPulseSrc_CounterEqualZero);
                                                                  //AD 的 SOC 启动源配置
   PWM_setSocAPeriod(myPwm1,PWM_SocPeriod_FirstEvent);
   PWM_enableSocAPulse(myPwm1);
}
```

2. ADC 模块配置

配置 ADC 模块的电源，启用 ADC 转换器，选择内部电压作为参考电压，配置 SOC1 转换通道为 ADCINB1，采样窗口为 20 个时钟周期，触发源为 ePWM1，选择采样模式为顺序采样。

ADC 模块功能配置程序如下：

```
/*********************************************************************
 * 名称：myADC_functionConfigure
 * 功能:ADC 模块功能配置
 * 路径:..\chap14_Multi_2\User_Component\myAdc/myAdc.c
*********************************************************************/
```

```
void myADC_functionConfigure(void)
{
  //1. 电源配置
  ADC_powerUp(myAdc);
  ADC_enableBandGap(myAdc);
  ADC_enableRefBuffers(myAdc);
  //2. 启用 ADC 转换器
  ADC_enable(myAdc);
  //3. 选择内部电压 Volt 作为参考电压
  ADC_setVoltRefSrc(myAdc, ADC_VoltageRefSrc_Int);
  //4. SOC
  //4.1 转换的通道
  ADC_setSocChanNumber(myAdc, ADC_SocNumber_1, ADC_SocChanNumber_B1);
  //4.2 采样窗宽度
  ADC_setSocSampleWindow(myAdc, ADC_SocNumber_1, ADC_SocSampleWindow_20_cycles);
  //4.3 选择触发源
  ADC_setSocTrigSrc(myAdc,ADC_SocNumber_1,ADC_SocTrigSrc_EPWM1_ADCSOCA);
  ADC_setSampleMode(myAdc, ADC_SampleMode_SOC0_and_SOC1_Separate);
}
```

3. 关键变量初始化

控制变量初始化程序包括正弦表初始化、控制器参数初始化。

1）正弦表初始化。因为功率管开关频率为 25kHz，逆变器输出电压频率为 50Hz，需将正弦波分为 500 个采样点，即正弦表的大小为 500。式（14-1）为离散化的正弦波幅值计算公式，通过式（14-1）计算一个周期内 500 个点的正弦波的值，保存在数组 Sin［500］中。

$$\sin\left(2\pi\frac{i}{500}\right)=\sin(0.01256i) \tag{14-1}$$

2）采样电路参数初始化。微信扫描 14.2.5 的二维码查阅电路原理图。差分电路对输入的交流电压进行调理，因为 ADC 模块只能采样正电压，所以采用直流偏置电路把待采样的电压波形抬高。该电路实现了将单相逆变器 $-5\sqrt{2}\sim5\sqrt{2}$ V 的输出电压调理为 0~5V 的正电压。差分电路的输出经过 1.6kΩ 和 3.3kΩ 的电阻转换为 0~3.3V 范围的电压，最后送入 ADC 引脚。结合模拟电子技术的相关知识可推导出其对应的数学关系为

$$\left[(V_{out2}-V_{out1})\times\frac{1}{3.6}+2.5\right]\times\frac{3.3}{1.6+3.3}=\frac{\text{ADCResult}}{4096}\times3.3 \tag{14-2}$$

式中，V_{out1} 与 V_{out2} 为原理图中差分电路的输入，即逆变器的输出电压。由式（14-2）可得，逆变器的输出电压与 A/D 转换的数字量关系为

$$V_{out}=\left(\frac{\text{ADCResult}}{4096}\times3.3\times\frac{4.9}{3.3}-2.5\right)\times3.6\approx(\text{ADCResult}-2093)\times0.0043 \tag{14-3}$$

式中，ADCResult 值为 ADC 采样值，即 0~4095 之间的数字量。V_{out} 为实际逆变器输出电压值。因此，AC_Voltage.Out_Offset 的值为 2093，AC_Voltage.Out_Radio 的值为 0.0043。

3）控制器参数初始化。其中，Inverter_V 为 PI 控制器的结构体变量，PI 控制的比例系

数为 0.08，积分系数为 0.35，这两个系数可根据实验结果进行微调。

控制变量初始化程序如下：

```
/**************************************************************************
 * 名称:User Initial
 * 功能:控制器参数初始化
 * 路径:..\chap14_Multi_2\User_Component\User_Control/User_Control.c
 **************************************************************************/
uint16_t Frequency=50;
void User_Initial(void)
{
    int i=0; Count=0; Count_Max=25000/Frequency;
    Count_Half=Count_Max/2;                                      //半周期点数
    Ratio_RMS=_IQdiv(_IQ(1.0),_IQ(Count_Max));                   //有效值系数
    for(i=0; i < 500; i++){
        Sin[i]=_IQsin(_IQmpy(_IQ(i),_IQ(0.01256)));              //正弦幅值计算
    }
    GPIO_setHigh(myGpio, GPIO_Number_3);                         //驱动电路使能信号
    pid_init(&Inverter_V);                                       //电压闭环参数初始化
    Inverter_V.pid_ref=_IQ(5);                                   //输出给定位
    Inverter_V.Kp=_IQ(0.08);                                     //有效值控制 P 参数
    Inverter_V.Ki=_IQ(0.35);                                     //有效值控制 I 参数
    Inverter_V.pid_out_max=_IQ(0.35);                            //PIO 输出上限
    Inverter_V.pid_out_min=_IQ(-0.35);                           //PIO 输出下限
    AC_Voltage.Out_Offset=_IQ(2048);                             //采样变换参数:偏置
    AC_Voltage.Out_Ratio=_IQ(0.0043);                            //采样电路参数:斜率
}
```

4. IQ 变量和 IQ 函数

程序中用到的 IQmath 函数主要包括_IQ(A)、_IQmpy(A, B)、_IQdiv(A, B)、_IQtoF(A) 和_IQsin(A)。下面结合程序详细介绍 IQmath 的使用方法。

1）定义 IQ 变量。如_iq sinValue=0，定义一个变量名为 sinValue 的 IQ 变量，并初始化为 0。

2）_IQ（A）表示将一个浮点数转换为 IQ 值。本质上，就是将 A 左移 X 位。即放大 2 的 X 次方倍数（A<<X）。本程序中 X 为 17。如程序 User_Control.c 中，_iq Sin［500］={_IQ（0）}；定义一个变量名为 Sin 的数组，数组长度为 500，类型为 IQ 变量。

3）_IQmpy（A，B）表示对 A、B 两个 IQ 变量进行乘法运算。如程序 isr.c 中，Duty=_IQmpy(_IQ（0.94），sinValue)；表示先将（0.94）转换为 IQ 值，然后与 sinValue 相乘，得到的结果赋值给 Duty 这个变量。

4）_IQdiv（A，B）表示对 A、B 两个 IQ 变量进行除法运算。如程序 User_Control.c 中 Ratio_RMS=_IQdiv（_IQ（1.0），_IQ（Count_Max））表示 1.0/Count_Max，其中先要将 1.0

和 Count_Max 转换为 IQ 变量。

5）_IQsin（A）表示对 IQ 变量 A 进行正弦运算。如程序 User_Control.c 中，Sin [i] = _IQsin（_IQmpy（_IQ（i），_IQ（0.01256）））；表示对 0.01256 与变量 i 的乘积计算正弦值，即 sin（0.01256 * i），得到的结果赋值给 Sin [i]。

6）_IQtoF（A）表示将 IQ 变量 A 转换为浮点（Float）变量。如程序 isr.c 中，((PWM_Obj *)(myPwm1)) ->CMPA = (uint16_t)(_IQtoF(_IQmpy(Duty, _IQ(PWM_Period))))；表示先将 Duty 与 PWM_Period 进行乘积后，用_IQtoF 转为浮点数，再使用强制转换命令转为无符号的 16 位整型数。

5. 中断服务程序

单相逆变器的控制算法在 ePWM1 的中断服务程序中执行。根据硬件驱动电路的设计，驱动芯片会自动生成一组互补的信号，功率管 VT_2 的驱动波形与 VT_1 波形互补，VT_4 的驱动波形与 VT_3 互补，因此只需要控制 EPWM1A 和 EPWM2A 的 PWM 占空比。

本项目采用有效值控制方式，每 20ms 进行一次控制。在 PWM 中断服务程序中读取 ADC 采样结果寄存器的值，将采样值转换为实际电压值并累加其二次方和，连续累加 500 个点的数据后，计算有效值，该值作为 PI 控制算法的反馈量。PI 控制算法的输出是一个动态补偿量，需要加上一个固定量后作为调制度，该调制度乘以当前时刻的正弦值，即得到当前时刻需要控制的占空比。

PWM 改变占空比是通过改变比较点实现的，需要把占空比转化为 PWM 比较点的值。PWM 开关频率是 25kHz，对应 PWM 周期是 2400。因为 PWM 计数器为增减计数方式，所以周期寄存器值为 1200。实际比较点设置值等于 1200×占空比。

PWM 中断服务程序如下：

```
/*************************************************************************
 * 名称：myPWM_PWMINT_isr
 * 功能:PWM 中断服务程序
 * 路径:..\chap14_Multi_2\Application\isr.c
**************************************************************************/
interrupt void myPWM_PWMINT_isr(void)
{
    static uint16_t Count=0;                    //局部静态变量
    static uint16_t rmsCount=0;
    _iq sinValue=0;                             //当前正弦值
    _iq Duty=0;                                 //当前占空比
    Count ++;
    if(Count>=Count_Max)
    {
      Count=0;
    }
    sinValue=Sin[Count];
    rmsCount ++;
    //1. 采样
    //获取采样值
```

```
    AC_Voltage.Out=(((ADC_Obj * )(myAdc))->ADCRESULT[ADC_ResultNumber_1]);
    //转换为实际电压值
    AC_Voltage.Out_iq=_IQmpy((_IQ(AC_Voltage.Out)-AC_Voltage.Out_Offset),AC_Voltage.Out_
Ratio);
    //累加二次方和
    AC_Voltage.Out_Sum +=_IQmpy(AC_Voltage.Out_iq,AC_Voltage.Out_iq) ;
    //计算有效值——二次方和累加
    //2. 逆变器输出电压控制
    if(rmsCount >= Count_Max)
    {
      AC_Voltage.Out_Sum=_IQmpy(AC_Voltage.Out_Sum,Ratio_RMS); //取平均
      AC_Voltage.Out_Rms_iq=_IQsqrt(AC_Voltage.Out_Sum); //计算二次方根得到有效值
      AC_Voltage.Out_Sum=0;
      Inverter_V.pid_fdb=AC_Voltage.Out_Rms_iq;  //有效值作为闭环控制的反馈量
      pid_calc(&Inverter_V);                      //调用 PID 控制算法
      rmsCount=0;
    }
    if(Count<=Count_Half)
    {
        Duty =_IQmpy( _IQ(0.65)+Inverter_V.pid_out,sinValue);//0.65 是稳态量
        //1200×占空比,转化为比较点值
        ((PWM_Obj * )(myPwm1))->CMPA=(uint16_t)(_IQtoF(_IQmpy(Duty,_IQ(PWM_Peri-
                                                          od))));
        ((PWM_Obj * )(myPwm2))->CMPA=0;
    }
    else
    {
      Duty=_IQmpy(_IQ(-0.65)-Inverter_V.pid_out,sinValue);        //负半周
      ((PWM_Obj * )(myPwm1))->CMPA=0;
      ((PWM_Obj * )(myPwm2))->CMPA=(uint16_t)(_IQtoF(_IQmpy(Duty,_IQ(PWM_Peri-
                                                          od))));
    }
      ((PWM_Obj * )(myPwm1))->ETCLR=PWM_ETCLR_INT_BITS;
      PIE_clearInt(myPie, PIE_GroupNumber_3);
}
```

6. 抗积分饱和 PID 程序

PID 控制中的积分项是为了消除系统的静差，提高稳态精度。如果系统输出总是存在同一个方向的偏差，积分累加就可能使得控制量输出达到饱和，极大地影响了闭环系统的控制性能。因此，本项目采用抗积分饱和 PID 算法。控制框图如图 14-10 所示。由图 14-10 可知，未加入限幅器之前离散化的表达式为

$$u_{presat}(k)=u_p(t)+u_i(k-1)+u_d(k-1) \tag{14-4}$$

比例项

$$u_p(t)=K_p e(k) \tag{14-5}$$

饱和校正积分项

$$u_i(k)=u_i(k-1)+K_p\frac{T}{T_i}e(k)+K_c[u(k)-u_{presat}(k)] \tag{14-6}$$

微分项

$$u_d(k)=K_p\frac{T_d}{T}[e(k)-e(k-1)] \tag{14-7}$$

定义$\frac{T}{T_i}=K_i$，$\frac{T_d}{T}=K_d$，经过饱和校正的积分项和微分项分别为

$$u_i(k)=u_i(k-1)+K_i u_p(k)+K_c[u(k)-u_{presat}(k)] \tag{14-8}$$

$$u_d(k)=K_d[u_p(k)-u_p(k-1)] \tag{14-9}$$

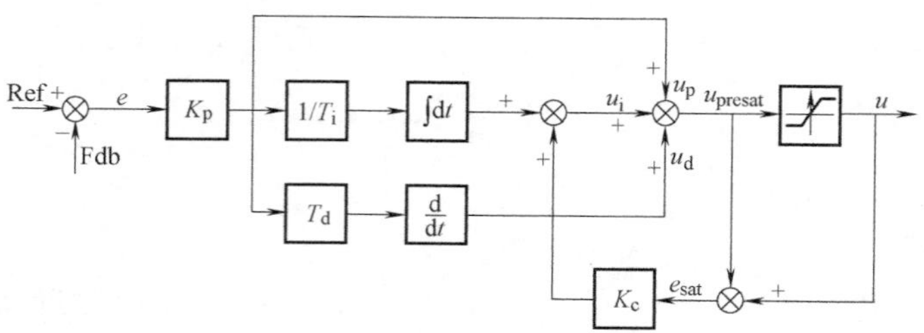

图 14-10　抗积分饱和 PID 控制框图

抗积分饱和 PID 算法程序如下：

```
/*************************************************************************
 * 名称：Pid-calc
 * 功能:PID 算法实现
 * 路径:..\chap14_Multi_2\User_Component\User_ PID/User_ PID.c
*************************************************************************/
void pid_calc(PID *v)
{
    v->e=v->pid_ref - v->pid_fdb;                    //偏差计算
    v->up=_IQmpy(v->Kp,v->e);                        //PID 比例控制量
    v->uprsat=v->up + v->ui + v->ud;
    if (v->uprsat > v->pid_out_max)                  //PID 上限限幅
      v->pid_out=v->pid_out_max;
    else if (v->uprsat < v->pid_out_min)             //PID 下限限幅
      v->pid_out=v->pid_out_min;
    else
      v->pid_out=v->uprsat;                          //PID 控制输出
    v->saterr=v->pid_out - v->uprsat;
    if ((v->uprsat < v->pid_out_max) && (v->uprsat > v->pid_out_min))
    {
```

```
        v->ui = v->ui + _IQmpy(v->Ki, v->up);                    //PID 积分控制量
    }
    else                                                          //抗积分饱和处理
    {
        v->ui = v->ui + _IQmpy(v->Ki, v->up) + _IQmpy(v->Kc, v->saterr);
    }
        v->ud = _IQmpy(v->Kd, (v->up - v->up1));                 //PID 微分控制量
        v->up1 = v->up;
    }
```

程序中的变量 v 是一个指向 PID 结构体的指针，K_p、K_i、pid_ref、pid_fdb、pid_out 是结构体中的成员，分别是 PID 控制器中的比例系数、积分系数、给定量、反馈量和输出量。

14.2.5　项目执行

逆变器原理图和实物图

项目执行调试步骤如下：

步骤 1：将工程 chap14_Multi_2 导入，编译下载。

步骤 2：连接单相逆变器实验板的电源适配器，观察实验板上的两个指示灯 LED1 和 LED2 是否正常显示，在两个灯都正常显示的情况下，才可进行下一步。

步骤 3：单击运行按钮后，程序开始执行。将实验板上的输出开关 SWITCH2 拨到 ON 状态，主电路接入 9V 电源，通过电压表或者示波器，测量负载两端输出电压的大小。通过示波器可以观察到闭环实验输出电压波形如图 14-11 所示。将开关 SWITCH1 拨到 ON 状态，则负载电阻从 100Ω 切换到 50Ω。

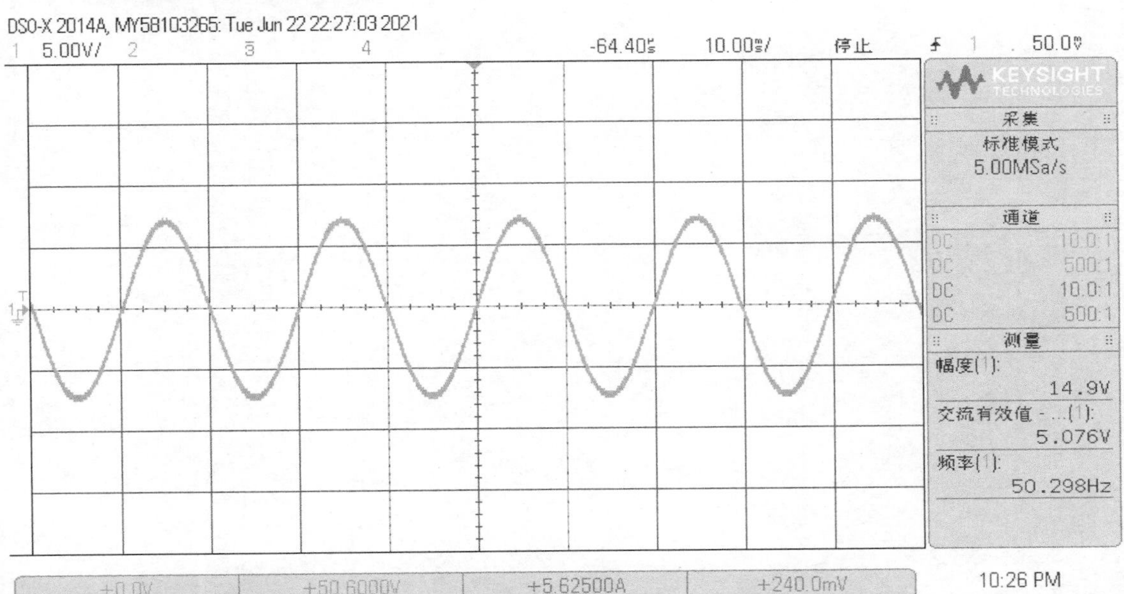

图 14-11　闭环实验输出电压波形

步骤4：在CCS Debug调试界面，单击图标 使MCU处于实时模式，通过在CCS调试窗口Expressions中添加需要观察的变量，对系统运行情况进行观察。如可在Expressions中分别输入闭环控制器比例参数Inverter_V. Kp与积分参数Inverter_V. Ki，单击右键选择Q-Values，进入修改Q值的Select Q-Values窗口，如图14-12所示，输入Q值为17，此时观察到Inverter. Kp显示为浮点数。

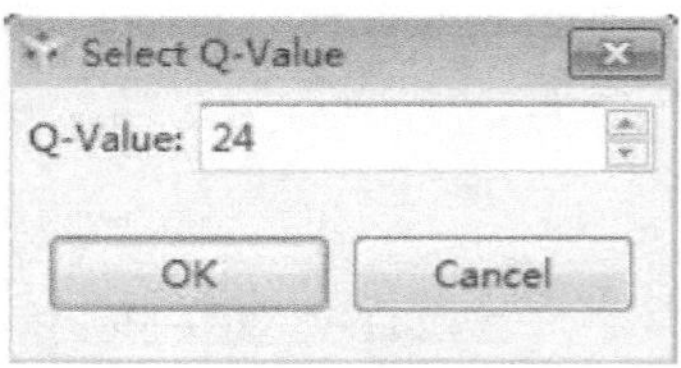

图14-12 修改Q值的窗口

步骤5：实验完成后，首先单击 图标，退出在线调试。然后将开关SWITCH2拨到OFF状态，拔掉电源适配器，断电。注意断电顺序，否则会导致实验板损坏。

思考与练习

14-1 项目1是一个按键识别与显示切换的综合应用，读者通过这个案例的学习，可以进一步掌握MCU软件工程的模块化思想。在此基础上，读者可以思考：由于捕获计数器是循环计数的，短按按键有可能被误识别为双击，如何修改程序，使得按键的识别更加精确。

14-2 项目2是DC/AC数字电源软件开发的入门。读者可以在此基础上进行更多创新性的实践，加深对专业课程的理解，进一步积累理论知识和提高实践能力。

项目拓展：

1）项目的输出电压采用有效值控制，考虑瞬时值控制方法并进行实现。

2）项目采用单极性调制，请参考电力电子技术课程，用双极性控制方法进行控制。

3）采用其他的控制算法，如模糊PID控制、智能控制等。

参考文献

[1] Texas Instruments Incorporated. TMS320F2802x, TMS320F2802xx Piccolo Technical Reference Manual-SPRUI09 [EB/OL]. (2018-12-10) [2021-07-19]. https://www.ti.com.cn/cn/lit/ug/sprui09/sprui09.pdf.

[2] Texas Instruments Incorporated. TMS320F28027, TMS320F28027-Q1, TMS320F28027F, TMS320F28027F-Q1, TMS320F28026 TMS320F28026-Q1, TMS320F28026F, TMS320F28026F-Q1, TMS320F28023 TMS320F28023-Q1, TMS320F28022, TMS320F28021, TMS320F28020, TMS320F280200 Data Manual-SPRS523P [EB/OL]. (2021-02-10) [2021-07-19]. https://www.ti.com/lit/ds/symlink/tms320f28027.pdf.

[3] Texas Instruments Incorporated. TMS320C28x Assembly Language Tools v21.6.0. LTS-SPRU513W [EB/OL]. (2021-06-10) [2021-07-19]. https://www.ti.com.cn/cn/lit/ug/spru513w/spru513w.pdf.

[4] Texas Instruments Incorporated. TMS320C28x CPU and Instruction Set Reference Guide-SPRU430f [EB/OL]. (2015-05-10) [2021-07-19]. https://www.ti.com.cn/cn/lit/ug/spru430f/spru430f.pdf.

[5] Texas Instruments Incorporated. TMS320C28x Optimizing C/C++ Compiler v21.6.0. LTS-SPRU514W [Z/OL]. (2021-6-10) [2021-7-19]. https://www.ti.com.cn/cn/lit/ug/spru514w/spru514w.pdf.

[6] 顾卫钢，郭巍，张蔚，等. 手把手教你学 DSP：基于 TMS320F28335 的应用开发及实战 [M]. 北京：清华大学出版社，2020.

[7] 任润柏，姜建民，姚钢，等. TMS320F2802xDSC 原理及源码解读：基于 TI Piccolo 系列 [M]. 北京：北京航空航天大学出版社，2013.

[8] 巫付专，但永平，王海泉，等. TMS320F28335 原理及其在电气工程中的应用 [M]. 北京：电子工业出版社，2020.

[9] 黄克亚. ARM Cortex-M3 嵌入式原理及应用：基于 STM32F103 微控制器 [M]. 北京：清华大学出版社，2020.

[10] 傅强，杨艳. LaunchPad 口袋实验平台：MSP-EXP430G2 篇 [R]. 青岛：青岛大学-德州仪器 MSP430 联合实验室，德州仪器半导体技术（上海）有限公司大学计划，2013.

[11] 陈志旺. STM32 嵌入式微控制器快速上手 [M]. 2 版. 北京：电子工业出版社，2014.

[12] 张淑清，胡永涛，张立国. 嵌入式单片机 STM32 原理及应用 [M]. 北京：机械工业出版社，2019.

[13] 刘凌顺，高艳丽，张树团. TMS320F28335 DSP 原理及开发编程 [M]. 北京：北京航空航天大学出版社，2011.

[14] 王益涵，孙宪坤，史志才. 嵌入式系统原理及应用：基于 ARM Cortex-M3 内核的 STM32F10 系列微控制 [M]. 北京：清华大学出版社，2016.

[15] 张新民，段洪琳. ARM Cortex-M3 嵌入式开发及应用：STM32 系列 [M]. 北京：清华大学出版社，2017.

[16] 张勇. ARM Cortex-M3 嵌入式开发与实践：基于 STM32F103 [M]. 北京：清华大学出版社，2017.

[17] 马潮. AVR 单片机嵌入式系统原理与应用实践 [M]. 2 版. 北京：北京航空航天大学出版社，2007.

[18] 卢有亮. 基于 STM32 的嵌入式系统原理与设计 [M]. 北京：机械工业出版社，2016.

[19] 武奇生，惠萌，巨永锋. 基于 ARM 的单片机应用及实践：STM32 案例式教学 [M]. 北京：机械工业出版社，2016.

[20] 沈红卫，任沙浦，朱敏杰，等. STM32 单片机应用与全案例实践 [M]. 北京：电子工业出版社，2017.

[21] 符晓，朱洪顺．TMS320F2833x DSP 应用开发与实践［M］．北京：北京航空航天大学出版社，2013.

[22] 韩安太，刘峙飞，黄海．DSP 控制器原理及其在运动控制系统中的应用［M］．北京：清华大学出版社，2003.

[23] 刘陵顺，高艳丽．TMS320F28335DSP 原理及开发编程［M］．北京：北京航空航天大学出版社，2011.